컴퓨터 기반의 제어와 계측

LabVIEW 신호 처리 및 생체 신호 계측

LabVIEW는 컴퓨터 기반의 제어와 계측 어플리케이션을 구현하는 완벽한 솔루션입니다.
본 책자는 LabVIEW 신호 처리에 대한 최초의 서적이며, 응용 사례로 생체 신호 계측 및 분석에 대하여 다루고 있습니다.
그리고 LabVIEW 시작하기에 대한 예제 따라 하기와 해설로 구성된 완벽한 해설서입니다.

Ohm사

머리글

LabVIEW를 이용한 의료기기 개발이나 지능 로봇 개발, 자동화 테스트 설비 구축, 정밀 실험 및 계측 등을 수행하기 위해서는 목적에 부합하는 계측 및 제어 하드웨어 시스템을 구축하고, 이를 위한 소프트웨어 시스템을 구성하는 것이 필요합니다. 그리고 이러한 계측 및 제어를 위한 소프트웨어는 DAQmx 함수, FPGA 함수 등을 이용한 데이터 수집 프로그래밍으로 구현이 가능합니다. 또한 데이터 수집에 대한 이론과 실기, 예제에 대하여 앞서 출판한 여러 책에서 심도 있게 다루었습니다.

본 기술서에서는 정확한 방법으로 측정한 데이터에서 어떻게 원하는 정보를 얻고 활용할 것인가에 대하여 다루었습니다. LabVIEW 신호 처리는 오래 동안 검증된 알고리즘을 적합 분야에서 활용하므로써, 측정 신호에서 노이즈나 Trend를 제거하거나 원하는 정보를 추출하는 방법입니다. 가장 기본적인 디지털 필터링과 Fourier 변환을 이용한 주파수 분석에 대하여 설명하였고, 최신 신호 처리 기법으로 많이 활용되고 있는 웨이블릿 분석과 신호의 미분 또는 적분에 대하여 다루었습니다. 또한 의용생체 신호 계측 및 분석을 실제 사례로 하여 LabVIEW 신호 처리의 활용 방법에 대하여 설명하였습니다.

본 책자는 LabVIEW 신호 처리에 대한 국내 최초의 서적입니다. 그러나 디지털 신호 처리라는 학술 분야를 다루다보니, 수학적인 공식과 설명이 많이 필요하였고, 정확한 서술을 위하여 여러 참고 서적을 활용하였습니다. 그렇지만 관련 분야의 전문가가 아닌 일반 LabVIEW 엔지니어도 이해할 수 있도록 원리에 대한 그림 및 예제를 최대한 수록하여 쉽게 접근할 수 있도록 구성하였습니다. 특히 디지털 신호 처리 알고리즘의 원리를 이해하는 것보다 필요한 분야에서 어떻게 활용할 것인가를 익히는 것을 목표로 하였기 때문에, 원리가 이해하기 힘든 부분은 예제를 익히고 활용하는 것만으로도 충분할 것이라고 판단됩니다.

1장에서 3장까지 LabVIEW에 대한 기본 사용법에 대하여 다루고 있으며, 4장에서 신호 처리에 대하여 다루었습니다. 또한 5장에서 생체 신호 계측 및 분석에 대하여 다루고 있습니다. 특히 최근 출시된 LabVIEW 2011을 기반으로 내용을 편집하면서, 최신 LabVIEW 업그레이드에서 제공되는 기능들을 소개하였습니다. 마지막으로 부록에는 2011 버전을 기반으로 하는 LabVIEW 국제공인 시험 CLAD의 샘플과 해설을 수록하였습니다.

많은 도움을 주신 한국내쇼날인스트루먼트 김주엽 대표이사님과 직원 분들께 감사드립니다. 그리고 검수를 도와주신 기술지원부원들과 디자인을 도와주신 마케팅부서원들께 감사드립니다. 책을 출판해주신 Ohm 사 곽종학 사장님과 직원 분들께도 감사드립니다.

사랑하는 아내 창은과 아들 주형, 주환에게 이 책을 바칩니다.

2011년 8월 5일
곽두영

추천글

곽두영씨의 LabVIEW 신호 처리 및 생체 신호 계측 교재 출간을 진심으로 축하합니다.

근래의 스마트폰과 태블랫 PC 의 시장이 큰 성장을 이루면서 이 기기들을 개발 하는 회사들 간의 경쟁도 그 어느 때 보다 치열해 졌습니다. 불과 몇 년 전만 해도 핸드폰 시장에서 존재하지 않던 회사가 스마트폰 업계를 진두지휘 하는 반면 핸드폰 시장 점유율 1위를 차지하던 업체는 회사 전체가 흔들릴 정도로 큰 위기를 맞고 있습니다. 비단 외국 업체들 만의 이야기가 아닙니다. 국내 제조사 또한 이 모바일 기기 시장에서 기회와 위기를 동시에 직면 하고 있습니다. 그리고 기회와 위기를 결정 짓는 가장 핵심적인 요소가 소프트웨어 기술이라는 것에 대해서도 많은 전문가들이 진단하였습니다. 이미 오래 전부터 IT 업계의 전문가들은 하드웨어 제조도 중요하지만 부가가치를 높이고 세계적인 업체들과의 경쟁에서 살아남기 위해서는 소프트웨어 기술이 중심이 되어야 한다고 했습니다.

응용프로그램 개발언어 중 하나인 LabVIEW 를 보유하고 있는 저희로서도 현 상황에 대해서 어떻게 국내 업체들의 소프트웨어 기술력을 빠르게 발전시킬 수 있을지 끊임없이 고민을 하고 있습니다. 가장 선행이 되어야 할 부분은 무엇보다도 LabVIEW에 대한 교육을 다양한 루트를 통해 보급시키는 것일 겁니다. 그러기 위해서는 지금보다도 더 다양한 분야를 다루는 전문성 있는 LabVIEW 교재들이 출시 되어야 합니다. 그런 의미에서 곽두영씨의 이번 교재가 또 한번의 중요한 발돋움을 했다고 봅니다. LabVIEW 2011의 중요한 새 기능을 다룰 뿐만 아니라 신호처리와 같은 특수한 분야에 대해서 중점적으로 다루고 있습니다. 또한 최근 국가의 신 성장 동력 분야 중 하나인 의료기기 업계의 엔지니어들을 위한 생체 신호 계측이라는 전문성 있는 내용을 다루어 주었습니다.

이제는 소프트웨어가 핵심이 되는 시대가 도래했습니다. IT 선진국에 비해서는 한 걸음 늦은 출발이지만 우리나라에는 유능한 엔지니어들이 많기에 빠른 시간 내에 이 위기를 극복하고 지금의 위기를 기회로 바꿀 날이 머지 않았음을 믿어 의심치 않습니다. 그리고 많은 소프트웨어 엔지니어들에게 곽두영씨의 LabVIEW 신호 처리 및 생체 신호 계측 교재가 좋은 길잡이가 되어 줄 것이라고 확신 합니다. 다시 한 번 출간을 진심으로 축하합니다.

감사합니다.

한국내쇼날인스트루먼트
대표이사 김 주 엽

차례

제 1 장 LabVIEW 시작하기

제 2 장 구조 및 파일 입출력

제 3 장 데이터 수집

제 4 장 신호처리

제 5 장 생체 신호 측정

부록 CLAD 견본 시험 소개

제1장

LabVIEW 시작하기

LabVIEW의 기본 구성과 변수 타입에 대하여 배웁니다.
그리고 배열, 클러스터, SubVI 만들기,
디버깅 방법 등을 소개합니다.

가. LabVIEW 시작하기

LabVIEW의 첫 화면은 시작하기 창입니다. 그리고 시작하기 창은 아래와 같이 구성됩니다.

- **새로 만들기** : 새 VI, 새 프로젝트, 템플릿으로부터 VI…, 그리고 기타로 구성됩니다.
- **열기** : 최근에 작업한 프로젝트(lvproj), VI, 라이브러리(lvlib)을 선택하여 다시 열 수 있도록 도와줍니다.
- **유용한 정보** : ni.com 홈페이지에서 제공하는 LabVIEW 뉴스, 예제, IP, 및 LabVIEW 공부에 필요한 LabVIEW 시작하기, LabVIEW 도움말, 그리고 기본 예제 찾기 등이 제공됩니다.

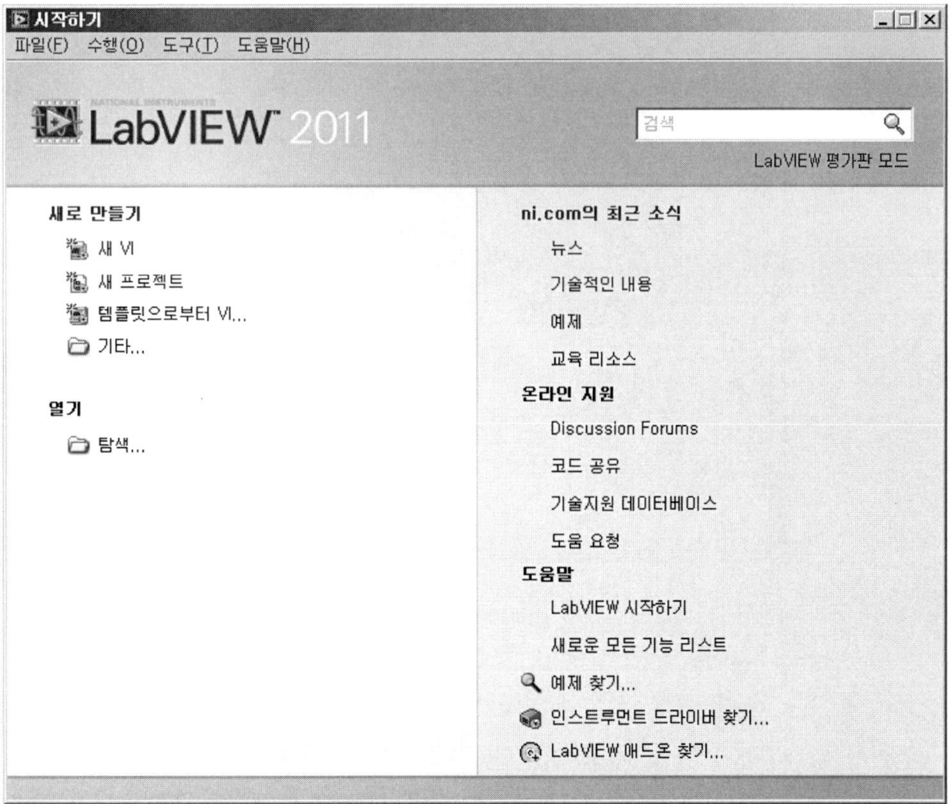

LabVIEW 프로그래밍은 프로젝트 〉 타겟 〉 VI로 구성됩니다. 프로젝트 아래에 호스트 컴퓨터, Real Time 호스트 컨트롤러, FPGA 타겟, 임베디드 비젼 시스템 등의 타겟들을 위치시키고, 각 타겟별로 VI를 작성합니다. VI는 Virtual Instruments의 약자이며 확장자명은 *.vi입니다.

시작하기 창에서 새로 만들기의 [새 프로젝트]를 선택하면 다음과 같이 새로운 프로젝트를 생성할 수 있습니다. 저장 버튼을 클릭하여 저장해줍니다. 단축키는 〈Ctrl + S〉입니다. 이때 프로젝트의 확장자명은 *.lvproj입니다. 현재 프로젝트 아래에는 Windows 호스트 컴퓨터인 [내 컴퓨터] 타겟이 하나 있는 상태입니다. Windows 시스템을 구성할 경우에는 [내 컴퓨터] 타겟에서 VI를 생성하고 프로그래밍하면 됩니다. 그리고 이와 같이 Windows Only로 사용할 경우에는 프로젝트 없이 간단하여 VI만 만들어 프로그래밍해도 됩니다. 시작하기 창에서 새로 만들기의 [새 VI]를 선택해줍니다. 단축키는 〈Ctrl + N〉입니다. 윈도우즈 운영체제 기반의 일반적인 어플리케이션 개발 시에는 VI만으로도 충분합니다.

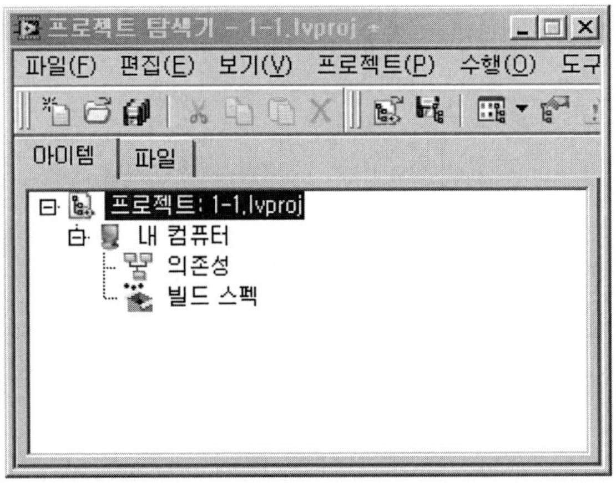

[프로젝트를 꼭 만들어야 되는 경우]

- 여러 VI를 묶어서 라이브러리를 구성할 때
- EXE 실행 배포 파일을 만들 때
- LabVIEW Real-Time 타겟이나 FPGA 타겟을 함께 사용할 때

LabVIEW 프로그래밍의 최소 단위인 VI는 두 개의 창과 세 개의 팔레트로 구성되어 있습니다. 두 개의 창은 **프런트패널과 블록다이어그램**이며, 세 개의 팔레트는 **컨트롤 팔레트, 함수 팔레트, 그리고 도구 팔레트**입니다. 회색 창이 프런트패널이고 흰색 창이 블록다이어그램입니다. 그리고 각 창에는 대응되는 팔레트가 있습니다. 프런트패널에는 컨트롤 팔레트가 대응되며, 블록다이어그램에는 함수 팔레트가 대응됩니다. 도구 팔레트는 두 창에서 모두 사용할 수 있습니다.

VI를 새로 생성한 뒤에는 저장하여 이름을 지정합니다. 단축키 〈Ctrl + S〉나 상단 메뉴의 파일(F) 〉 저장(S)을 이용하여 새로운 이름으로 저장합니다.

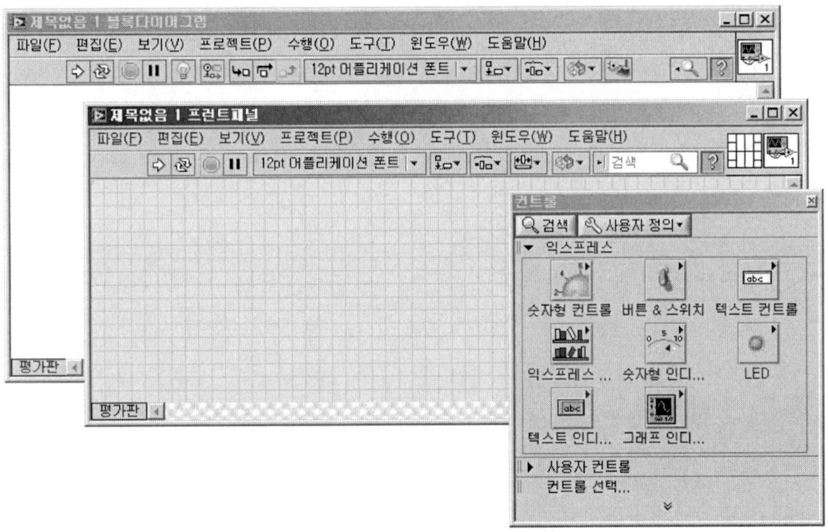

⌘ 프런트패널

프런트패널을 사용자 인터페이스(User Interface)라고도 부릅니다. 사용자는 숫자형, 버튼, 웨이브폼 그래프 등을 이용하여 사용자 인터페이스를 구성할 수 있습니다. 프런트패널에 위치하는 아이콘들을 객체라고 부르며, 컨트롤 팔레트에서 찾을 수 있습니다. 컨트롤 팔레트는 프런트패널의 빈 공간에서 마우스 오른쪽 버튼을 클릭하면 나타납니다.

컨트롤 팔레트에서 필요한 객체를 마우스 왼쪽 버튼으로 선택하고 다시 프런트패널의 원하는 위치를 클릭하면, 다음과 같이 아이콘을 위치시키고 프런트 패널을 구성할 수 있습니다.

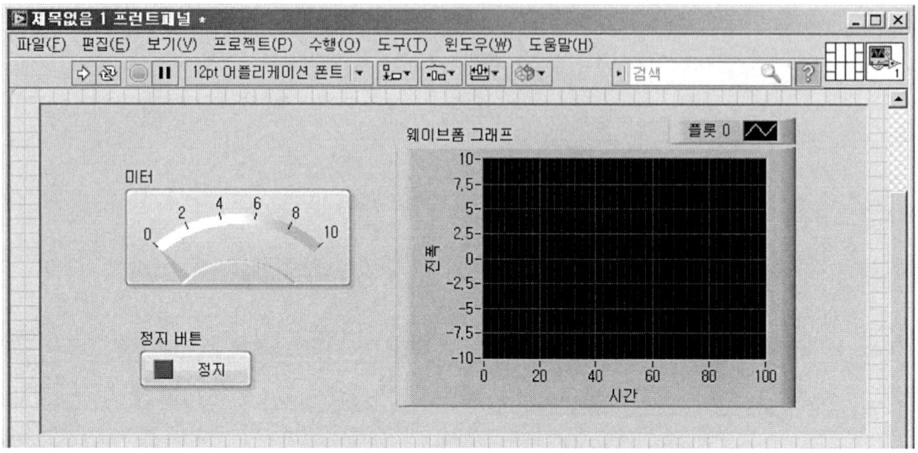

⌘ 블록다이어그램

블록다이어그램은 프로그램을 작성하는 창입니다. 프런트패널에 객체를 위치시키면 이에 대응되는 터미널이 블록다이어그램에 생성됩니다. 그리고 사용자는 이 터미널들과 함수 팔레트에서 제공되는 함수를 와이어로 연결하여 프로그램을 완성할 수 있습니다.

다음과 같이 프런트패널에 숫자형 컨트롤을 위치시키면 블록다이어그램에 대응되는 숫자형 터미널이 생성됩니다. 이와 같이 프런트패널의 객체에는 항상 대응되는 터미널이 존재합니다. 숫자형 컨트롤은 컨트롤 〉 일반 〉 숫자형 팔레트에서 찾을 수 있습니다.

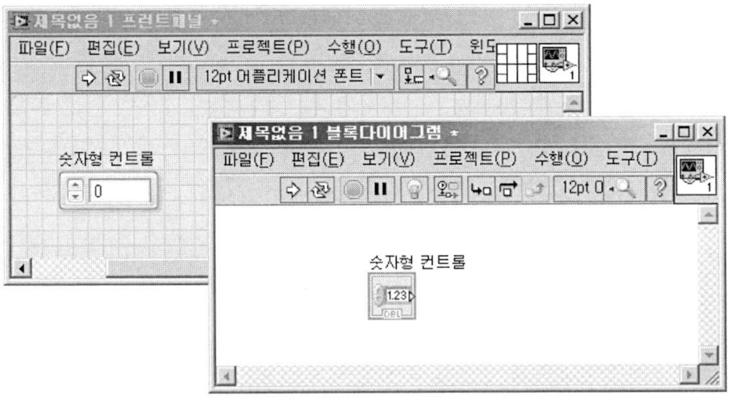

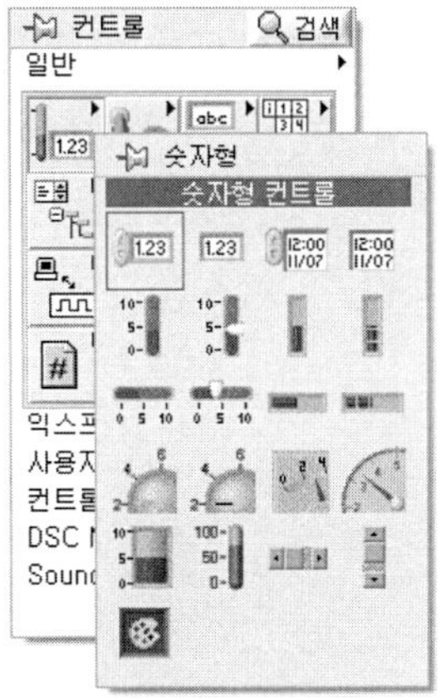

⌘ 팔레트

컨트롤 팔레트와 함수 팔레트는 프런트패널과 블록다이어그램의 빈 공간에서 마우스의 오른쪽 버튼을 클릭하면 임시로 나타낼 수 있습니다. 그리고 팔레트를 계속 고정시키고 싶을 경우에는 왼쪽과 같이 핀으로 고정합니다.

팔레트에 보이는 항목을 변경하고자 할 경우에는 다음과 같이 **사용자 정의 〉 팔레트 보기 변경**을 선택하여 [팔레트 보기 변경] 창을 실행할 수 있습니다. 사용하지 않는 항목은 선택해제하면 될 것입니다. 일반적으로 [모두 선택]으로 설정합니다.

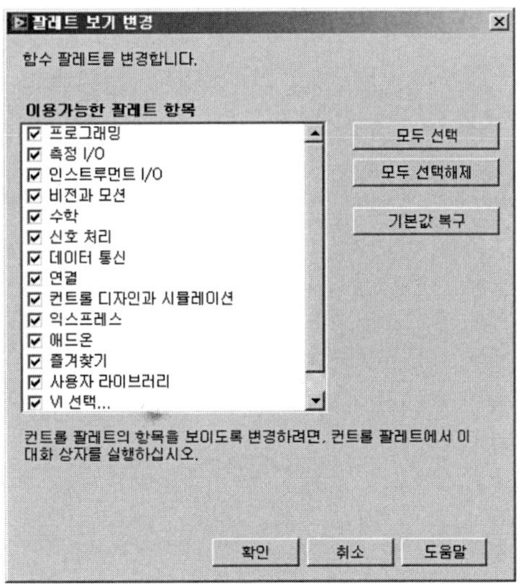

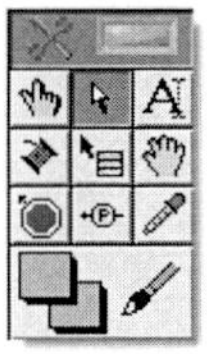

도구 팔레트는 프런트패널과 블록다이어그램 모두에서 사용할 수 있는 팔레트입니다. 도구 팔레트는 마우스의 여러 가지 기능을 선택하는 팔레트입니다. LabVIEW는 그래픽 기반의 프로그래밍 언어이므로 마우스의 역할이 중요합니다. 마우스로 객체를 선택하거나 문자/라벨을 입력하거나 실행 버튼을 클릭하거나 아이콘의 색을 변경하는 등의 다양한 역할을 수행해야 됩니다. 이때 각 역할을 지정하는 것이 도구 팔레트입니다. 도구 팔레트는 프런트패널이나 블록다이어그램의 빈자리에서 〈Shift + 마우스 오른쪽 버튼 클릭〉으로 띄울 수 있습니다.

도구 팔레트에서 10가지 도구를 선택할 수 있지만, 실제로 많이 사용하는 도구는 그중 일부입니다. 그래서 일반적으로 자동 도구 선택으로 지정하고 자주 사용되는 도구가 자동으로 선택되도록 설정합니다. 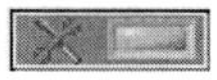 **자동 도구 선택 버튼**이 선택되었을 경우에는 자동으로 가장 적합한 마우스 도구를 선택해 줍니다. 그러나 색 도구 등을 사용하기 위해서는 도구 팔레트를 띄워서 원하는 도구를 선택해야 됩니다.

만약 자동 도구 선택으로 지정하지 않았을 경우에는 키보드의 〈Space〉나 〈Tab〉 키로 도구를 변경하여 선택할 수 있습니다. 〈Space〉 키는 가장 많이 사용되는 두 가지 도구를 변경/지정 할 때 사용하고, 〈Tab〉 키는 도구들을 순차적으로 바꾸어 지정할 때 사용합니다.

⌘ 컨트롤과 인디케이터

프런트패널의 객체는 **컨트롤**과 **인디케이터**로 나누어집니다. 컨트롤은 사용자 입력을 위한 객체입니다. 그리고 인디케이터는 프로그램의 실행 결과를 출력하는 객체입니다. 그리고 LabVIEW에서 데이터의 흐름은 항상 컨트롤에서 인디케이터로 흐르게 되므로 와이어를 컨트롤에서 인디케이터로 연결해야 합니다. 이 규칙을 따르지 않으면 실행 버튼이 깨어져서 VI를 실행할 수 없습니다. 

연습 1을 통하여 컨트롤과 인디케이터의 차이점과 용도에 대하여 상세히 배울 수 있을 것입니다.

참고 LabVIEW는 와이어에 의한 데이터 흐름 구조로 구성됩니다. 특히 와이어의 연결 방향은 항상 왼쪽에서 오른쪽입니다. 데이터도 와이어를 따라 왼쪽에서 오른쪽으로 흘러갑니다. 그리고 함수나 노드들은 모든 필수 입력에 와이어를 통하여 데이터가 입력되어야만 실행할 수 있습니다. 여기에서 함수는 변수를 입력받아서 계산을 수행하고 결과를 출력하는 블록다이어그램의 객체입니다. 그리고 노드는 더하기, 빼기 등과 같은 지정된 기능을 수행하는 객체이며 노란색으로 표현됩니다.

도구바

프런트패널과 블록다이어그램의 도구바를 이용하여 실행 및 디버깅, 정렬, 문자 폰트 변경 등을 수행할 수 있습니다.

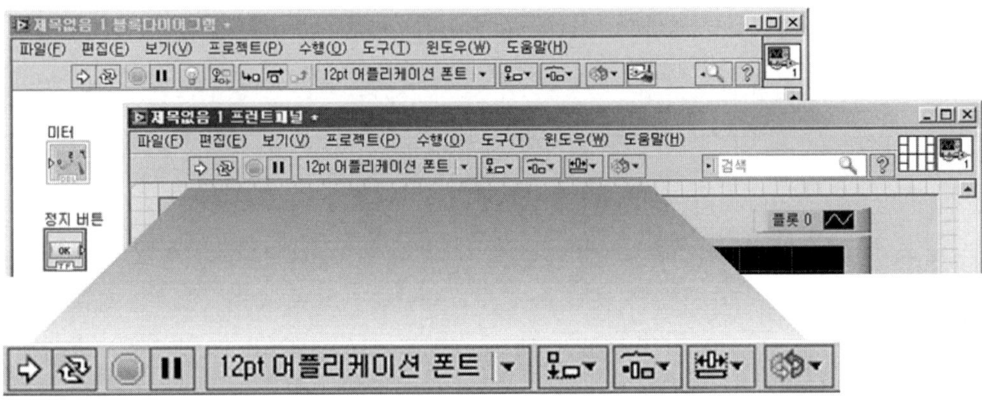

 실행

 디버깅 반복실행

 강제종료 및 일시정지

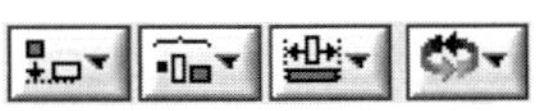 아이콘 및 와이어 정렬 : 상하좌우 줄맞추기, 간격 맞추기, 크기 맞추기, 앞뒤 아이콘 위치 바꾸기, 그룹 지정 및 해제
(2011 버전부터 와이어 정렬 기능이 추가되었습니다.)

블록다이어그램 도구바

실행 하이라이트

단계별 실행 : 디버깅 도구로 단계별 실행 들어가기, 건너뛰기, 나가기로 구성됩니다.

다이어그램 정리 : 아이콘과 와이어 정리, 특히 블록다이어그램의 일부를 마우스로 선택한 다음, 다이어그램 정리를 클릭하면 선택된 부분만 정리됩니다.

단축키

LabVIEW에서는 OS에서 제공되는 기본적인 단축키와 LabVIEW 전용 단축키를 사용할 수 있습니다. 특히 대부분의 메뉴 항목과 단축메뉴의 항목들이 단축키를 가지고 있으므로 마우스의 조작을 최소화하면서 좀 더 편리하게 프로그래밍할 수 있습니다. 많이 사용되는 단축키를 다음과 같이 소개합니다.

삭제

프런트패널이나 블록다이어그램에서 객체나 와이어를 삭제하고자 할 경우에는 해당 객체를 선택하고 〈Delete〉 키로 삭제할 수 있습니다.

복사 및 붙여넣기

복사의 단축키 〈Ctrl + C〉와 붙여넣기의 단축키 〈Ctrl + V〉를 이용할 수 있습니다. 또는 복사할 객체를 선택한 다음, 〈Ctrl〉 키를 누른 상태에서 끌어서 옮기면 객체를 복사할 수 있습니다.

아이콘 사이의 공간 넓히기

아이콘들 사이에 공간을 새로 확보하고자 할 경우에는 〈Ctrl〉 키를 누른 상태에서 필요한 만큼의 공간을 드래그해줍니다.

실행 취소 및 다시 실행

실행 취소 혹은 되돌리기의 단축키인 〈Ctrl + Z〉와 다시 실행의 〈Ctrl + Shift + Z〉를 이용하여 프로그래밍 과정을 되돌리거나 되돌린 것을 다시 실행할 수 있습니다. (2011 버전부터는 저장 후에도 실행 취소 기능을 사용할 수 있습니다.)

■ 깨어진 와이어 제거

블록다이어그램에서 깨어진 와이어를 제거하기 위해서, 와이어들을 일일이 마우스로 선택하고 〈Delete〉 키를 이용하여 제거할 수도 있습니다. 그러나 단축키 〈Ctrl + B〉를 이용하면, 블록다이어그램이 있는 모든 깨어진 와이어를 제거할 수 있습니다.

■ 블록다이어그램 정리

단축키 〈Ctrl + U〉를 이용하여 블록다이어그램의 아이콘과 와이어를 자동으로 정리할 수 있습니다. 도구바의  **다이어그램 정리**와 동일합니다.

■ 프런트패널과 블록다이어그램 전환

프런트패널과 블록다이어그램에서 활성화된 창에서 다른 창으로 전환하고자 할 경우, 단축키 〈Ctrl + E〉를 사용합니다. 그리고 프런트패널을 왼쪽으로 블록다이어그램을 오른쪽으로 위치하게 할 경우에는 단축키 〈Ctrl + T〉를 이용합니다.

다음 연습을 통하여 숫자형 컨트롤과 숫자형 인디케이터를 사용하는 방법과 차이점을 확인하고, 팔레트와 도구 사용에 대하여 익힙니다.

연습 1-1. 숫자의 더하기와 빼기

숫자 두 개를 입력받아서 더하고 빼는 VI를 만들어봅니다. 이 연습을 통하여 다음을 배울 수 있습니다.

- 컨트롤 팔레트와 함수 팔레트에서 객체를 찾아서 프런트패널과 블록다이어그램에 위치시키는 법을 배웁니다.
- 마우스의 도구를 자동으로 변경하여 다양한 마우스 도구를 사용해봅니다.
- 프런트패널과 블록다이어그램에서 객체들을 정렬하는 방법을 배웁니다.
- 객체의 속성을 단축메뉴에서 변경하는 방법을 배웁니다.
- 컨트롤과 인디케이터의 개념을 배우고, 와이어로 서로 연결하는 방법을 배웁니다.
- 더하기와 빼기 연산 함수의 사용법을 배웁니다.
- 기본 도움말 사용법을 배웁니다.
- VI의 아이콘을 편집해봅니다.

⌘ 프런트패널

1. 새 VI를 만들고 더하기와 빼기.vi로 저장합니다. 단축키는 〈Ctrl+S〉입니다.
2. 컨트롤 〉 일반 〉 숫자형 팔레트에서 숫자형 컨트롤 두 개를 프런트패널에 위치시킵니다. 객체를 선택하고 프런트패널에 끌어놓습니다.
3. 라벨을 각각 a와 b로 바꿉니다. 도구 팔레트가 자동선택으로 설정되어 있을 때는, 고치고 싶은 라벨을 더블클릭하여 바꿀 수 있습니다. 또는 문자 입력 도구 A을 이용하여 라벨을 바꿀 수 있습니다.
4. 컨트롤 〉 일반 〉 숫자형 팔레트에서 숫자형 인디케이터 두 개를 가지고 와서 프런트패널에 위치시키고, 라벨을 a+b와 a-b로 바꿉니다. 또한 을 이용하여 정렬합니다.
5. 컨트롤 〉 일반 〉 숫자형 팔레트에서 수직 채움 슬라이드 두 개를 가지고 와서 프런트패널에 놓습니다.

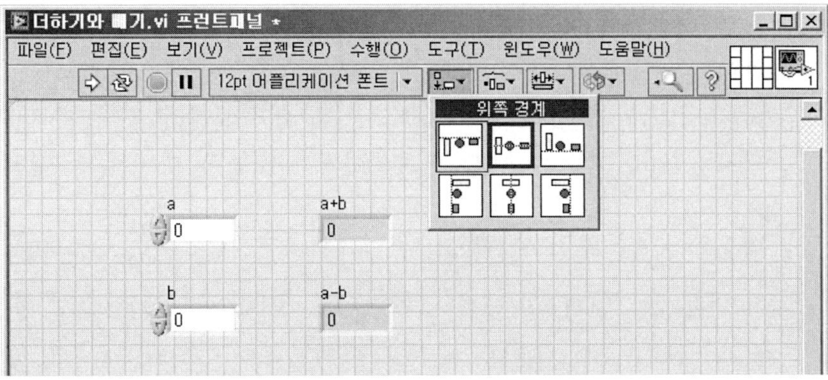

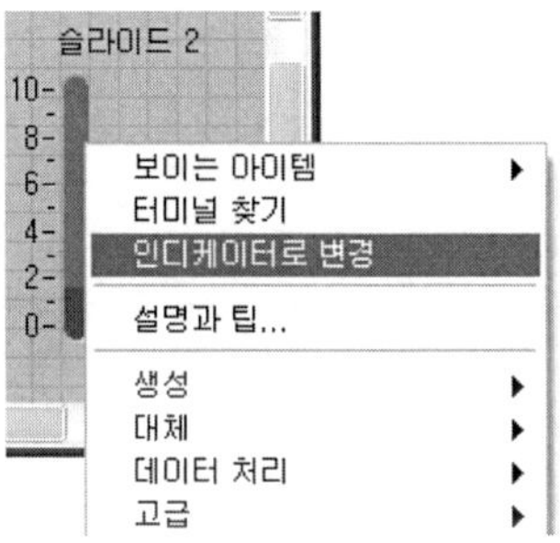

6. [슬라이드 2]를 마우스로 선택하고 마우스의 오른쪽 버튼을 클릭하면 단축메뉴가 나타납니다. 여기에서 인디케이터로 변경을 찾아서 선택해줍니다. 수직 채움 슬라이드의 초기 상태는 컨트롤이므로 [슬라이드 2]는 인디케이터로 바꿔준 것입니다.

참고 **단축메뉴** : LabVIEW는 아이콘을 이용하여 프로그래밍을 하기 때문에 객체의 세부적인 설정은 단축메뉴를 이용하여 바꿔야 됩니다. 위와 같이 객체를 선택하고 마우스의 오른쪽 버튼을 클릭하여 단축메뉴를 나타낼 수 있습니다.

7. 프런트패널을 다음과 같이 정리합니다.

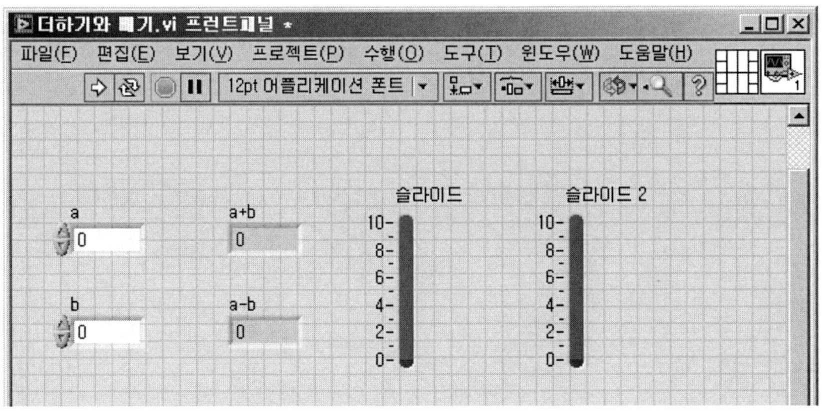

숫자형 컨트롤과 인디케이터는 프런트패널의 모양으로 구분이 가능하지만, 슬라이드는 구분할 수 없습니다. 모양은 같지만, [슬라이드]는 컨트롤이고 [슬라이드 2]는 인디케이터입니다. 이때 컨트롤인지 인디케이터인지 정확히 구분하기 위해서는 각 객체에 대응되는 터미널을 확인해야 됩니다.

은 컨트롤이고 은 인디케이터입니다. 굵은 테두리는 컨트롤을, 얇은 테두리는 인디케이터를 의미합니다. 이때 주황색은 실수 형태의 숫자형임을 의미하고 DBL 은 배정도 실수임을 의미합니다. 흰색 삼각형 위치도 서로 다릅니다. 컨트롤은 나가는 쪽에 삼각형이 있고 인디케이터는 들어오는 쪽에 삼각형이 있습니다.

⌘ 블록다이어그램

8. 함수 〉 프로그래밍 〉 숫자형 팔레트에서 더하기와 빼기를 찾아서 위치시키고 와이어를 연결합니다. 이때 기본 도움말을 이용하여 정확한 연결위치를 확인합니다.

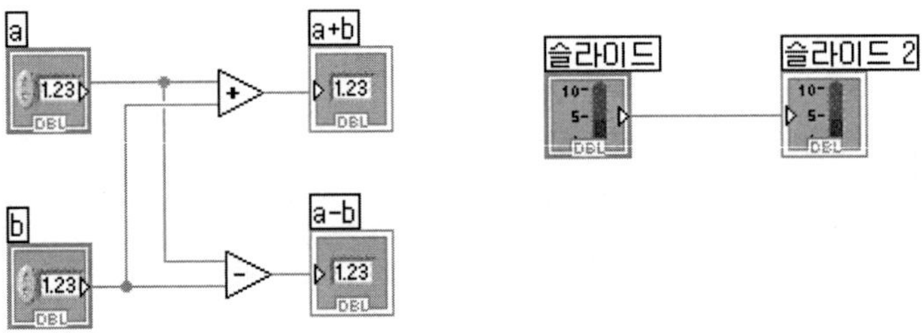

참고 **기본 도움말**은 단축키 〈Ctrl+H〉나, 도움말(H)에서 **기본 도움말 보이기(H)**를 선택하거나 또는 윈도우 창의 오른쪽 상단에 있는 을 클릭하여 사용할 수 있습니다. 기본 도움말은 마우스로 지시한 아이콘의 역할과 와이어 연결 방법을 알려줍니다. 사용자가 마우스로 아이콘을 선택하면 아래와 같이 기본 도움말을 볼 수 있습니다. 아래는 더하기 함수 노드가 x와 y 값을 입력받고, x+y값을 출력한다는 것을 알려주는 기본 도움말 창입니다.

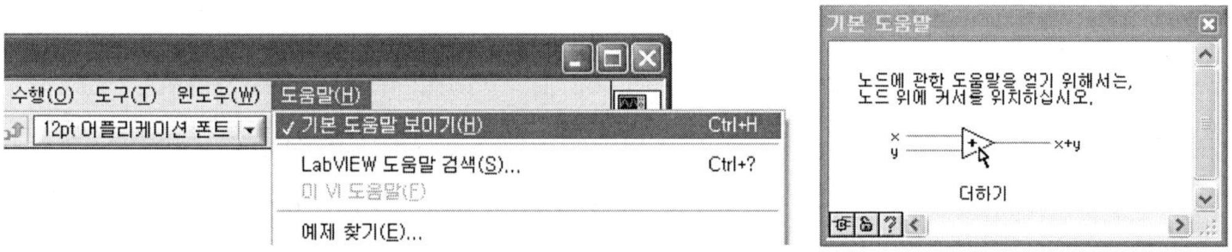

9. 프런트패널로 다시 돌아와서 컨트롤인 [a], [b], [슬라이드]에 값을 입력하고 VI를 실행합니다.

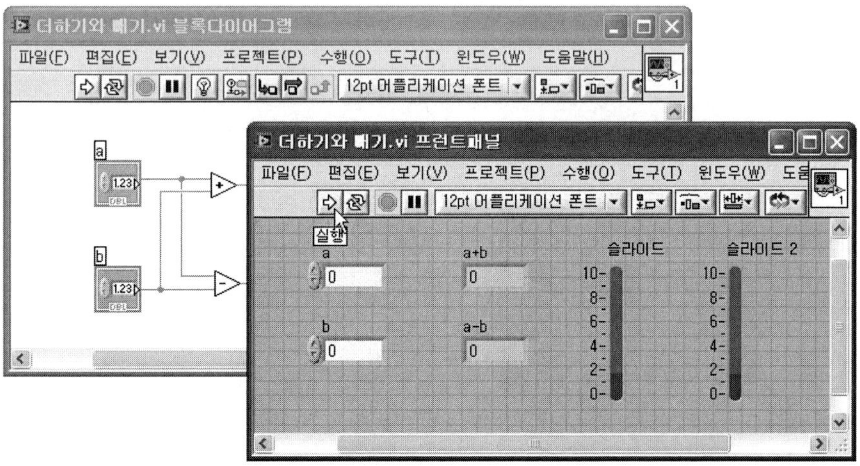

참고 VI의 이름은 한글이나 영문을 모두 사용할 수 있습니다. 그러나 Real Time OS와 같은 임베디드 솔루션을 개발하는 경우에는 OS에서 한글을 인식할 수 없는 경우가 있으므

로, 영문 이름과 폴더 명을 사용하는 것이 안전합니다. 영문 이름에서 대문자와 소문자를 구분하지 않습니다.

참고 처럼 실행 버튼이 깨어진 경우는 깨진 와이어가 있거나, 꼭 필요한 와이어를 연결하지 않은 경우입니다. 깨진 와이어는 단축키 〈Ctrl+B〉를 이용하여 없앨 수 있습니다. 또는 상단 메뉴의 편집(E) 〉 **깨진 와이어 제거(B)**를 이용하여 없앨 수도 있습니다.

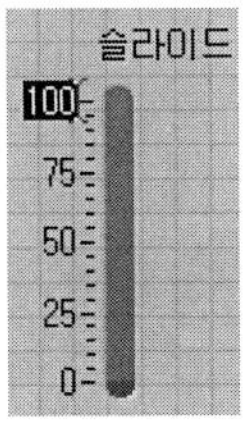

10. 슬라이드 눈금의 최대값을 10에서 100으로 바꿔줍니다. 최대값을 더블클릭하여 편집모드로 바꾼 다음, 새로운 값을 입력해주면 나머지 눈금들은 새로운 최대 값 100에 맞추어 자동으로 조정됩니다.
11. 슬라이드의 특성을 바꿔봅니다. 우선 슬라이드를 마우스로 선택하고 마우스 오른쪽 버튼을 클릭해봅니다. LabVIEW의 모든 객체에 마우스를 두고 오른쪽 버튼을 클릭하면 단축메뉴가 나타납니다. 슬라이드의 단축메뉴에서 가장 아래쪽에 있는 **프로퍼티**를 선택합니다. 다음과 같이 **슬라이드 프로퍼티** 창이 나타날 것입니다.

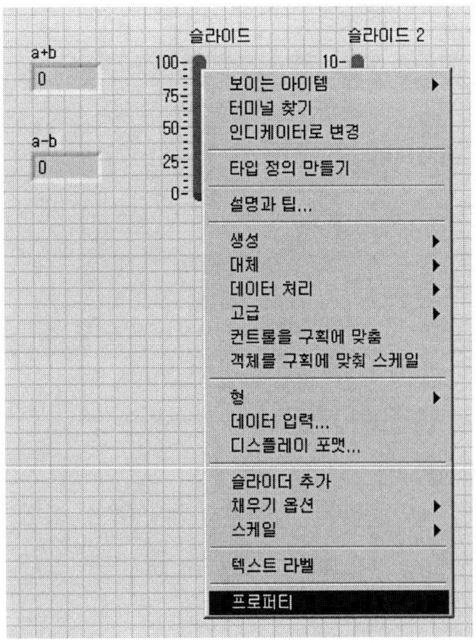

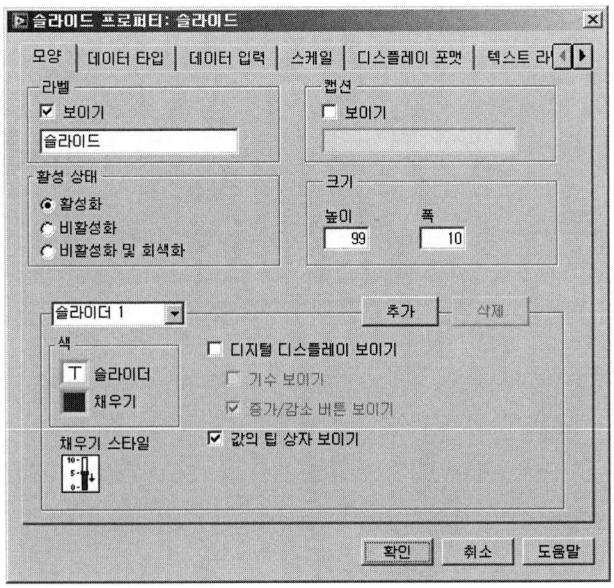

슬라이드 프로퍼티 창에서 필요한 속성을 변경해줍니다. **디스플레이 포맷** 텝을 선택하고 **뒤따르는 제로 숨기기**의 체크를 없앱니다. 전체적으로 **자릿수**만큼 되도록 나머지부분을 Zero로 채워 넣게 됩니다.

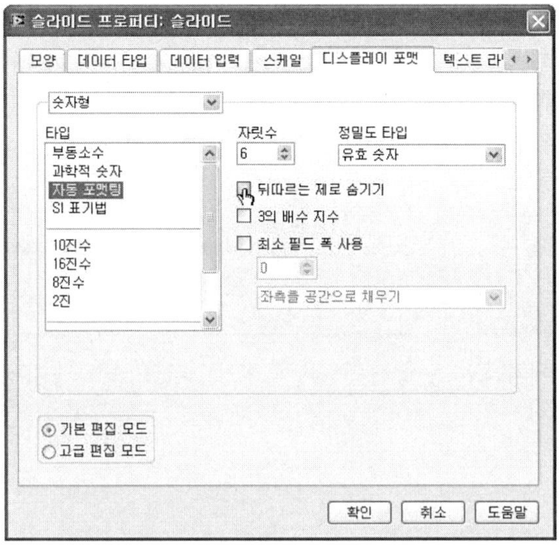

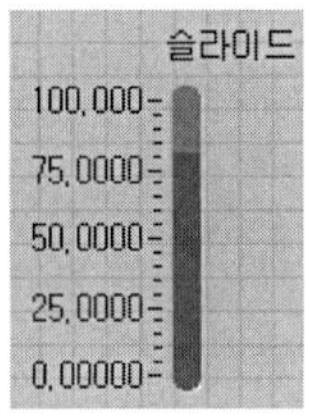

12. VI의 아이콘 모양 바꿔줍니다. 더하기와 빼기.vi의 아이콘은 기본형인 이고, 다른 VI에서 불러서 사용할 때 이 아이콘으로 표현됩니다. 다른 객체와 구별하기위해서 아이콘 모양을 고칩니다.

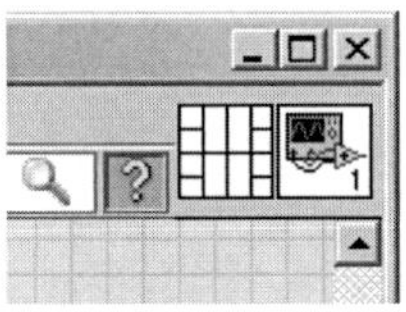

VI의 오른쪽 위에 있는 아이콘을 더블클릭하면 **아이콘 편집기**가 실행됩니다. 아이콘 편집기를 이용하여 더하기와 빼기.vi의 아이콘을 바꾸고 다시 저장합니다. 아이콘 편집기의 문양 탭에서 다양한 아이콘을 선택할 수 있습니다.

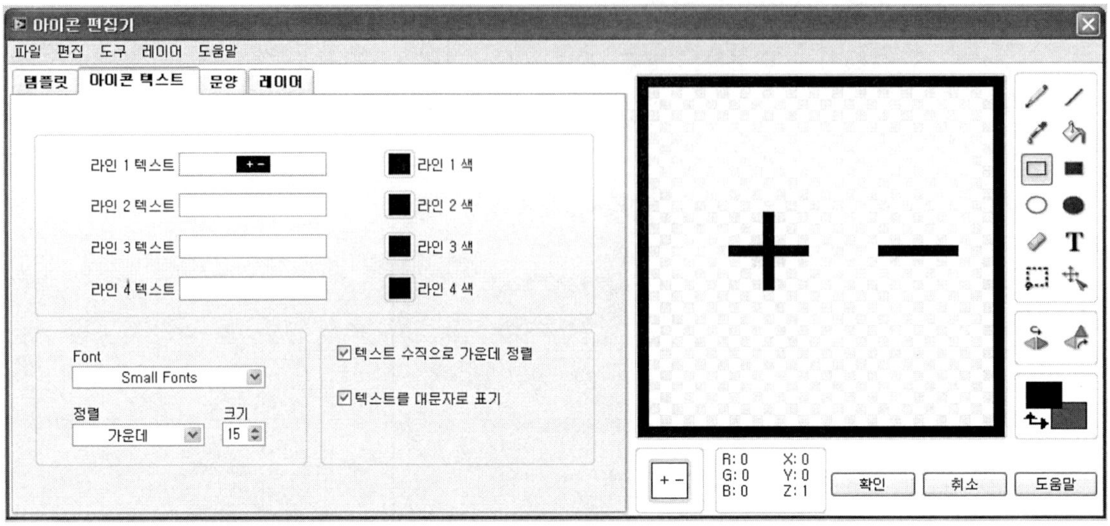
아이콘 편집기
파일 편집 도구 레이어 도움말
템플릿
아이콘 텍스트
문양
레이어
라인 1 텍스트
라인 2 텍스트
라인 3 텍스트
라인 4 텍스트
라인 1 색
라인 2 색
라인 3 색
라인 4 색
Font
Small Fonts
정렬
가운데
크기
15
텍스트 수직으로 가운데 정렬
텍스트를 대문자로 표기
R: 0
G: 0
B: 0
X: 0
Y: 0
Z: 1
확인
취소
도움말

연습 1-1 끝

연습 1-2. 섭씨온도를 화씨온도로 바꾸기

섭씨온도를 입력 받아서 화씨온도로 만드는 VI를 만들어봅니다.

화씨온도 = (섭씨온도) X 1.80 + 32.00

이 연습을 통하여 다음을 배울 수 있습니다.

- 객체를 복사하는 방법을 배웁니다.
- 곱하기 연산을 배웁니다.
- 단축메뉴를 이용하여 상수를 생성하는 방법을 배웁니다.

⌘ 프런트패널

1. **새 VI**를 선택하여 새로운 창을 만듭니다. 〈단축키 Ctrl+N〉
2. 숫자형 컨트롤 하나를 프런트패널에 위치시키고 라벨로 '섭씨온도'를 입력합니다.
3. **객체 복사하기** : 〈Ctrl〉 키를 누른 상태에서 [섭씨온도]를 선택하여 옮기면 마우스 포인트가 화살표에서 +로 모양이 바뀌고 [섭씨온도 2]로 복사됩니다.

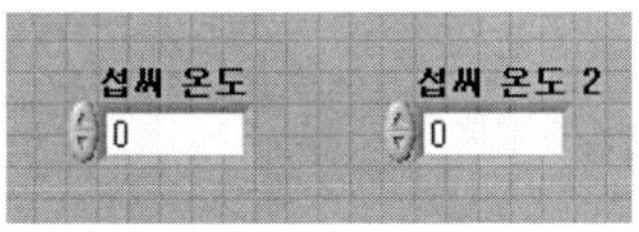

4. **인디케이터로 변경** : 새로운 숫자형 컨트롤의 라벨을 '화씨온도'로 바꾸고, 단축메뉴에서 인디케이터로 변경을 선택하여 숫자형 인디케이터로 바꿉니다.

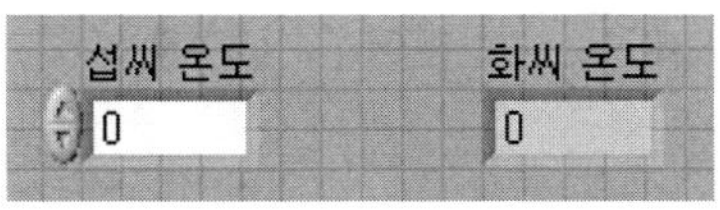

⌘ 블록다이어그램

5. 단축키 〈Ctrl+E〉를 이용하여 블록다이어그램으로 창을 옮기고, 더하기와 곱하기를 위치시킵니다. 함수 〉 프로그래밍 〉 숫자형 팔레트에서 더하기와 곱하기를 찾을 수 있습니다.
6. 다음과 같이 **기본 도움말**을 확인하면서 와이어를 연결합니다.

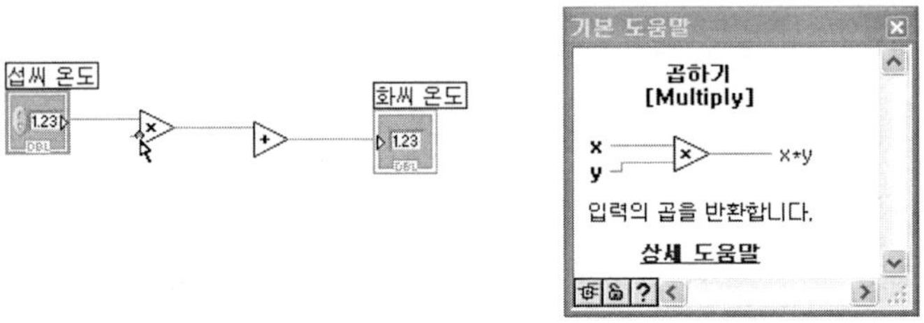

7. **상수 생성하기** : 곱하기의 y 입력에서 마우스 오른쪽 클릭하고, 단축메뉴에서 **생성 〉 상수**를 선택합니다. 그리고 생성된 숫자형 상수에 1.8을 입력합니다.

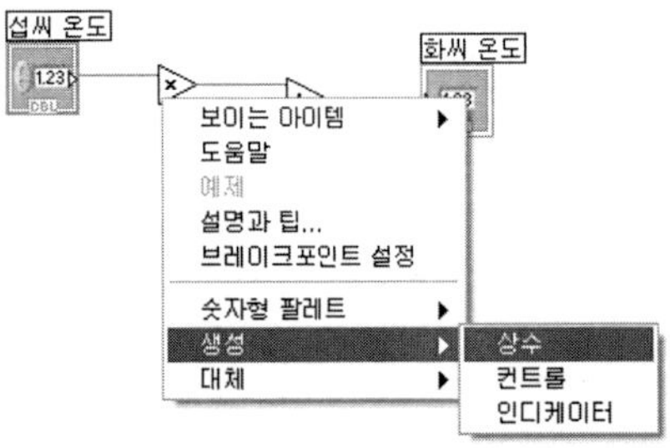

8. 같은 방법으로 더하기의 y 입력에서 숫자형 상수를 생성하고 32를 입력합니다.
9. 섭씨 화씨 변화.vi라는 이름으로 저장하고, 아이콘 편집기로 아이콘 모양을 바꿔줍니다.
10. 단축키 〈Ctrl+S〉를 이용하여 저장하고 창을 닫습니다.

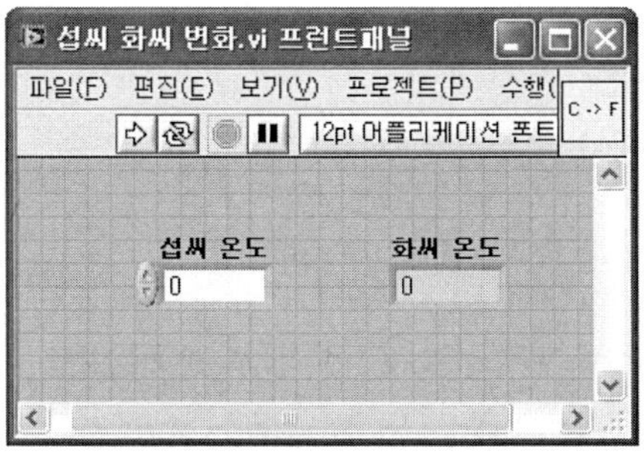
섭씨 화씨 변화.vi 프런트패널
파일(F) 편집(E) 보기(V) 프로젝트(P) 수행(
12pt 어플리케이션 폰트
C -> F
섭씨 온도
화씨 온도
0
0

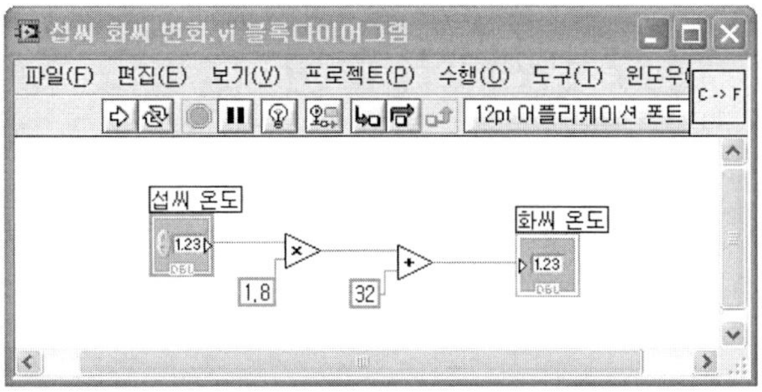
섭씨 화씨 변화.vi 블록다이어그램
파일(F) 편집(E) 보기(V) 프로젝트(P) 수행(O) 도구(T) 윈도우
12pt 어플리케이션 폰트
C -> F
섭씨 온도
화씨 온도
1.8
32

연습 1-2 끝

나. LabVIEW의 데이터 타입

이번 절에서는 LabVIEW에는 어떤 데이터 타입이 있는 지 알아봅니다. LabVIEW에는 **숫자형, 불리언**, 그리고 **문자열**의 세 가지 데이터 타입이 있습니다. 그리고 각각 **컨트롤**과 **인디케이터, 그리고 상수**가 있습니다.

숫자형 컨트롤	숫자형 인디케이터	숫자형 상수
불리언 컨트롤	불리언 인디케이터	불리언 상수
문자열 컨트롤	문자열 인디케이터	문자열 상수

컨트롤 〉 일반 팔레트에 차례로 숫자형, 불리언, 그리고 문자열 & 경로 항목이 있음을 확인할 수 있습니다.

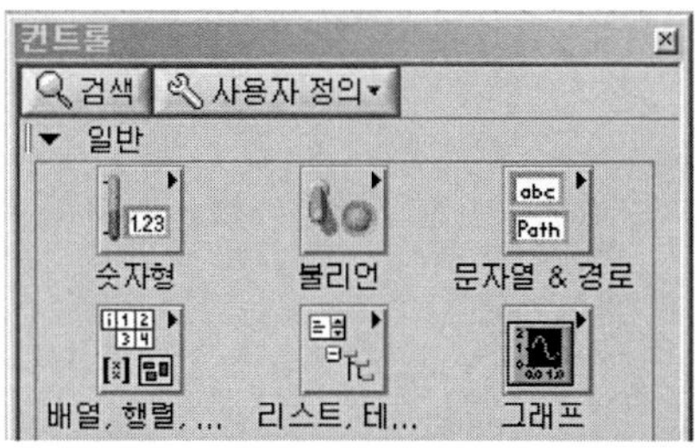

⌘ 숫자형 변수

숫자형은 실수와 정수 같은 숫자입니다. 더하기, 빼기, 곱하기, 혹은 나누기 등의 산술연산이나 삼각함수 같은 연산에서 입력과 출력으로 사용되는 값이 숫자형입니다. 숫자형은 다시 실수, 정수, 자연수 등으로 나누어집니다. 총 15개의 다른 형태로 구분되는데 이것은 숫자형의 단축메뉴에서 **형 (Representation)**을 선택하면 고를 수 있습니다. 이러한 분류는 메모리의 크기와 용도에 따른 것입니다. 예를 들어, DBL은 64bits이고, I32는 32bits입니다.

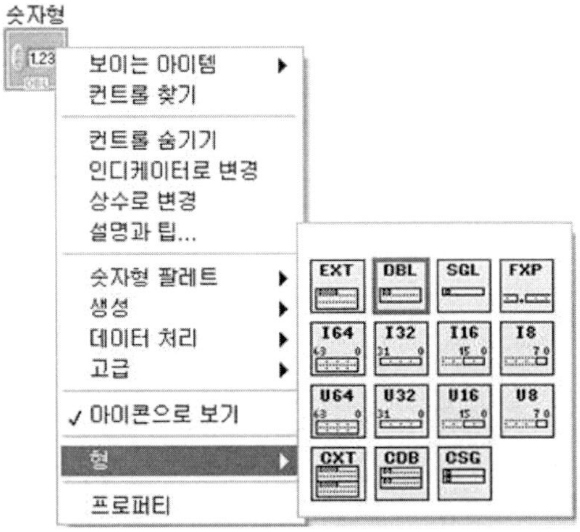

그리고 블록다이어그램에서 터미널 형태의 차이로 숫자형의 데이터 형을 구분할 수 있습니다. 실수와 복소수는 **주황색**이고 정수와 자연수는 **파란색**임을 확인할 수 있을 것입니다.

와이어를 연결할 때 숫자형은 숫자형끼리 연결해야 됩니다. 그리고 같은 숫자형이지만 정수와 실수를 연결하게 되는 경우에는 자동으로 형이 바뀌게 됩니다. 예를 들어, 다음과 같이 배정도 DBL을 정수 I32에 연결하면 자동으로 반올림 처리되어 실수가 정수로 바뀝니다. 이것을 강제 형변환이라고 부르고, 빨간색의 **강제 형변환 점(Coercion dot)**이 생겨서 강제 형변환 되었음을 알려줍니다. 이때 강제 형변환을 위하여 Coercion Dot에 새로운 메모리가 추가로 생성됩니다.

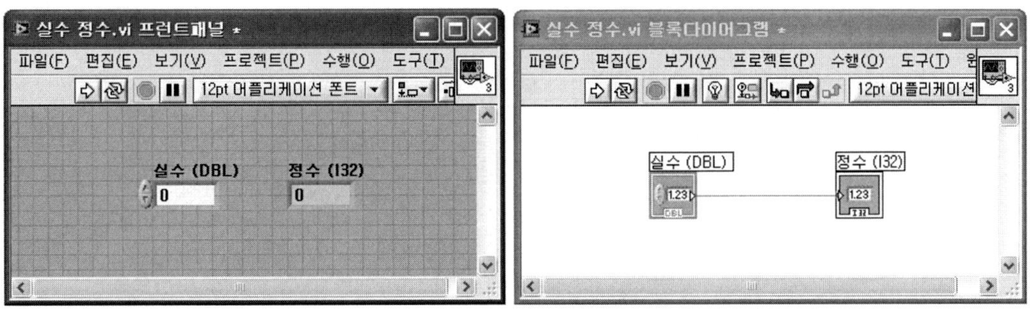

또한 프런트패널에서 숫자형은 여러 가지 아이콘으로 표현이 가능합니다. 사용자는 보기 좋은 사용자 인터페이스를 만들기 위하여 슬라이드나 다이얼 같은 아이콘을 이용할 수 있습니다. 아래 팔레트의 아이콘들은 형태는 다르지만 같은 숫자형 변수들입니다.

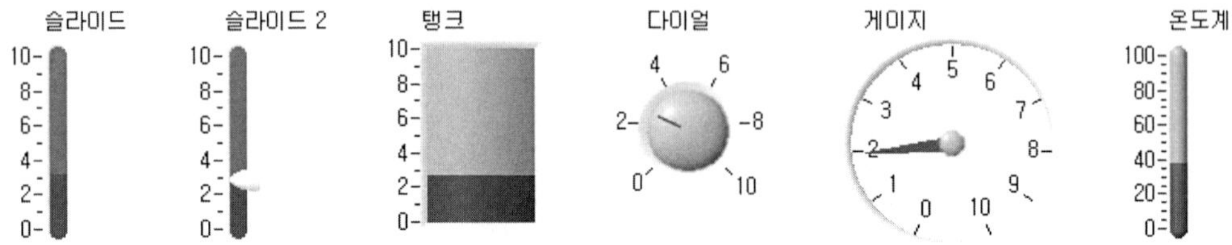

블록다이어그램에서는 컨트롤과 인디케이터의 터미널과 함께 **숫자형 상수**를 사용할 수 있습니다. 함수 〉 프로그래밍 〉 숫자형 팔레트에서 숫자형 상수를 찾을 수 있습니다.

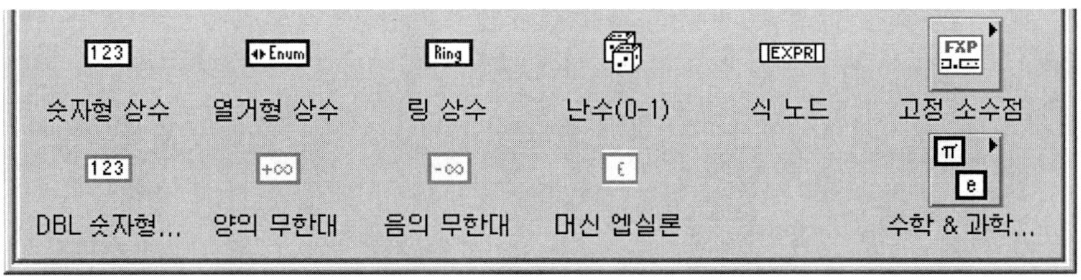

2011 버전부터는 실버 팔레트가 추가되었고, 컨트롤 〉 실버 〉 숫자형 팔레트에서도 숫자형 객체들을 찾을 수 있습니다.

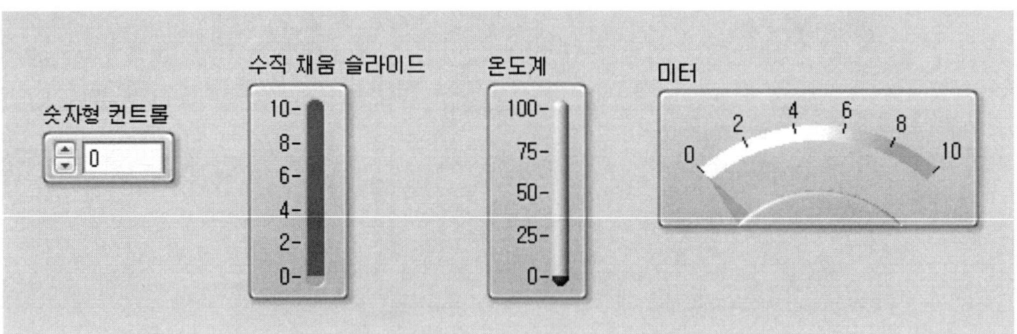

⌘ 불리언 변수

불리언은 **참**과 **거짓**의 논리 데이터입니다. 다음과 같이 컨트롤 팔레트에서 불리언을 찾을 수 있습니다. 스위치와 버튼은 불리언 컨트롤에 속하고, LED는 인디케이터에 속합니다. 그리고 함수의 불리언 팔레트에서 불리언 함수와 불리언 상수를 찾을 수 있습니다.
불리언 함수는 논리 연산을 의미합니다. 논리 연산에는 AND, OR, XOR, NOT, NAND, NOR, 그리고 NXOR 등이 있습니다.

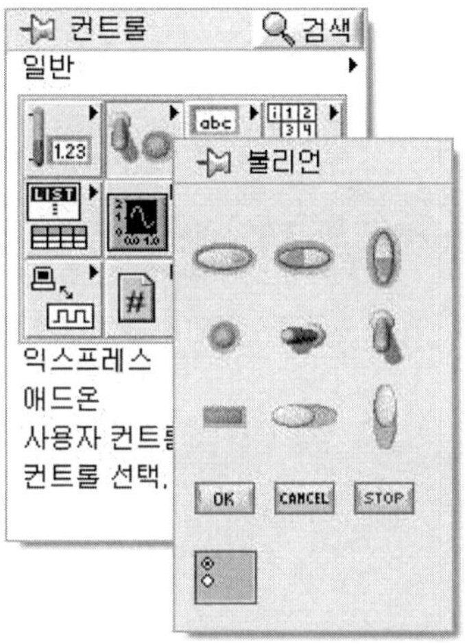

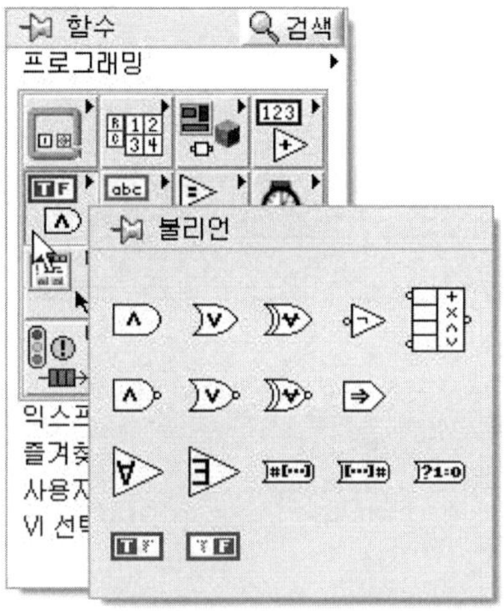

2011 버전부터는 실버 팔레트가 추가되었고, 컨트롤 〉 실버 〉 불리언 팔레트에서도 불리언 객체들을 찾을 수 있습니다. 그리고 버튼 팔레트에서 다양한 버튼들을 선택하여 사용할 수 있습니다.

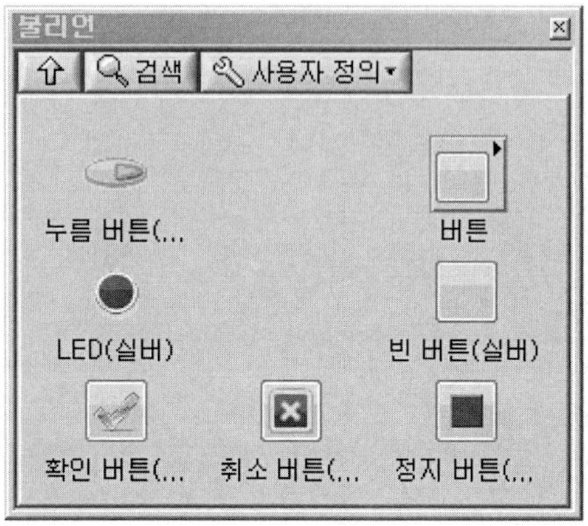
불리언
검색
사용자 정의
누름 버튼(...
버튼
LED(실버)
빈 버튼(실버)
확인 버튼(...
취소 버튼(...
정지 버튼(...

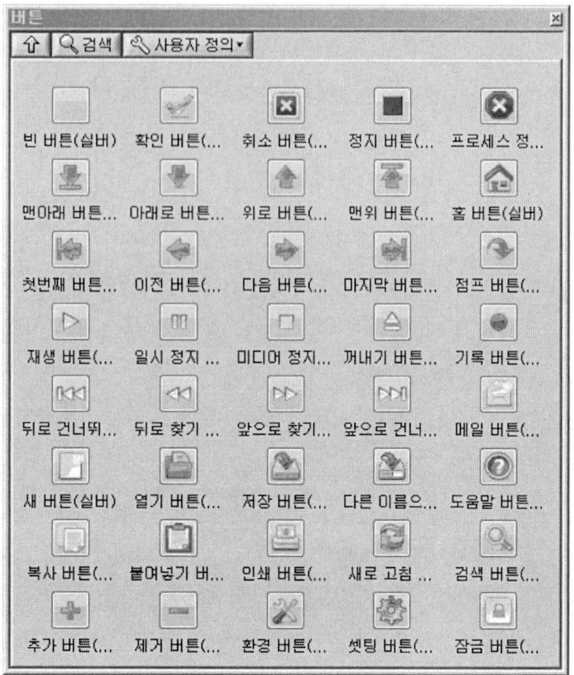
버튼
검색
사용자 정의
빈 버튼(실버)
확인 버튼(...
취소 버튼(...
정지 버튼(...
프로세스 정...
맨아래 버튼...
아래로 버튼...
위로 버튼(...
맨위 버튼(...
홈 버튼(실버)
첫번째 버튼...
이전 버튼(...
다음 버튼(...
마지막 버튼...
점프 버튼(...
재생 버튼(...
일시 정지 ...
미디어 정지...
꺼내기 버튼...
기록 버튼(...
뒤로 건너뛰...
뒤로 찾기 ...
앞으로 찾기...
앞으로 건너...
메일 버튼(...
새 버튼(실버)
열기 버튼(...
저장 버튼(...
다른 이름으...
도움말 버튼...
복사 버튼(...
붙여넣기 버...
인쇄 버튼(...
새로 고침 ...
검색 버튼(...
추가 버튼(...
제거 버튼(...
환경 버튼(...
셋팅 버튼(...
잠금 버튼(...

연습 1-3. 불리언 연산

토글스위치로 입력받은 불리언 값으로 AND, OR 등의 논리 연산을 수행합니다. 그리고 결과 값을 다시 토글스위치로 디스플레이해줍니다. 이 연습에서는 다음을 배울 수 있습니다.

- 불리언 데이터 타입의 사용법을 배웁니다.
- 논리 연산 방법을 배웁니다.
- 복합 연산 함수의 사용법을 배웁니다.

프런트패널

1. 새 VI를 열고, 불리언 함수.vi로 저장합니다. 〈단축키 Ctrl+N, Ctrl+S〉
2. 아래와 같이 프런트패널에 토글스위치 여섯 개를 위치시키고 라벨을 붙입니다. 컨트롤 〉 불리언 팔레트에서 **토글스위치**를 찾을 수 있습니다.

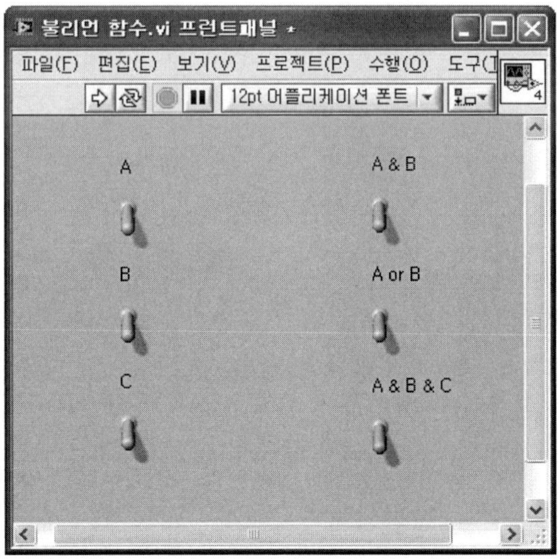

3. 오른쪽에 있는 세 개의 불리언은 아래와 같이 단축메뉴를 이용하여 **인디케이터**로 바꿔줍니다. 결과적으로 왼쪽의 A, B, C는 불리언 컨트롤이고, 오른쪽의 A & B, A or B, A & B & C는 인디케이터가 되도록 만들어줍

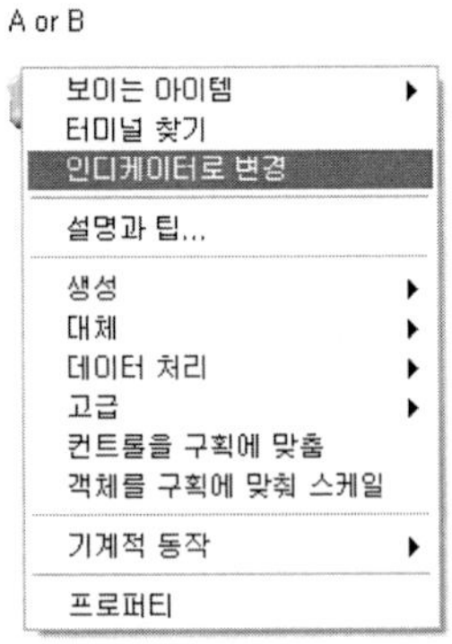

니다.

⌘ 블록다이어그램

4. 아래와 같이 블록다이어그램을 구성합니다. 함수 〉 프로그래밍 〉 불리언 팔레트에서 AND와 OR를 찾을 수 있습니다.
5. 함수 〉 프로그래밍 〉 불리언 팔레트에서 **복합연산**을 찾아 화면에 위치시키고 크기를 늘려줍니다. 그리고 단축메뉴에서 다음과 같이 **모드 변경 〉** AND을 선택해줍니다.

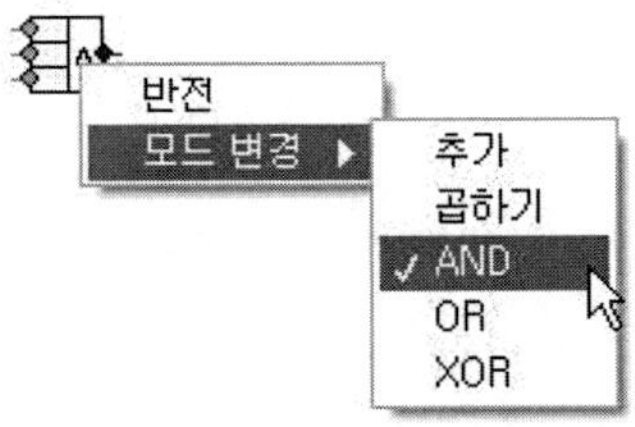

다음과 같이 블록다이어그램을 완성합니다.

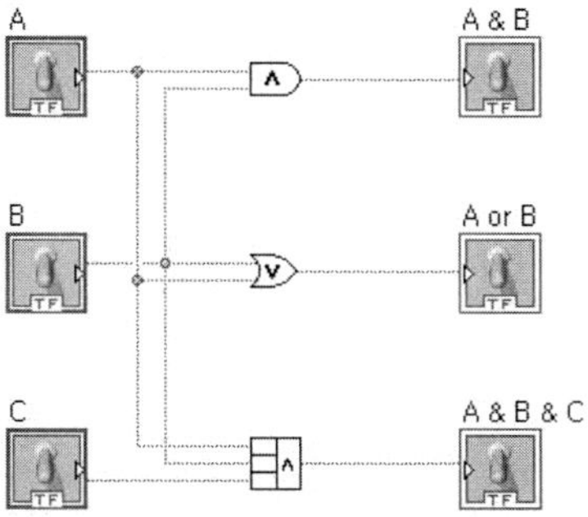

6. VI를 저장하고 실행시켜봅니다.

연습 1-3 끝

⌘ 문자열 변수

문자열은 ASCII 코드로 구성된 데이터 타입입니다. 그래서 간단한 Text 문을 작성할 수 있고 하드디스크에 저장하고 다른 프로그램 언어, Excel, 혹은 메모장에서 읽을 수 있습니다. 그리고 문자열은 인터넷 통신이나 GPIB 통신의 데이터 타입으로 사용됩니다.

영문 소문자, 대문자, 한글, 특수 문자, 숫자, 탭, 스페이스, 그리고 Enter 등 키보드에서 입력 가능한 모든 문자들을 문자열로 사용할 수 있습니다. 참고로 문자열에서 숫자는 48에서 57에 대응하는 ASCII 코드입니다. 그래서 더하기와 빼기, 나누기 같은 산술연산을 할 수 없습니다. 문자열 숫자로 연산을 수행하기 위해서는 먼저 문자열 타입을 숫자형 타입으로 변환시켜줘야 됩니다.

컨트롤 〉 일반 〉 문자열 & 경로 팔레트에서 **문자열 컨트롤, 인디케이터**를 찾을 수 있습니다. 그리고 **문자열 함수와 상수**는 함수 〉 프로그래밍 〉 문자열 팔레트에서 찾을 수 있습니다.

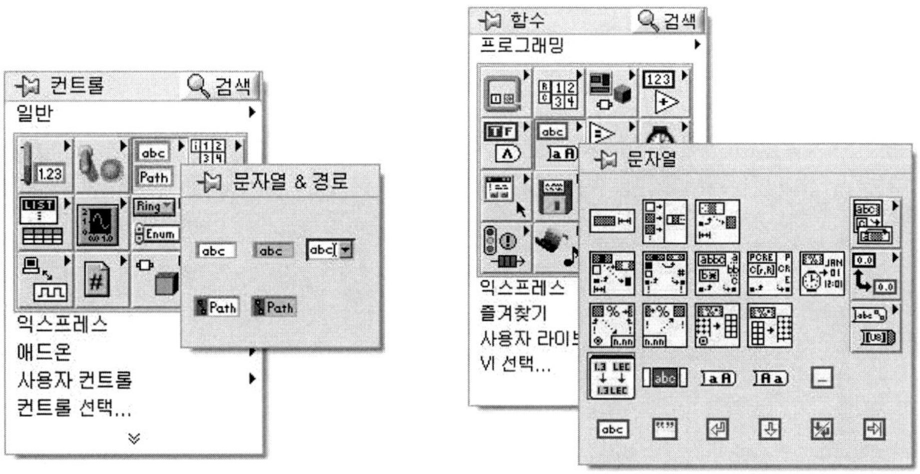

문자열에도 컨트롤, 인디케이터, 그리고 상수가 있으며, 컨트롤은 **흰색**이고 인디케이터는 **회색**입니다. 블록다이어그램에서 문자열의 터미널은 **분홍색**입니다.

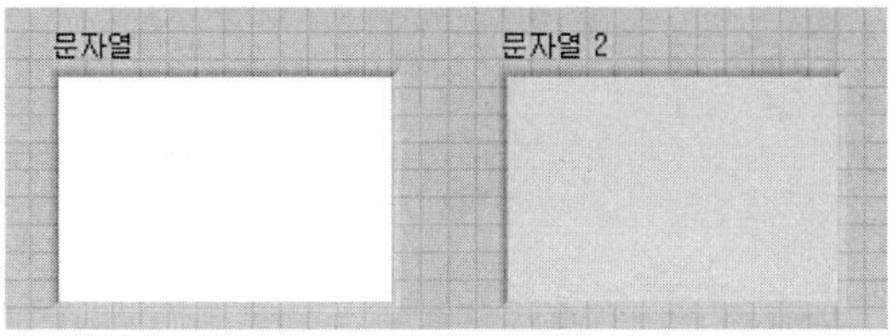

문자열의 컨트롤이나 인디케이터의 크기는 가변적입니다. 그래서 다음과 같이 마우스로 크기를 적당히 조절해줄 수 있습니다. 이때 여덟 개 방향으로 크기를 바꿀 수 있습니다.

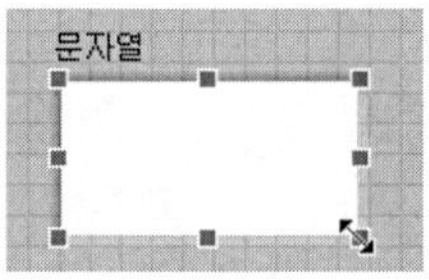

연습 1-4. 문자열과 문자열 함수

문자열을 만들고 문자열 함수들을 이용해 봅니다. 문자열과 숫자형 입력을 받아서 연결된 문자열을 출력하는 VI를 만들어봅니다. 이 연습에서는 다음을 배울 수 있습니다.

- 문자열로 포맷 함수를 사용하여 문자열에 숫자형을 추가합니다.
- 문자열 연결 함수와 문자열 길이 함수의 사용법을 배웁니다.
- 현재 값을 기본 값으로 설정하는 방법을 배웁니다.

⌘ 블록다이어그램

1. 새 VI를 만들고, 숫자형 문자열.vi라는 이름으로 저장합니다.
   다음과 같이 블록다이어그램을 구성합니다.
2.  **문자열로 포맷**을 위치시키고, [초기 문자열]과 [입력 1]에서 단축메뉴로 생성 〉 컨트롤을 실행하여 컨트롤들을 만들어줍니다. 그리고 [포맷 문자열]에서 생성 〉 상수를 실행하고 키보드로 " **%.4f** " 를 입력합니다. 이때 앞뒤로 〈Space〉가 하나씩 들어갑니다.

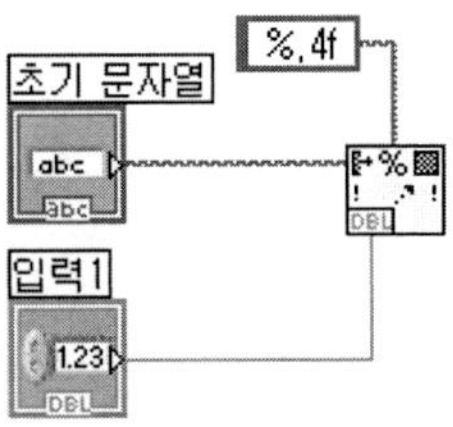

참고 **단축메뉴의 생성 기능**은 가장 유용하게 사용되는 단축메뉴 기능 중의 하나입니다. 단축메뉴의 생성에서 생성 〉 컨트롤, 생성 〉 인디케이터, 그리고 생성 〉 상수 등을 선택할 수 있습니다. 단축메뉴의 생성 기능은 해당 함수노드나 SubVI의 커넥터에 가장 적합한 변수 타입을 생성해줍니다. 함수 팔레트나 컨트롤 팔레트에서 아이콘을 찾을 필요가 없기 때문에 빠르고 쉬운 프로그래밍 방법입니다. 그러나 커넥터의 변수 타입이 결정되지 않았을 때는 생성 기능을 사용할 수 없습니다. For나 While 루프의 시프트 레지스터 초기화가 대표적인 사례입니다.

1. 문자열 함수를 이용하여 다음을 완성합니다.

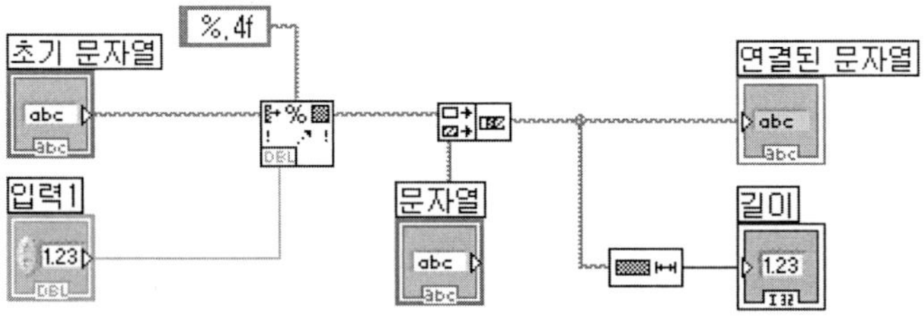

문자열 연결은 입력된 문자열을 차례로 연결하여 새로운 문자열을 만드는 함수입니다.

문자열 길이는 문자열의 길이를 I32 값으로 출력하는 함수입니다.

프런트패널

2. 다음과 같이 프런트패널을 정리하고, 값을 입력한 다음 실행합니다.

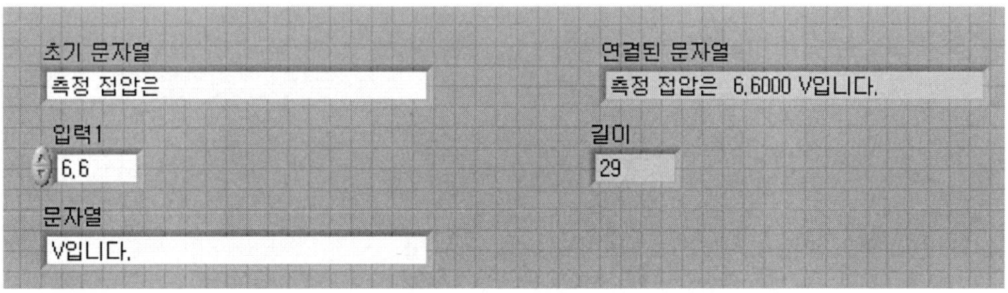

3. 상단 메뉴의 **편집(E) 〉 현재값을 기본값으로(M)**를 선택해주고 저장합니다. **현재값을 기본값으로(M)**를 설정해주지 않으면, 이 VI를 닫았다가 다시 열었을 때, 입력했던 글자들이 모두 사라져버립니다. 즉, 원래 기본값인 빈 문자열로 바뀝니다.

연습 1-4 끝

정리를 하면 LabVIEW의 데이터 타입은 **숫자형, 불리언,** 그리고 **문자열**로 세 가지입니다. 숫자형은 주황색 또는 파란색, 불리언은 녹색, 문자열은 분홍색으로 구분되며, 이러한 데이터가 흐르는 와이어 역시 그 색을 따릅니다. 또한 각각의 데이터 타입에는 **컨트롤**과 **인디케이터, 상수**가 있습니다. 프런트패널에는 컨트롤과 인디케이터를 놓을 수 있고, 블록다이어그램에서는 컨트롤과 인디케이터의 터미널과 상수 및 관련 함수를 이용하여 프로그래밍할 수 있습니다. 같은 데이터 타입끼리만 와이어로 연결이 가능합니다. 다른 데이터 타입을 와이어로 연결하기 위해서는 타입변환 함수를 이용하여 다른 타입으로 변환시켜줘야만 가능합니다.

⌘ 타입변환 함수

숫자형 변수를 문자열로 바꾸어 저장하거나, 문자열을 숫자형으로 바꾸어 산술 연산을 수행할 수 있습니다. 그리고 숫자형 변수인 0과 1을 불리언인 참과 거짓으로 변환할 수 있습니다.

숫자형과 문자열의 타입변환 함수는 함수 〉 프로그래밍 〉 문자열 〉 문자열/숫자 변환 팔레트에서 찾을 수 있습니다. 숫자형 변수에는 정수, 실수, 자연수 등의 형과 데이터의 포맷에 따라서 가지고 있는 정보가 다르므로 문자열로 변환할 때, 정확한 데이터의 정보를 파악해야 될 것입니다. 일반적으로 많이 사용하는 것이 소수점 4자리의 배정도 실수 타입입니다.

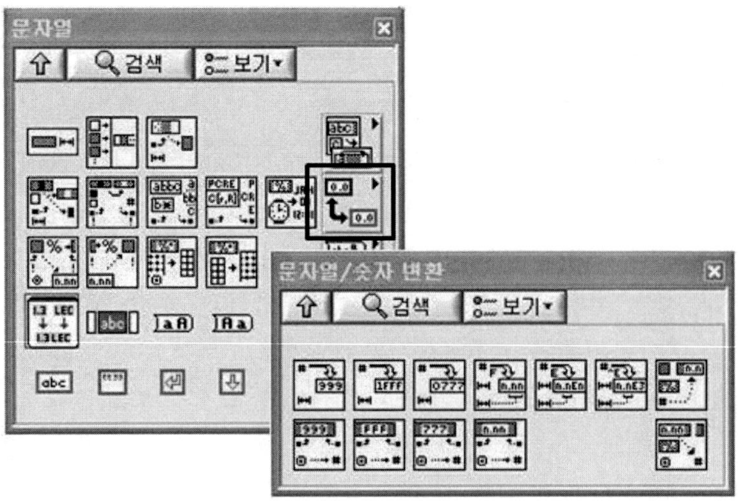

숫자형을 불리언으로 타입 변환하는 함수는 함수 〉 프로그래밍 〉 불리언 팔레트에서 찾을 수 있습니다. 그리고 함수 〉 프로그래밍 〉 숫자형 〉 변환 팔레트에서도 같은 함수를 찾을 수 있습니다.

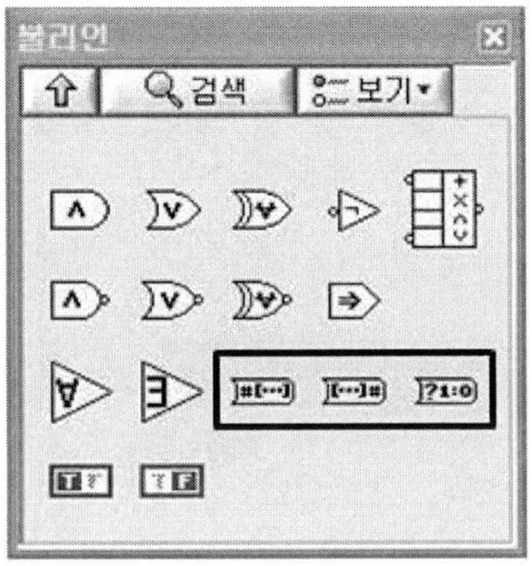

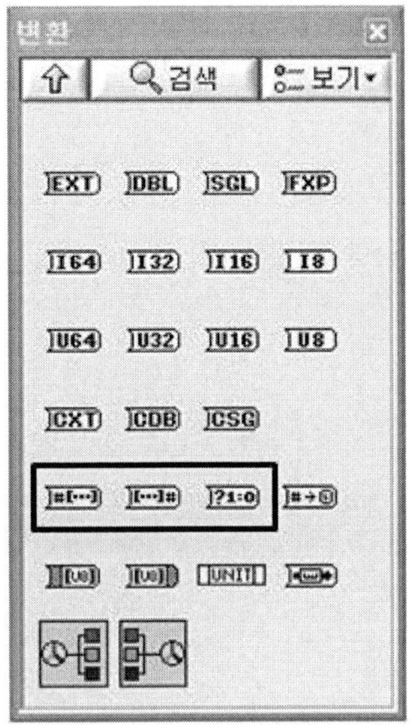

연습 1-5. 숫자형 데이터를 문자열로 바꾸기

소수점 아래 자리수를 가진 숫자형 실수를 문자열로 바꿔봅니다. 이 연습에서는 다음을 배울 수 있습니다.

- 숫자를 소수점형 문자열로 함수의 사용법을 익힙니다.

⌘ 프런트패널

1. 새 VI를 만들고, 형변환.vi라는 이름으로 저장합니다.
2. 숫자형 컨트롤 한 개와 문자열 인디케이터 한 개를 프런트패널에 놓습니다.

⌘ 블록다이어그램

3. 다음과 같이 블록다이어그램을 구성합니다.

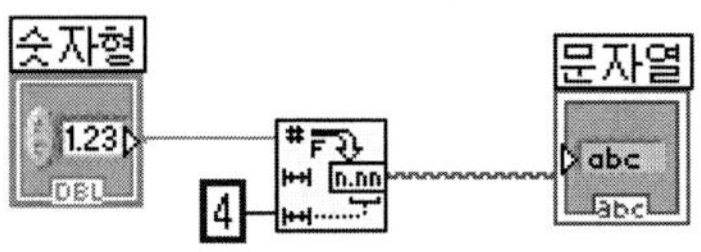

 **숫자를 소수점형 문자열로**는 실수 숫자형을 소수점을 가진 문자열로 바꾸는 함수입니다. 위와 같이 [정밀도]에 4를 입력하면, 소수점 네 자리의 문

자열로 표현됩니다. 함수 〉 프로그래밍 〉 문자열 〉 문자열/숫자 변환 팔레트에서 찾을 수 있습니다.

4. 숫자형 컨트롤에 값을 입력하고 실행합니다.

문자열에서 소수점 아래 네 자리를 만들기 위하여 나머지 두 자리는 0으로 채워진 것을 확인할 수 있습니다.

연습 1-5 끝

연습 1-6. 문자열 데이터를 숫자형으로 바꾸기

문자열 데이터를 숫자형으로 바꿔 산술연산을 수행해봅니다. 이 연습에서는 다음을 배울 수 있습니다.

- 패턴 일치 함수의 사용법을 익힙니다.
- 소수점/지수 문자열을 숫자로 함수의 사용법을 익힙니다.

⌘ 프런트패널

1. 새 VI를 만들고, 문자열 to 숫자형.vi라는 이름으로 저장합니다.
2. 문자열 컨트롤 한 개와 숫자형 인디케이터 한 개를 프런트패널에 놓습니다.
3. 문자열에 10.23 + 12 = 라고 입력합니다.
4. 메뉴의 편집(E) 〉 현재값을 기본값으로(M)를 선택해주고 저장합니다.

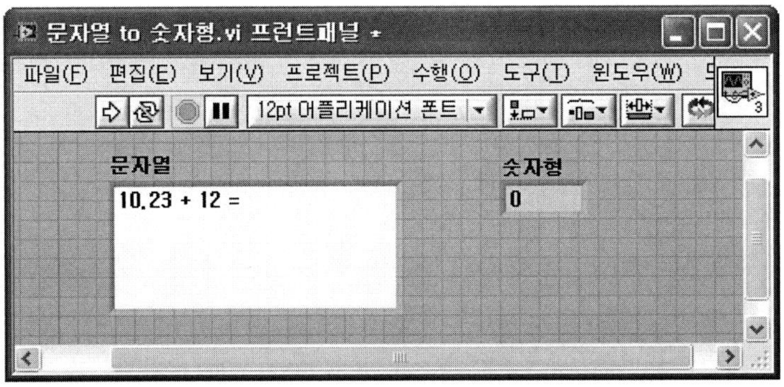

⌘ 블록다이어그램

5. 다음과 같이 블록다이어그램을 구성합니다.

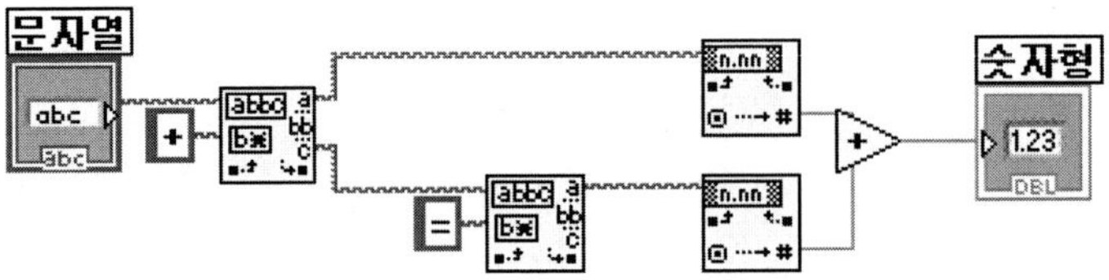

 **패턴 일치**는 문자열에서 특정한 문자를 찾는 함수입니다. 여기에서는 “+” 와 “=” 을 찾습니다. 함수 〉 프로그래밍 〉 문자열 팔레트에서 찾을 수 있습니다.

 **소수점/지수 문자열을 숫자로** 함수는 함수 〉 프로그래밍 〉 문자열 〉 문자열/숫자 변환 팔레트에서 찾을 수 있습니다. 문자열을 배정도 실수로 변환하는 함수입니다.

6. VI를 저장하고 실행합니다.

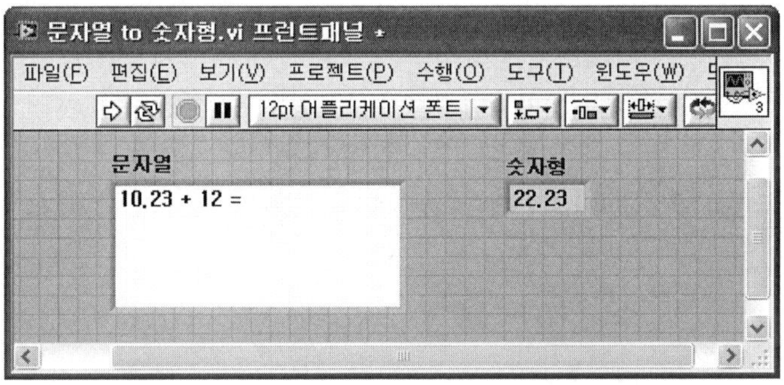

문자열에서 숫자 부분만 분리하고, 분리한 숫자 문자열을 숫자형으로 변형시킨 다음, 더하기 연산을 수행한 것입니다.

연습 1-6 끝

다. 배열

데이터의 개수가 많을 때 각 원소들을 하나씩 따로 처리하는 것은 효율적이지 못합니다. 이때 같은 타입의 데이터를 묶어서 배열로 만들면 쉽게 많은 양의 데이터를 처리할 수 있습니다. 배열에는 숫자형 배열, 불리언 배열, 그리고 문자열 배열이 있습니다. 또한 각각에 컨트롤, 인디케이터, 그리고 상수가 있습니다. 컨트롤 〉 일반 〉 배열, 행렬, 클러스터 팔레트에서 **배열**을 찾을 수 있습니다. 2011 버전에 추가된 컨트롤 〉 실버 〉 배열, 행렬, 클러스터 팔레트에서도 찾을 수 있습니다.

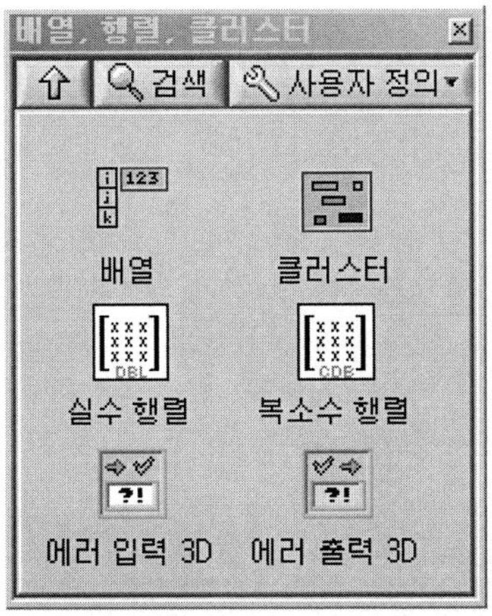

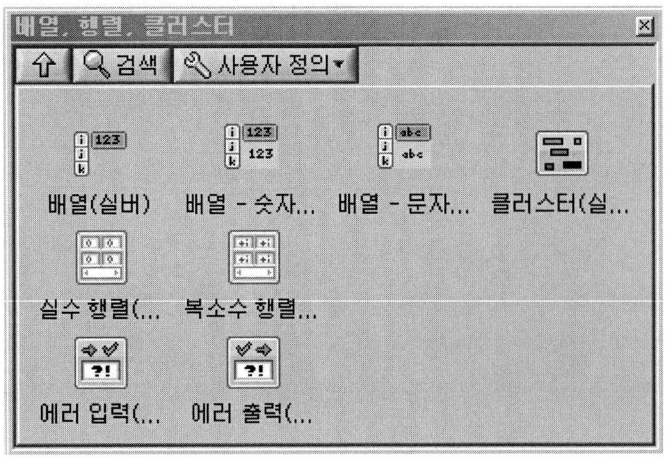

배열은 차원을 가집니다. 주로 1차원 배열과 2차원 배열을 많이 사용합니다. 참고로 행렬은 2차원 숫자형 배열입니다.

⌘ 1차원 배열

배열을 만들기 위해서 가장 먼저 컨트롤 〉 일반 〉 배열, 행렬, 클러스터 팔레트에서 배열을 찾아서 프런트패널에 위치시킵니다. 그러나 배열의 초기 상태는 다음과 같이 텅 빈 배열이 놓이게 됩니다. 빈 배열의 터미널은 검정색 테두리입니다. 이 속에 숫자형 컨트롤을 넣으면 숫자형 컨트롤 배열이 되는 것이고, 불리언 인디케이터를 넣으면 불리언 인디케이터 배열이 됩니다.

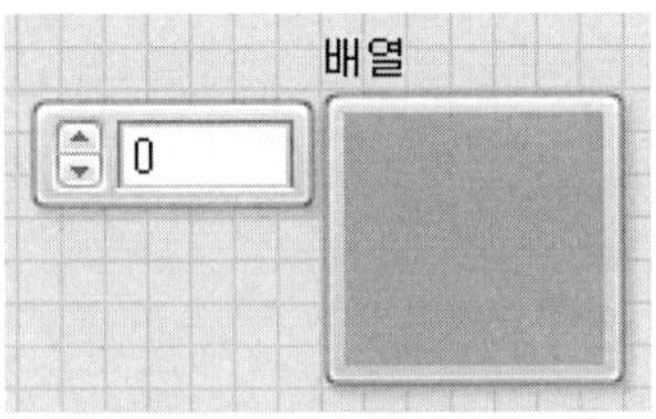

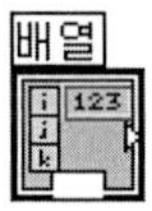

배열은 마우스를 이용하여 크기를 바꿔줄 수 있습니다. 이때 마우스로 선택하는 위치에 따라서 다음과 같이 두 가지 변화가 가능합니다.

▸ **원소 한 개가 차지하는 공간의 크기를 바꾸는 경우**

▸ **보이는 원소의 개수를 늘이는 경우**

참고 **배열의 메모리 할당** : LabVIEW에서 배열의 메모리 크기를 미리 선언할 필요가 없습니다. 배열의 메모리는 다이내믹하게 자동으로 설정됩니다.

참고 **배열의 인덱스(Index)** : LabVIEW는 그래픽 사용자 인터페이스를 제공하지만 배열을 표현하는 것은 쉽지 않습니다. 왜냐하면 모니터와 같은 디스플레이의 크기가 유한하기 때문에 배열의 원소를 전부 프런트패널에 표현하는 것은 사실상 불가능하기 때문입니다. 아래와 같이 인덱스에 30을 입력하면, 인덱스 30의 원소가 첫 번째로 디스플레이됩니다. 즉, 인덱스를 이용하여 원하는 위치의 원소 값을 확인할 수 있는 방식입니다. 그리고 1차원 배열은 인덱스가 한 개이고, 2차원 배열은 인덱스가 2 개입니다. 같은 방식으로 N 차원 배열은 N개의 인덱스를 가지고 있습니다.

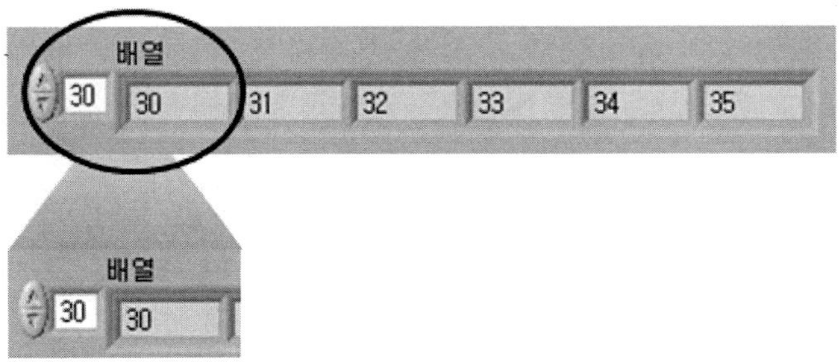

연습 1-7. For 루프를 이용하여 배열 만들기

For 루프를 이용하여 100개 원소를 가진 배열을 만들어봅니다. 이 연습에서는 다음을 배웁니다.

- For 루프의 사용법을 배웁니다.
- For 루프의 자동 인덱싱 기능을 배웁니다.
- 삼각함수의 사용법을 배웁니다.
- 사인 파형으로 배열 원소를 만드는 방법을 배웁니다.
- 배열 인덱스의 사용법을 익힙니다.

⌘ 블록다이어그램

1. 새 VI를 만들고, 배열만들기.vi라는 이름으로 저장합니다.
2. 아래와 같이 블록다이어그램을 구성합니다. **For 루프**는 입력한 횟수 N만큼 루프 속의 함수를 반복 실행하는 구조입니다. 함수 〉 프로그래밍 〉 구조 팔레트에서 찾을 수 있습니다.
3. For 루프의 기본 출력은 배열입니다. **자동 인덱싱**이 되도록 설정되어 있습니다. For 루프가 실행되는 동안 이 부분에서 데이터들의 Index가 자동으로 할당되면서 배열이 만들어지고, For 루프가 끝나면 N개의 원소를 가진 배열을 출력합니다. 출력단에서 단축메뉴의 생성 〉 인디케이터를 선택하면 숫자형 DBL 배열이 생성됩니다.

   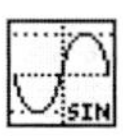
   사인[Sine]은 함수 〉 수학 〉 기본&특수 함수 〉 삼각함수 팔레트에서 찾을 수 있습니다.

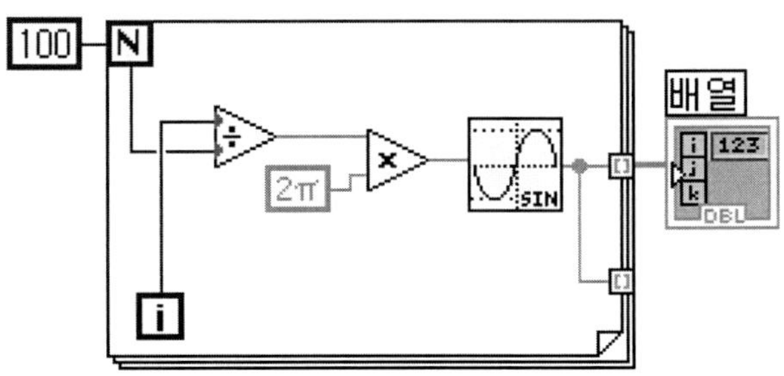

4. 단축메뉴에서 **인덱싱 비활성화**를 선택하면 배열이 생성되지 않습니다. For 루프가 끝날 때의 마지막 데이터인 숫자형 변수 한 개가 출력됩니다. 단축메뉴의 생성 〉 인디케이터를 선택하면 숫자형 DBL 인디케이터가 생성됩니다.
5. 아래와 같이 배열 출력단과 숫자형 출력단이 다름을 확인할 수 있습니다. 배열 출력은 [ ]와 같이 속에 [ ]이 있고, 숫자형 출력은 ■와 같이 속이 메워져 있습니다.

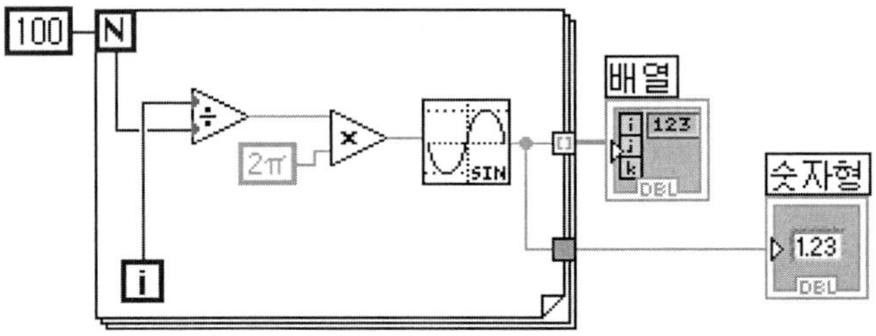

⌘ 프런트패널

6. 웨이브폼 그래프를 위치시키고 배열을 그래프에 연결합니다. 컨트롤 〉 일반 〉 그래프 팔레트에서 웨이브폼 그래프를 찾을 수 있습니다. 프런트패널을 정리하고 실행합니다.

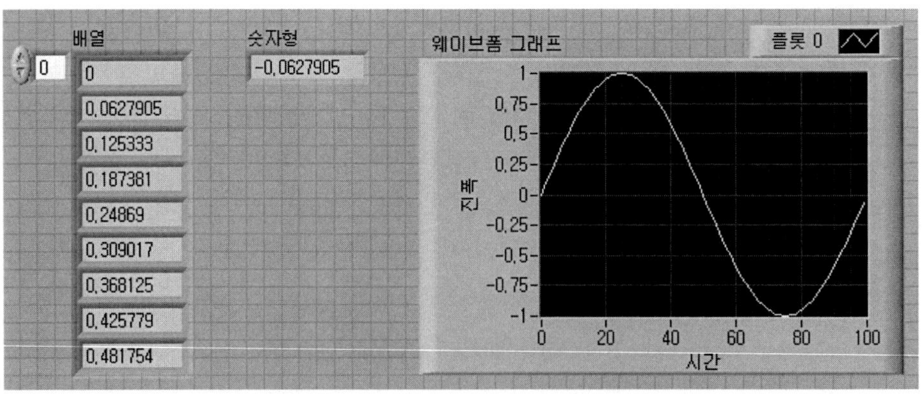

참고 웨이브폼 그래프

웨이브폼 그래프는 배열 형태의 데이터를 표현하기 위하여 사용하는 그래프 인디케이터의 한 종류입니다. 컨트롤 〉 일반 〉 그래프 팔레트에는 웨이브폼 차트와 웨이브폼 그래프 등이 있습니다. 웨이브폼 그래프는 이전 데이터를 지우고 새로 플롯합니다. 반면 웨이브폼 차트는 이전 데이터를 그대로 두고 새로운 데이터를 이어서 플롯합니다. 또한 차트는 숫자형 데이터도 플롯할 수 있습니다. 그러나 그래프는 항상 배열 형태의 데이터를 플롯해야 합니다. 웨이브폼 그래프와 차트에 대하여 뒤에서 다시 배울 것입니다.

7. Index에 50을 입력하여 50번째부터 54번째까지의 데이터 값을 확인해봅니다. Index의 역할은 화면 전체에 100개의 원소를 모두 보여줄 수 없기 때문에 보고 싶은 부분을 선택할 수 있게 도와주는 것입니다.

8. Index에 98을 입력해봅니다. 98번째와 99번째 원소를 보여줍니다. Index 100 이상은 회색으로 아직 메모리가 할당되지 않았음을 나타냅니다. 또한 99번째 값은 -0.06279입니다. 이것은 숫자형 출력과 같은 값입니다. 숫자형 출력은 For 루프의 마지막 값을 출력하기 때문입니다.

연습 1-7 끝

⌘ 2차원, 3차원 그리고 다차원 배열

2차원 배열을 만들기 위해서는 1차원 배열을 먼저 만듭니다.  인덱스(Index)를 마우스로 클릭하고 아래로 당겨서 다음과 같이 두 칸으로 늘여줍니다. 이렇게 인덱스가 두 개 있는 배열이 2차원 배열입니다.

1 차원 배열

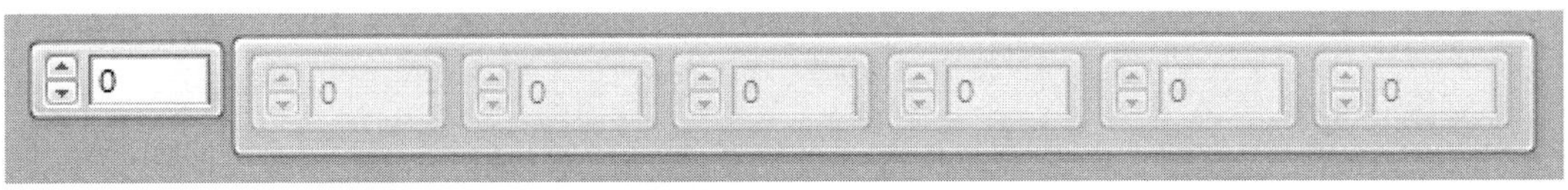

2차원 배열

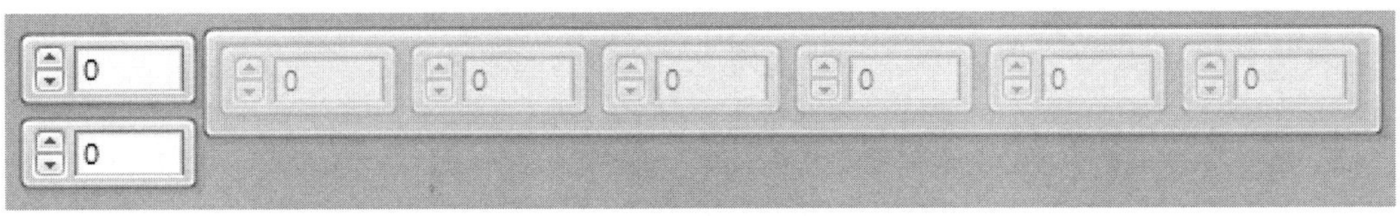

2차원 배열은 다음과 같이, 원소부분을 2차원으로 늘여줄 수 있습니다.

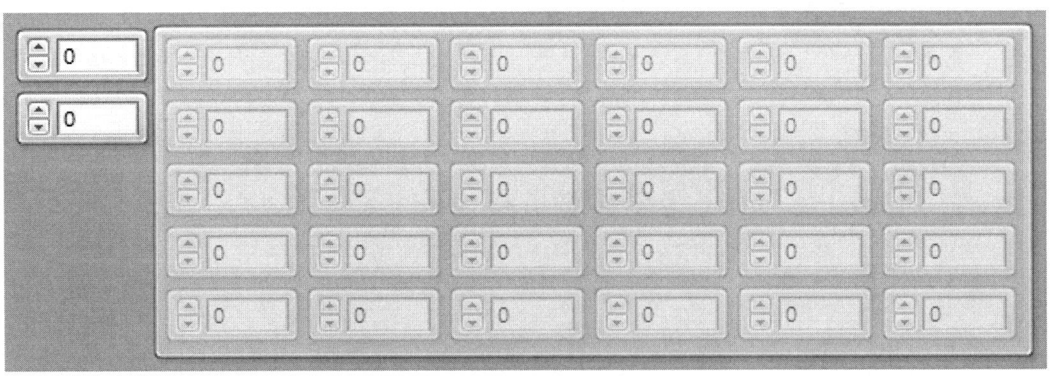

같은 방법으로 3차원 배열 이상의 다 차원 배열도 만들 수 있습니다. 그러나 인덱스 개수를 늘여서 차원을 계속 높일 수 있지만, 직관적으로 이해하기 힘들기 때문에 3차원정도까지만 사용합니다. 그리고 프런트패널에서는 2차원 배열까지만 배열의 원소를 직관적으로 디스플레이할 수 있습니다.

연습 1-8. 2차원 배열을 만들기

For 루프 두 개를 이용하여 2차원 배열을 만들어봅니다. 이 연습에서 다음을 배울 수 있습니다.

- 2차원 배열을 만드는 방법을 배웁니다.
- 2차원 배열에서 Index를 활용하는 방법을 배웁니다.

⌘ 프런트패널

1. 새 VI를 만들고, 2D배열.vi라는 이름으로 저장합니다.
2. 배열, 행렬, 클러스터 팔레트에서 배열을 찾아서 프런트패널에 위치시킵니다.
3. 숫자형 팔레트에서 숫자형 인디케이터를 배열 속에 넣어서 1차원 숫자형 인디케이터 배열을 만듭니다.
4. 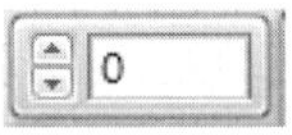 인덱스를 늘여서 2차원 배열로 바꾸어줍니다.

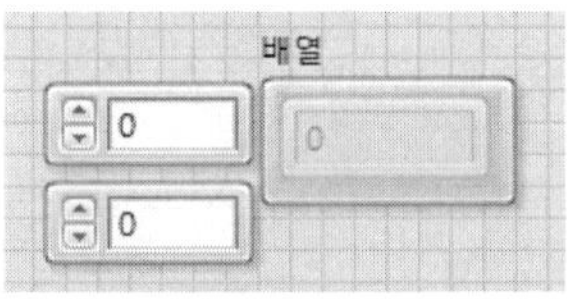

⌘ 블록다이어그램

5. For 루프를 두 개 위치시키고 아래와 같이 블록다이어그램을 구성합니다. **난수(0-1)**는 함수 〉 프로그래밍 〉 숫자형 팔레트에서 찾을 수 있습니다. For 루프의 출력을 배열 터미널에 연결합니다.

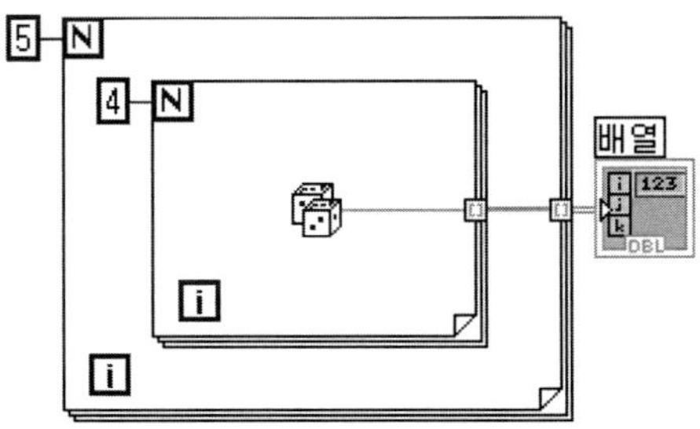

6. 프런트패널을 다음과 같이 구성하고 실행합니다.

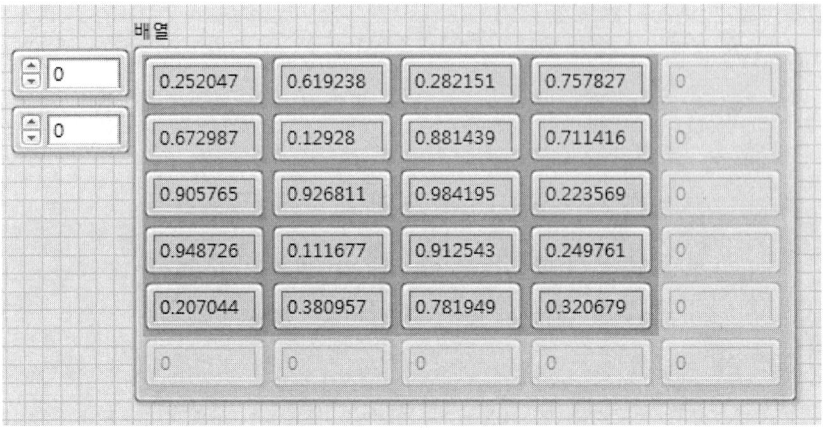

7. Index에 2와 3을 입력하여 Index(2, 3) 원소를 찾아봅니다.

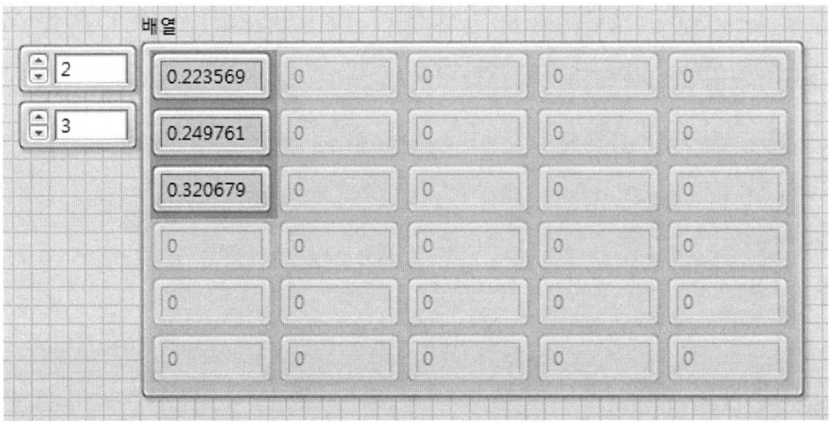

연습 1-8 끝

⌘ 배열 함수와 노드

다음과 같이 함수 〉 프로그래밍 〉 배열 팔레트에서 배열 관련 **함수**와 **노드**들을 찾을 수 있습니다.

■ 배열 크기

배열 크기는 배열의 크기를 알아내는 함수입니다. 예를 들어, 배열 형식의 데이터를 네트워크로 전송할 때, 전송할 파일 사이즈를 알기 위하여 배열 크기 함수를 사용할 수 있습니다.

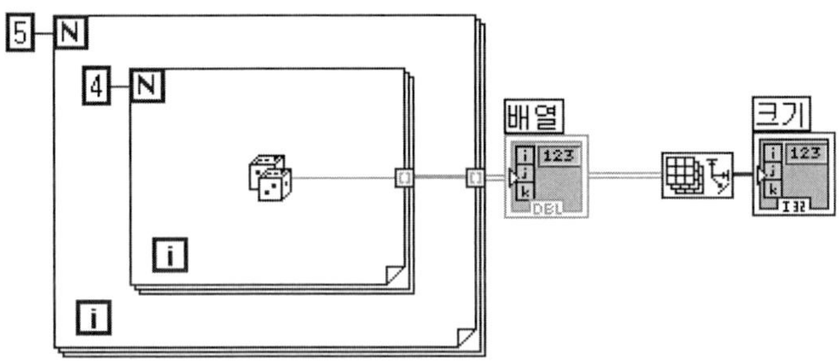

■ 배열 인덱스

배열 인덱스는 배열에서 원하는 인덱스의 원소를 찾을 때 사용합니다. 다음은 2차원 배열에서 Low = 1, Column = 2에 있는 원소를 찾는 예입니다.

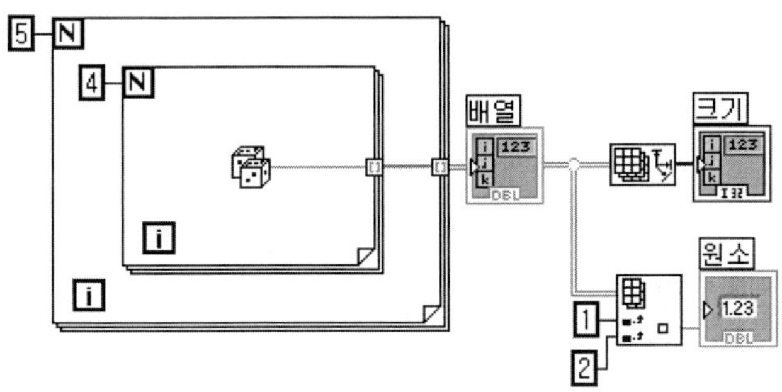

■ 배열 상수

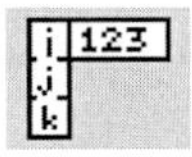 **배열 상수**를 블록다이어그램에 위치시키면 다음과 같은 모양입니다. 이곳에 원하는 데이터 타입을 넣어줍니다. 예를 들어, 숫자형 상수를 넣으면 **숫자형 상수 배열**이 됩니다.

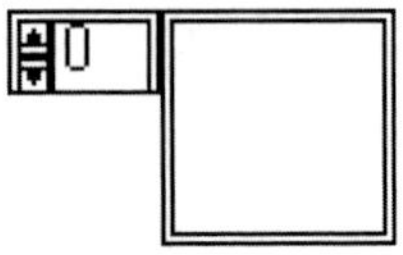

■ 배열 만들기

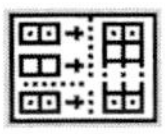 **배열 만들기**는 여러 개의 배열이나 원소를 묶어서 새로운 배열을 만들 때 사용됩니다. 예를 들어, 숫자형 원소를 여러 개 묶어서 1차원 배열을 만들거나, 1차원 배열들을 묶어서 2차원 배열을 만들 수 있습니다. 또는 1차원 배열에 원소를 추가하여 붙일 수 있습니다.

배열 만들기 노드를 블록다이어그램에 놓으면 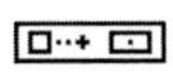과 같은 모양입니다. 다음과 같이 마우스로 필요한 만큼 키워줍니다.

다음은 배열 만들기 함수를 이용하여 숫자형 상수 세 개를 묶어서 1D 배열을 만든 예입니다. 만들어진 배열은 {23, 0, 100.24}입니다.

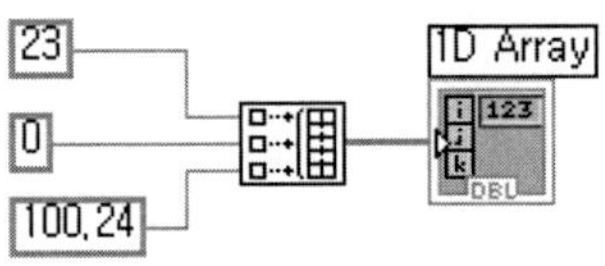

다음은 배열 만들기 함수를 이용하여 1D 배열 두 개를 묶어서 2D 배열을 만든 예입니다. 배열의 길이가 서로 다를 경우에는 긴 쪽에 맞추어 2D 배열이 생성됩니다. 이때 부족한 부분은 0으로 채워집니다.

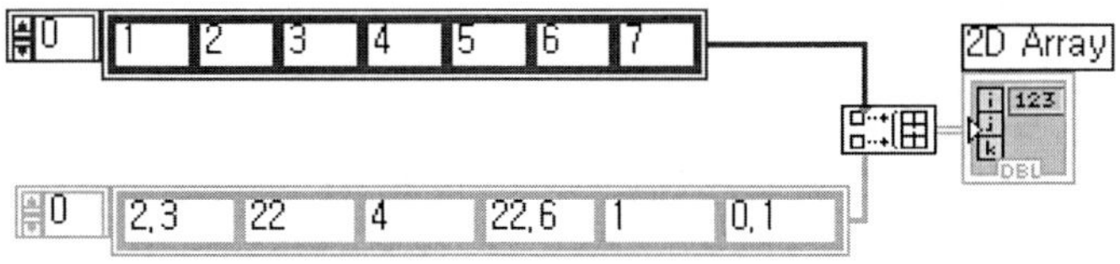

다음은 1차원 배열에 원소를 추가한 예입니다. 추가된 배열은 1차원 배열인 {3, 4, 5, 6}이 됩니다.

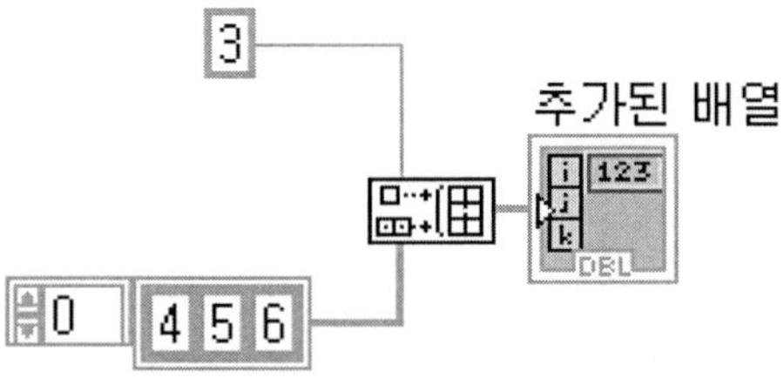

다음은 배열 만들기 함수를 이용하여 1D 배열 두 개를 연결하여 1D 배열을 만든 예입니다. 이때 배열 만들기의 단축메뉴에서 **입력 연결**을 선택해줘야 됩니다. 다음과 같이 배열 만들기의 모양도 다르게 표현됩니다. 새로운 1D 배열은 {1, 2, 3, 4, 5, 6, 7, 2.3, 22, 4, 22.6, 1, 0.1, 7}입니다.

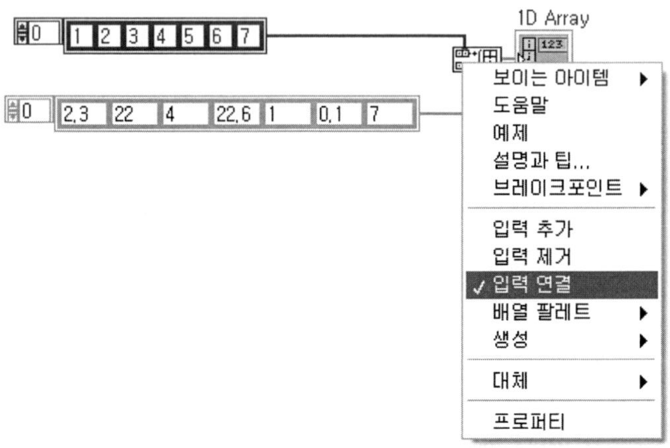

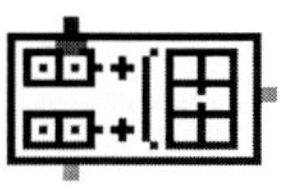

■ 배열 부분 대체

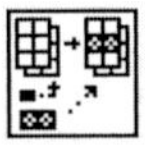 배열 부분 대체는 배열의 일부분은 다른 원소로 대체하는 함수입니다. 예를 들어, 배열 {0,1,2,3,4,5,6}에서 인덱스 3의 원소를 10으로 대체하면, 출력 배열은 {0,1,2,10,4,5,6}이 됩니다. 대체이므로 배열의 크기는 유지됩니다.

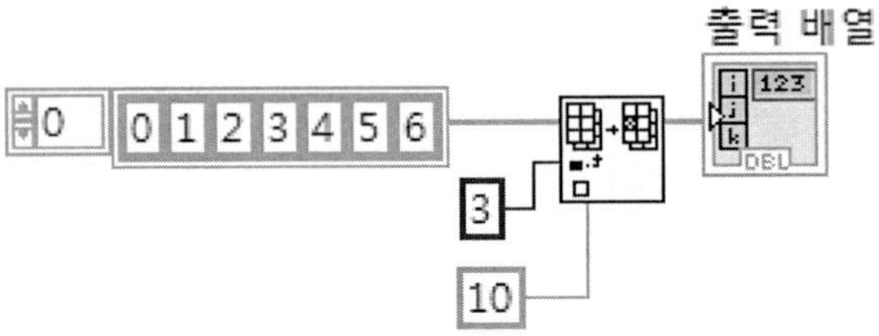

■ 배열에 삽입

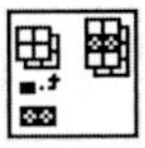 배열에 삽입은 앞에서 소개한 배열 만들기와 다르게, 지정한 인덱스에 새로운 원소를 삽입하는 함수입니다. 예를 들어, 배열 {0,1,2,3,4,5,6}에서 인덱스 3에 원소 10을 삽입하면, 출력 배열은 {0,1,2,3,10,4,5,6}이 됩니다. 삽입이므로 배열의 크기가 그만큼 커집니다.

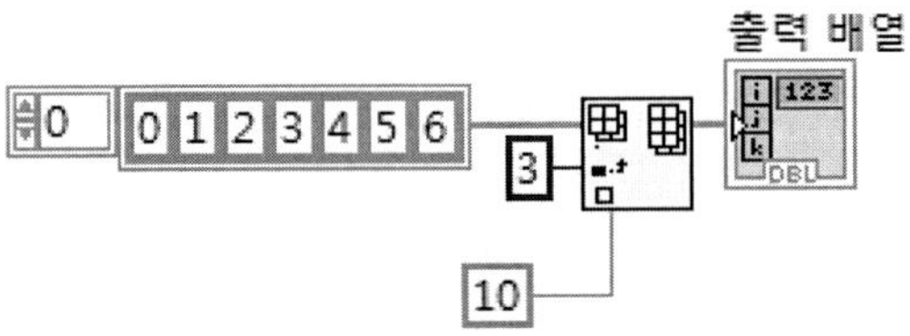

■ 배열로부터 삭제

 배열로부터 삭제는 지정한 인덱스에서 지정한 크기만큼을 삭제하는 함수입니다. 예를 들어, 배열 {0,1,2,3,4,5,6}에서 인덱스 3부터 2개 원소를 삭제하면 부분이 삭제된 배열은 {0,1,2,5,6}이고, 삭제된 부분은 {3,4}가 출력됩니다.

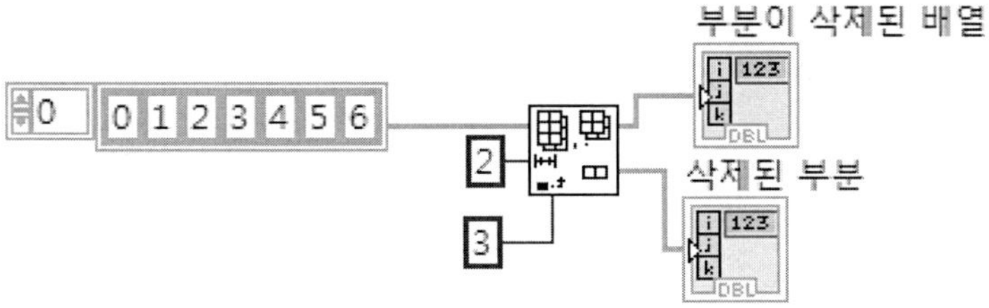

■ 배열 잘라내기

배열 잘라내기는 배열에서 필요한 부분만 잘라내는 함수입니다. 예를 들어, 배열 {0,1,2,3,4,5,6}의 인덱스 3에서 원소 2개를 잘라내면 부분배열로 {3,4}가 출력됩니다. 배열로부터 삭제 함수의 삭제된 부분과 동일한 결과입니다.

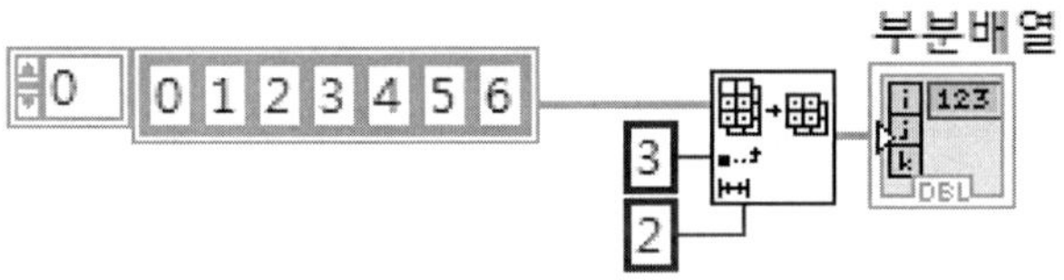

■ 배열 최대 & 최소

배열 최대 & 최소는 배열에서 최대값과 최소값을 찾는 함수입니다. 예를 들어, 배열 {0,1,2,3,4,5,6}에서 최대값은 6이고, 최대 인덱스는 6입니다. 그리고 최소값은 0이고, 최소 인덱스는 0입니다.

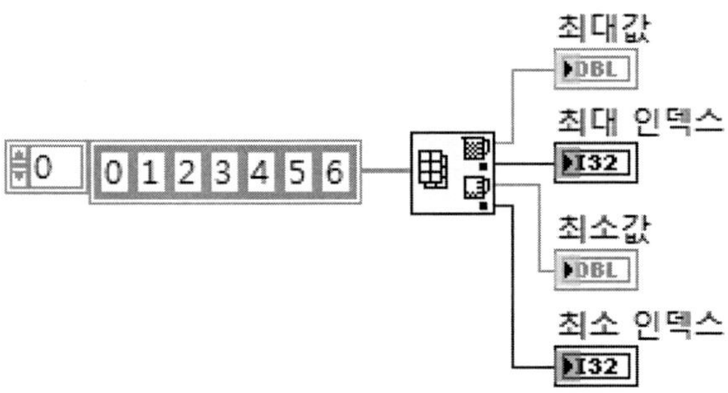

■ 배열 초기화

배열 초기화는 다음과 같이 지정한 원소로 초기화된 배열을 생성하는 함수입니다. 원소= 0.1, 차원 크기는 4와 5로 입력하고 초기화된 배열을 생성한 예입니다. 이때 차원을 두 개로 늘려줘서 2차원 배열을 생성할 수 있게 바꿔줬습니다.

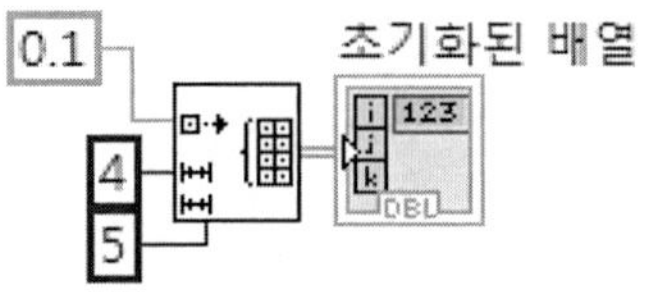

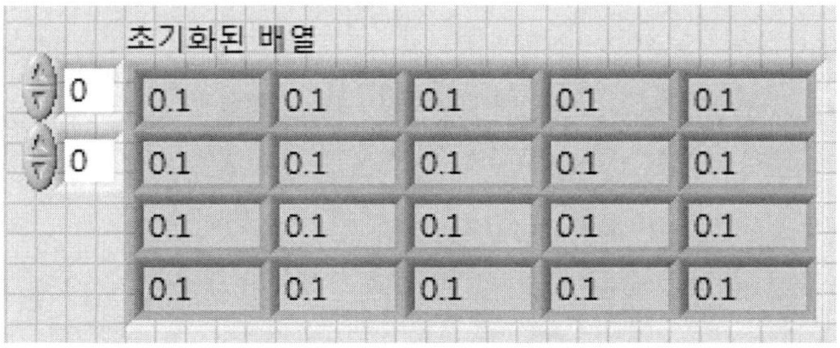

⌘ 배열의 연산

배열의 연산, 즉 더하기, 빼기, 곱하기, 나누기 등에 대하여 알아봅니다. LabVIEW에서 배열 연산은 Polymorphism을 가집니다. Polymorphism이란 다른 데이터 구조라도 계산이 가능하다는 뜻입니다.

■ **배열 + 숫자형 = 배열**

1D 배열과 숫자형을 더하면 배열의 모든 원소에 숫자형이 더해진 결과를 출력합니다.

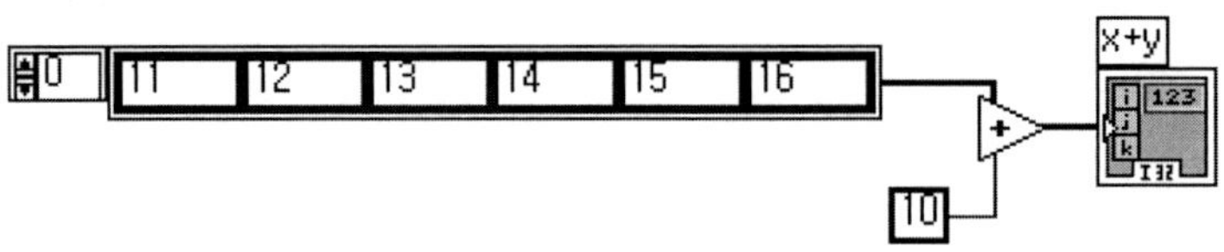

■ **배열(6원소) * 배열(8원소) = 배열(6원소)**

6개 원소의 1D 배열과 8개 원소의 1D 배열을 곱하면, 6개 원소의 1D 배열이 출력됩니다. 이것은 같은 인덱스의 원소끼리 곱한 결과이며, 배열의 크기가 작은 쪽으로 맞춰서 계산됩니다.

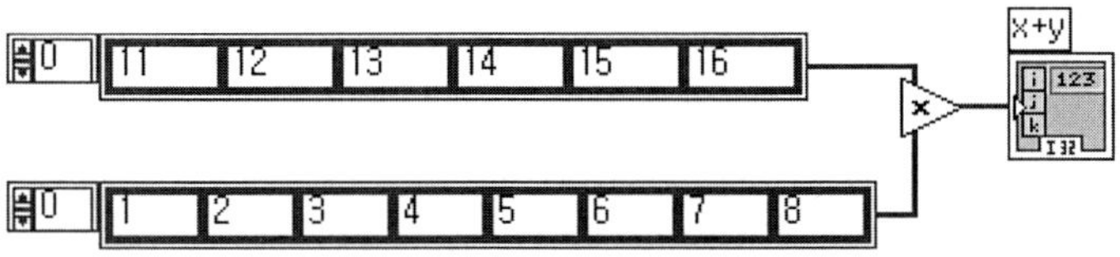

연습 1-9. 배열 함수와 연산

배열을 만들고 여러 가지 함수와 연산을 이용하여 배열을 연산해봅니다. 이 연습에서는 1D 배열과 숫자형 곱하기, 배열 잘라내기, 1D 배열 부분제거 함수에 대하여 배웁니다.

⌘ 블록다이어그램

1. 새 VI를 만들고 배열함수.vi라는 이름으로 저장합니다.
2. 함수 〉 프로그래밍 〉 구조 팔레트에서 For 루프를 찾아서 블록다이어그램에 위치시킵니다. 루프 카운터에서 단축메뉴로 [상수 생성]을 선택해주고, 20을 입력합니다.
3. 루프 반복횟수의 값을 For 루프 밖으로 와이어해줍니다. 출력 터미널에서 단축메뉴로 생성 〉 인디케이터를 선택하여 I32 배열을 생성합니다.
4. 프런트패널에 숫자형 컨트롤을 하나 위치시키고, 라벨을 "스케일"로 바꿔줍니다.
5. 블록다이어그램에서 스케일의 터미널과 배열을 곱하기 함수로 곱해줍니다.

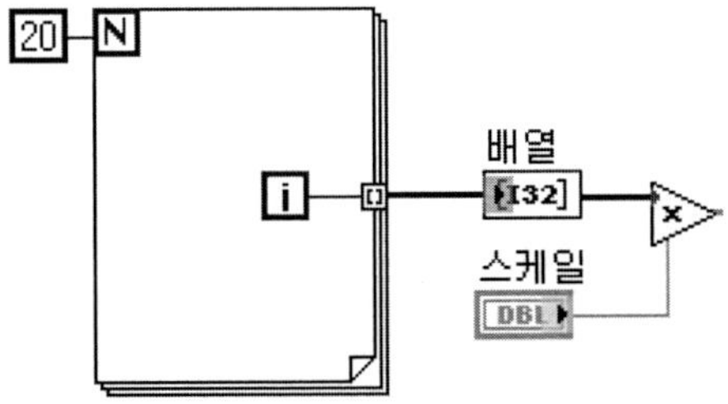

이때 스케일은 숫자형 컨트롤이고 배열은 1D 배열입니다. 배열 Polymorphism이 있기 때문에 단축메뉴의 생성 〉 컨트롤을 이용하여 숫자형 컨트롤을 생성시킬 수 없습니다. 그래서 프런트패널에서 숫자형 컨트롤을 붙여줘야 되는 것입니다.

6. 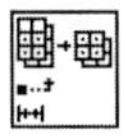 **배열 잘라내기**를 이용하여 배열의 일부를 떼어냅니다. 단축메뉴의 생성을 이용하여 [인덱스], [길이]에 컨트롤을 생성시켜줍니다. 그리고 [부분배열]에 인디케이터를 생성시킵니다.

7. 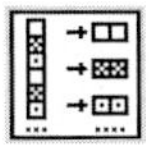 **1D 배열 부분제거** 함수를 위치시키고, [스케일된 배열]을 연결합니다. 아래로 당겨서 출력을 3 개로 만들어줍니다. 그리고 [부분제거된 배열]에 인디케이터를 생성시킵니다.

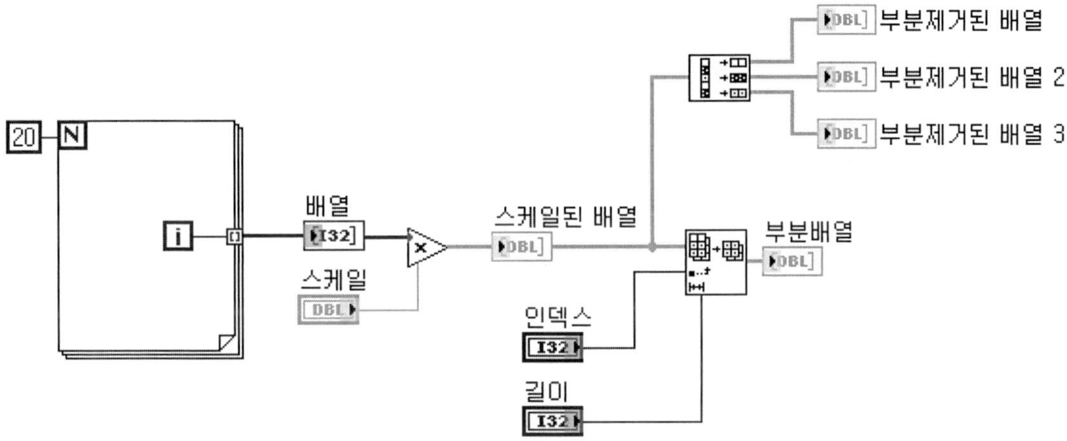

⌘ 프런트패널

8. 프런트패널을 아래와 같이 정리하고 실행합니다.

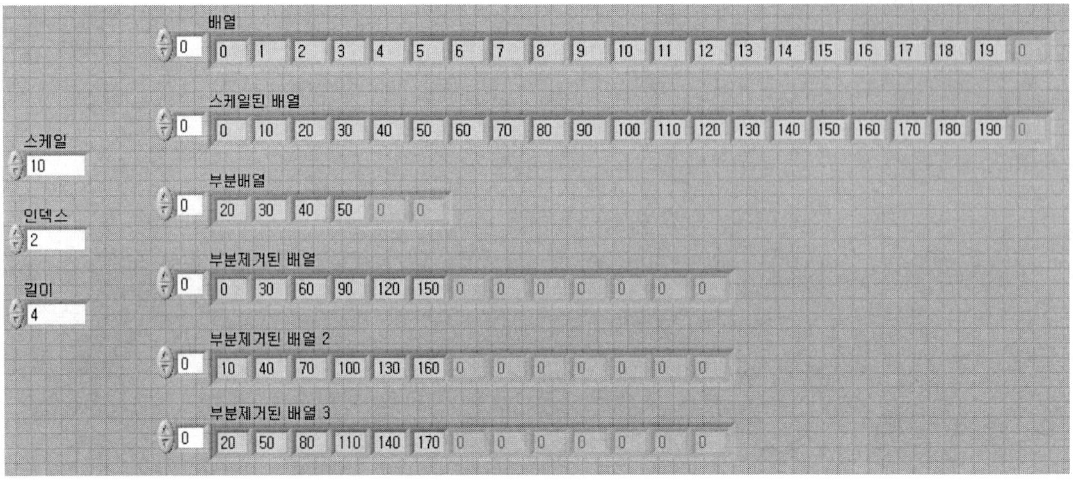

For 루프에서 I32 정수로 0,1,2,3, ..., 19를 생성하여 배열을 만듭니다. 그리고 DBL 1차원 배열에 DBL 숫자형 [스케일]을 곱하여 [스케일링 배열]을 만듭니다. 다시 입력한 [인덱스]에서 [길이]만큼 잘라서 새로운 배열인 [부분배열]을 생성합니다. 또한 1D 배열 부분제거 함수가 배열을 3등분해줍니다. 20개 원소이므로, 3등분이 가능한 18개까지만 등분되고, 2개 원소는 생략됩니다.

연습 1-9 끝

연습 1-10. 원 그리기

XY 그래프를 이용하여 원을 그려봅니다. 사인과 코사인 함수를 이용하여 원을 만드는 예제는 다른 프로그래밍 언어에서도 많이 시도되는 예제입니다. 이 연습에서는 For 루프와 사인 & 코사인 함수를 이용하여 원에 필요한 X 배열과 Y배열을 만들고, XY 그래프에 원을 그리는 방법에 대하여 배워봅니다.

⌘ 프런트패널

1. 새 VI를 만들고, 원.vi라는 이름으로 저장합니다.
2. 프런트패널에 XY 그래프를 위치시킵니다.

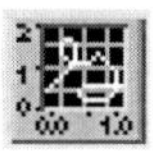
XY 그래프는 X 배열과 Y 배열을 각각 Time과 Amplitude 축으로 하여 그래프를 그리는 인디케이터입니다. 컨트롤 〉 일반 〉 그래프 팔레트에서 찾을 수 있습니다.

⌘ 블록다이어그램

3. 아래와 같이 블록다이어그램을 구성합니다.

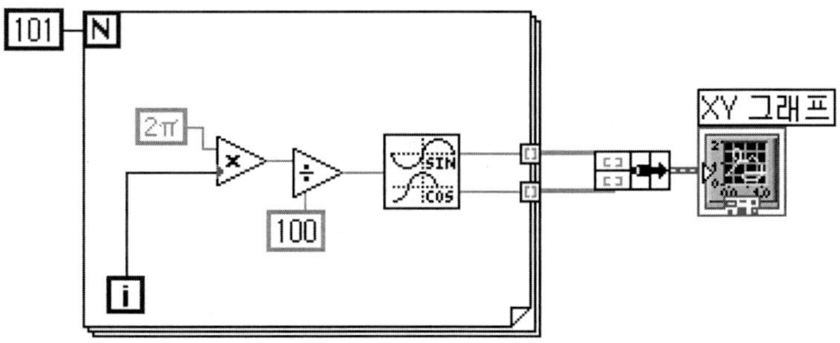

사인 & 코사인은 함수 〉 수학 〉 기본&특수 함수 〉 삼각함수 팔레트에

서 찾을 수 있습니다. 입력 값 x에 대하여 sin(x)과 cos(x)를 출력하는 함수입니다.

2π는 함수 〉 프로그래밍 〉 숫자형 〉 수학 & 과학 상수 팔레트에서 찾을 수 있습니다.

묶기는 함수 〉 프로그래밍 〉 클러스터 & 배리언트 팔레트에서 찾을 수 있습니다. XY 그래프를 이용하기 위해서는 클러스터 묶기 함수를 항상 사용해야 됩니다. 클러스터에 대하여 뒤에서 설명합니다.

4. VI를 저장하고 실행합니다.

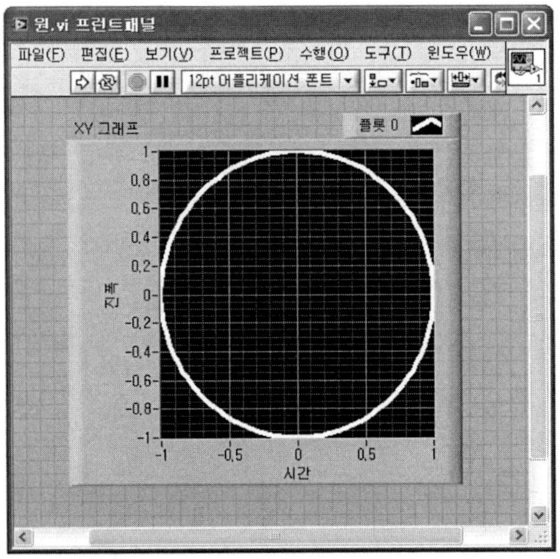

X=sin(t)일 때, Y=cos(t) (t=0 to 2π)이면 XY 그래프에서 원을 그릴 수 있습니다. For 루프 속의 i는 0에서부터 N-1까지의 정수 값을 차례로 출력합니다. N=101이므로 0에서부터 100까지 출력합니다. 각각에 2π 를 곱하고, 100으로 나누어주었으므로 0에서부터 2π 사이를 100등분하여 **사인 & 코사인** 함수에 차례로 입력되는 것입니다.

연습 1-10 끝

라. 클러스터

배열은 같은 타입의 데이터를 묶을 때 사용합니다. 그러나 서로 다른 타입의 데이터를 하나로 묶어서 관리하면 더 효율적으로 프로그래밍할 수 있습니다. 클러스터는 여러 가지 데이터 타입을 묶어서 만든 데이터의 묶음입니다. 예를 들어, 컴퓨터 통신에 많이 사용되는 Len 케이블을 보면 여러 색깔의 선들을 하나로 묶어서 만들어져 있습니다. 이들은 모두 다른 타입의 데이터가 전달되는 선들입니다. 디지털 데이터 신호선, 전력선, 통신 관리선 등으로 기본 구성이 되어있을 것입니다. 이것처럼 여러 가지 다른 데이터 타입을 하나로 묶어서 처리하면 와이어의 수를 줄일 수 있고 관리도 편할 것입니다.

컨트롤 〉 일반 〉 배열, 행렬, 클러스터 팔레트에서 **클러스터**를 찾을 수 있으며, 배열과 비슷한 방법으로 사용됩니다. 클러스터를 프런트패널에 위치시키면 빈 클러스터가 놓이게 됩니다. 아래는 숫자형, 숫자형 배열, 불리언, 불리언 배열, 문자열, 문자열 배열을 클러스터에 넣은 예입니다. 실버 팔레트를 이용한 것입니다.

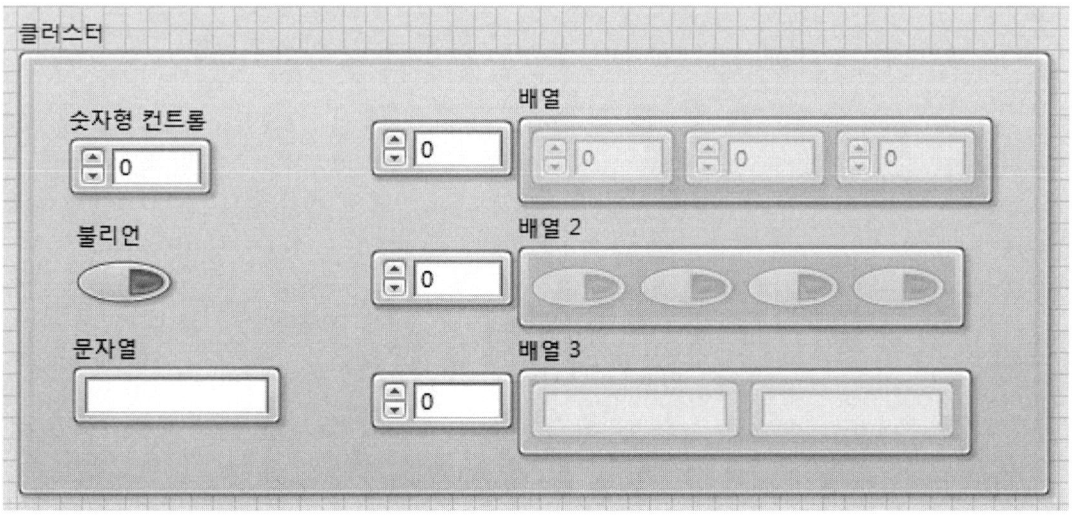

⌘ 클러스터의 두 가지 주의 사항

첫째, 묶어주는 데이터들은 모두 컨트롤로 통일하거나 인디케이터로 통일해야 합니다. 컨트롤과 인디케이터를 섞어서 묶을 수는 없습니다. 이것은 LabVIEW가 와이어를 통한 데이터 흐름으로 구성된다는 것과 일치합니다.

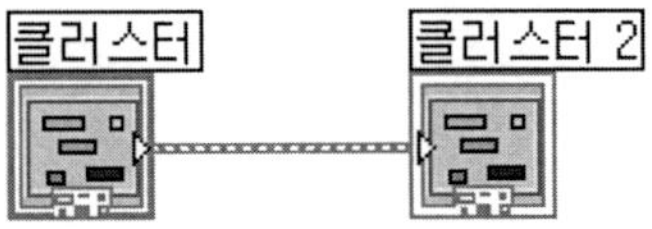

둘째, 클러스터에 객체를 넣을 때, 들어가는 순서에 따라 **컨트롤 순서**가 정해집니다. 그리고 클러스터 컨트롤과 클러스터 인디케이터를 서로 연결할 때, 이 순서가 정확히 맞아야합니다.

순서를 바꾸기 위해서는 클러스터의 단축메뉴에서 **클러스터 내의 컨트롤 순서 재설정**…을 선택하여 원소들의 순서를 새로 정해줄 수 있습니다. 이때 새로운 순서로 원소들을 클릭해주면 됩니다. 마우스 모양이 바뀝니다.

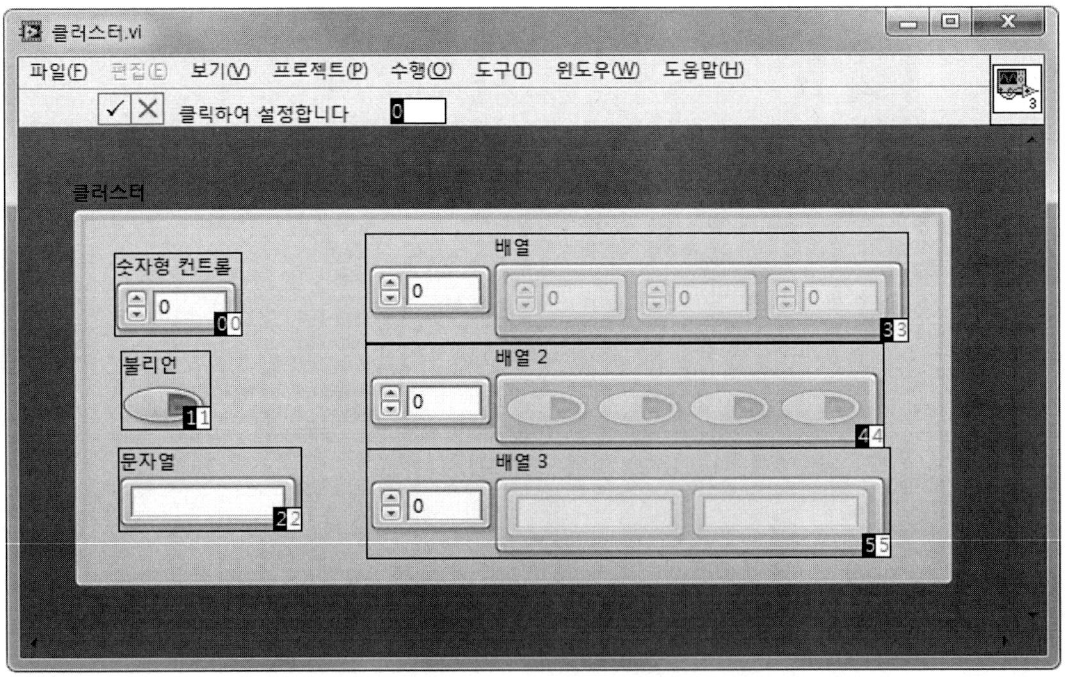

⌘ 클러스터 함수

클러스터는 데이터의 묶음이므로 묶어주는 함수와 풀어주는 함수가 있습니다. 함수 〉 프로그래밍 〉 클러스터, 클래스 & 배리언트 팔레트에서 찾을 수 있습니다.

[풀어주는 함수]

풀어주는 함수에는 **풀기**와 **이름으로 풀기**가 있습니다.

■ 풀기

 **풀기**는 클러스터의 데이터 전체를 순서에 따라 모두 풀어줍니다.
앞에서 순서를 다시 정해준 클러스터를 풀어주면 다음과 같습니다. DBL, 불리언, 문자열, DBL 배열, 불리언 배열, 문자열 배열의 순서로 클러스터가 풀림을 확인할 수 있습니다. 사용자는 이들 중에서 필요한 데이터만 사용하면 될 것입니다.

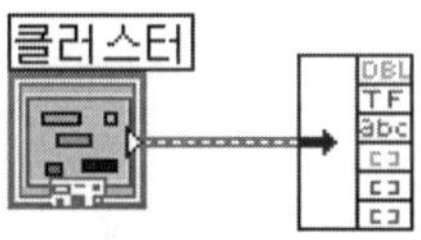

■ 이름으로 풀기

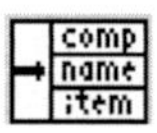

이름으로 풀기는 원소 별로 골라서 풀러주는 함수입니다. 이때 원소의 이름을 이용합니다. 클러스터를 **이름으로 풀기**에 연결하고 마우스로 클릭하여 원하는 원소를 선택해줍니다. 동시에 두 개 이상의 아이템을 선택하고 싶은 경우에는 **이름으로 풀기**의 크기를 늘려줍니다.

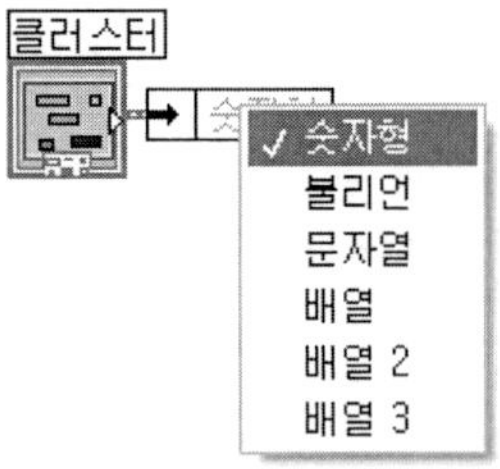

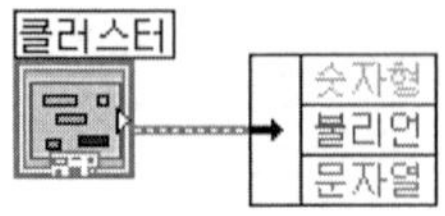

클러스터의 대표적인 예는 **에러 입력**입니다. **에러 입력**에서 상태(Status)만 풀어내기 위하여 **이름으로 풀기**를 사용할 수 있습니다. 에러 입력에서 **상태**는 불리언 타입이고, **코드**는 숫자형 타입이며, **소스**는 문자열 타입입니다. 컨트롤 〉 일반 〉 배열, 행렬, 클러스터 팔레트에서 **에러 입력**을 찾을 수 있습니다.

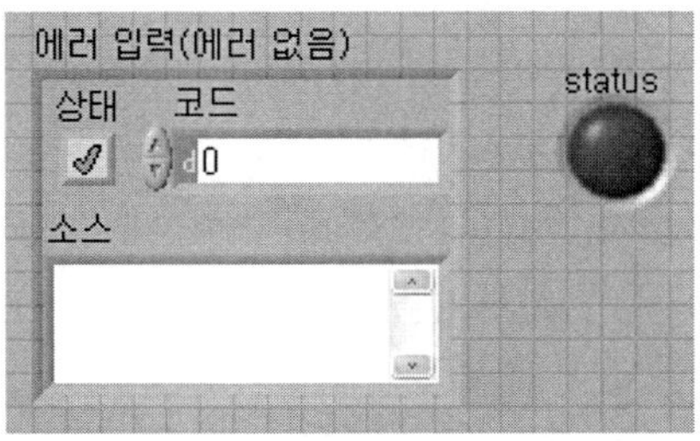

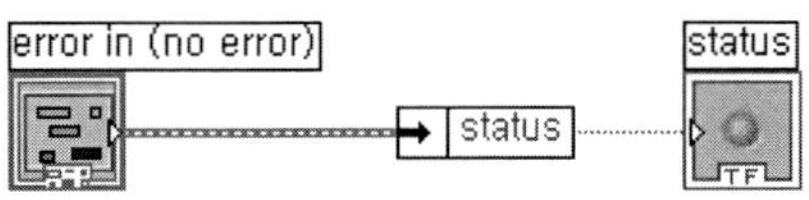

[묶어주는 함수]

클러스터를 만들기 위하여 묶어주는 함수에는 **묶기**와 **이름으로 묶기**가 있습니다.

■ 묶기

 **묶기**는 여러 개의 데이터들을 위에서부터 순서대로 묶어주는 함수입니다. 예를 들어, 숫자형 배열, 불리언, 그리고 문자열 배열을 클러스터로 묶어주면 아래와 같습니다.

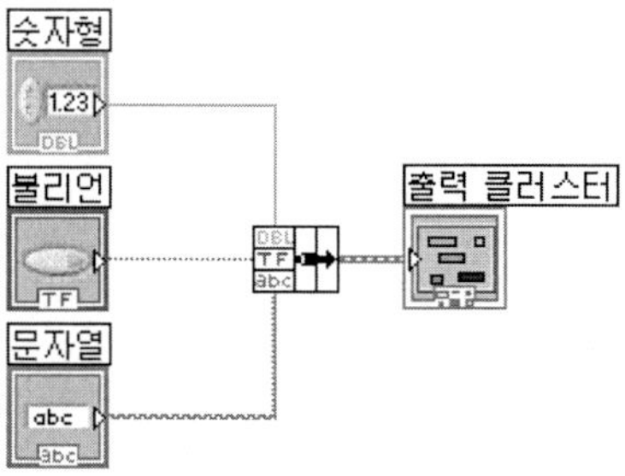

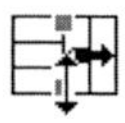

묶기를 블록다이어그램에 놓으면 처음에는 와 같은 모양이지만 마우스로 클릭해서 아래로 당겨주면 필요한 크기로 바꿔줄 수 있습니다.

■ 이름으로 묶기

 **이름으로 묶기**는 미리 어떤 클러스터를 만들 것인가에 대한 정보를 알고 있을 때, 이 정보에 따라서 클러스터를 구성하는 함수입니다. 클러스터의 함수 중에서 가장 까다로운 함수입니다. 어떤 클러스터를 만들 것인가에 대한 정보를 다음과 같이 **이름으로 묶기**의 중간부분인 [입력 클러스터]에 꼭 연결해줘야 됩니다.

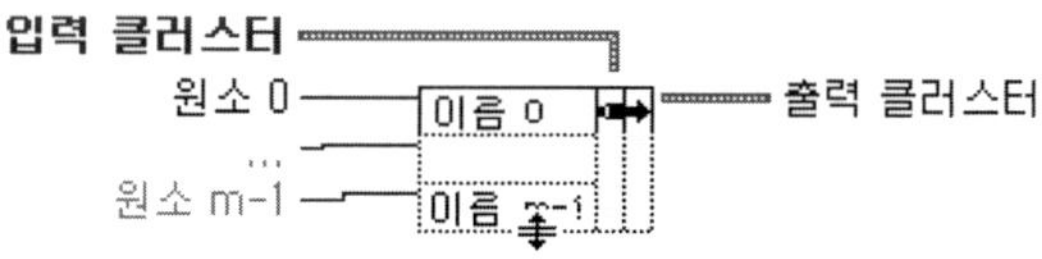

다음 연습을 통하여 클러스터를 만드는 방법과 클러스터 함수를 이용하는 방법에 대하여 익혀봅니다.

연습 1-11. 클러스터를 만들고 다루는 법

클러스터를 만들고, 클러스터 함수를 이용하여 클러스터를 수정해봅니다. 이 연습에서는 다음을 배웁니다.

- 클러스터를 만드는 방법을 배웁니다.
- 클러스터를 풀고, 데이터 값을 변경하고, 다시 묶어서 새로운 클러스터를 만드는 방법에 대하여 배웁니다.

⌘ 프런트패널

1. 새 VI를 만들고, 클러스터.vi라는 이름으로 저장합니다.
2. 프런트패널에 클러스터를 만듭니다. 숫자형 컨트롤, 숫자형 배열, 불리언, 불리언 2, 수평 포인터 슬라이드를 클러스터에 순서대로 넣어줍니다. 순서를 틀렸을 때에는 **클러스터 내의 컨트롤 순서 재설정**…을 이용하여 순서를 바꿔줍니다.

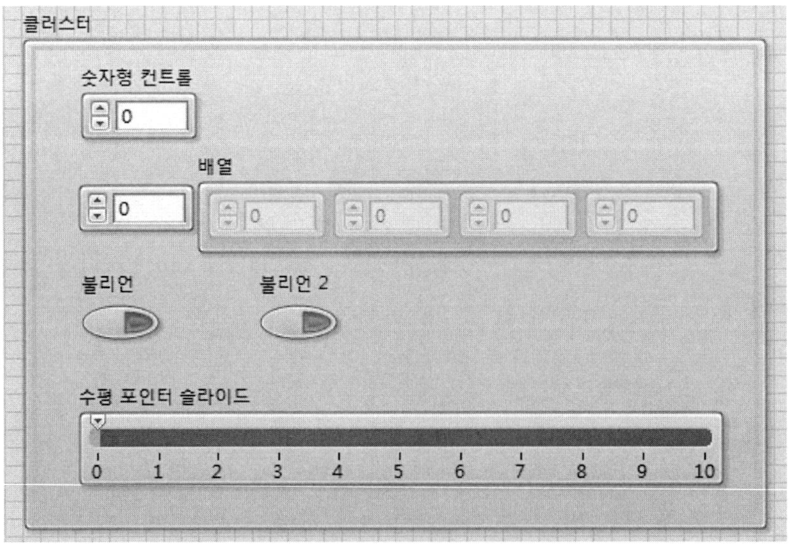

⌘ 블록다이어그램

3. **풀기**와 **이름으로 풀기**를 이용하여 이 클러스터를 풀어줍니다. 그리고 **묶기**와 **이름으로 묶기**를 이용하여 다시 묶어줍니다.

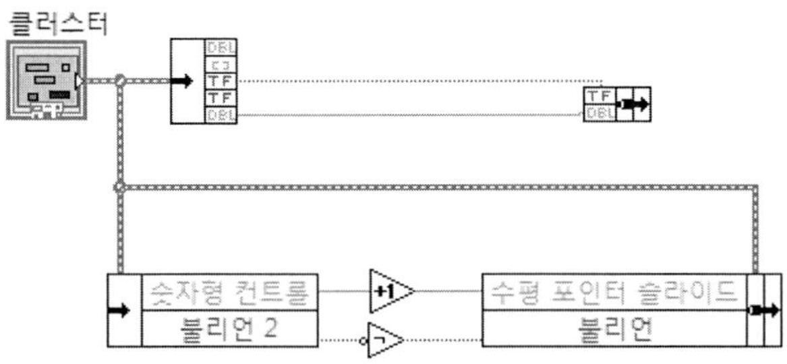

증가는 숫자형 값에 +1을 해주는 함수입니다. 함수 〉 프로그래밍 〉 숫자형 팔레트에서 찾을 수 있습니다.

NOT은 불리언 값에 Not 연산을 하는 함수입니다. 함수 〉 프로그래밍 〉 불리언 팔레트에서 찾을 수 있습니다.

4. 단축메뉴의 생성 〉 인디케이터를 이용하여 다음을 완성합니다. 그리고 While 루프로 전체를 둘러줍니다. **While 루프 조건**에서 단축메뉴의 생성 〉 컨트롤을 이용하여 [정지] 버튼을 생성해줍니다.
[출력 클러스터]는 두 개의 원소를 가진 새로운 클러스터이고, [출력 클러스터 2]는 [클러스터]에서 슬라이드와 불리언의 값만 바뀐 것입니다.

참고 **While 루프**: While 루프는 조건을 만족할 때까지 루프 속의 함수를 반복 실행하는 **구조**이며, 함수 〉 프로그래밍 〉 구조 팔레트에서 찾을 수 있습니다. 위의 연습에서는 [정지] 버튼을 클릭해서 참 값이 입력될 때까지 루프를 실행합니다.

---

5. While 루프는 컴퓨터 시스템이 가능한 범위까지 최대한 빨리 실행됩니다. While 루프의 실행 속도를 조절하기 위해서 기다림(ms) 함수를 사용합니

다. 함수 〉 프로그래밍 〉 타이밍 팔레트에서 찾을 수 있습니다.

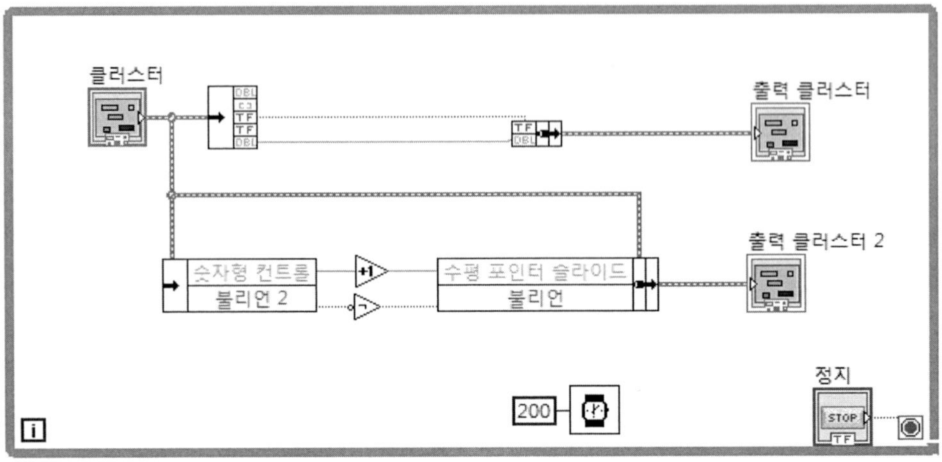

⌘ 프런트패널

6. 프런트패널을 정리하고 실행합니다. While 루프에 의하여 반복 실행함을 알 수 있습니다. 정지 버튼을 클릭하여 VI의 실행을 멈춥니다.

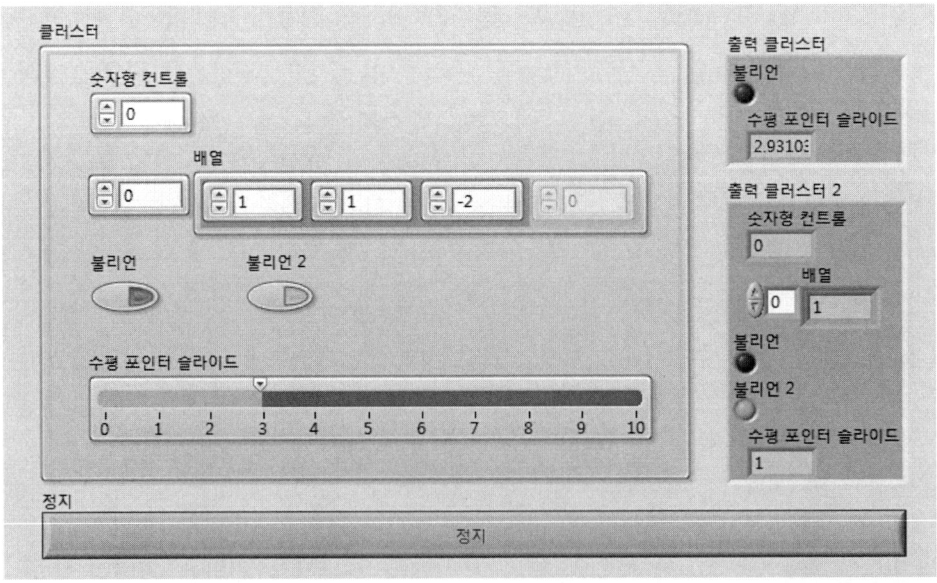

연습 1-11 끝

마. SubVI 만들기

SubVI는 LabVIEW에서 제공되는 함수 이외에 사용자가 만들어서 사용할 수 있는 함수입니다. Text 기반의 프로그래밍 언어에서처럼 프로그래머는 자주 사용하는 자기만의 프로그램을 함수 형태로 보관하고 다른 프로그램에 붙여서 사용하거나 다른 프로그래머에게 제공할 수 있습니다. 이런 경우에 SubVI를 만들고 이 SubVI를 다른 VI에서 호출하여 사용합니다. 또는 반복해서 같은 형태의 작업이 계속 나타나는 경우, 이 반복되는 부분을 SubVI로 만들어 두면 아주 간편하게 프로그램을 작성할 수 있습니다.

SubVI는 두 가지 방법으로 만들 수 있습니다.

- 모든 VI는 근본적으로 다른 VI에서 SubVI로 사용할 수 있습니다. 그러나 커넥터가 있는 SubVI가 되기 위해서는 VI의 프런트패널에 있는 컨트롤들과 VI의 커넥터를 연결하는 작업을 해줘야 됩니다.
- VI의 일부만 선택하여 SubVI로 만들 수 있습니다. 이 경우에는 와이어 연결이 필요한 커넥터가 자동으로 생성됩니다.

SubVI는 다른 VI에서 사용되는 일종의 함수이므로, 함수의 기능을 이해할 수 있게 함축적으로 표현할 수 있는 아이콘으로 편집해줄 필요가 있습니다. 이때 아이콘 편집기를 이용합니다.

두 가지 연습 문제를 통하여 SubVI 만드는 방법을 배워봅니다.

연습 1-12. SubVI 만들기

모든 VI는 저장만 되면 SubVI가 됩니다. 간단한 연습을 통하여 SubVI를 만드는 방법을 배워봅니다. 이 연습에서 다음을 익힙니다.

- 함수 팔레트의 VI 선택...을 이용하여 SubVI를 불러오는 방법을 익힙니다.
- 커넥터에 프런트패널 객체를 대응하여 연결하는 방법을 익힙니다.

⌘ 블록다이어그램

1. 새 VI를 만듭니다. 〈Ctrl+N〉
2. 함수 〉 VI 선택...을 선택하면 원하는 VI를 불러올 수 있습니다. 연습 1-1에서 만든 더하기와 빼기.vi를 불러옵니다.
3. **아이콘 편집기**로 만들어준 아이콘 모양으로 나타남을 확인할 수 있습니다. 이 아이콘을 더블클릭해봅니다. 더하기와 빼기.vi가 다시 열립니다.

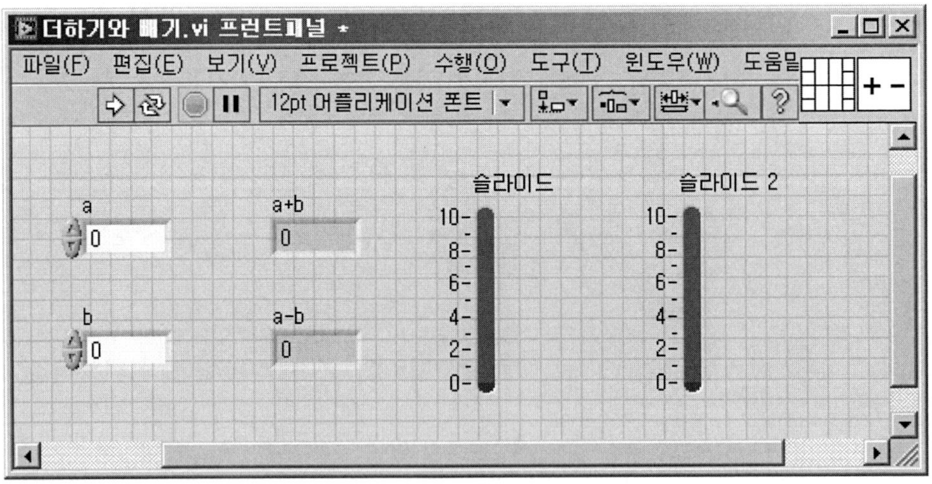

연습 1-1에서 저장해두었던 더하기와 빼기.vi는 이 연습에서 SubVI로 사용됩니다. 이와 같이 모든 VI는 다른 VI의 SubVI가 될 수 있습니다.

그러나 이 SubVI에는 한 가지 빠진 점이 있습니다. SubVI로서 역할을 다하기 위해서는 와이어를 연결하여 입력과 출력을 연결할 수 있어야 합니다. 이제 더하기와 빼기.vi에 커넥터를 만들어주는 방법에 대하여 알아봅니다.

4. 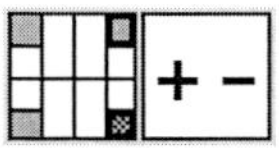 오른쪽 상단에 위치한 커넥터와 프런트패널의 객체를 도구를 이용하여 연결해줍니다. 일반적으로 오른 쪽 커넥터에는 컨트롤을, 왼쪽에는 인디케이터를 연결합니다. 만약 커넥터가 부족하면 단축메뉴에서 **터미널 추가**를 선택해서 커넥터를 더 만들 수 있습니다. 그리고 필요한 커넥터만 연결하고 나머지는 비워둬도 됩니다.
5. 오른쪽 커넥터에는 a와 b를 연결하고 왼쪽은 a+b와 a-b를 연결해봅니다. 슬라이드와 슬라이드 2는 연결하지 않아도 됩니다. 우선 을 이용하여 a를 선택하고, 다시 왼쪽 커넥터 중에서 하나를 선택하면 서로 연결됩니다. 같은 방법을 나머지도 연결합니다. 연결된 커넥터에는 색깔이 채워집니다.

다시 **VI 선택...**으로 더하기와 빼기.vi를 불러와서 위치시키면 와이어를 연결할 수 있는 커넥터가 생겼음을 확인할 수 있습니다. 다음과 같이 **기본 도움말**에서 커넥터를 확인할 수 있습니다.

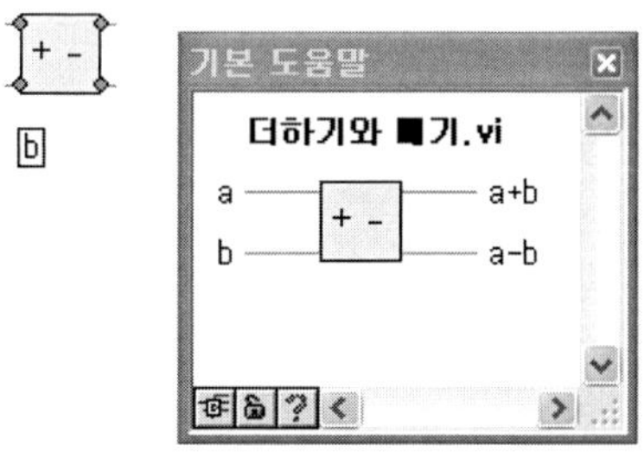

6. 각 커넥터에서 단축메뉴를 이용하여 컨트롤과 인디케이터를 생성해봅니다.

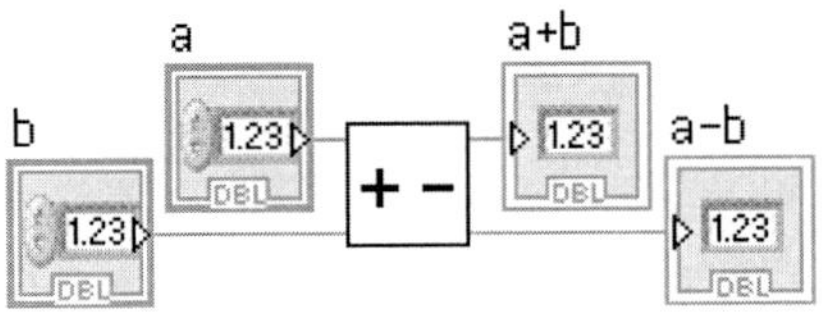

연습 1-12 끝

연습 1-13. VI의 일부만 SubVI로 만들기

연습 1-12의 더하기와 빼기.vi에서 표시한 부분만 사용합니다. 그렇다면 굳이 전체 VI를 SubVI로 만들 필요는 없습니다. 예를 들어, 아주 큰 VI에서 전체의 일부만을 SubVI로 만들고 싶은 경우를 생각한다면 연습 1-12는 적절한 방법이 아닙니다.

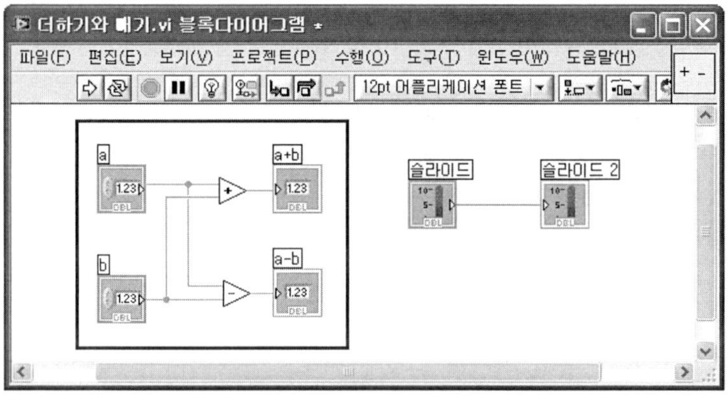

표시한 부분만 따로 SubVI로 만들어봅니다.

⌘ 블록다이어그램

1. 우선 SubVI로 만들고 싶은 부분을 다음과 같이 마우스로 선택합니다. 선택된 영역은 점선으로 표시됩니다.

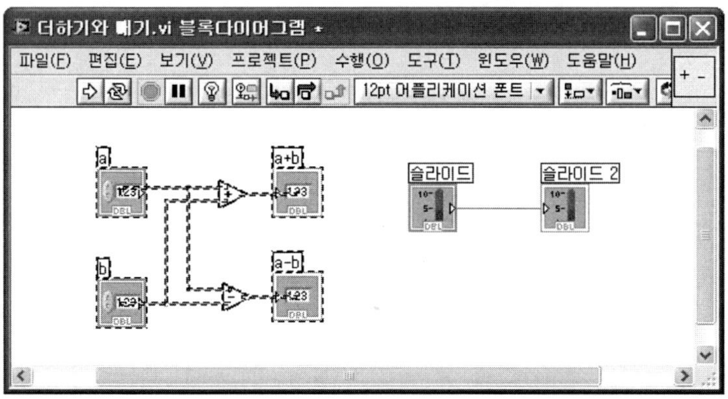

2. 메뉴의 **편집(E)**에서 **SubVI 생성(S)**을 선택합니다.

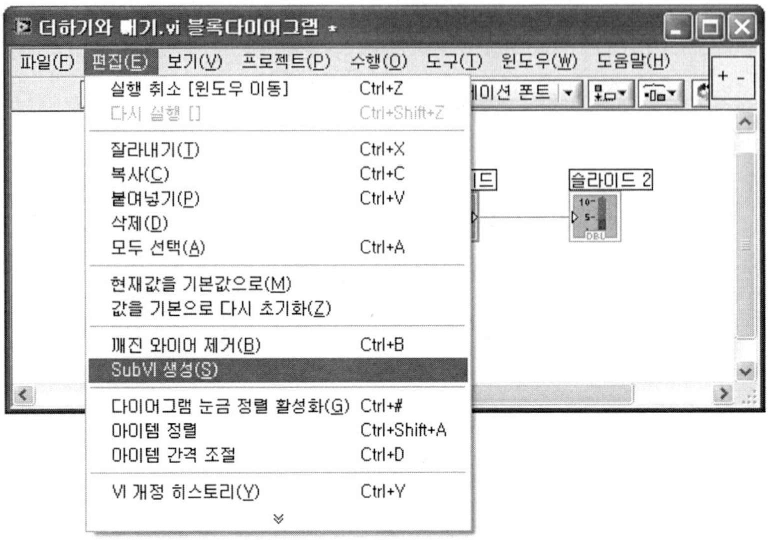

다음과 같이 SubVI가 생성됨을 확인할 수 있습니다.

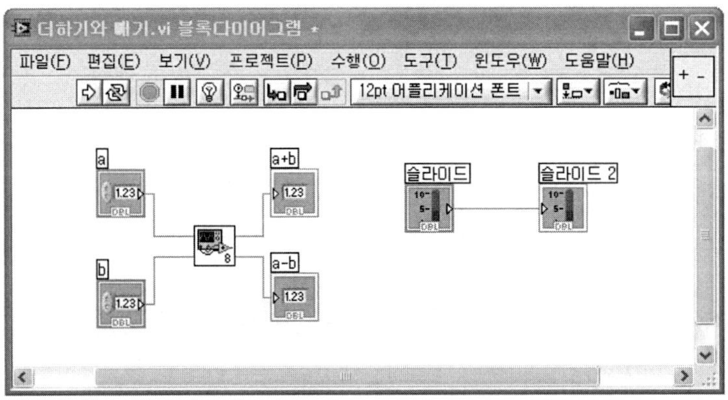

연습 1-12와 반대로 이번에는 커넥터는 있지만 아이콘의 모양이 기본형  인 SubVI가 만들어집니다. 이제 아이콘 편집기를 이용하여 아이콘의 모양을 바꿔줍니다. 또한 이 SubVI의 이름을 정해줘야 됩니다.

3. SubVI를 더블클릭하여 창을 띄웁니다. 그리고 SubVI 연습.vi로 저장합니다. 아이콘 편집기를 이용하여 아이콘 모양을 바꿔줍니다.
4. 새 VI를 만들고 **VI 선택...**를 이용하여 SubVI 연습.vi을 불러옵니다. 그리고 컨트롤과 인디케이터를 생성시킵니다.

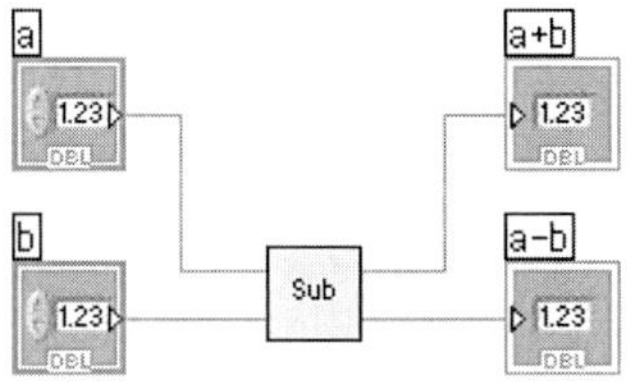

연습 1-13 끝

⌘ SubVI의 데이터 입력

왼쪽으로 데이터를 입력하고 오른쪽으로 수행 결과를 출력합니다. 그리고 다음과 같이 [기본 도움말]을 이용하여 각 터미널에 대한 정보를 확인할 수 있습니다.

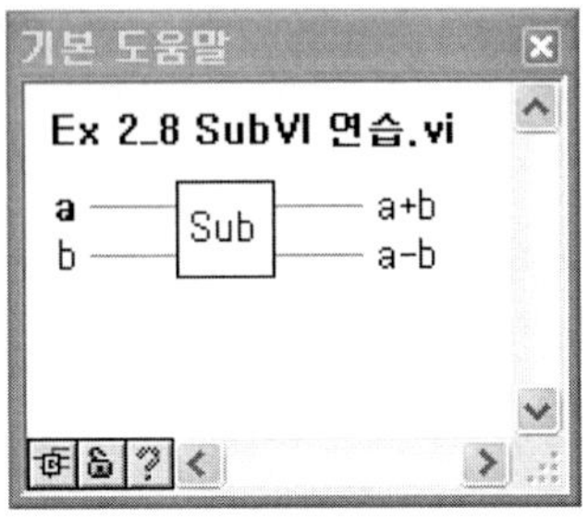

⌘ 터미널의 연결 속성 변경

다음과 같이 커넥터 보기로 선택한 뒤에 단축메뉴에서 이 연결은 필수, 권장, 또는 옵션으로 선택해줄 수 있습니다.

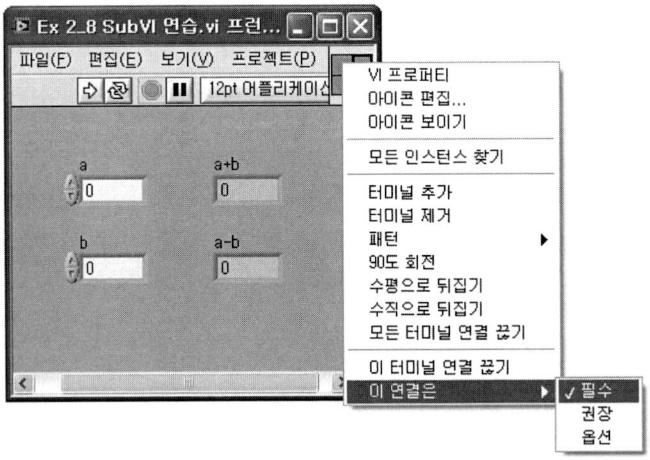

[필수]로 선택된 터미널에 입력을 연결하지 않으면 에러가 발생합니다. 그리고 [기본 도움말]에서는 필수 터미널임을 알리기 위하여 굵은 글씨체로 표시

해줍니다. SubVI를 사용할 때, 위와 같이 [기본 도움말]을 이용하여 터미널에 필수 입력이 요구되는지를 꼭 확인해야 될 것입니다.

[권장]으로 선택된 터미널에는 입력을 연결하지 않아도 에러는 발생하지 않습니다. 그러나 SubVI 내부 연산을 수행하기 위하여 입력이 필요하기 때문에 연결되지 않은 경우에는 그 변수 타입의 기본값이 사용됩니다. [기본 도움말]에서 일반 글씨체로 권장 터미널임을 표시해줍니다.

[옵션]으로 선택된 터미널에도 입력을 연결하지 않으면 에러가 발생하지 않고, 입력 값이 연산에 필요한 경우에는 그 변수 타입의 기본값을 사용합니다. 그러나 [기본 도움말]에 터미널에 대한 정보가 나타나지 않습니다.

⌘ SubVI의 메모리 사용

VI 프로퍼티에서 그 VI의 메모리 사용량을 다음과 같이 확인할 수 있습니다. VI 프로퍼티는 메뉴의 파일(F) 〉 VI 프로퍼티(I)를 선택하여 열 수 있습니다. VI 메모리 사용은 프런트패널 객체, 블록다이어그램 객체, 코드, 데이터로 나누어집니다. 프런트패널에 용량이 큰 그림 아이콘이 있거나 웨이브폼 그래프 등에 대용량의 데이터를 디스플레이할 경우에는 프런트패널 객체의 메모리 사용량이 많아질 것입니다.

SubVI의 경우에도 이들 네 가지 메모리 객체들을 모두 가지고 있지만, 프런트패널 객체와 블록다이어그램 객체는 SubVI를 열 경우에만 메모리가 할당되고, 평소에는 코드와 데이터만 메모리에 상주하여 메모리의 사용을 최소화시켜줍니다. 예외적으로 프런트패널 객체를 소프트웨어적으로 컨트롤하는 프로퍼티 노드를 사용할 경우에는 프런트패널 객체도 메모리에 상주하게 됩니다.

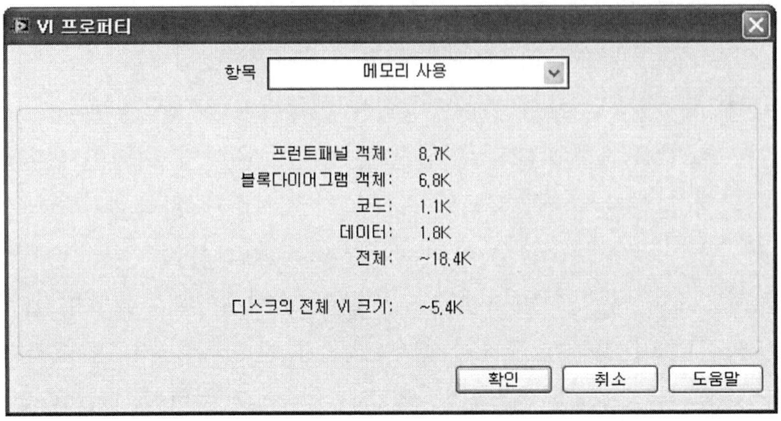

⌘ VI의 계층구조

프로그램의 소스코드를 이해하기 쉽고, 수정하기 쉽게 만들기 위해서는 구조화된 프로그램을 만들어야 됩니다. LabVIEW에서는 SubVI를 이용하여 구조화된 프로그램을 만들 수 있습니다.

다음과 같이 메뉴의 **보기 〉 VI 계층구조(H)**를 선택하면, 그 VI의 계층구조를 확인할 수 있습니다. VI 계층구조를 확인하면 어떤 SubVI들이 그 VI에서 사용되고 있는 지 확인할 수 있습니다.

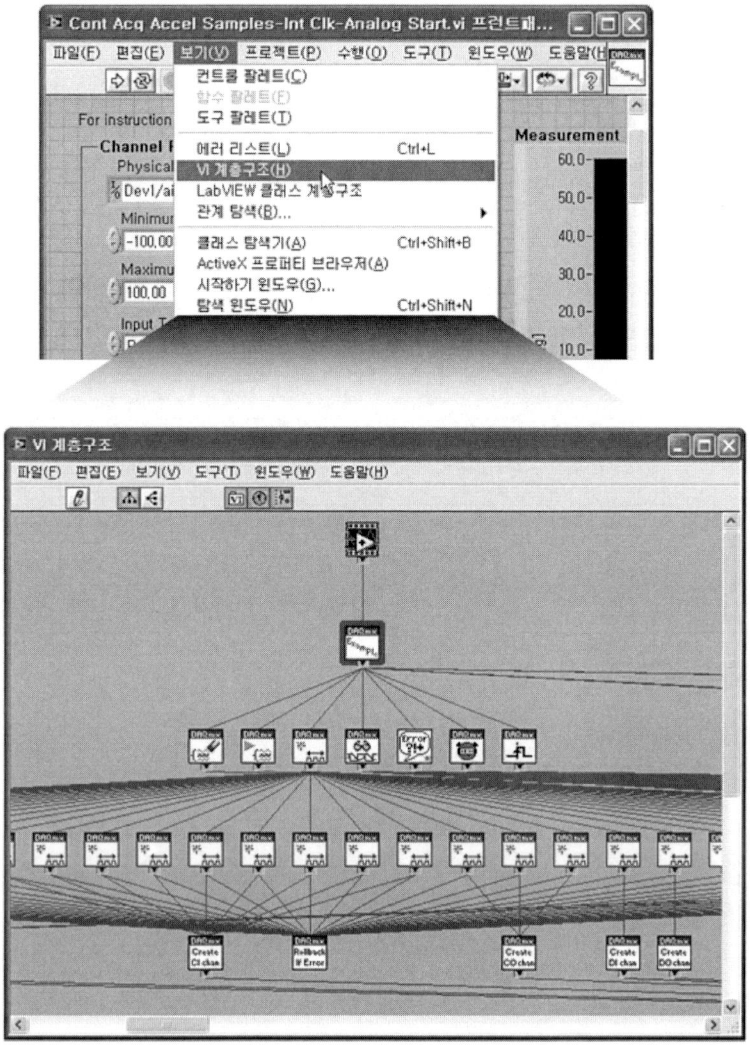
Cont Acq Accel Samples-Int Clk-Analog Start.vi 프런트패...
파일(F) 편집(E) 보기(V) 프로젝트(P) 수행(O) 도구(T) 윈도우(W) 도움말(H)
컨트롤 팔레트(C)
함수 팔레트(F)
도구 팔레트(T)
에러 리스트(L) Ctrl+L
VI 계층구조(H)
LabVIEW 클래스 계층구조
관계 탐색(B)...
클래스 탐색기(A) Ctrl+Shift+B
ActiveX 프로퍼티 브라우저(A)
시작하기 윈도우(G)...
탐색 윈도우(N) Ctrl+Shift+N
For instruction
Channel P
Physical
Minimum
Maximum
Input T
Measurement
VI 계층구조
파일(F) 편집(E) 보기(V) 도구(T) 윈도우(W) 도움말(H)

바. 사용자 컨트롤

LabVIEW에서는 기본적으로 제공되는 컨트롤이나 인디케이터뿐 아니라 사용자 정의 컨트롤을 만들어 사용할 수 있습니다. 사용자는 다양한 형태의 사용자 컨트롤을 만들어 프런트패널을 구성할 수 있을 뿐 아니라 저장하여 다른 VI에 제공할 수 있습니다.

다음과 같이 세 가지 방법으로 사용자 컨트롤을 만들 수 있습니다.

- 프런트패널에 있는 객체에서 단축메뉴로 **고급 〉 사용자 정의...**를 선택하여 해당 컨트롤이나 인디케이터를 사용자가 새로 정의합니다.
- 프런트패널의 객체를 하나 선택하고, 상단 메뉴의 편집(E)에서 **컨트롤 사용자 정의(E)...**를 선택하여 만들 수 있습니다.
- 다음과 같이 LabVIEW 시작하기에서 **새로 만들기**의 기타 파일에서 사용자 컨트롤을 선택하여 만들 수 있습니다.

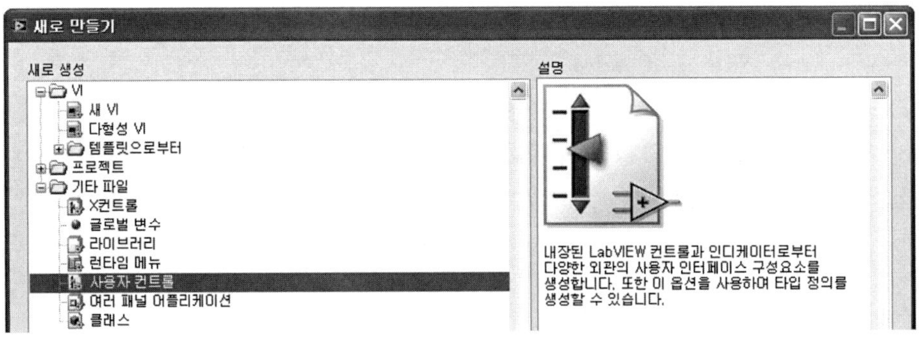

프런트패널의 컨트롤이나 인디케이터를 선택하고, 단축메뉴의 고급 〉 사용자 정의...를 선택하거나, 편집(E)의 컨트롤 사용자 정의(E)...를 이용하면, 아래와 같이 **사용자 컨트롤 편집 창**이 나타납니다.

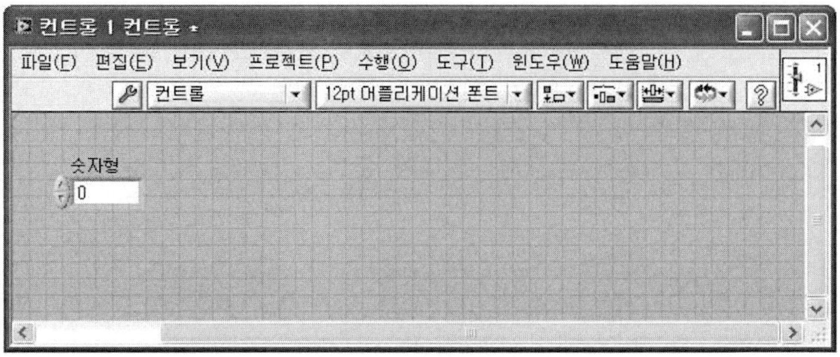

그리고 새로 만들기의 사용자 컨트롤 생성을 선택하면, 빈 사용자 컨트롤 편집 창이 나타나고, 이곳에 편집하고자 하는 컨트롤이나 인디케이터를 컨트롤 팔레트에서 가져다 놓으면 됩니다. 이때 한 개만 놓아야 되고, 동시에 두 개 이상의 컨트롤과 인디케이터를 놓고 편집할 수는 없습니다.

⌘ 편집 모드와 사용자 정의 모드

사용자 컨트롤 편집 창은 두 가지 모드로 설정할 수 있습니다.

편집 모드와 **사용자 정의 모드**입니다. 모드 버튼을 클릭하여 다른 모드로 전환하거나, 상단 메뉴의 수행(O)에서 사용자 정의 모드로 변경(C)이나 편집 모드로 변경(C)을 선택하여 전환할 수 있습니다.

편집 모드에서는 컨트롤이나 인디케이터의 프로퍼티를 사용자 정의할 때 사용합니다. 프로퍼티를 사용자 정의하여 사용자 컨트롤로 만들면, 프로퍼티를 매번 설정할 필요가 없습니다. 예를 들어, 숫자형 컨트롤의 크기를 바꾸거나 라벨의 폰트를 바꾸고, 데이터 입력 범위를 바꾸는 등의 설정을 사용자가 정의합니다.

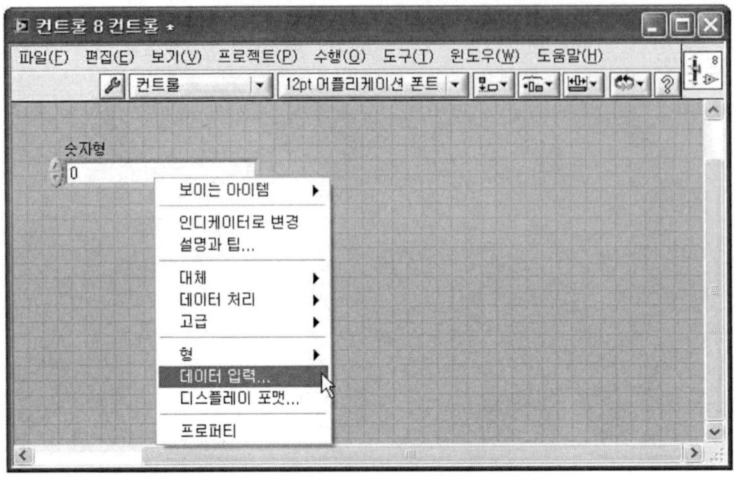

사용자 정의 모드는 컨트롤이나 인디케이터의 프로퍼티뿐 아니라 객체를 다시 세부적인 아이템으로 분리하여 새롭게 정의할 수 있게 합니다. 다음과 같이 숫자형 컨트롤은 증감버튼, 라벨, 입력 부분, 테두리 등으로 세분화 됩니다. 각각의 아이템을 개별적으로 설정할 수 있습니다.

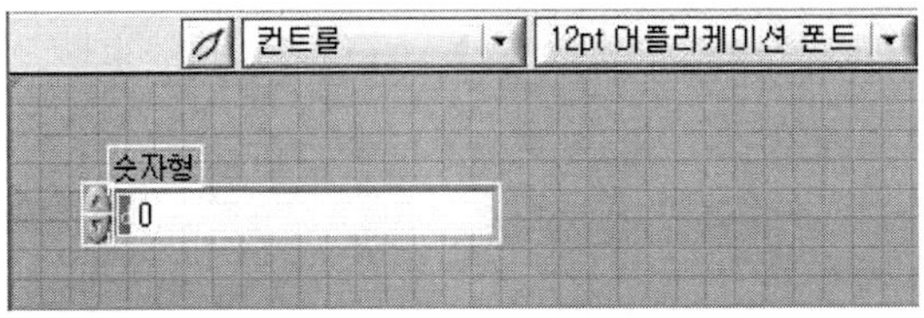

객체의 세부 아이템 중에서 **그림 아이템**은 다른 이미지 파일로 대체할 수 있습니다. 예를 들어, 숫자형 컨트롤에서 증감버튼이 그림 아이템이며, 이 아이템의 단축메뉴에서 **파일로부터 같은 크기로 반입...**을 선택하여 다른 이미지로 대체할 수 있습니다.

참고로 그림 아이템은 여러 개의 이미지로 구성되어 있습니다. 아래와 같이 평소 상태를 나타내는 이미지와 클릭했을 때의 이미지 등으로 세분화됩니다. 그러므로 사용자 정의 모드로 객체의 이미지를 다른 이미지로 대체할 때는 구성된 여러 이미지를 모두 고려해줘야 될 것입니다.

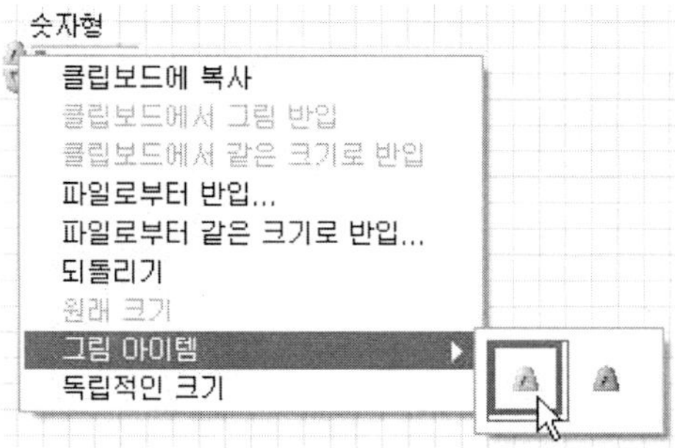

다음은 증감버튼의 그림 아이템들을 다른 이미지로 바꾼 예입니다. 평소 상태는 삼각형이며, 클릭했을 때는 화살표로 나타나도록 각각을 바꿔주었습니다.

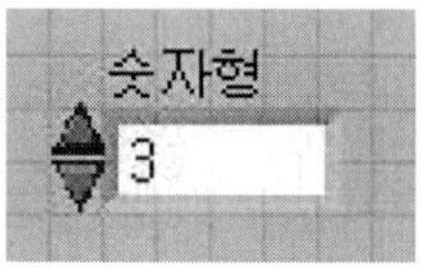

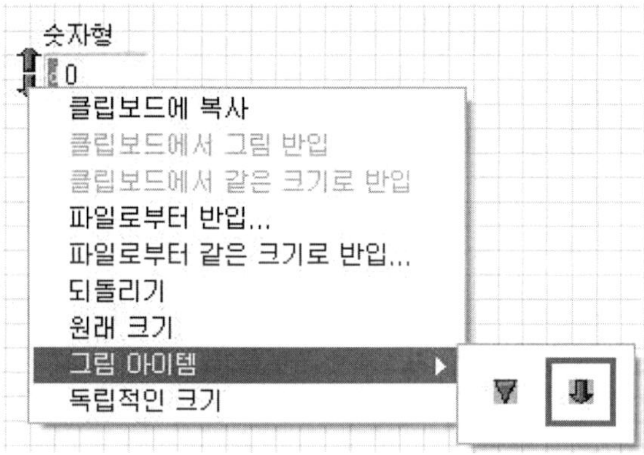

⌘ 사용자 컨트롤 저장 및 불러오기

사용자 정의 컨트롤 편집이 끝나면, 상단 메뉴의 편집(F)에서 **변경된 사항 적용**을 선택하여 변경된 사항을 적용하고 저장합니다. ***.ctl** 확장자를 가집니다.

시스템의 LabVIEW₩user.lib 폴더에 저장하면, 컨트롤 〉 사용자 컨트롤 팔레트에서 저장된 사용자 컨트롤을 가져 올 수 있습니다. 이때 LabVIEW를 한 번 재실행해야만 사용자 컨트롤 팔레트에 나타납니다.

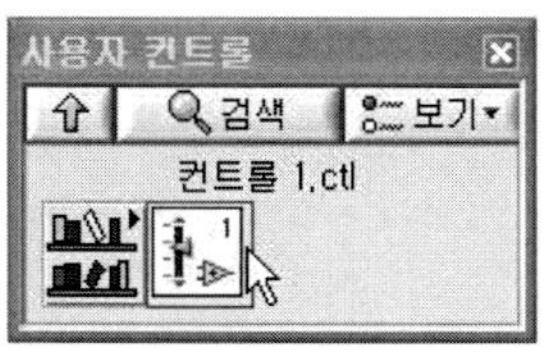

다른 폴더에 저장한 경우에는 컨트롤 팔레트의 **컨트롤 선택...**을 이용하여 불러옵니다.

⌘ 타입 정의

다음과 같이 컨트롤, 타입 정의, 그리고 엄격한 타입 정의로 세 가지 옵션을 선택할 수 있습니다.

- **컨트롤**은 개별 객체들을 필요에 따라서 임의로 변경하고자 할 때 사용됩니다. 프런트패널의 컨트롤을 선택하여 사용자 정의할 때 선택된 컨트롤에만 변경된 값이 적용됩니다.
- **타입 정의**는 같은 이름으로 저장된 사용자 정의 컨트롤들에게 모두 변경 값을 적용하고자 할 때 사용됩니다. 저장된 사용자 정의 컨트롤을 여러 VI나 SubVI에서 사용하고 있을 때, 변경된 값이 모든 VI의 사용자 정의 컨트롤에 적용됩니다. 단, 이렇게 적용되는 속성은 몇 개로 제한되어있습니다. 컨트롤 팔레트의 각 컨트롤이나 인디케이터마다 타입 정의 옵션으로 적용 가능한 속성이 정해져있으므로 LabVIEW 도움말을 참고하여 사용하시기 바랍니다.
- **엄격한 타입 정의**는 라벨, 설명, 기본값을 제외한 모든 속성을 엄격하게 타입 정의할 때 사용합니다. 타입 정의 옵션에서 적용할 수 없었던 속성까지 적용하고자 할 경우에 사용하면 됩니다.
- 타입 정의 옵션으로 정의되었지만, 사용자 컨트롤 변경에 적용받지 않기 위해서는 개별 객체의 단축메뉴에서 **타입 정의로부터 연결 끊기**를 선택해 주면 됩니다.

연습 1-14. 불리언의 사용자 컨트롤 편집

불리언 타입인 확인 버튼을 사용자 컨트롤로 편집해봅니다.

프런트패널

1. 새 VI를 만들고, 사용자 컨트롤.vi로 저장합니다.
2. 컨트롤 〉 불리어 팔레트에서 확인 버튼을 하나 찾아서 프런트패널에 위치시킵니다.
3. 확인 버튼의 단축메뉴에서 고급 〉 사용자 정의...를 선택하여 사용자 컨트롤 편집 창을 띄웁니다.
4. **사용자 정의 모드**로 바꾸고 확인 버튼에서 **그림 아이템**을 선택합니다.
5. 다음과 같이 네 개의 그림 아이템이 있습니다. 각 그림 아이템을 **파일로부터 반입...**을 이용하여 다른 이미지로 대체해 줍니다.

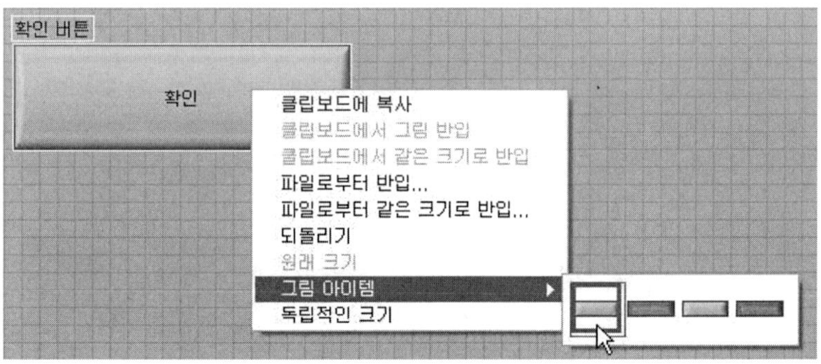

6. 사용자 컨트롤 편집이 끝나면, 상단 메뉴의 파일(F)에서 **변경된 사항 적용**을 선택하여 변경된 사항을 적용하고 저장합니다.
7. 사용자 컨트롤을 저장하고 창을 닫습니다.

사용자 컨트롤.vi 프런트패널 *
파일(F) 편집(E) 보기(V) 프로젝트(P) 수행(O) 도구
12pt 어플리케이션 폰트
확인 버튼
확인

연습1-14 끝

사. VI의 디버깅

와이어를 잘못 연결하거나 함수의 필수 입력에 데이터를 연결하지 않은 경우에는 깨어진 실행 버튼으로 에러를 알려줍니다. 이때 버튼을 클릭하면, 에러에 대한 정보가 열거됩니다.

다음과 같이 **에러 리스트**에 에러와 경고가 리스트됩니다. 그리고 에러를 선택하면 세부사항에 에러에 대한 설명을 디스플레이해줍니다. 또한 에러를 더블클릭하면 에러가 발생한 곳을 찾아서 지시해줍니다.

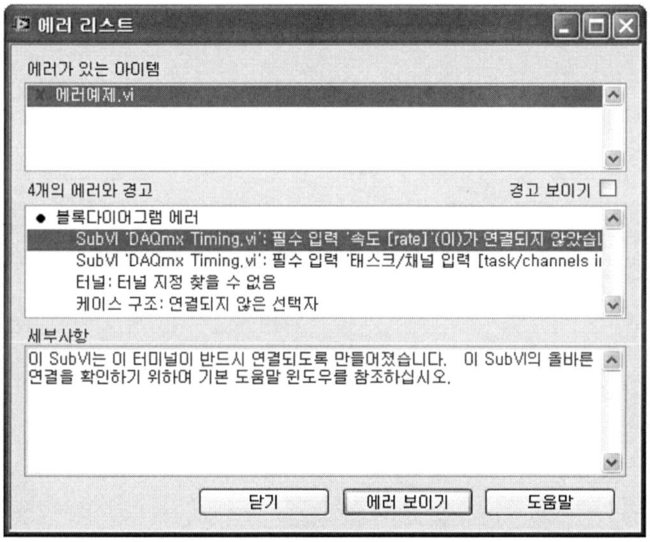

에러 없이 실행은 가능하지만, 논리적인 오류에 의하여 원하는 결과 값이 출력되지 않는 경우에는 다양한 디버깅 툴을 이용하여 VI를 디버깅해야 됩니다. LabVIEW에는 실행 하이라이트, 프로브, 브레이크포인트, 단계별 실행 버튼 등의 디버깅 툴들이 있습니다.

1. 실행 하이라이트

블록다이어그램에서 실행 하이라이트 버튼을 선택하고 VI를 실행하면, 슬로

우모션으로 VI가 실행하고, 각 노드에서 출력되는 값들이 디스플레이됩니다. 이때 프로브와 함께 사용하면 더욱 효과적입니다.

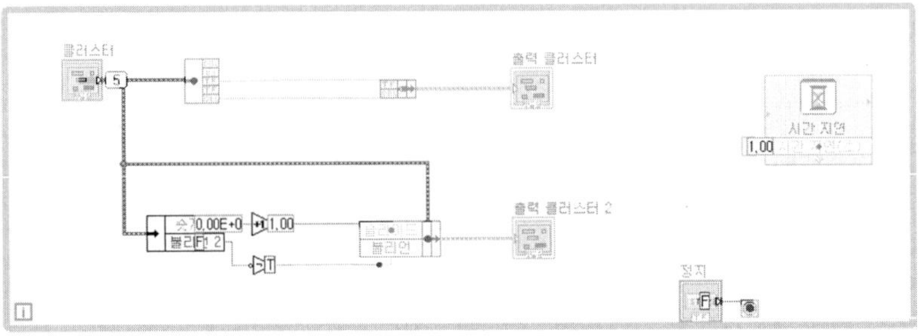

2. 프로브

블록다이어그램에서 와이어들에 실시간으로 흐르는 데이터를 모니터링하기 위하여 프로브를 사용할 수 있습니다. 데이터를 모니터링하고자 하는 곳에서 단축메뉴로 프로브를 선택하면 아래와 같이 **프로브 관찰 윈도우**가 나타납니다.

프로브 관찰 윈도우에서는 여러 VI에서 생성한 모든 프로브를 디스플레이해 줍니다. 그리고 관찰 윈도우에서 더블클릭하면 해당 프로브를 찾아갑니다.

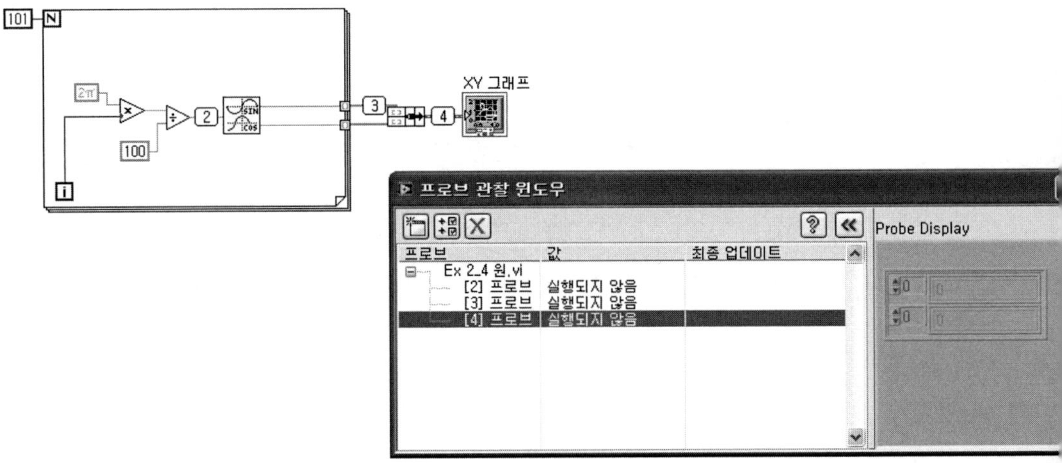

다음과 같이 [새 윈도우에서 열기]를 선택하면, 선택한 프로브만 별도의 창으

로 띄울 수 있습니다.

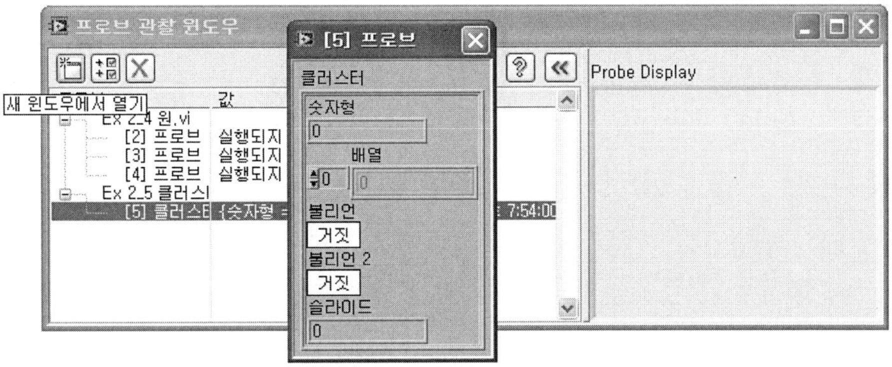

그리고 사용자 프로브를 만들어 좀더 구체적으로 프로브의 출력을 지정할 수 있습니다. 와이어의 단축메뉴에서 사용자 프로브 〉 컨트롤 〉 일반 팔레트에서 원하는 컨트롤을 선택하거나, 사용자 프로브 〉 새로 만들기를 이용하여 사용자 프로브를 만들 수 있습니다.
다음은 XY 그래프를 이용하여 사용자 프로브를 만든 예입니다.

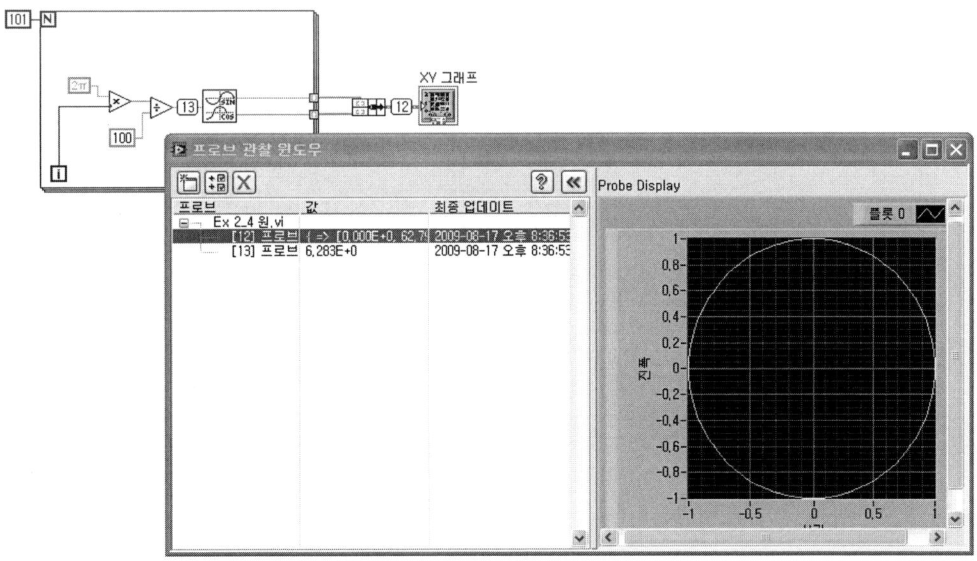

3. 브레이크포인트

브레이크포인트는 설정한 위치에서 VI를 정지시키기 위하여 사용됩니다. 브레이크포인트로 실행을 정지시킨 뒤에 단계별 실행 버튼 을 이용하여 단계별로 실행하면서 VI를 관찰할 수 있습니다. 또는 프로브와 함께 사용하여 각 위치에서의 값을 확인할 수 있습니다.

브레이크포인트는 도구 팔레트에서 브레이크포인트 도구를 선택하여 설정하거나, 와이어의 단축메뉴에서 브레이크포인트 〉 브레이크포인트 설정을 이용하여 설정할 수 있습니다.

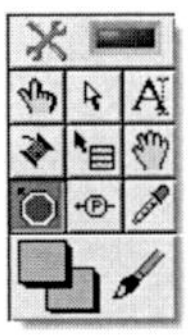

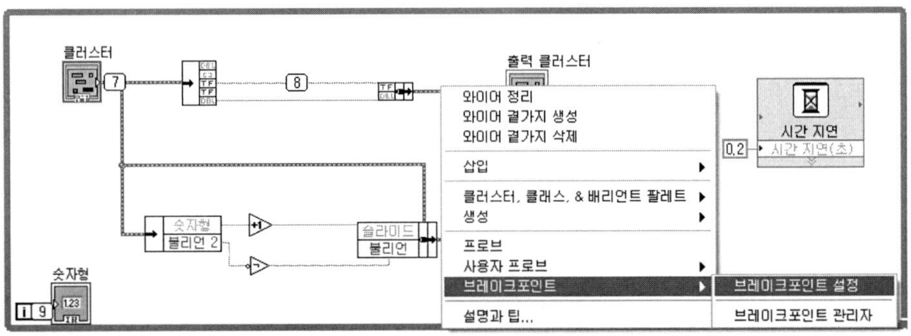

VI가 실행 중인 경우에는 설정할 와이어에 마우스를 놓고, 마우스 오른쪽 버튼으로 브레이크포인트 〉 브레이크포인트 설정을 선택하여 설정할 수 있습니다.

브레이크포인트 관리자는 VI에 있는 모든 브레이크포인트를 활성화, 비활성화, 삭제를 수행할 수 있는 유틸리티입니다.

그리고 편집(E) 〉 계층구조에서 브레이크포인터 제거를 선택하여 VI의 모든 브레이크포인트를 제거할 수 있습니다.

5. 단계별 실행

 단계별 실행은 도구바에서 제공되는 디버깅 수단으로, 단계별 실행 들어가기, 건너뛰기, 나가기로 구성되어있습니다. VI의 실행을 단계별로 확인하면서, 데이터나 함수의 실행을 확인할 수 있는 도구입니다. 이때 와이어상의 데이터를 확인하기 위하여 프로브와 함께 사용할 수 있습니다.

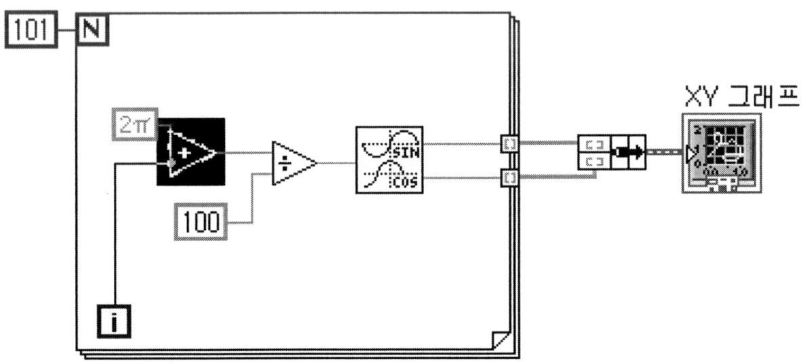

 단계별 실행 들어가기: 단계별 실행을 시작합니다. 그리고 Loop 속으로 들어가거나 SubVI 속으로 단계별로 들어가면서 실행하고자 할 때 선택할 수 있는 도구입니다.

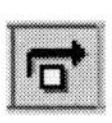 단계별 실행 건너뛰기: 클릭하면 단계별 실행 없이, 노드나 함수를 건너

될 수 있습니다.

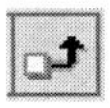 단계별 실행 나가기: 클릭하면 단결별 실행 중인 Loop, 함수, SubVI, 그리고 VI 실행에서 나갈 수 있습니다.

6. 에러 핸들러

VI를 실행할 수는 있지만, 설정 값이나 조건이 만족되지 못하여 에러가 발생하는 경우에는 에러 핸들러를 이용하여 에러를 확인하고 디버깅할 수 있습니다.

다음은 에러 입출력과 단순 에러 핸들러를 이용한 사례입니다. 함수들을 연결한 아래쪽 클러스터 와이어가 에러에 대한 데이터입니다.

 **단순 에러 핸들러**는 함수 〉 프로그래밍 〉 대화 상자 & 사용자 인터페이스 팔레트에서 찾을 수 있습니다. 에러가 발생하면 에러 메시지와 정보를 팝업해줍니다.

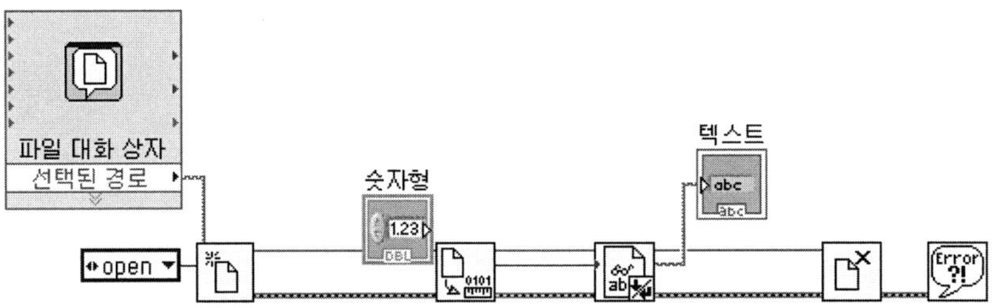

다음과 같이 단순 에러 핸들러를 사용하지 않고, 에러 출력 인디케이터를 생성해줘도 됩니다. 에러 출력 인디케이터는 클러스터 타입으로, 에러 상태, 에러 코드, 에러 소스를 디스플레이해줍니다.

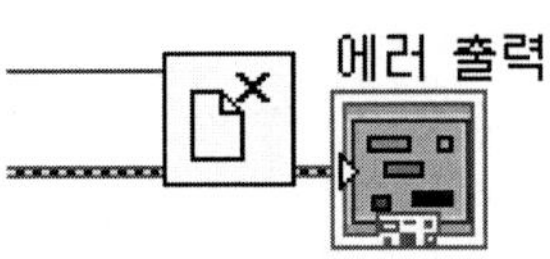

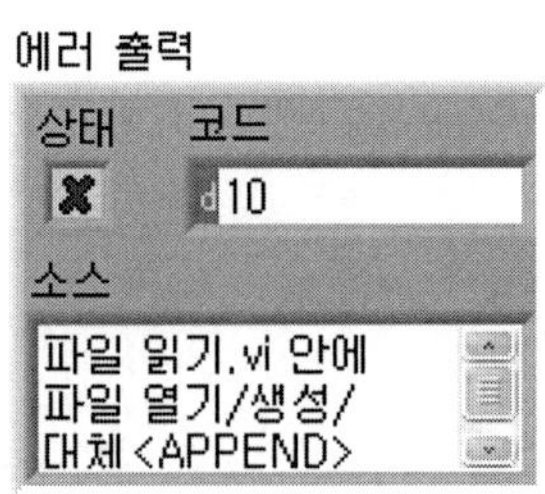

에러에 대한 좀더 상세한 설명이 필요한 경우에는 메뉴의 도움말(H) 〉 에러 설명(X)을 선택하여 에러 설명 대화 상자를 열수 있습니다. 에러 설명 대화 상자의 **코드**에 에러 코드를 입력하면 에러에 대한 상세한 설명을 확인할 수 있습니다.

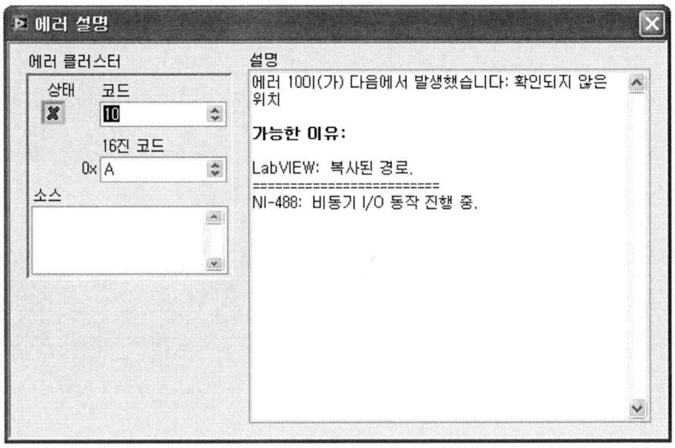

요약정리

가. 시작하기 창에서 새로 만들기 〉 새 VI 혹은 새 프로젝트를 선택하여 프로그래밍을 시작합니다.

나. LabVIEW는 프런트패널과 블록다이어그램으로 구성됩니다. 프런트패널에서는 컨트롤 팔레트를 사용할 수 있고, 블록다이어그램에서는 함수 팔레트를 사용할 수 있습니다.

다. 프런트패널의 객체들은 컨트롤과 인디케이터로 구분됩니다.

라. LabVIEW에서는 숫자형, 불리언, 문자열 타입의 변수를 사용합니다. 그리고 모든 변수에는 컨트롤, 인디케이터, 그리고 상수가 있습니다.

마. LabVIEW는 데이터 흐름 방식으로 프로그래밍하므로 와이어는 항상 컨트롤이나 상수에서 인디케이터로 연결되어야 됩니다.

바. 타입 변환 함수를 이용하여 숫자형을 문자열로, 문자열을 숫자형으로, 그리고 숫자형을 불리언으로 바꿀 수 있습니다.

사. 같은 타입의 데이터를 묶어서 배열을 만들 수 있습니다.

아. 컨트롤 팔레트에서 배열을 찾아서 프런트패널에 놓고, 빈 배열 속에 원하는 타입의 객체를 넣어줘서 배열을 완성합니다.

자. 다른 타입의 데이터를 묶어서 클러스터를 만들 수 있습니다.

차. 모든 데이터 타입을 클러스터 속에 넣을 수 있지만, 컨트롤은 컨트롤끼리 인디케이터는 인디케이터끼리 묶어줘야 됩니다.

카. 클러스터 속에 넣어주는 순서가 중요합니다. 순서가 다르면 다른 타입의 클러스터가 됩니다.

타. VI를 SubVI로 만들어 다른 VI에서 불러서 사용할 수 있습니다.

파. VI의 전체 또는 일부를 SubVI로 만들 수 있습니다.

하. 사용자 컨트롤을 만들어 사용할 수 있습니다.

거. 실행 하이라이트, 프로브, 브레이크포인트, 그리고 에러 핸들러 등의 다양한 디버깅 툴을 이용하여 VI를 디버깅할 수 있습니다.

Note.

Note.

제 2 장

구조 및 파일 입출력

LabVIEW에서 사용되는 While 루프, Timed 루프, For 루프, 케이스 구조, 수식 노드, 이벤트 구조, 그리고 시퀀스 구조에 대하여 설명합니다. 또한 데이터를 파일로 저장하거나 파일에서 데이터를 불러오는 방법을 익힙니다.

가. While 루프

While 루프는 루프안의 내용을 조건에 따라 반복 실행하는 구조입니다. 어떤 Task를 일정한 속도로 반복 실행하고, 정지 버튼을 클릭하면 멈추는 어플리케이션을 만들 때, 사용할 수 있는 가장 기본적인 LabVIEW의 구조입니다. 아래와 같이 화살표로 그려진 사각형의 테두리가 있고, 그 속에 과 이 들어있습니다. While 루프는 함수 〉 프로그래밍 〉 구조 팔레트에서 찾을 수 있습니다.

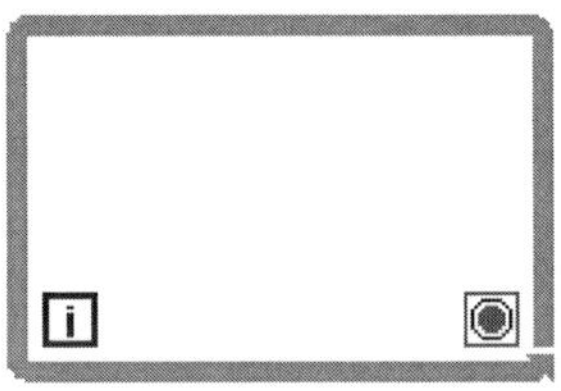

는 **루프 반복횟수(Iteration)**이라고 부르며, 0에서부터 시작하여 1씩 증가하는 I32 정수 값을 내줍니다. 그러므로 While 루프의 반복 횟수는 N+1이 됩니다.

루프 조건은 While 루프의 실행을 제어합니다. 또한 이것은 **참인 경우 정지**와 **참이면 계속**의 두 가지 선택 가능한 제어 방법이 있습니다. 는 참값이 들어오면 While 루프를 멈추라는 것이고, 는 참 값이 들어오면 While 루프를 실행하라는 의미입니다. 논리적으로 이해가 쉬운 것이 참인 경우 정지이므로 이것을 주로 사용합니다. 이들은 단축메뉴에서 선택 가능합니다.

While 루프는 CPU의 성능이 가능한 범위에서 최대한 빨리 실행됩니다. 그러므로 루프를 사용자가 설정한 속도로 실행하기 위해서 **시간 지연** 함수를 사용합니다.

 **시간 지연**은 함수 〉 프로그래밍 〉 타이밍 팔레트에서 찾을 수 있습니다. 그리고  **기다림(ms)**과  **다음 ms 배수까지 기다림** 함수는 밀리

초(Millisecond)단위로 시간 지연을 줄 수 있는 함수입니다. 이 두 함수는 실제로 비슷한 기능을 수행합니다. 그러나 루프가 처음 시작할 때나 한 개 루프 속에서 타이밍 함수를 여러 개 사용할 때, 차이를 확인할 수 있습니다.

기다림(ms)은 무조건 입력한 [대기 시간(ms)]만큼 기다리는 함수입니다. 반면 **다음 ms 배수까지 기다림**은 입력된 [ms 배수] 값의 최소 배수가 될 때까지 기다리는 함수입니다. 0배일 수도 있고, 1배일 수도 있고, 2배일 수도 있습니다. 특히 다음 ms 배수까지 기다림이 최초로 호출될 때에는 0이 입력되어 현재 스레드가 CPU의 컨트롤을 양도하도록 강제하는 명령을 주게 됩니다. 그래서 최초 호출 시에는 입력된 [ms 배수] 값보다 작게 기다릴 수 있습니다.

 **기다림(ms)**은 아래와 같이 지정한 mSec만큼 기다리는 함수입니다. 기다림으로 10mSec를 지정할 경우, Function A가 실행되고 Function B가 실행된 다음, 기다림(ms)가 10mSec를 기다리는 것입니다. 각 함수가 어떻게 실행하느냐에 관계없이 기다림(ms)는 무조건 10mSec를 기다리는 것입니다.

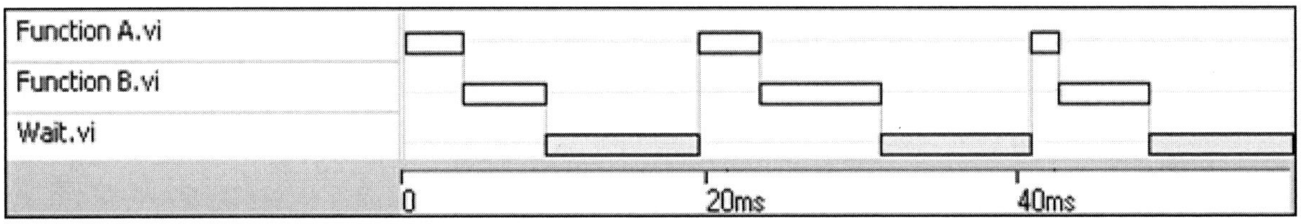

 **다음 ms 배수까지 기다림** 함수는 아래와 같이 다른 함수들과 연계하여 전체 루프의 실행 속도를 지정합니다. 20mSec로 지정했을 경우, Function A와 Function B, 그리고 다음 ms 배수까지 기다림 함수까지 합하여 20mSec가 되도록 기다림의 시간이 가변합니다.

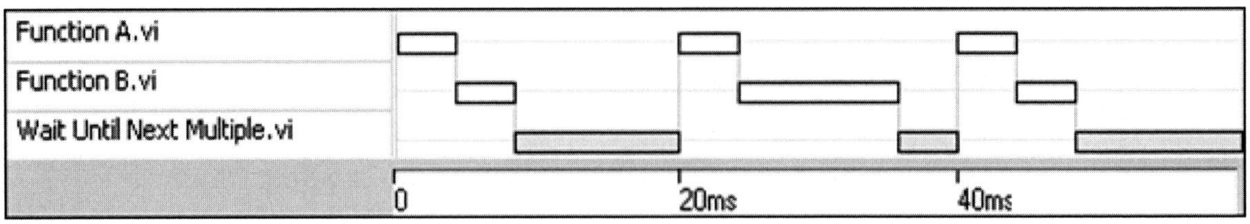

연습 2-1. While 루프의 속도

While 루프는 CPU의 성능이 가능한 범위에서 최대한 빨리 실행됩니다. 이 연습에서 다음을 배웁니다.

- While를 사용하는 방법을 배웁니다.
- 루프 컨트롤에 정지 버튼을 추가하는 방법과 루프 반복횟수에 인디케이터를 추가하는 방법을 배웁니다.
- 시간 지연 함수를 추가하여 루프의 실행속도를 제어합니다.

⌘ 블록다이어그램

1. 새 VI를 만들고, 반복횟수.vi라는 이름으로 저장합니다.
2. While 루프를 블록다이어그램에 위치시킵니다. While 루프를 놓으면서 마우스로 끌어주면 원하는 크기로 만들 수 있습니다. 그리고 ◉ **참인 경우 정지**에서 단축메뉴의 생성 > 컨트롤을 이용하여 [정지] 버튼을 생성시킵니다.

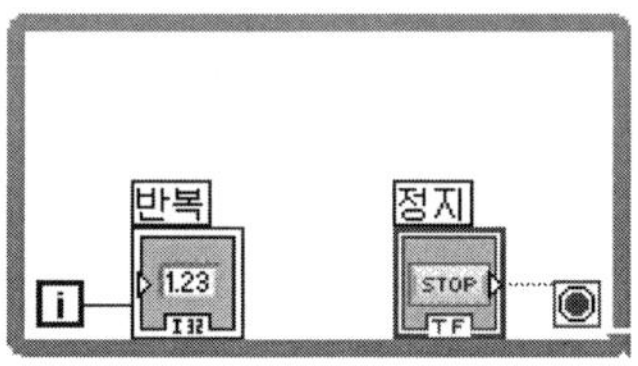

3. i의 단축메뉴에서 **생성 > 인디케이터**를 합니다. I32 정수 값의 인디케이터가 생성되며 이것의 라벨을 '반복'으로 바꿔줍니다.
4. VI를 실행해서 루프 반복횟수(Iteration)의 값이 얼마나 빨리 증가하는 지 확인해봅니다. 이때 루프 반복횟수(Iteration)는 0에서부터 시작합니다. 그래서 실제로 While 루프가 실행된 횟수는 **루프 반복횟수(Iteration) +1**입니다.

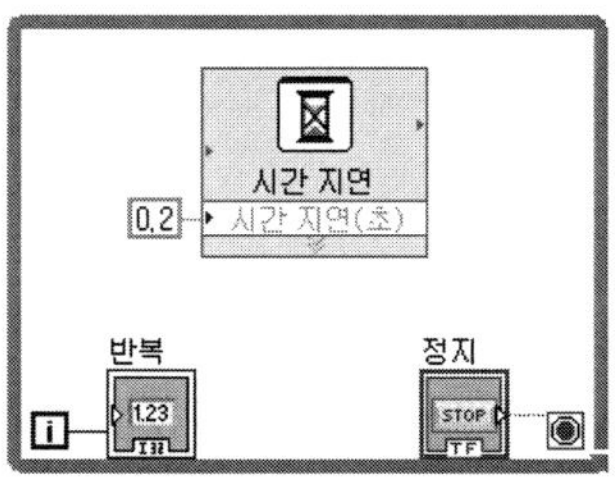

5. 💡 **실행 하이라이트**을 이용하여 관찰해봅니다.
6. While 루프 속에 시간 지연을 위치시킵니다. 그리고 시간 지원(초)에 0.2를 입력합니다.
7. 실행 하이라이트를 끄고 VI를 실행합니다. 루

프의 반복횟수를 관찰합니다. While 루프가 0.2초에 한번씩 실행함을 확인할 수 있습니다.

연습 2-1 끝

연습 2-2. 난수 발생 및 일치되는 실수 값 찾기

While 루프와 난수 발생기를 이용하여 입력한 실수 값과 똑같은 난수가 생성될 때까지의 While 루프 반복횟수를 찾는 VI를 만들어봅니다.

⌘ 블록다이어그램

1. 새 VI를 열고, 난수 자동 일치.vi라는 이름으로 저장합니다.
2. While 루프를 블록다이어그램에 위치시킵니다.
3. **난수(0–1)**를 위치시킵니다. 함수 〉 프로그래밍 〉 숫자형 팔레트에서 **난수(0–1)**를 찾을 수 있습니다.
4. 곱하기를 위치시키고, 단축메뉴에서 상수 생성을 이용하여 상수를 만들고 10,000을 붙입니다. 난수는 0에서 1사이의 값이므로 10,000을 곱하여 0에서 10,000사이의 값으로 바꿔주는 것입니다.
5. 함수 〉 프로그래밍 〉 숫자형 팔레트에서 **반올림** 을 찾아서 위치시키고, 출력단의 단축메뉴에서 생성 〉 인디케이터를 선택하여 DBL 인디케이터를 만들어줍니다. 라벨을 '현재 값' 으로 바꿉니다.

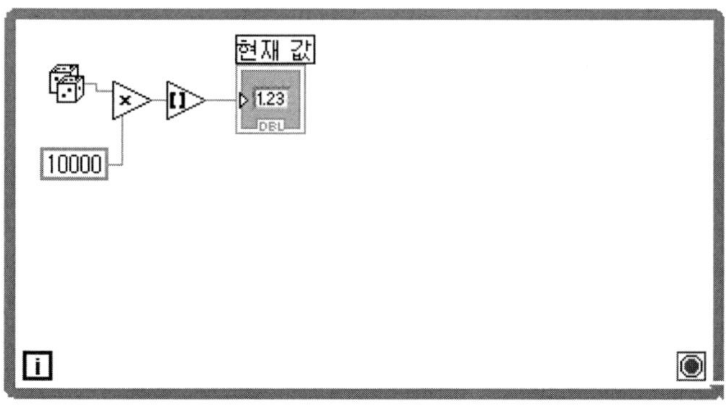

6. 함수 〉 프로그래밍 〉 비교 팔레트에서 **같지 않음?**을 찾아서 위치시키고, 입력 쪽의 단축메뉴에서 컨트롤 생성으로 DBL 컨트롤을 만들고 라벨

을 '입력' 으로 바꿉니다.

7. ◉의 단축메뉴에서 **참이면 계속**을 선택하여 ⟳로 바꾼 다음, ≠의 출력을 연결합니다.

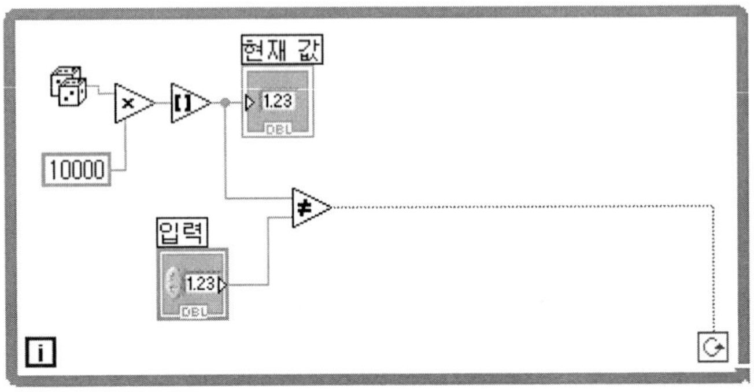

8. i을 오른쪽으로 옮기고 함수 〉 프로그래밍 〉 숫자형 팔레트에서 +1 **증가**를 찾아서 위치시킵니다. 그리고 출력에 인디케이터를 생성하고 라벨을 '반복 횟수' 로 바꿉니다. 1을 더해주는 것은 i가 0에서부터 시작하기 때문입니다.

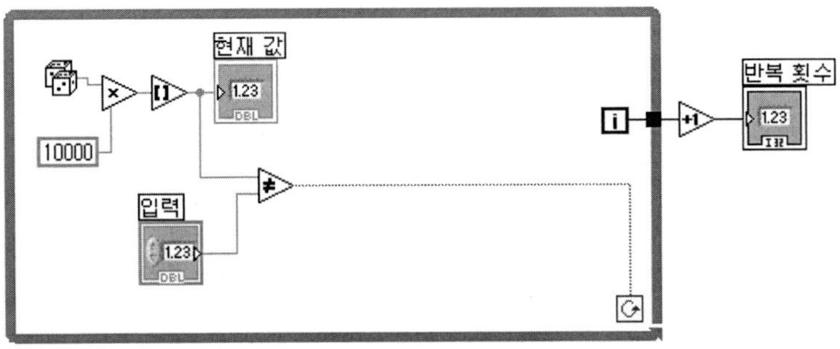

⌘ 프런트패널

9. 아래와 같이 프런트패널을 정리합니다.

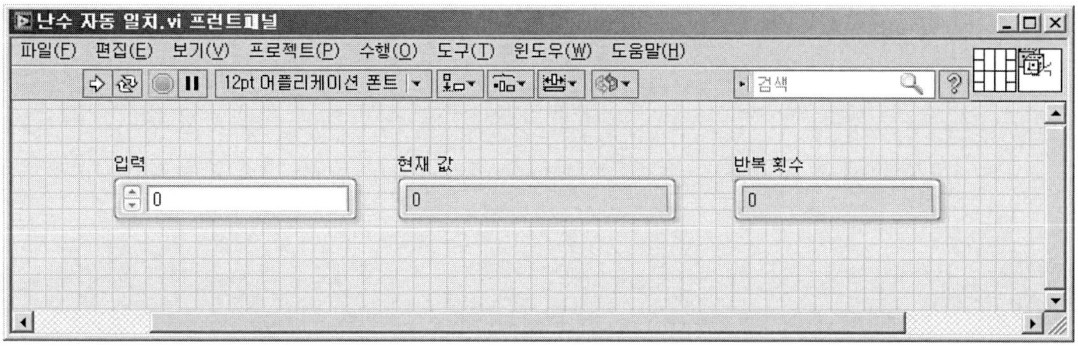

10. 난수에 10,000을 곱하고 반올림 처리를 했기 때문에, 0에서 10,000사이의 정수만 생성됩니다. 만약 [입력]에 이외의 값을 입력하면, 일치되는 값을 찾지 못하고 무한 루프가 됩니다. 그래서 [입력]에 0에서 10,000사이의 정수 값만 입력되도록 범위를 정해줍니다. 단축메뉴에서 **데이터 입력**…을 선택하고 아래와 같이 설정을 바꿔줍니다.

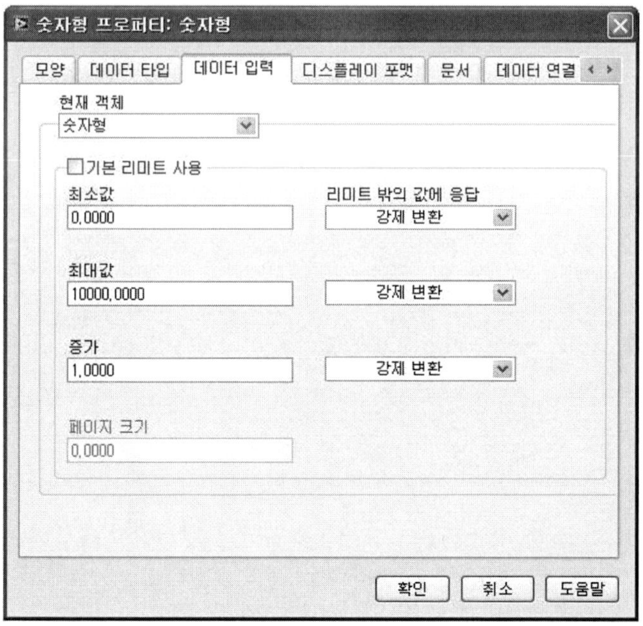

최소값: 0 리미트 밖의 값에 응답: 강제 변환

최대값: 10,000 리미트 밖의 값에 응답: 강제 변환

증가: 1　　　　　　　　　　　리미트 밖의 값에 응답: 강제 변환

11. **입력**에 0에서 10,000사이의 정수 값을 입력하고 실행시킵니다.
12. 실행 하이라이트를 이용하여 관찰해봅니다.

연습 2-2 끝

⌘ While 루프 없애기

While 루프를 없애기 위하여 〈Delete〉키를 이용하면 While 루프 안에 있는 것들까지 모두 사라져버립니다. 그래서 While 루프만 없애기 위해서 단축메뉴에서 **While 루프 제거**를 선택하여 없애야합니다.

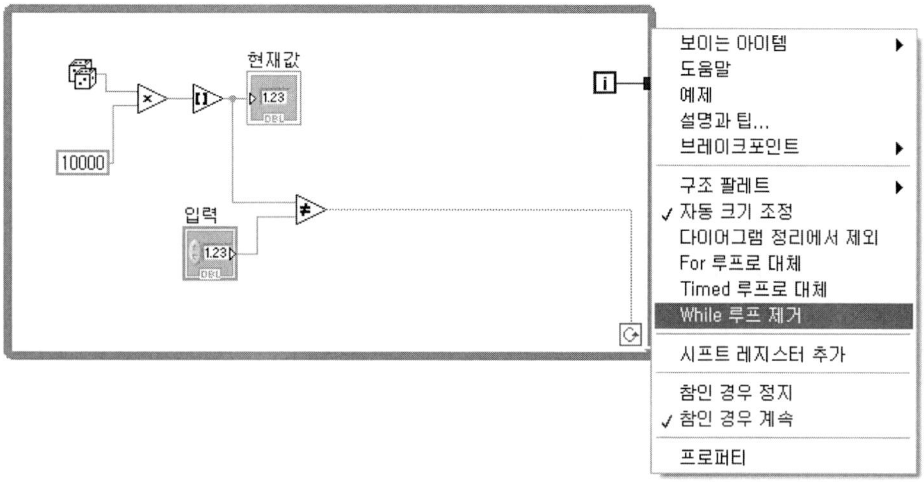

⌘ 다이어그램 정리에서 제외

도구바에 있는  **다이어그램 정리**를 이용하여 블록다이어그램을 자동으로 정리할 수 있습니다. 그러나 선택한 While 루프는 다이어그램 정리에서 제외 시키고자 한다면, While 루프의 단축메뉴에서 [다이어그램 정리에서 제외]를 선택하면 됩니다.

⌘ 시프트 레지스터

While 루프나 For 루프에서 이전 루프에서 다음 루프로 데이터를 전달할 경우가 있습니다. 단순한 와이어의 연결은 루프 밖으로 데이터를 전달하는 역할이므로 루프 내에서 데이터를 전달하기 위해서는 **시프트 레지스터**라는 기능이 필요합니다. While 루프의 테두리를 마우스로 클릭하고 단축메뉴에서 [시프트 레지스터 추가]를 찾을 수 있습니다.

시프트 레지스터는 일종의 기억 공간으로 변수 선언과 유사합니다. 그래서 Text 기반의 프로그래밍 언어들과 마찬가지로 시프트 레지스터 변수는 초기화시켜줘야 하며, 데이터 타입도 미리 정해줘야 됩니다. 데이터 타입에는 제한이 없습니다.

시프트 레지스터를 임의 타입의 상수로 초기화시켜주면 그 타입으로 바뀝니다. 다음은 각각 시프트 레지스터를 I32 정수, 불리언, 문자열 상수로 초기화시킨 예입니다. While 루프가 시작하기 전에 먼저 초기 값을 입력받게 됩니다. 참고로 시프트 레지스터의 초기 데이터 타입이 정해져 있는 것이 아니므로 단축메뉴의 생성 〉 상수로 초기화할 수 없습니다. 함수 팔레트에서 필요한 상수를 찾아서 붙여줘야 됩니다.

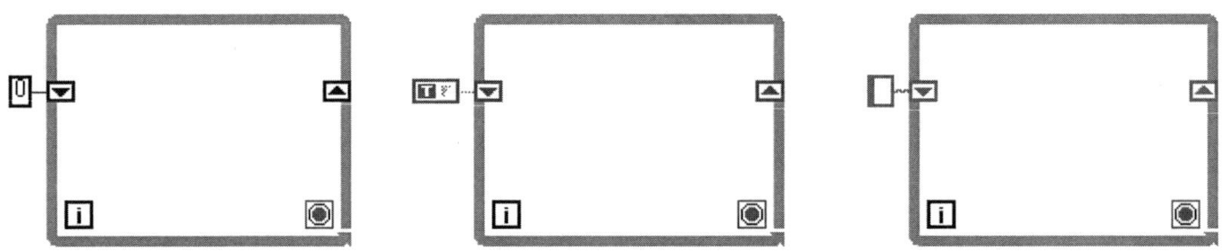

시프트 레지스터의 오른쪽 터미널로 값을 넣어주면, 다음 루프의 왼쪽 터미널에서 그 값이 출력됩니다. 아래는 오른 터미널에 **루프 반복횟수 i**을 넣어주고 다음 루프에서 그 값을 출력하는 예입니다.

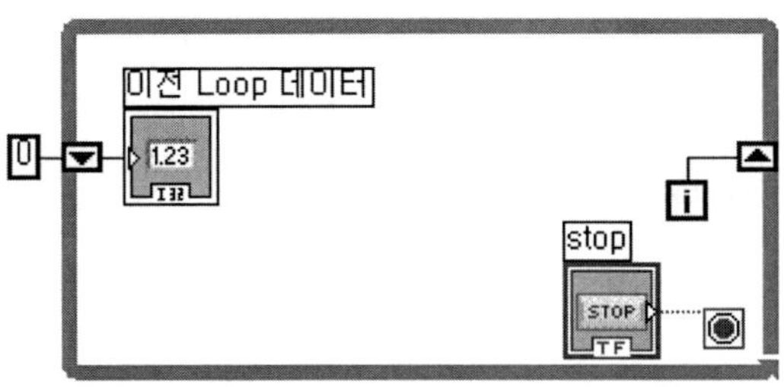

■ 시프트 레지스터 원소 추가

바로 이전 단계의 값뿐만 아니라 몇 단계 앞의 값도 불러오고 싶을 때에는 오른쪽 시프트 레지스터 터미널의 단축메뉴에서 **원소 추가**를 선택합니다. 이때 추가한 시프트 레지스터 모두를 초기화시켜줘야 됩니다.
아래 블록다이어그램에서 왼쪽의 출력부분은 세 개이고, 오른쪽 입력부분은 하나임을 확인할 수 있습니다. 출력부분은 차례로 이전 루프의 값, 전전 루프의 값, 전전전 루프의 값이 됩니다.

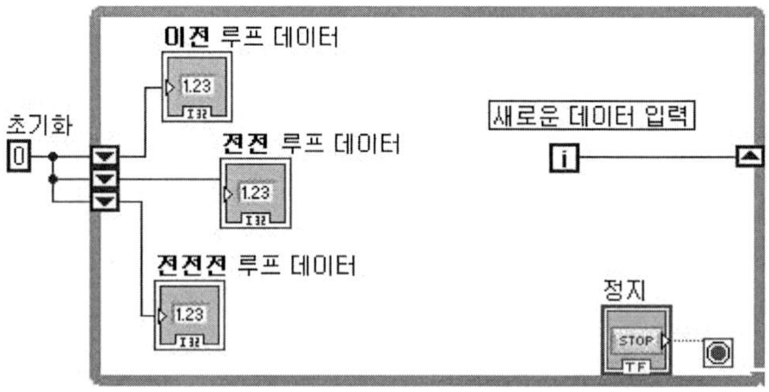

연습 2-3. 시프트 레지스터 만들기

While 루프에서 시프트 레지스터를 만들고 그 의미를 이해합니다. 이 연습에서 다음을 배웁니다.

- 시프트 레지스터를 만드는 방법을 배웁니다.
- 시프트 레지스터에 원소를 추가하는 방법을 배웁니다.
- 각 원소가 어떤 순서로 실행되고, 어떤 값을 가지는지 확인합니다.

⌘ 블록다이어그램

1. 새 VI를 만들고, 시프트 레지스터.vi라는 이름으로 저장합니다.
2. 블록다이어그램에 While 루프를 위치시킵니다.
3. While 루프의 테두리를 마우스로 클릭하고 단축메뉴에서 [시프트 레지스터 추가]를 선택하여 시프트 레지스터를 하나 만듭니다.
4. 왼쪽 시프트 레지스터 아이콘에 마우스를 위치시키고, 단축메뉴에서 [원소 추가]를 두 번 실행합니다.
5. 숫자형 상수 0을 이용하여 세 개 모두 초기화시킵니다. 함수 〉 프로그래밍 〉 숫자형 팔레트에서 숫자형 상수를 찾을 수 있습니다.

6. 더하기를 위치시키고 5를 더해줍니다. 단축메뉴의 **상수 생성**을 이용합니다. 출력부분에 인디케이터를 생성하고 라벨을 X(i)로 바꿉니다.

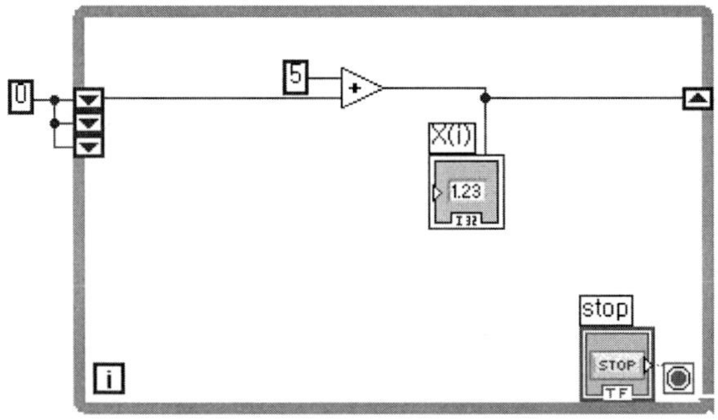

7. 오른쪽 세 개의 시프트 레지스터에서 인디케이터를 생성하고 위에서부터 차례로 라벨을 **X(i–1), X(i–2), X(i–3)**로 바꿉니다. 각각 i-1번째 루프의 값, i-2번째 루프의 값, i-3번째 루프의 값이라는 의미입니다. 단축메뉴에서 생성 〉 인디케이터를 선택하여 필요한 인디케이터를 생성해줍니다. 그리고 블록다이어그램을 보기 좋게 정리하기 위하여 각 인디케이터의 단축메뉴에서 **아이콘으로 보기**의 체크를 없앴습니다.

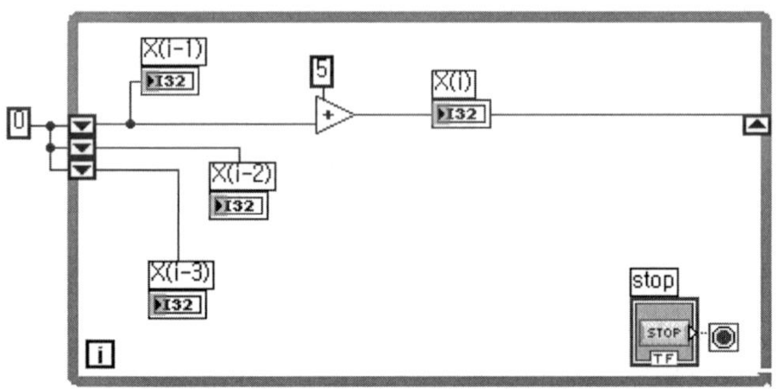

8. 함수 〉 프로그래밍 〉 타이밍 팔레트에서 시간 지연을 찾아서 위치시킵니다. 시간 지연(초)에 0.5초를 입력합니다.

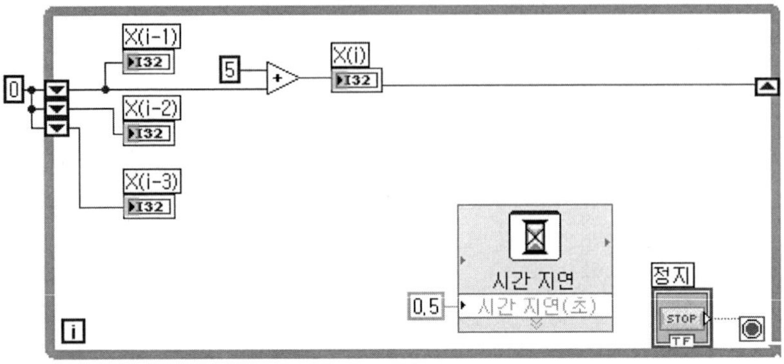

⌘ 프런트패널

9. 프런트패널로 가서 아이콘들을 정리하고 실행합니다. 현재 값 X(i)가 45일 때, 아래로 내려오면서 5씩 감소함을 확인할 수 있습니다. 40, 35, 30입니다.

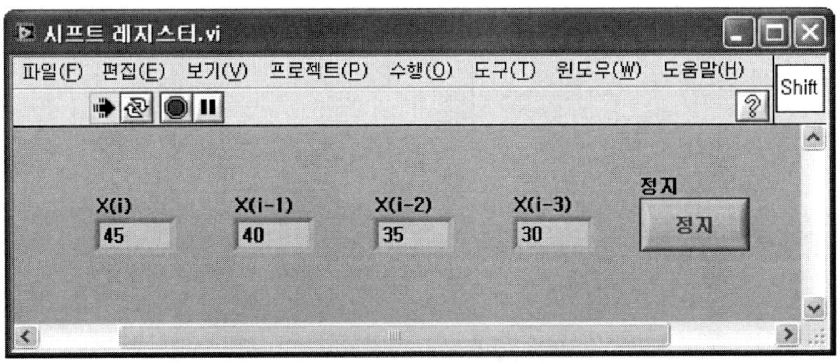

연습 2-3 끝

연습 2-4. While 루프를 이용한 난수 발생 및 플롯

웨이브폼 차트를 이용하여 난수(0-1)를 플롯해봅니다. 이 연습에서는 다음을 배웁니다.

- 난수 발생 함수의 사용법을 배웁니다.
- 생성한 난수를 웨이브폼 차트에 플롯하는 방법을 배웁니다.

⌘ 블록다이어그램

1. 새 VI를 만들고 블록다이어그램에 While 루프를 위치시킵니다.
2. 프런트패널에 웨이브폼 차트를 위치시킵니다. 아래와 같이 블록다이어그램을 구성합니다. 컨트롤 〉 일반 〉 그래프 혹은 컨트롤 〉 실버 〉 그래프 팔레트에서 찾을 수 있습니다.

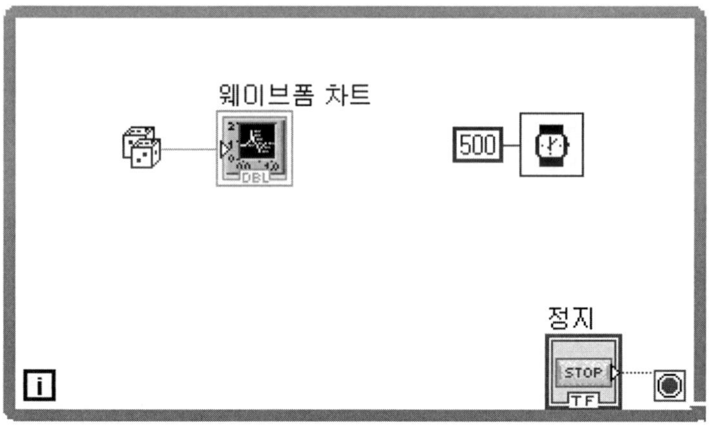

 **난수(0-1)**는 0에서 1사이의 난수를 생성하는 함수이며, 함수 〉 프로그래밍 〉 숫자형 팔레트에서 찾을 수 있습니다.

 **기다림(ms)**은 함수 〉 프로그래밍 〉 타이밍 팔레트에서 찾을 수 있습니다. While 루프가 실행되는 속도를 조절합니다. 0.5 초에 한 번씩 While 루프를 실행하기 위하여 500을 입력합니다.

⌘ 프런트패널

3. **난수 차트**.vi로 저장합니다.
4. 오른쪽 위에 있는 플롯 0을 마우스로 클릭하고, 단축메뉴에서 **일반 플롯**을 다른 형태로 바꿔봅니다.

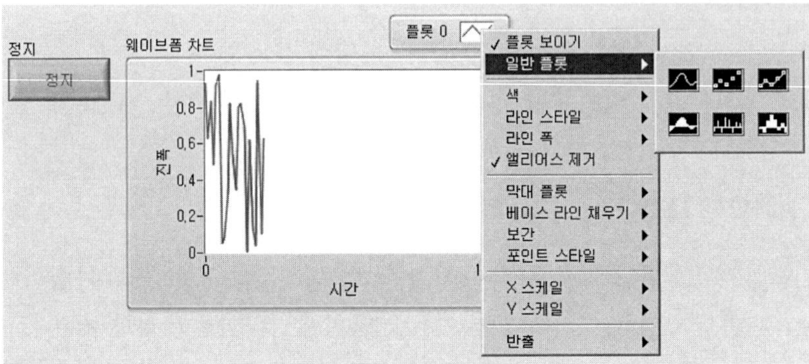

연습 2-4 끝

나. 웨이브폼 차트

웨이브폼 차트는 숫자형 값을 디스플레이하는 인디케이터 중의 하나입니다. 컨트롤 〉 일반 〉 그래프 팔레트에서 웨이브폼 차트를 찾을 수 있습니다.
숫자형 인디케이터와 웨이브폼 차트의 가장 큰 차이점은 차트에서는 현재 데이터와 함께 이전 데이터를 비주얼하게 보여준다는 것입니다. 이를 위하여 웨이브폼 차트에는 히스토리 데이터를 기억할 수 있는 히스토리가 있고, 히스토리 길이의 기본 값은 1024입니다. 이 값을 바꾸기 위해서는 차트의 단축메뉴에서 [차트 히스토리 길이...]를 선택하여 바꿀 수 있습니다. 그리고 히스토리 버퍼를 가지고 있으므로 웨이브폼 차트는 배열 값을 받아서 디스플레이할 수도 있습니다.

⌘ 웨이브폼 차트의 보이는 아이템

웨이브폼 차트에서 다양한 보이는 아이템들을 추가할 수 있습니다. 사용자는 이 아이템들을 이용하여 이해하기 쉽고, 사용이 편리한 사용자 인터페이스를 구성할 수 있습니다.
다음과 같이 웨이브폼 차트의 단축메뉴인 **보이는 아이템**에서 여러 가지 옵션들을 선택할 수 있습니다. 보이는 아이템에는 플롯 범례, 스케일 범례, 그래프 팔레트, 디지털 디스플레이, 그리고 X 스크롤 막대 등이 있습니다.

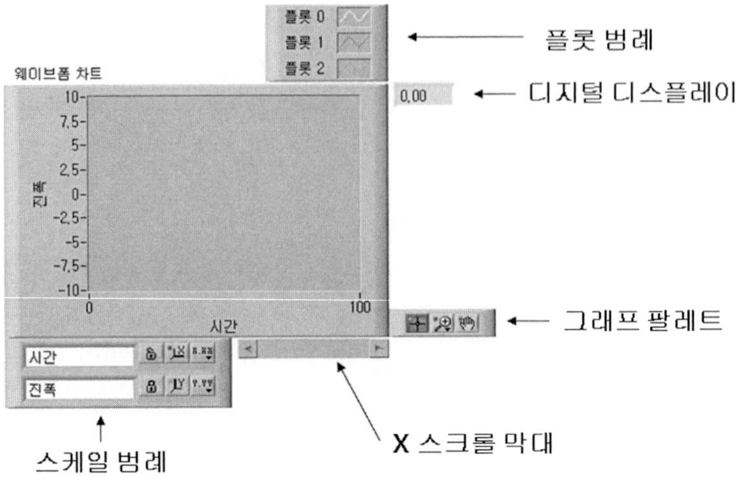

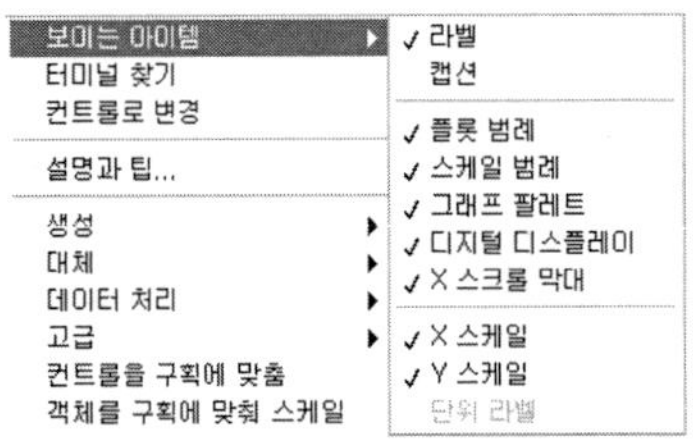

■ 플롯 범례

플롯 범례는 웨이브폼 차트에 디스플레이되는 데이터의 표현 방식을 바꿀 수 있는 도구입니다. 사용자는 플롯 범례를 이용하여 데이터의 플롯 방식을 다양하게 바꿀 수 있습니다.

만약 웨이브폼에 두 개 이상의 데이터가 동시에 플롯된다면, 마우스로 선택하고 당겨서 키워줄 수 있습니다. 이때 플롯의 형태, 색, 라인 스타일, 라인 폭 등은 개별 플롯 범례의 단축메뉴로 바꿀 수 있습니다. 그리고 플롯의 이름은 마우스로 선택하여 텍스트로 입력할 수 있습니다. 또한 플롯 이름에서 단축메뉴로 보이는 아이템 〉 플롯 보이기 확인란을 선택해주면, 아래와 같이 [보이기 확인란]이 나타납니다. 이 확인란을 체크하여 해당 플롯을 보이게 혹은 보이지 않게 선택할 수 있습니다. (2011 버전부터 지원)

■ **디지털 디스플레이**

웨이브폼 차트는 숫자형 인디케이터의 일종이므로 디지털 디스플레이로 현재 숫자 값을 바로 나타내줍니다.

■ **X 스크롤 막대**

차트는 **히스토리(History)** 데이터를 저장할 수 있습니다. 그리고 X 스크롤 막대를 이용하여 차트 히스토리 데이터를 모두 볼 수 있습니다.

■ **스케일 범례**

VI의 편집 모드에서는 각 축의 스케일이나 이름 등을 단축메뉴를 이용하여 직접 바꾸고 입력할 수 있습니다. 그러나 VI가 실행 모드일 때는 축의 스케일이나 이름 등을 스케일 범례를 이용하여 변경시켜야 됩니다. 특히 VI를 실행파일로 만들어 배포하고자 하는 경우에는 스케일 범례가 유용하게 사용될 수 있습니다.

■ **그래프 팔레트**

그래프의 여러 가지 도구들입니다. 1은 **[일반 디스플레이]**이며, 2는 **[줌]**이고, 그리고 3은 **[드래그]**로 마우스를 이용하여 화면을 끌어서 움직일 수 있는 도구입니다.

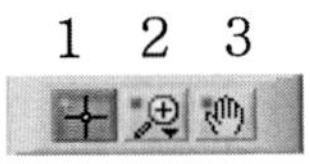

이와 같이 웨이브폼 차트에 보이는 아이템을 추가하여 다양한 도구를 사용자들이 사용할 수 있도록 만들 수 있습니다. 참고로 웨이브폼 그래프에서도 차트와 동일하게 보이는 아이템들이 있습니다. 그러나 웨이브폼 그래프에는 디지털 디스플레이가 없고, 그 대신 **커서 범례**가 있습니다. 커서 범례는 커서를 만들고 설정하는 역할을 수행합니다.

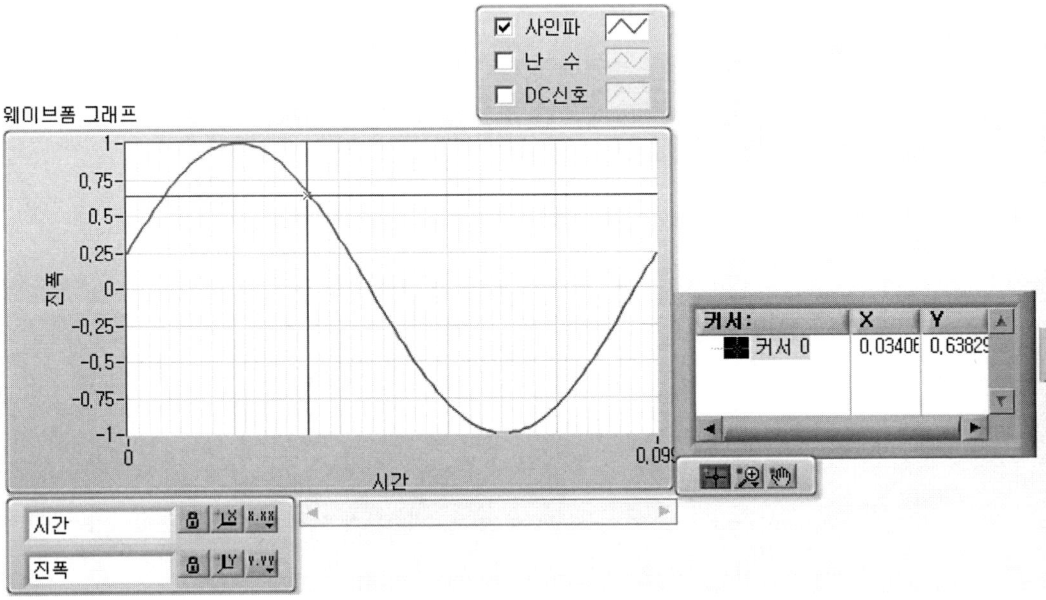

⌘ 웨이브폼 차트의 데이터 지우기

단축메뉴에서 **데이터 처리 〉 차트 지우기**를 선택해서 차트에 있는 모든 데이터를 삭제할 수 있습니다. 이것은 차트의 히스토리에 저장되어 있던 데이터를 지운다는 의미와 같습니다. 그리고 프로그램적으로 차트를 지우기 위해서는 프로퍼티 노드를 사용해야 됩니다. 프로퍼티 노드는 차트의 터미널에서 단축 메뉴로 생성시킬 수 있습니다. **생성 〉 프로퍼티 노드 〉 히스토리 데이터**를 선택하면 웨이브폼 차트의 히스토리 데이터를 선택할 수 있습니다. 다음과 같이 **쓰기로 변경**한 다음, 빈 배열을 연결해주면 히스토리 데이터를 지울 수 있습니다.

⌘ 웨이브폼 차트의 업데이트 모드

웨이브폼 차트의 프로퍼티에서 세 가지의 서로 다른 업데이트 모드를 선택할 수 있습니다. 스트립 차트, 스코프 차트, 스윕 차트입니다.

[스트립 차트]는 데이트를 연결해서 계속 업데이트하는 기본 모드입니다. 그리고 **[스코프 차트]**는 왼쪽에서 오른쪽으로 그린 후 차트를 지우고 다시 새로운 데이터를 왼쪽에서 오른쪽으로 업데이트하는 모드입니다. **[스윕 차트]**는 수직하는 스윕 선을 기준으로 새로운 데이터를 업데이트해 나가는 모드입니다. 병원 등에서 사용하는 스윕 디스플레이와 비슷한 모양이 됩니다.

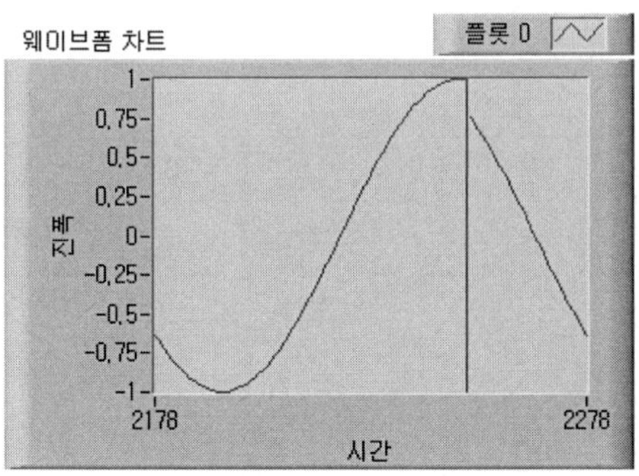

⌘ 웨이브폼 차트와 그래프의 차이점

웨이브폼 차트는 숫자형이나 숫자형 배열, 웨이브폼을 플롯할 수 있습니다.

그리고 차트 히스토리를 가지고 있습니다. 그러나 웨이브폼 그래프는 숫자형 배열과 웨이브폼은 플롯할 수 있지만, 숫자형은 플롯할 수 없습니다. 그리고 히스토리 버퍼를 가지고 있지 않습니다. 또한 웨이브폼 그래프에는 차트에는 없는 커서를 가지고 있습니다. 웨이브폼 그래프는 숫자형 배열이나 웨이브폼 전체를 한 번에 플롯하고, 새로운 배열이나 웨이브폼이 들어오면 이전 데이터를 지우고 새로운 데이터를 업데이트하는 방식으로 디스플레이합니다. 입력된 데이터를 연결하여 플롯하는 웨이브폼 차트와는 대조되는 플롯방식입니다.

⌘ XY 그래프

웨이브폼 차트와 웨이브폼 그래프는 시간 축으로 일정한 간격의 데이터를 플롯하지만, 시간 축으로 데이터가 일정한 간격이 아닐 경우에는 각 데이터에 대응되는 시간 정보를 X축 배열로 만들어 XY 그래프로 플롯해야 됩니다. **XY 그래프**는 X축 배열과 Y축 배열을 클러스터로 묶어서 입력받아 플롯하는 그래프입니다.

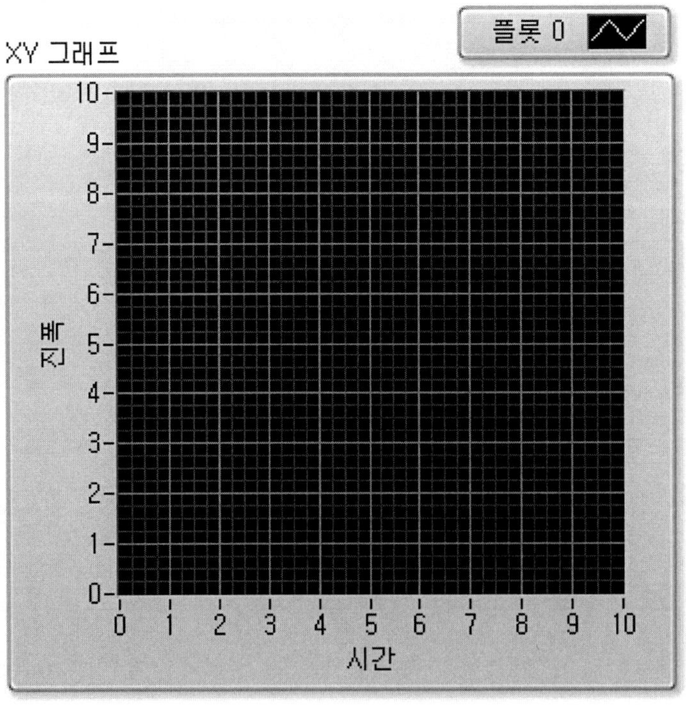

연습 2-5. 차트에 여러 개의 데이터를 동시에 그리기

차트에 여러 개의 데이터를 동시에 그리기 위해서는 우선 이들 데이터를 하나로 묶어줘야 합니다. 다음을 익힙니다.

- 웨이브폼 차트의 사용법을 익힙니다.
- 묶기를 이용하여 세 가지 데이터를 묶어서 웨이브폼 차트로 플롯합니다.
- 사인 파형과 코사인 파형을 만드는 방법을 익힙니다.

⌘ 블록다이어그램

1. 새 VI를 만들고, While 루프를 위치시킵니다.
2. 프런트패널에 웨이브폼 차트를 위치시키고, 아래와 같이 블록다이어그램을 구성합니다.

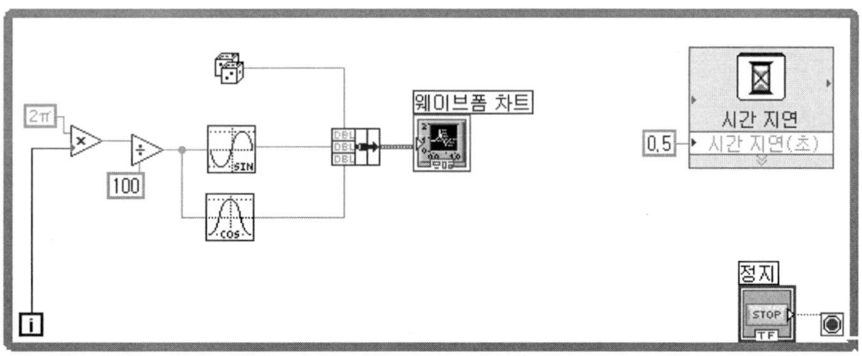

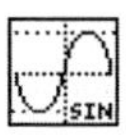 **사인**과 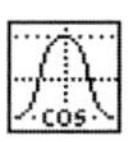 **코사인**은 함수 〉 수학 〉 기본 & 특수 함수 〉 삼각함수 팔레트에서 찾을 수 있습니다.

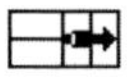 **묶기**는 함수 〉 프로그래밍 〉 클러스터, 클래스, & 배리언트 팔레트에서 찾을 수 있습니다.

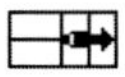을 마우스로 키워주면 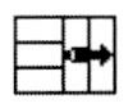이 됩니다.

⌘ 프런트패널

3. 차트.vi로 저장하고 실행합니다. 플롯 범례의 이름을 각각 난수, 사인, 코사인으로 바꿔줍니다. 이름을 더블클릭하여 선택한 다음, 키보드로 원하는 이름을 새로 입력하면 됩니다.

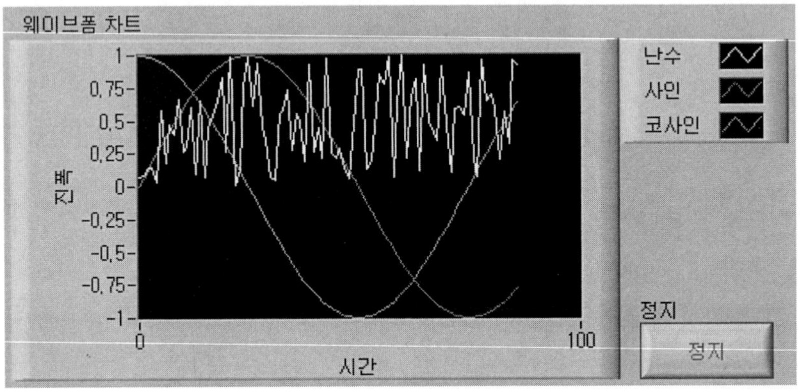

연습 2-5 끝

다. Timed 루프

Timed 루프는 함수 〉 프로그래밍 〉 구조 〉 Timed 구조 팔레트에서 찾을 수 있습니다. While 루프의 다른 형태이며, 정확한 타이밍으로 루프를 실행합니다. 그리고 Timed 루프는 실행 우선순위를 지정할 수 있습니다. 그래서 더 정확한 타이밍이 필요한 루프에 더 높은 우선순위를 지정할 수 있습니다. 또한 클럭(Clock)을 선택할 수 있습니다.

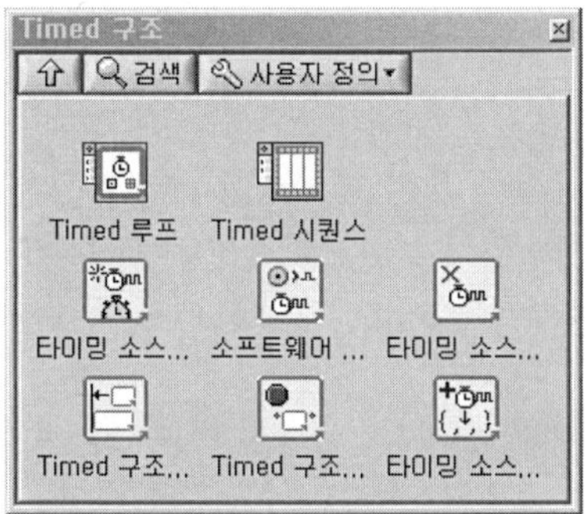

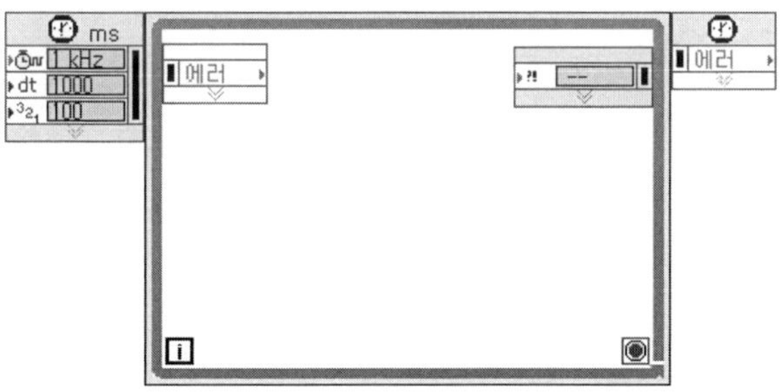

Timed 루프의 사용법은 While 루프와 동일합니다. 그리고 Timed 구조 팔레트에는 루프를 정밀하게 제어할 수 있는 여러 가지 함수들이 추가되어 있습니다.

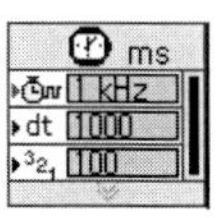

Timed 루프의 왼쪽 위에 위치한 입력노드를 더블클릭하면 **Timed**

루프 설정 창을 열 수 있습니다. 루프 타이밍 소스, 루프 타이밍 속성 등을 설정할 수 있습니다.

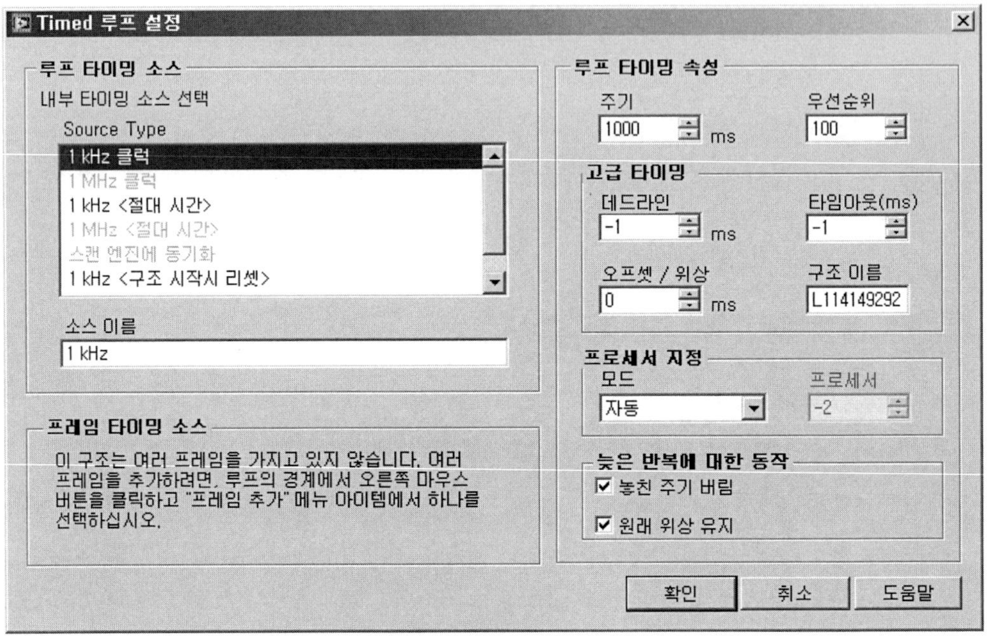

연습 2-6. While 루프와 Timed 루프의 타이밍 차이

While 루프와 Timed 루프의 타이밍 차이를 알아봅니다. 이 연습에서 다음을 배웁니다.

- 틱 카운터(ms) 함수를 이용하여 루프의 실행 속도를 측정하는 방법을 배웁니다.
- While 루프와 Timed 루프의 실행 타이밍 차이를 확인합니다.

⌘ 블록다이어그램

1. 다음과 같이 While 루프를 이용하여 블록다이어그램을 구성합니다.

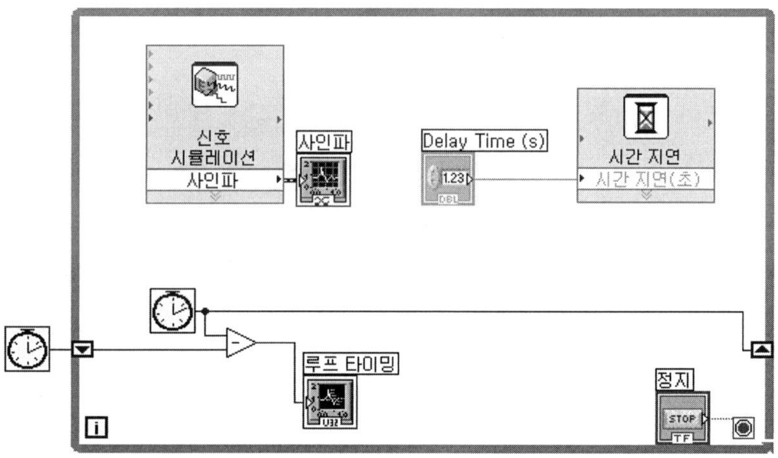

 **틱 카운터(ms)**는 함수 〉 프로그래밍 〉 타이밍 팔레트에서 찾을 수 있습니다. 현재 시간을 정수 타입으로 출력하는 함수입니다. 단위는 밀리 초입니다.
시프트 레지스터를 이용하여 현 루프의 시간에서 이전 루프의 시간으로 빼주고, 결과 값을 웨이브폼 차트에 플롯해준 것입니다. 웨이브폼 차트의 라벨을 '루프 타이밍' 으로 바꿔주었습니다.

일반적으로 **시간지연(초)**에 입력한 시간만큼, 루프 타이밍이 출력됩니다. 그러나 Window 환경에서 수십 msec 단위까지만 타이밍을 보장할 수 있습니다.

신호 시뮬레이션은 함수 〉 익스프레스 〉 입력 팔레트에서 찾을 수 있습니다. 임의의 신호를 시뮬레이션할 경우에 사용할 수 있습니다. 여기에서는 사인파를 시뮬레이션하였습니다. 신호 시뮬레이션 설정 [신호 시뮬레이션] 창에서 다른 설정 없이 확인 버튼을 클릭하면 10.1 Hz의 사인파를 시뮬레이션할 수 있습니다.

⌘ 프런트패널

2. 다음과 같이 프런트패널을 구성하고 [시간 지연(초)]에 **0.001**을 입력하고 실행합니다.

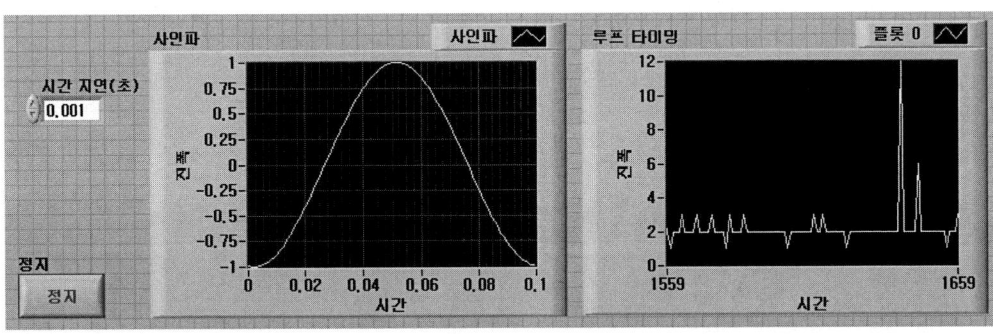

시간 지연(초)에 0.001을 입력하여 1 msec에 한번씩 While 루프를 실행하도록 명령했지만, 실제로 While 루프가 한번 실행한 시간은 루프 타이밍에서 볼 수 있듯이 2 msec ~ 12 msec의 에러가 발생합니다. 실행 중에 마우스를 움직이면 더 큰 에러가 발생합니다.

⌘ Timed 루프

3. 블록다이어그램에서 While 루프를 선택하고, 단축메뉴에서 [Timed 루프

로 대체]를 선택합니다.

4. **시간 지연** 함수를 삭제합니다. Timed 루프에서는 시간 지연 함수를 사용하지 않습니다.

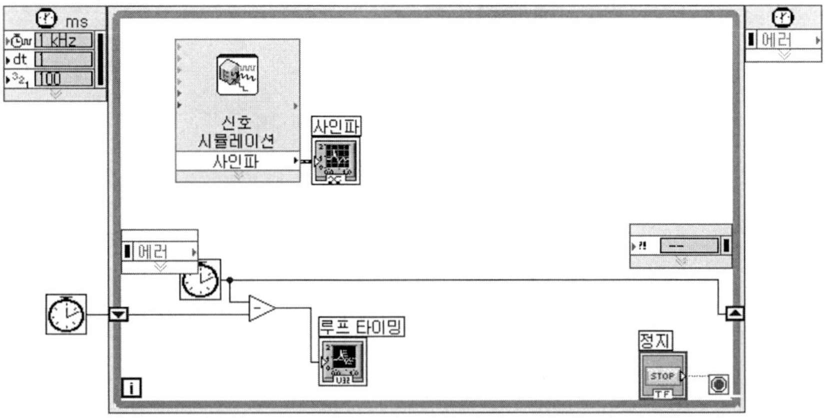

5. Timed 루프 입력노드를 더블클릭하여 **Timed 루프 설정**을 실행합니다.
6. Timed 루프 설정 대화 상자의 **주기** 항목에 1을 입력합니다. msec 단위이므로 1 msec 주기로 루프를 실행한다는 의미입니다.

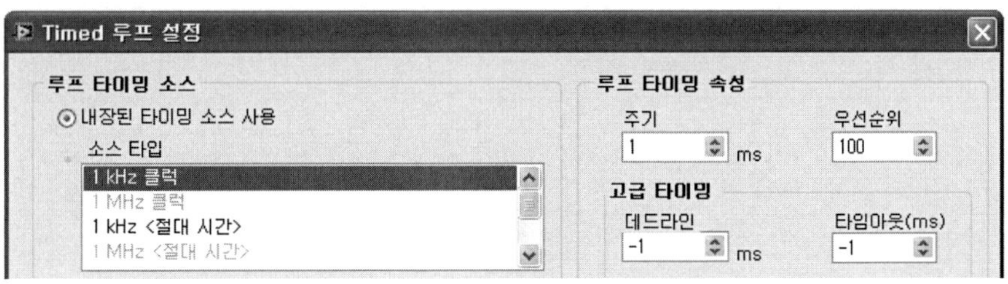

7. 프런트패널에서 VI를 실행하면, 루프 타이밍이 1 msec에서 거의 유지됨을 확인할 수 있습니다. 그러나 윈도즈 시스템 레벨에서 사용하는 리소스가 있기 때문에 2 msec로 가끔씩 튀는 것을 완전히 없앨 수는 없습니다.

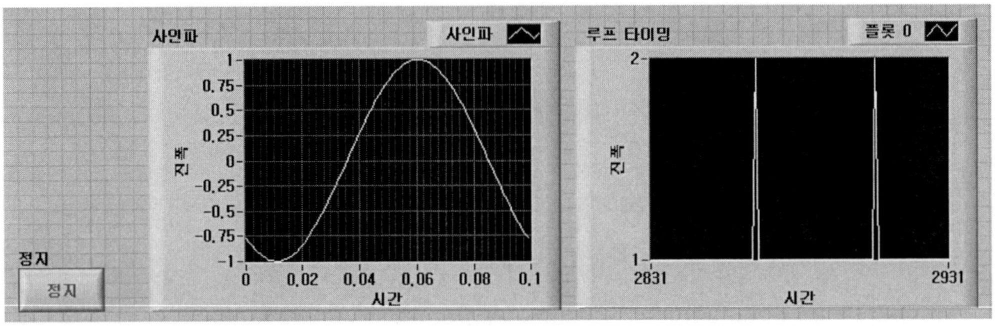

Timed 루프는 While 루프보다 정확한 타이밍을 보장할 수 있지만, 시스템 리소스를 독점하는 것이므로 정확한 타이밍 제어가 필요한 경우에만 사용하는 것이 바람직합니다. 일반적인 루프 반복의 경우에는 While 루프가 적합합니다.

연습 2-6 끝

라. For 루프

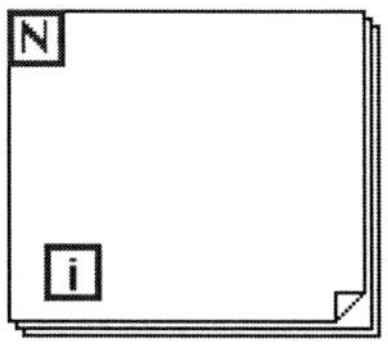

For 루프는 사용자가 정해준 숫자만큼 루프를 실행하고 멈추는 구조입니다. While 루프가 정지 버튼을 누를 때까지 끊임없이 실행하는 것과는 차이를 보입니다. 함수 〉 프로그래밍 〉 구조 팔레트에서 For 루프를 찾아서 블록다이어그램에 위치시키고 마우스로 적당한 크기만큼 키워줘서 사용합니다.

[N]에 실행시키고 싶은 횟수를 입력하면 입력한 숫자만큼 실행하고 멈춥니다. [i]는 0에서 시작하고 현재 실행 횟수를 나타냅니다. While 루프의 반복횟수와 기능이 동일합니다.

아래는 For 루프를 이용한 간단한 예제입니다. 연습 2-4를 For 루프에서 구현한 것입니다.

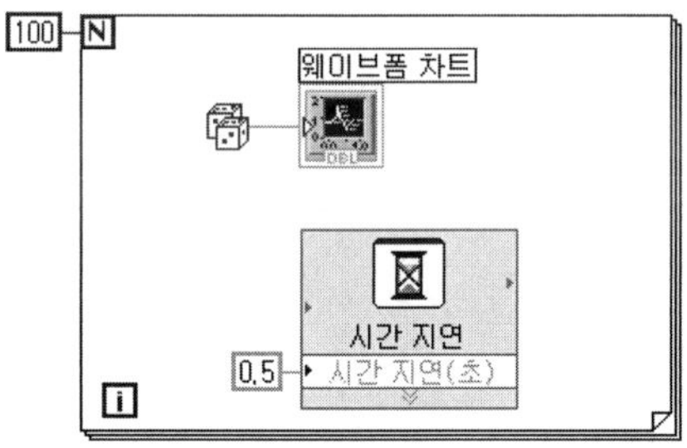

⌘ For 루프의 자동 인덱싱

For 루프에서 값이 입출력될 때, **자동 인덱싱** 기능이 작동합니다. 다음은 For 루프 속에서 반복횟수 값을 루프 밖으로 빼내는 경우입니다. 출력이 자동 인덱싱 되었습니다.
이때 자동 인덱싱은 출력 데이터의 차원을 하나 더 높여주는 역할을 합니다. 예를 들어, 1차원 배열을 같은 방법으로 자동 인덱싱하면, 2차원 배열이 출력됩니다.

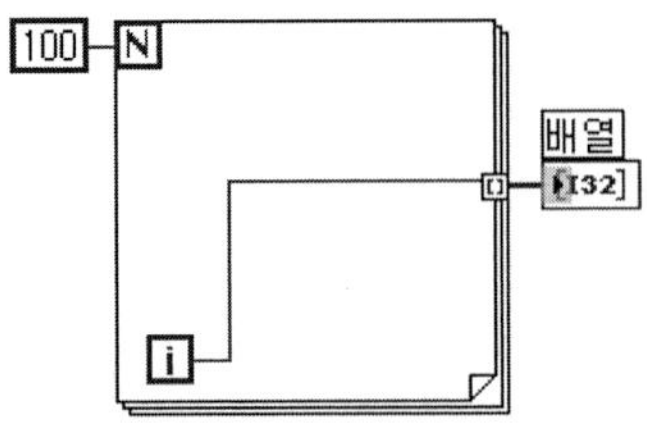

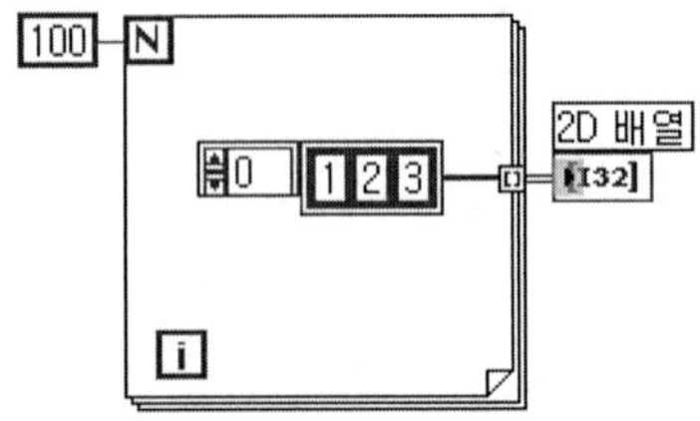

그리고 단축메뉴에서 **인덱싱 비활성화**를 선택하면, 인덱싱 기능이 비활성화 됩니다.

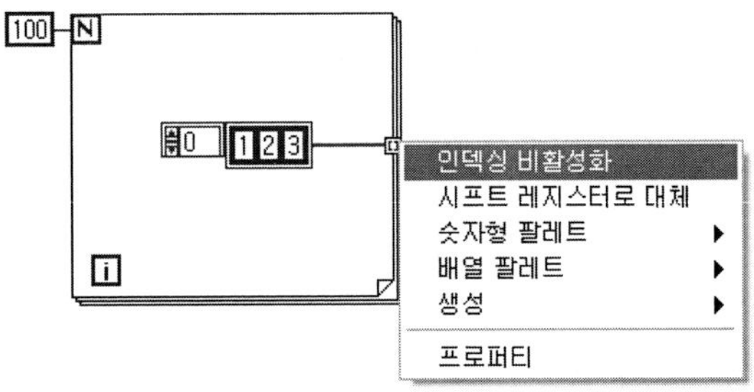

For 루프의 출력에서는 자동 인덱싱으로 데이터의 차원이 높아졌지만, 입력에서는 반대로 낮아집니다. 다음과 같이 1D 숫자형 배열을 입력하면 For 루프 속에서는 숫자형으로 원소들이 분리됩니다. 이때 N에 값을 입력하지 않으면 자동 인덱싱 되는 배열의 원소 개수만큼 루프가 실행됩니다. 즉 **N = 입력 배열의 원소 개수**가 됩니다.

입력의 자동인덱싱은  **배열 인덱스**와 같은 역할을 수행합니다. 다음과 같이 단축메뉴의 **인덱싱 비활성화**를 이용하여 자동 인덱싱 기능을 비활성화 시킬 수 있습니다. N에 5를 입력하여 루프가 다섯 번 실행하도록 지정하고, 배열 인덱스 함수를 이용하여 위와 동일한 VI를 만들 수 있습니다. 배열 인덱스는 함수 〉 프로그래밍 〉 배열 팔레트에서 찾을 수 있습니다.

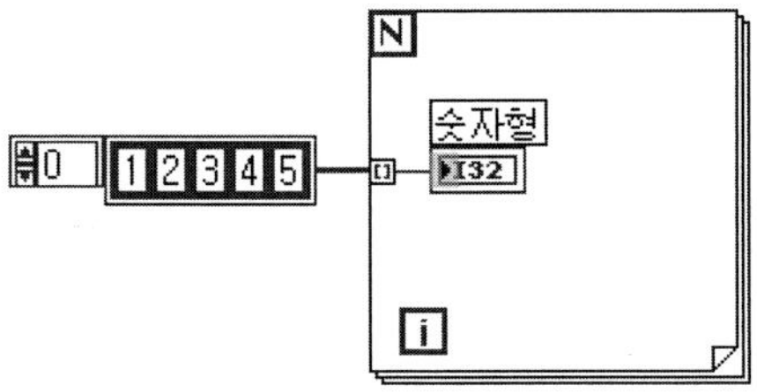

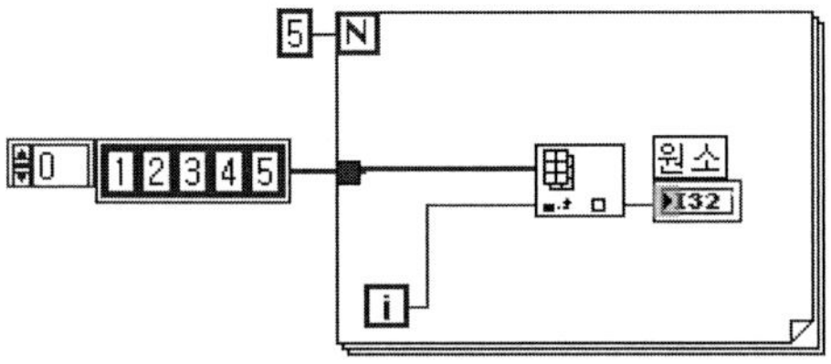

⌘ For 루프의 정지

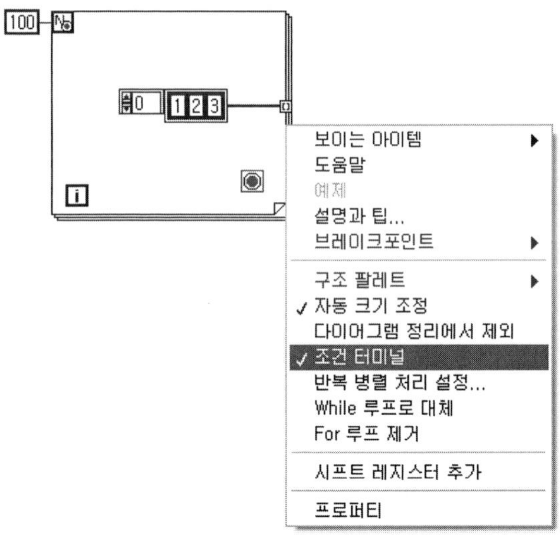

For 루프는 N에 입력된 값만큼 실행하고 멈추는 구조입니다. 그래서 도중에 루프를 멈출 수 없습니다. 그러나 실행 도중에 에러가 발생하거나 디버깅을 위하여 실행을 멈춰야 될 경우에는 다음과 같이 단축메뉴에서 **조건 터미널**을 선택하여 While 루프와 동일한 조건 터미널을 생성해줘야 됩니다. N 번을 실행하고 멈추거나 조건 터미널에 정지 명령을 입력하면 멈출 수 있습니다.

⌘ For 루프의 반복 병렬 처리 설정

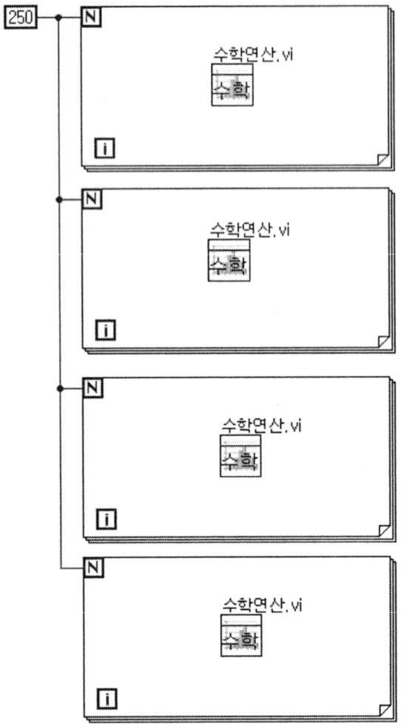

같은 계산을 반복해서 N번 수행하기 위하여 For 루프를 사용하는 경우가 있습니다. 이런 경우, 멀티코어 프로세스의 병렬 처리 기능을 이용하면 효율적으로 일을 처리할 수 있습니다. 예를 들어, 임의의 수학 연산을 1000번 수행해야 되는 경우에 아래와 같이 250 루프씩 네 개로 나누어 For를 만들면 병렬 수행이 가능합니다.

그러나 **반복 병렬 처리 설정**을 이용하면 아래와 같이 단순화시킬 수 있습니다. For 루프의 단축메뉴에서 반복 병렬 처리 설정을 선택할 수 있습니다. 수학 연산을 1000번 수행하는데, 4 개의 Worker로 나누어 병렬 처리하도록 설정한 것입니다. 쿼드코어 프로세스를 사용하는 경우, 4개의 CPU로 일을 배분하여 프로세스의 성능을 최대로 활용할 수 있습니다.

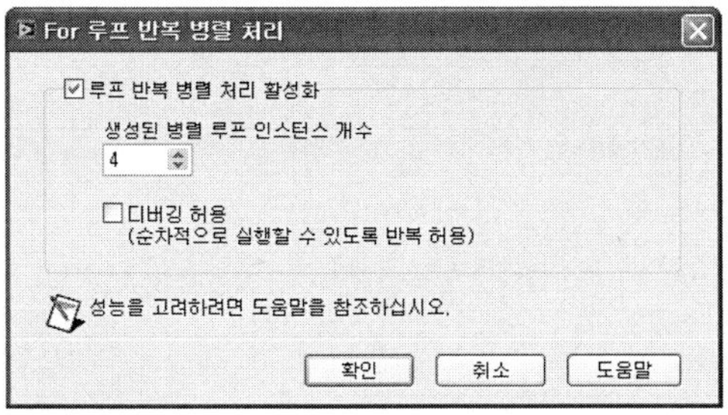

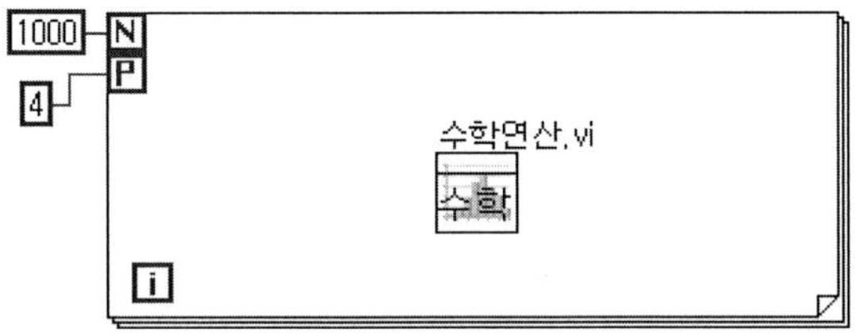

For 루프의 단축메뉴에서 반복 병렬 처리 설정...을 선택하여 [For 루프 반복 병렬 처리 설정] 창을 띄울 수 있습니다. 그리고 [루프 반복 병렬 처리 활성화]를 선택해주면, For 루프에 **작업 개수** **P**가 생성됩니다. 여기에서 [생성된 병렬 루프 인스턴스 개수]는 Worker의 개수를 의미합니다. 또는 블록다이어그램에서 상수나 컨트롤로 P값을 새로 입력해줄 수 있습니다. 여기에서 [디버깅 허용]은 For 루프를 디버깅할 수 있게 허용해주는 옵션입니다. 그러나 디버깅 허용을 선택하면, 병렬 처리는 비활성화 됩니다.

모든 For 루프에서 병렬 처리를 활성화할 수 있는 것은 아닙니다. 개별 루프가 독립적이어서 루프를 나누어 실행할 수 있는 경우에만 사용할 수 있습니다. 예를 들어, 시프트 레지스터를 이용하여 다음 루프로 데이터를 전달하는 경우에는 병렬 실행을 할 수 없습니다. 도구(T) 〉 프로파일 〉 **병렬 가능 루프 찾기**를 실행하여 VI에서 병렬 실행이 가능한 루프를 검색할 수 있습니다. [병렬 가능한 루프 찾기 결과]에서 **병렬 가능**으로 확인되는 경우에만 병렬화할 수 있습니다.

마. 케이스 구조

케이스 구조는 조건에 따라서 다른 실행을 수행할 수 있게 하는 구조입니다. 케이스 구조는 함수 〉 프로그래밍 〉 구조 팔레트에서 찾을 수 있습니다. 케이스 구조의 모양은 아래와 같습니다.

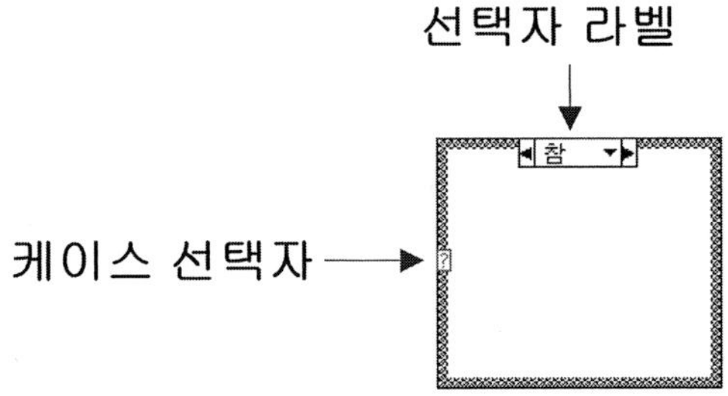

케이스 구조를 사용하기 위해서는 ?에 선택자를 입력해줘야 합니다. 불리언, 숫자형, 문자열, 에러 등을 입력할 수 있습니다. 예를 들어, 케이스 선택자에 불리언을 연결하면 [참]과 [거짓]의 두 가지 조건에 대한 케이스가 생길 것이고, 숫자형 0, 1, 2, 3을 입력하면 [0], [1], [2], 그리고 [3]의 네 가지 조건에 대한 케이스가 생길 것입니다.

[참] **선택자 라벨**을 마우스로 클릭하면 원하는 조건으로 케이스를 선택할 수 있습니다.

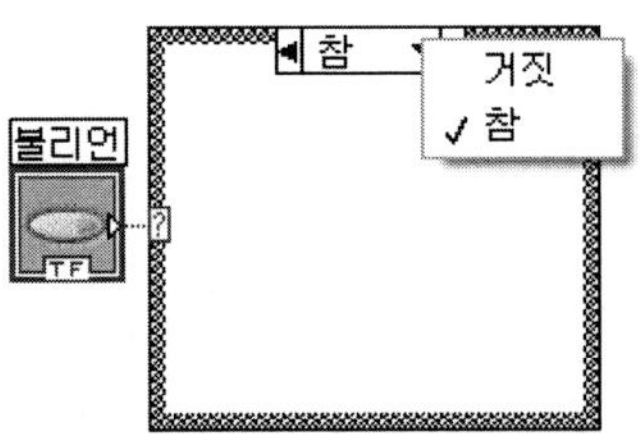

⌘ 불리언을 조건으로 사용하는 경우

케이스 선택자로 불리언을 사용하는 것은 가장 일반적인 경우이며, 참과 거짓 두 가지 조건을 가집니다. 다음 연습을 통하여 불리언 조건으로 케이스 구조를 사용하는 방법을 배워봅니다.

연습 2-7. 케이스 구조 (불리언 조건 입력)

두 개의 값을 입력받아서 참일 때는 더하고 거짓일 때는 빼는 예제입니다. 이 연습에서 다음을 배웁니다.

- 케이스 구조의 사용법을 배웁니다.
- 불리언을 이용하여 참/거짓의 두 가지 케이스를 가진 구조를 만들어 봅니다.

⌘ 프런트패널

1. 새로운 VI를 만들고, 케이스.vi로 저장합니다.
2. 프런트패널에 숫자형 컨트롤 두 개와 인디케이터 한 개를 위치시키고 라벨을 바꿔줍니다.

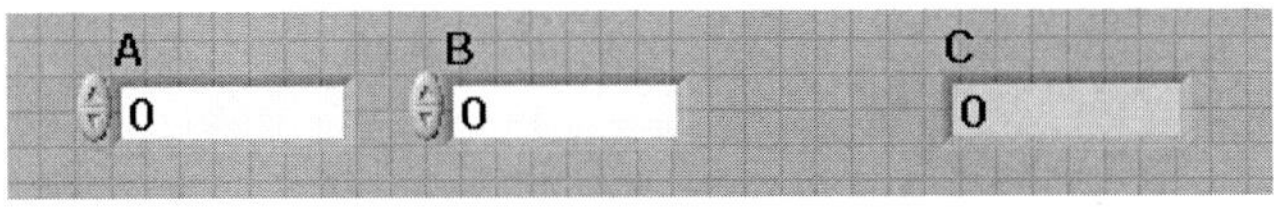

⌘ 블록다이어그램

3. 구조 팔레트에서 케이스를 가지고 와서 블록다이어그램에 적당한 크기로 위치시킵니다.
4. ?의 단축메뉴인 **컨트롤 생성**으로 불리언 컨트롤을 만들어줍니다.

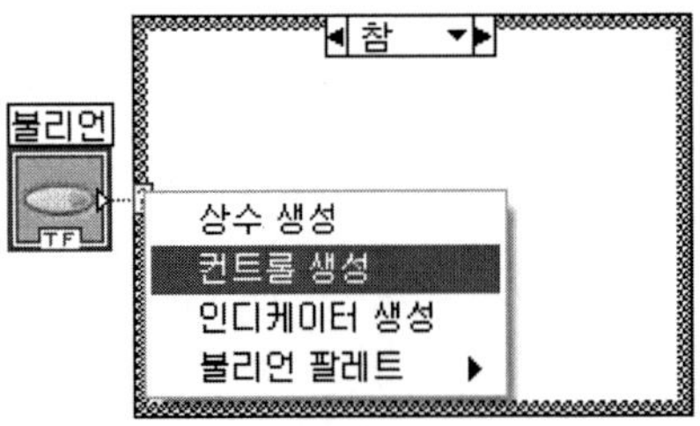

5. (참인 경우) 아래와 같이 블록다이어그램을 구성합니다.

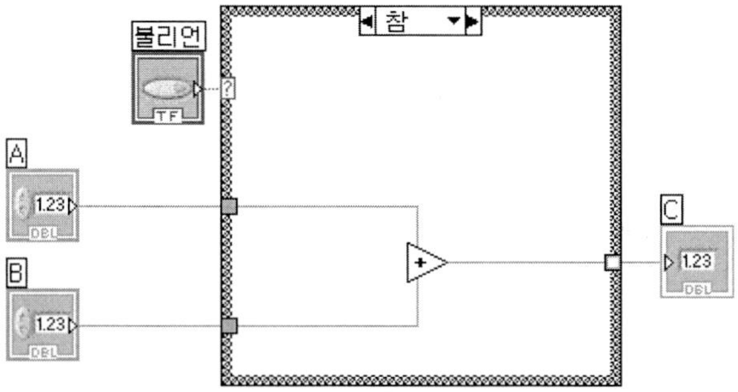

6. (거짓인 경우) [◀참 ▼▶]을 마우스로 클릭하여 [◀거짓 ▼▶]으로 옮깁니다. 빼기를 위치시킵니다.

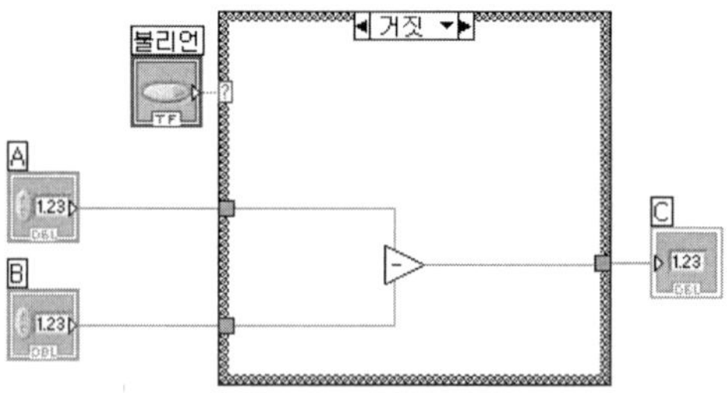

7. VI를 실행하고 출력 값을 확인합니다. A와 B의 숫자형 컨트롤에서 두 개의 숫자 값을 입력받아서, 참인 경우에는 서로 더해주고, 거짓인 경우에는 서로 빼주는 예제입니다.

다음과 같이 선택을 이용하여 동일하게 구현할 수도 있습니다.

8. 다음과 같이 VI를 수정합니다. 함수 〉 프로그래밍 〉 비교 팔레트에서 **선택**을 찾을 수 있습니다. 불리언 값이 참이면 T를 선택해서 출력하고, 거짓이면 F를 선택해서 출력합니다. 케이스를 사용하는 것과 동일한 결과를 구현한 것입니다.

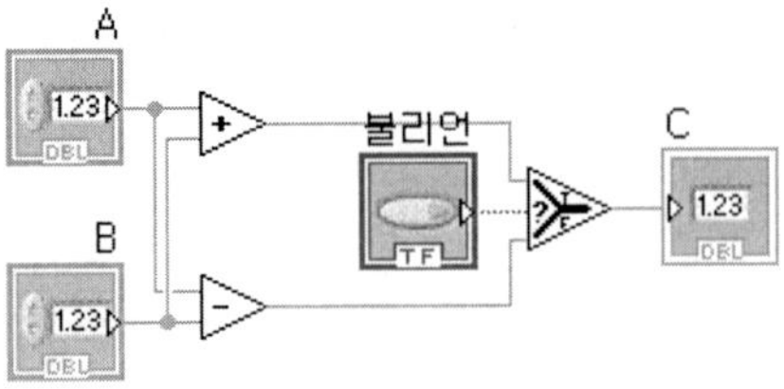

연습 2-7 끝

⌘ 숫자형을 선택자로 사용하는 경우

숫자형 팔레트에서 숫자 상수를 가지고 와서 케이스 선택자 ?에 연결합니다. 케이스 구조가 0과 1의 두 경우로 바뀔 것입니다.

선택자 라벨에서 단축메뉴를 만들고, [다음 케이스 추가]를 선택합니다. 2가 추가 될 것입니다. 같은 방법으로 3과 4도 추가해봅니다.

불리언에서는 참과 거짓의 두 경우뿐이지만, 숫자형이나 문자열에서는 케이스의 개수를 계속 늘일 수 있습니다. 이제 숫자 상수 0을 삭제하고 단축메뉴의 [컨트롤 생성]을 이용하여 숫자형 컨트롤을 만들어 케이스 구조를 제어합니다. 다음과 같이 선택자 라벨을 클릭하면 0에서 4까지의 케이스를 선택할 수 있습니다.

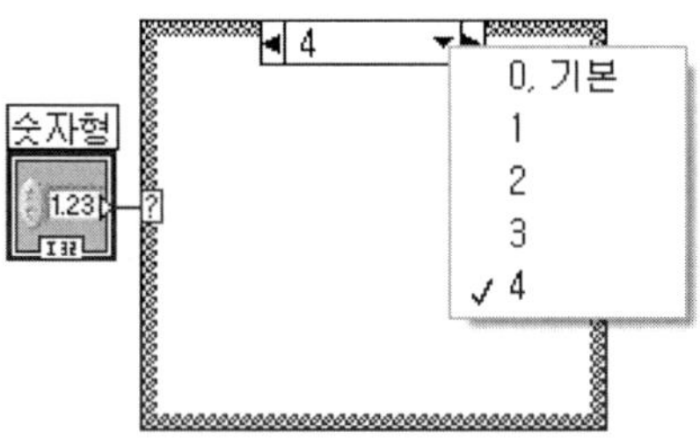

0번 케이스에는 [0, 기본]이라고 되어있습니다. 만약 0, 1, 2, 3, 4 이외의 숫자가 입력되면, 기본 케이스인 [0, 기본] 케이스가 실행된다는 의미입니다.

⌘ 링을 이용한 케이스 선택자

링은 정수타입의 숫자형 컨트롤과 같은 역할입니다. 그래서 단순한 숫자형 컨트롤을 사용하는 것보다는 링을 사용하는 것이 훨씬 유용합니다.

컨트롤 〉 일반 〉 링 & 열거형 팔레트에서 **텍스트 링**을 찾을 수 있습니다.

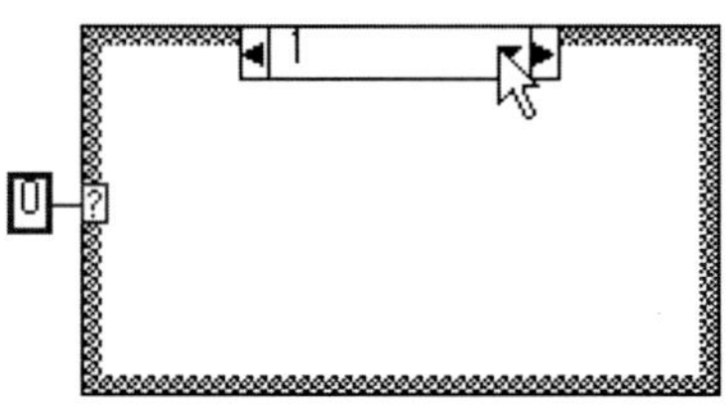

링의 단축메뉴에서 **아이템 편집...**을 선택하여 아이템을 추가하거나 바꿉니다. **[링 프로퍼티: 링]**의 아이템 편집 탭에서 순차적인 값을 체크하고, 아이템 항목에 사용할 아이템을 하나씩 삽입합니다.

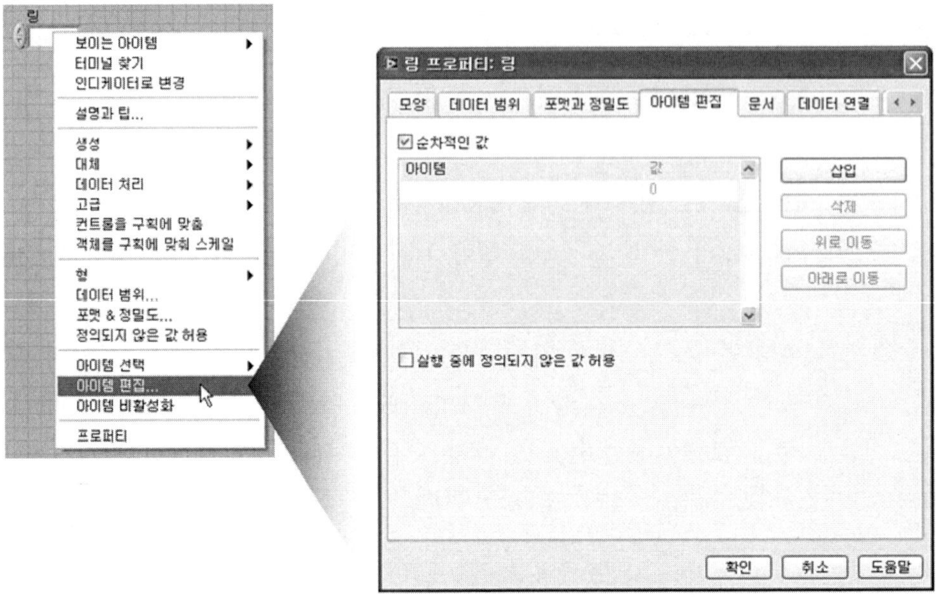

아이템을 선택한 뒤에 키보드로 문자를 입력하고 〈Enter〉 키를 클릭하면 값을 입력할 수 있습니다. 다음과 같이 '없음', '사인파', '코사인파', '난수', 그리고 '사각파'를 차례로 입력합니다. 각 아이템에 대응하는 값이 0, 1, 2, 3, 4로 지정됨을 확인할 수 있습니다.

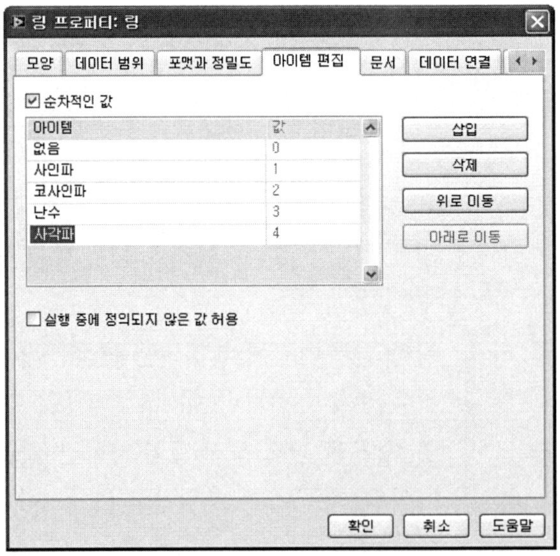

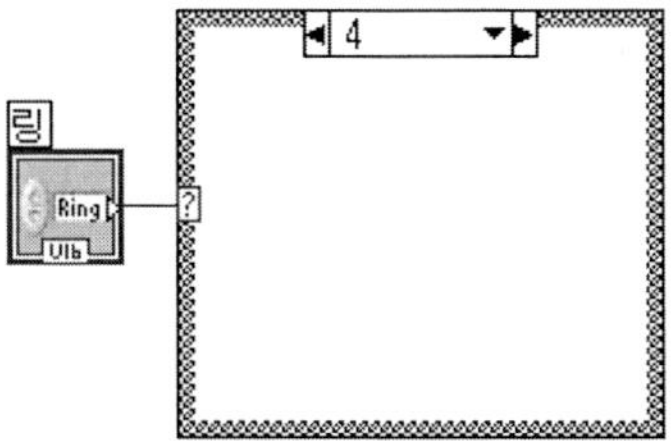

링 컨트롤을 케이스 선택자에 연결합니다.
참고로 기본 케이스 구조에는 두 개의 케이스(0과 1)만 있으므로 2, 3, 4 케이스를 추가해줘야 할 것입니다. 단축메뉴의 [다음 케이스 추가]를 이용합니다.

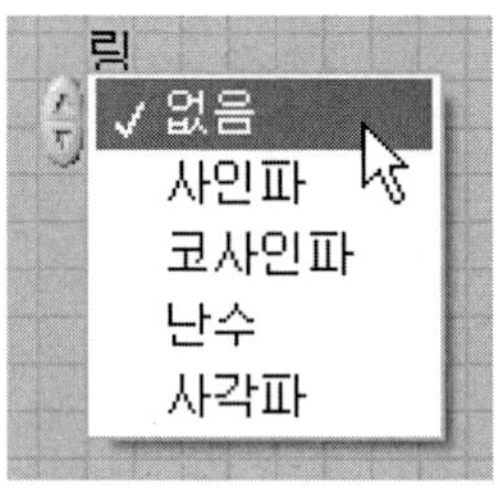

프런트패널의 링 컨트롤을 마우스로 클릭하면 다음과 같이 입력된 아이템들을 확인하고 선택할 수 있습니다.
링 컨트롤은 근본적으로 U16 정수형이므로 선택한 아이템은 대응되는 정수 값으로 출력됩니다. 예를 들어, '코사인파'를 선택하면 2가 출력됩니다.

연습 2-8. 케이스 구조 (링 조건 입력)

링에서 선택한 형태의 웨이브폼을 생성하는 VI를 만들어봅니다. 이 연습에서 다음을 배웁니다.

1. 링 컨트롤의 사용법을 배웁니다.
2. 링 컨트롤을 이용하여 케이스 구조를 만들어 봅니다.

⌘ 프런트패널

3. 새 VI를 만들고, 링.vi로 저장합니다.
4. 프런트패널에 Ring **링 컨트롤**을 위치시키고, **아이템 편집...**을 이용하여 'DC', '사인파', '사각파', '톱니파', 그리고 '삼각파'를 차례로 입력합니다. 컨트롤 〉 일반 〉 링 & 열거형 팔레트에서 텍스트 링을 찾을 수 있습니다.

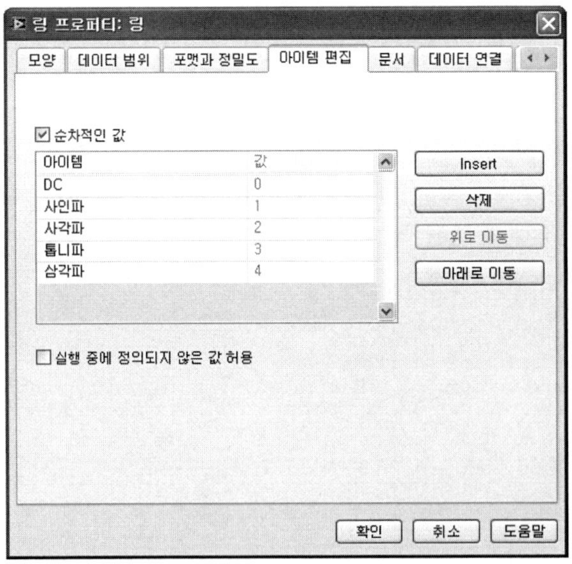

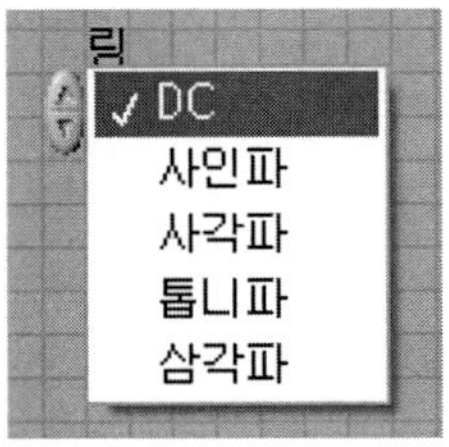

⌘ 블록다이어그램

3. 블록다이어그램에 케이스 구조를 위치시키고, 링 컨트롤을 케이스 선택자에 연결합니다.
4. 단축메뉴의 [다음 케이스 추가]를 이용하여 2, 3, 4 케이스를 추가해줍니다.

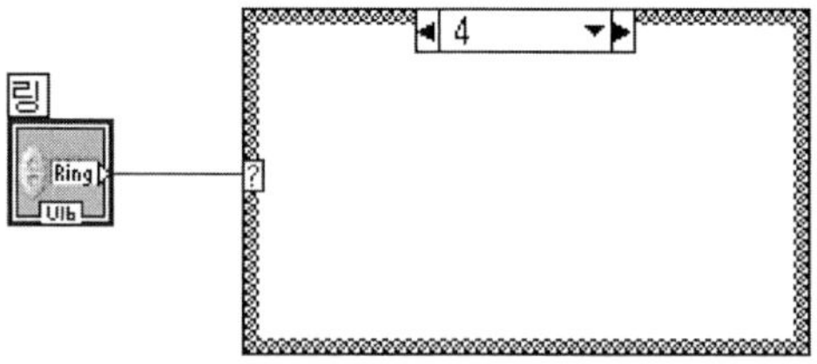

5. 케이스 0을 선택하고  **신호 시뮬레이션**을 위치시킵니다. 함수 〉 익스프레스 〉 입력 팔레트에서 신호 시뮬레이션을 찾을 수 있습니다. 신호 시뮬레이션 설정 창에서 신호 타입으로 [DC]를 선택해줍니다.

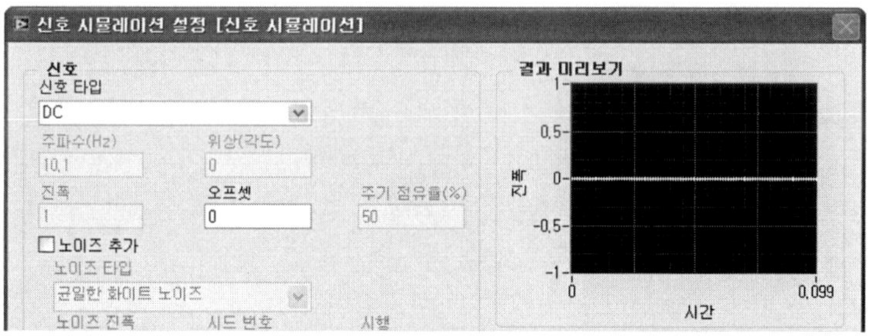

블록다이어그램은 다음과 같습니다.

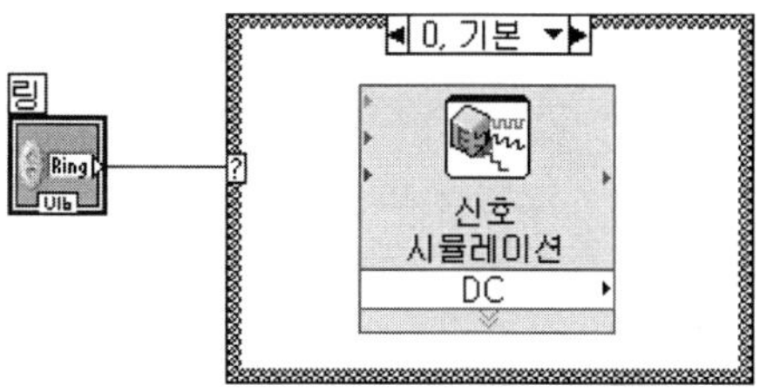

6. 같은 방법으로 각 케이스에 신호 시뮬레이션을 하나 씩 위치시키고, 차례로 사인파, 사각파, 톱니파, 그리고 삼각파를 생성시킵니다.
7. 각 케이스에서 신호 시뮬레이션 출력을 케이스의 오른쪽 테두리로 연결합니다. 이때 모든 케이스에서 한곳으로 출력을 연결해야 됩니다.

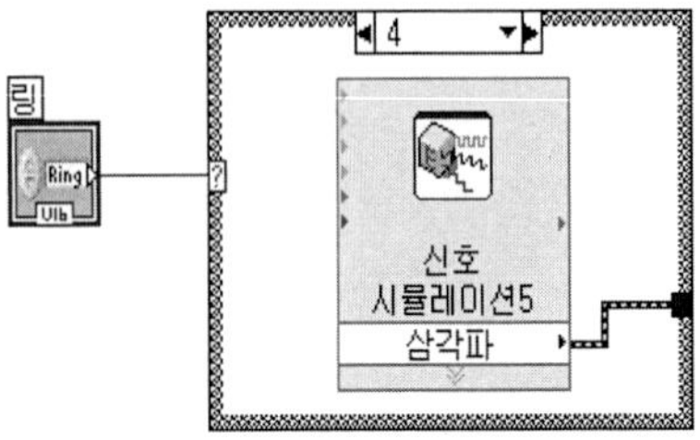

8. 출력단을 클릭하고 단축메뉴에서 생성 〉 그래프 인디케이터를 선택합니다.
9. While 루프를 위치시키고,  **시간 지연**으로 1초를 설정합니다.

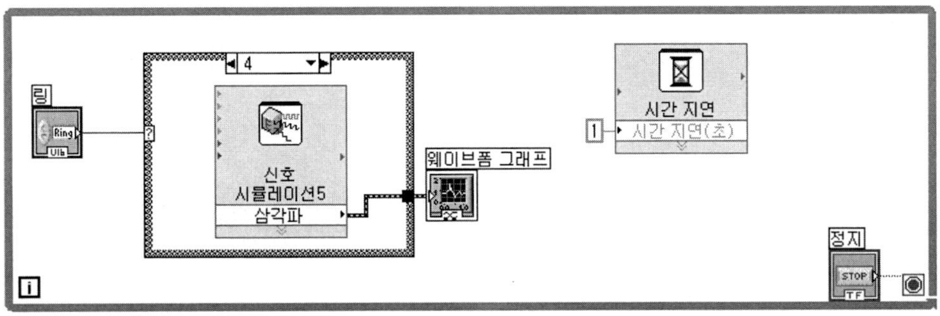

10. 프런트패널의 링 컨트롤에서 [톱니파]를 선택하고 실행합니다.

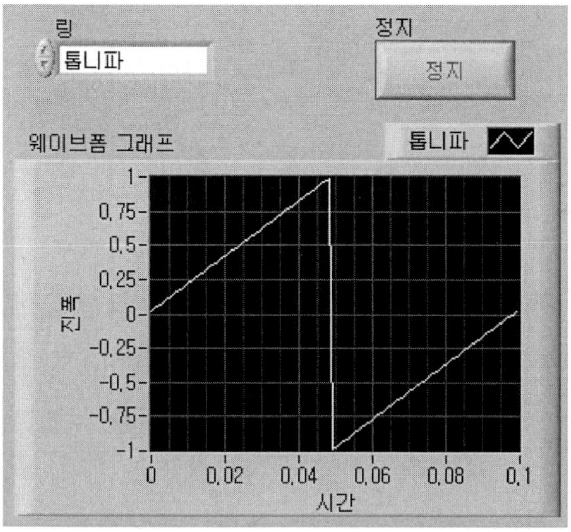
링
톱니파
정지
정지
웨이브폼 그래프
톱니파
1
0,75
0,5
0,25
0
-0,25
-0,5
-0,75
-1
진폭
0
0,02
0,04
0,06
0,08
0,1
시간

연습 2-8 끝

⌘ 문자열을 조건 문으로 사용하는 경우

프런트패널에 문자열 컨트롤을 위치시키고, 블록다이어그램에서 문자열 터미널을 케이스에 연결합니다. 케이스 선택자?가 분홍색으로 바뀌고 불리언 **참**이 문자 "**참**" 으로 바뀜을 확인할 수 있습니다.

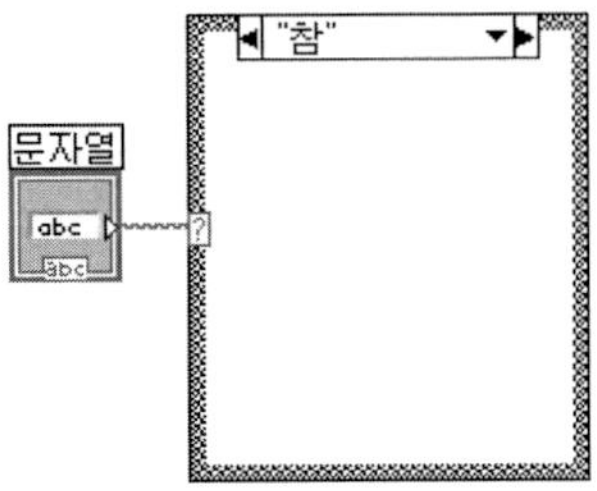

"참" 이나 "거짓" 을 다른 문자열로 바꿀 수 있습니다. 그리고 단축메뉴에서 [다음 케이스 추가]를 선택하여 케이스를 추가할 수 있습니다. 아래는 "거짓" 을 "A" 로 "참" 은 "B" 로 바꾸고, C와 D를 추가한 예입니다. 케이스는 "A" , "B" , "C" , "D" 가 됩니다.

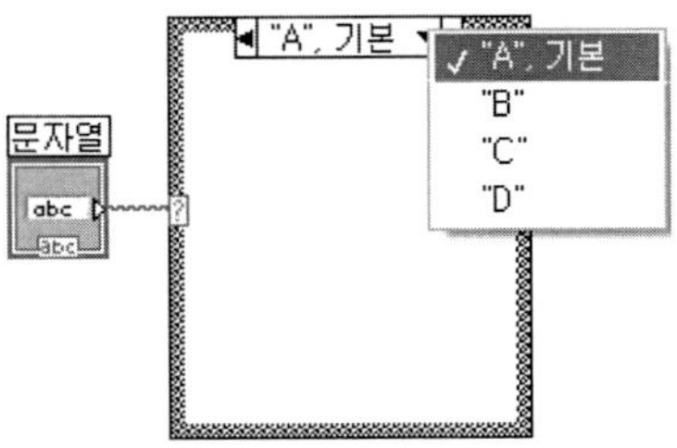

문자열은 소문자와 대문자를 구분하므로 케이스에서도 소문자와 대문자를 구분해야 됩니다.

⌘ 라디오 버튼을 조건 문으로 사용하는 경우

라디오 버튼을 연결하여 케이스를 선택할 수 있습니다. 라디오 버튼은 컨트롤 〉 일반 〉 불리언 팔레트에서 찾을 수 있습니다.

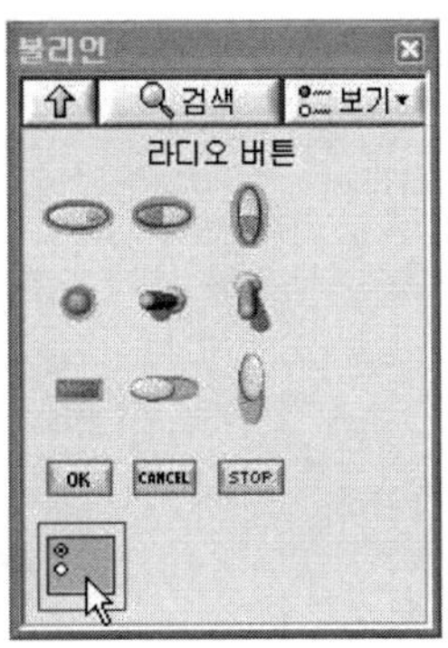

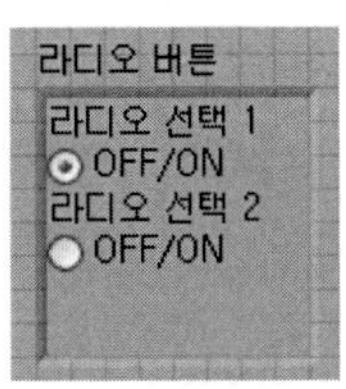

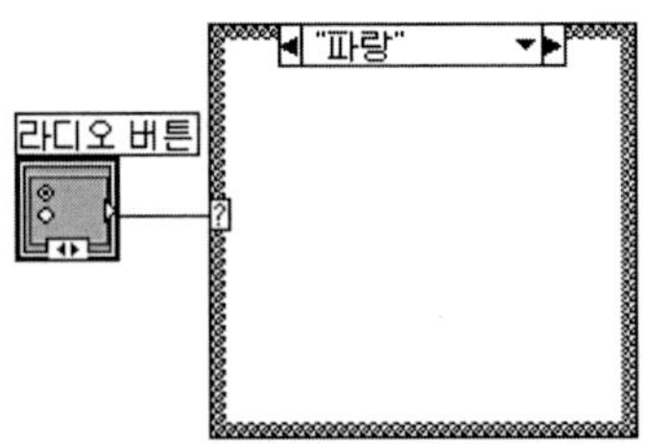

라디오 버튼은 동시에 두 개를 선택할 수 없고, 한번에 하나의 버튼만 선택할 수 있습니다.

NI 예제 탐색기에서 "라디오"라는 검색어로 예제를 검색하면 라디오 버튼을 이용한 예제를 찾을 수 있습니다. Radio Buttons Controls.vi를 찾을 수 있습니다. 이 VI는 선택한 색에 따라서 프런트패널의 바탕색이 바뀌는 예제입니다. 프런트패널이 동시에 두 가지 색을 가질 수는 없으므로 한번에 한 가지 색만 선택할 수 있어야 됩니다. 다음 연습에서 이 VI를 동일하게 구현해봅니다.

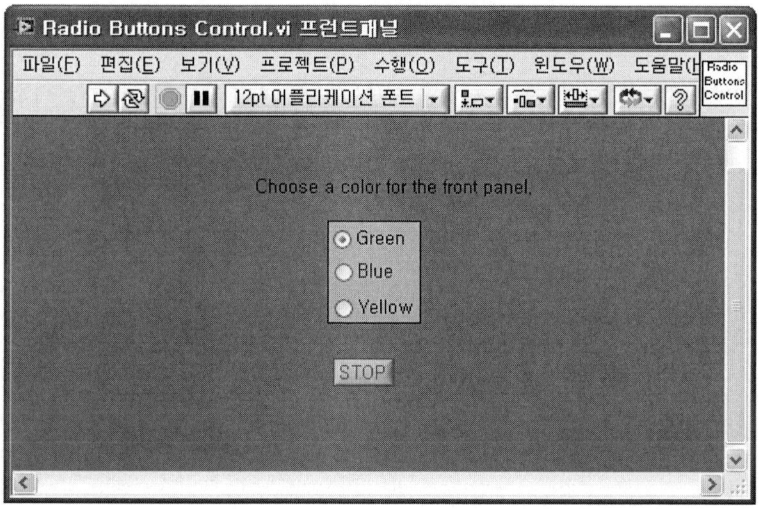

라디오 버튼은 클러스터와는 근본적으로 다릅니다. 클러스터에 불리언을 두고 비슷한 모양으로 구현할 수는 있지만, 클러스터 속의 선택된 불리언은 수동으로 선택 해제해줘야만 되기 때문에 라디오 버튼처럼 한 번에 하나만 선택할 수는 없습니다.
라디오 버튼이 없는 LabVIEW 버전에서는 케이스 구조와 프로퍼티 노드들로 여러 조건을 만들어줘야 될 것입니다.

⌘ 케이스 구조의 출력 연결

케이스 구조에 입력을 연결할 때에는 아무런 제약이 없습니다. 케이스에 입력된 값은 모든 케이스에서 필요에 따라 사용할 수 있습니다. 그러나 출력을 연결할 때에는 꼭 지켜야 되는 규칙이 있습니다. 케이스의 출력은 무조건 모든 케이스에서 값을 연결해줘야 합니다. 만약 출력이 없다면 임의의 상수 값이라도 연결해줘야 됩니다.

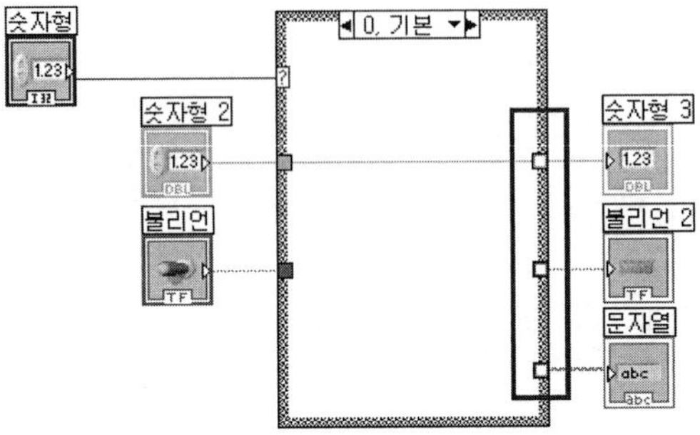

다음 예제는 Case 0에서는 숫자형 값을, Case 1은 불리언 값을, Case 3은 문자열값을 출력하는 예입니다. 표시된 부분이 메워지지 않았기 때문에 이 예제는 에러를 발생합니다. 모든 출력부분에 데이터를 연결해주지 않았기 때문입니다. 이런 에러는 LabVIEW의 초보자들이 많이 접하는 에러입니다.

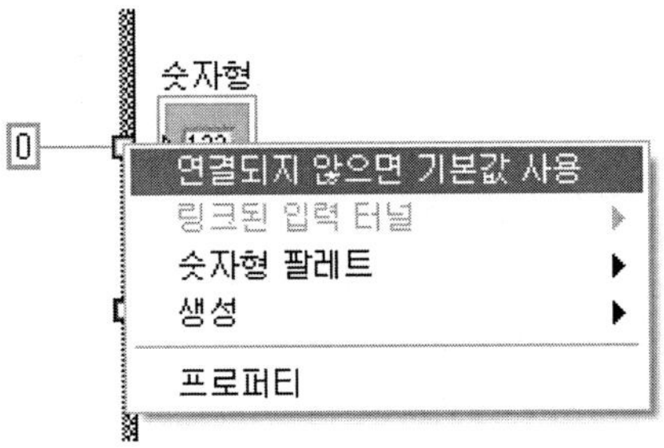

해결책은 이곳을 메워주는 것입니다. 다음과 같이 출력 터미널의 단축메뉴에서 [연결되지 않으면 기본값 사용]을 선택해줍니다. 즉, 출력을 연결하지 않았을 경우에는 그 데이터 타입의 기본 값을 사용하겠다는 의미입니다. 케이스 구조의 이런 출력 특징은 LabVIEW가 데이터 흐름 구조이기 때문에 나타나는 것입니다. 모든 경우에 대하여 인디케이터에는 데이터가 입력되어야 되는데, 만약 데이터 출력이 없는 케이스가 있다면 이 조건을 만족하지 못하기 때문에 에러를 발생시키는 것입니다. 그래서 어떤 값이던 케이스에서 출력 값이 있어야 되는 것입니다.

⌘ 로컬 변수 사용하기

와이어를 이용하여 케이스에서 값을 출력하는 경우에는 모든 케이스에서 값을 꼭 출력해줘야 됩니다.

그러나 참일 때는 출력 값을 내주고, 거짓일 때는 아무 값도 나오지 않게 해야 되는 경우가 있습니다. 이러한 경우에 사용하는 방법이 **로컬 변수**입니다. 로컬 변수는 LabVIEW에서 변수를 선언하는 방법 중의 하나입니다. 와이어

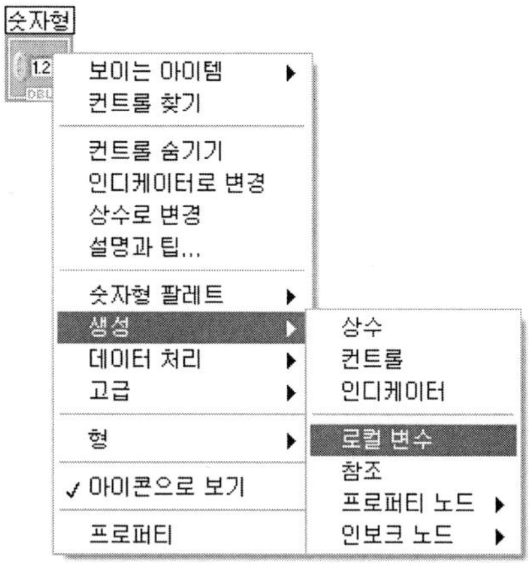

를 이용한 연결이 아니라 변수를 선언해주고 이 변수를 통해서 데이터를 넘겨주는 방법입니다.

LOCAL **로컬 변수**는 함수 〉 프로그래밍 〉 구조 팔레트에서 찾을 수 있고, 또는 로컬 변수를 만들고 싶은 객체의 단축메뉴에서 생성시킬 수 있습니다. 단축메뉴의 생성 〉 로컬 변수를 이용합니다.

연습 2-9. 로컬 변수를 이용한 케이스 구조

로컬 변수를 이용하여 특정 케이스에서만 데이터를 빼내는 예제입니다. 이 연습에서 다음을 배웁니다.

- 로컬 변수의 사용법을 배웁니다.
- 로컬 변수를 이용하여 케이스 구조 밖으로 데이터를 뺍니다.
- 피드백 노드의 사용법을 배웁니다.

⌘ 블록다이어그램

1. 새 VI를 만들고, 로컬 변수 케이스.vi라는 이름으로 저장합니다.
2. 프런트패널에 불리언 컨트롤 한 개와 숫자형 인디케이터 한 개를 위치시키고, 블록다이어그램에 케이스를 위치시킵니다. 아래와 같이 블록다이어그램을 구성합니다. [거짓] 케이스는 비워둡니다.

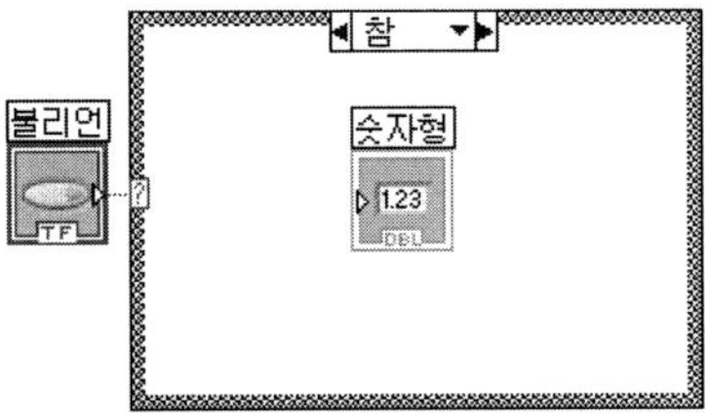

3. 숫자형의 단축메뉴에서 생성 〉 로컬 변수를 선택합니다.
4. 생성된 숫자형의 로컬 변수를 케이스 밖으로 뺍니다. 그리고 단축메뉴에서 **읽기로 변경**을 선택하여 컨트롤로 바꿉니다.

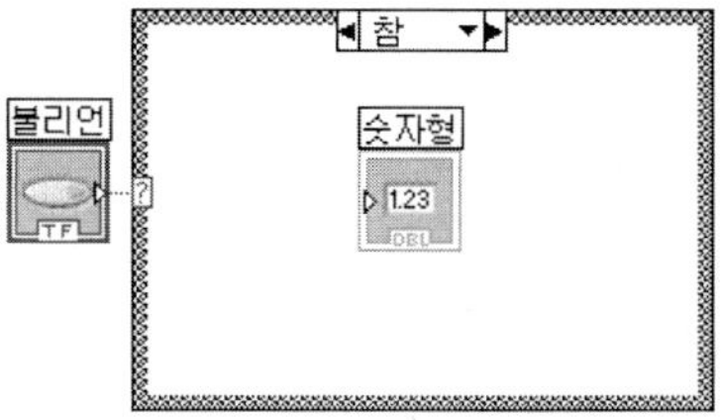

4. 아래와 같이 블록다이어그램을 구성합니다.

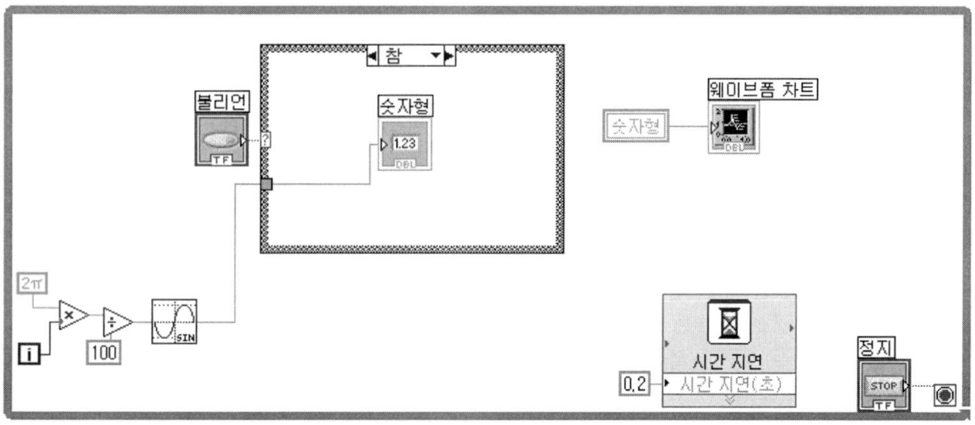

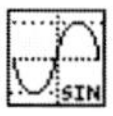 **사인**은 함수 〉 수학 〉 기본&특수 함수 〉 삼각함수 팔레트에서 찾을 수 있습니다.

⌘ 프런트패널

5. 실행하면 다음과 같이 불리언 컨트롤이 참인 경우에만 사인 그래프를 그리게 됩니다.

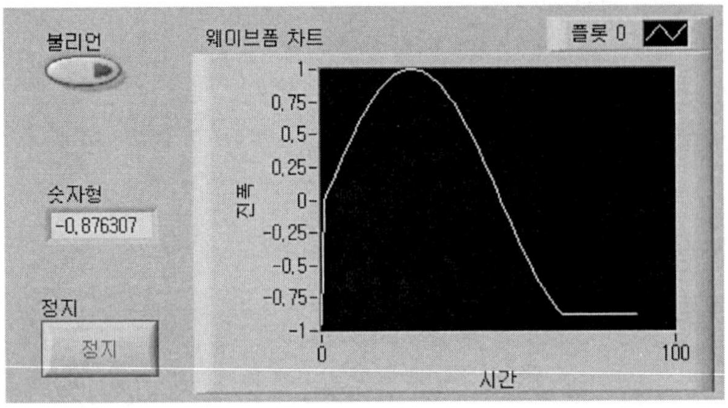

6. 피드백 노드와 **선택**을 이용하여 다음과 같이 블록다이어그램을 구성할 수 있습니다. 결과는 위와 동일합니다. 함수 〉 프로그래밍 〉 구조 팔레트에서 피드백 노드를 찾을 수 있습니다. 그리고 함수 〉 프로그래밍 〉 비교 팔레트에서 선택을 찾을 수 있습니다.

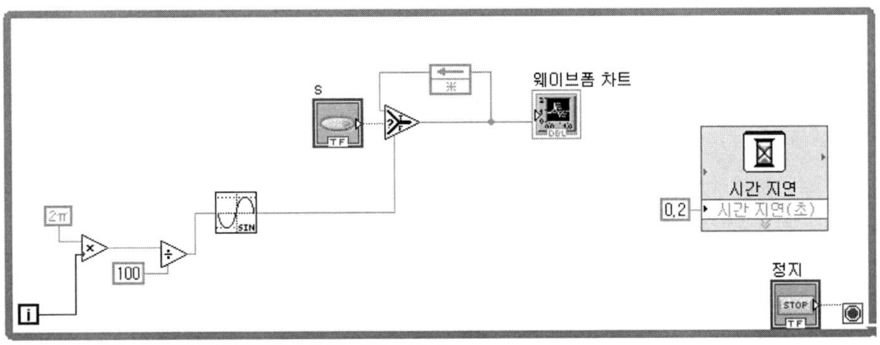

연습 2-9 끝

참고 로컬변수와 글로벌변수는 와이어에 의한 데이터 흐름 프로그래밍 패러다임에 적용되지 않습니다. 그래서 기존 Text 기반 프로그래밍 기술에 익숙한 엔지니어에게는 훨씬 익숙한 방식입니다. 그러나 그래픽 기반의 LabVIEW에서는 Race condition과 같은 논리적 오류를 만들 수 있기 때문에 사용을 최대한 자제해야 됩니다. 로컬변수나 글로벌변수를 사용하지 않은 VI가 잘 짜여진 VI입니다. Race Condition은 장치나 시스템이 두 개 이상의 동작을 동시에 수행하려고 시도했을 때 발생하는 바람직하지 않은 상태를 가리킵니다. 실행 순서가 명확하지 않기 때문에, 실행할 때마다 결과 값이 다르게 됩니다.

바. 복잡한 수식 연산

그래픽 프로그래밍의 단점은 아이콘이나 와이어가 많아지면 구성이 복잡해지고, 독해가 힘들어진다는 것입니다. 예를 들어, $y=(\sin x)^2 + x^7 + \log x - \tan x$를 숫자형 함수와 삼각함수 등으로 계산하려면 아이콘의 수가 너무 많아져서 구현하기 힘듭니다. 이런 어려움을 해결하기 위하여 LabVIEW에서는 여러 가지 수식 노드들을 이용하여 복잡한 수식 연산을 수행할 수 있도록 도와줍니다. 수식 노드, 식 노드, 수식 익스프레스 VI, MathScript 노드 등이 있습니다.

⌘ 수식 노드

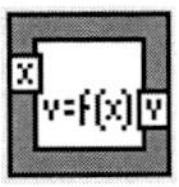

수식 노드는 함수 〉 프로그래밍 〉 구조 팔레트에서 찾을 수 있습니다. 수식 노드는 스크립트 형식으로 수식을 입력할 수 있는 구조입니다.

C언어와 유사하게 수식은 세미콜론(;)으로 문장을 구분합니다.
그리고 스크립트를 사용하므로 사용하는 변수들은 변수 선언이 꼭 필요합니다. 변수는 두 가지 방법으로 선언이 가능합니다.

▪ 입출력 변수 선언

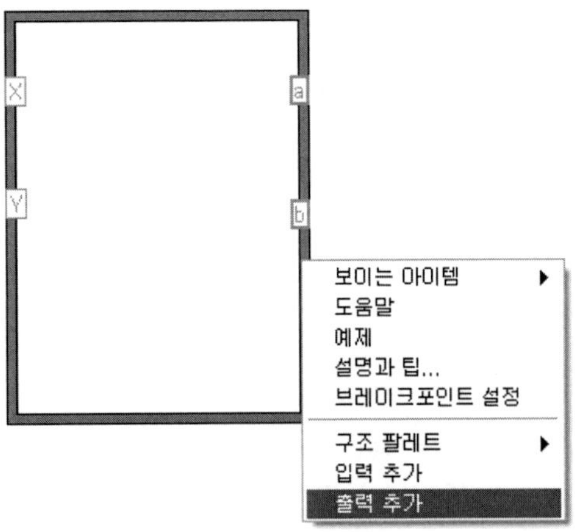

수식 노드의 테두리에서 단축메뉴의 **입력 추가**나 **출력 추가**로 선언합니다. 왼쪽에서 오른쪽으로 흐르는 데이터의 흐름을 생각하여 입력은 왼쪽 테두리에서, 그리고 출력은 오른쪽에서 선언해주는 것이 바람직합니다. 그리고 변수들에는 이름이 꼭 필요합니다.
X와 Y는 입력 변수로 a와 b는 출

력 변수로 선언한 것입니다. 이때 입력 변수인 X와 Y에는 데이터를 반드시 연결해줘야 됩니다. 그러나 출력 변수는 연결하지 않아도 상관없습니다.

■ 수식 노드 내부 변수 선언

수식 노드 내부에서만 사용할 변수를 선언할 수 있습니다. 이때 C언어와 유사한 방법으로 변수를 선언하지만, 정확한 문법은 LabVIEW 도움말에서 자세히 확인하기 바랍니다.

■ 수식 노드 내부 함수 사용

C언어와 유사하게, If...else문이나, 연속 증가(++), 연속 감소(--), 그리고 다양한 수식 등을 수식 노드에서 사용할 수 있습니다. 그러나 printf나 Input와 같은 콘솔 명령어는 사용할 수 없습니다.
수식 노드에서 사용할 수 있는 함수들은 다음과 같이 LabVIEW 도움말에서 수식노드를 검색하여 확인하시기 바랍니다. LabVIEW 도움말은 윈도우 시작 〉 프로그램(P) 〉 National Instruments 〉 LabVIEW에서 LabVIEW 도움말을 선택하거나, LabVIEW의 메뉴에서 도움말(H) 〉 LabVIEW 도움말 검색(S)...에서 선택할 수 있습니다.

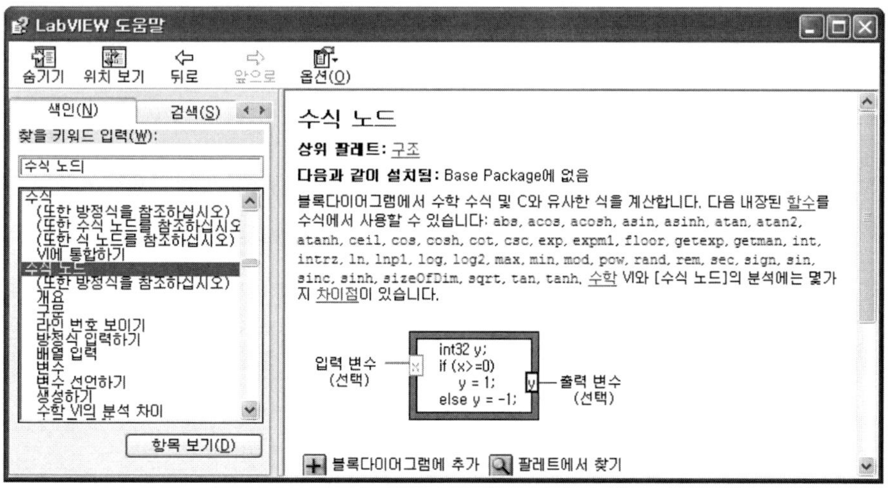

연습 2-10. 수식 노드

수식 노드로 데이터를 만들어 그래프에 뿌려봅니다. 이 연습에서 다음을 배웁니다.

- 수식 노드의 사용법을 배웁니다.
- 수식을 구현하여 결과를 웨이브폼 그래프에 플롯합니다.

A = tanh(X) + cos(X);

Y = A**3 + A;

⌘ 블록다이어그램

1. 새 VI를 만들고, 수식노드.vi로 저장합니다.
2. 프런트패널에 웨이브폼 그래프를 위치시킵니다.
3. 다음과 같이 블록다이어그램을 구성합니다.

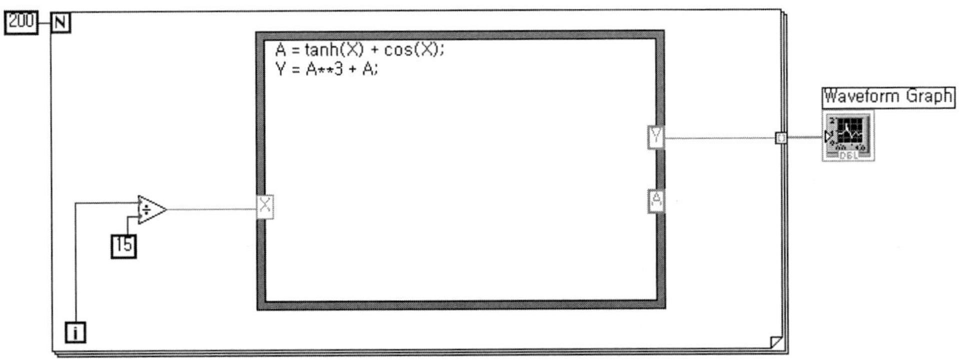

X는 입력 변수로 선언하고, Y와 A는 출력 변수로 선언합니다.
수식은 다음과 같습니다.

A = tanh(X) + cos(X);

Y = A**3 + A;

각 Line의 끝에는 세미콜론 ;을 꼭 붙여주어야 되며 소문자와 대문자를 구별해서 사용해야 됩니다.

4. VI를 실행합니다.

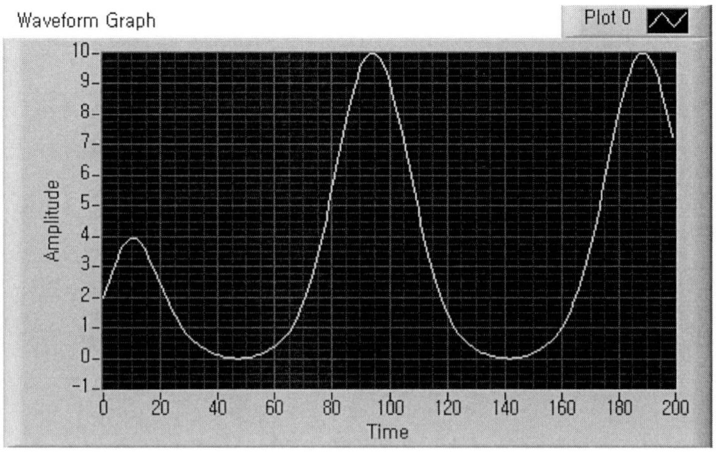

연습 2-10 끝

⌘ 식 노드

입력 변수가 하나인 경우에는 **식 노드**를 이용하여 **수식 노드**를 대체할 수 있습니다. 식 노드는 함수 〉 프로그래밍 〉 숫자형 팔레트에서 찾을 수 있습니다.

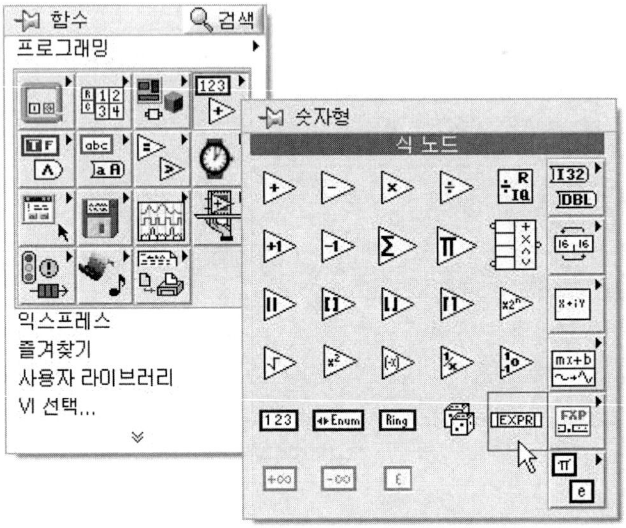

예를 들어, x*1000 + x**3 + 50을 계산하는 식 노드는 다음과 같습니다.

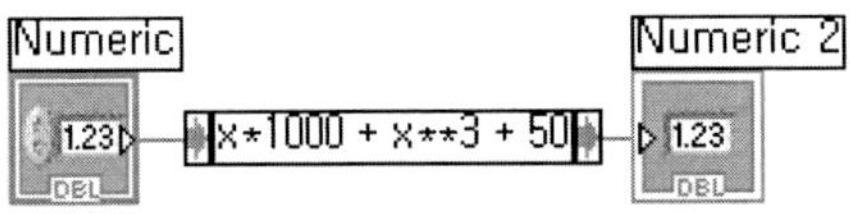

같은 방법으로 연습 2-10을 식 노드로 바꾸면 다음과 같습니다.
수식은 (tanh(x) + cos(x))**3 + tanh(x) + cos(x)입니다.

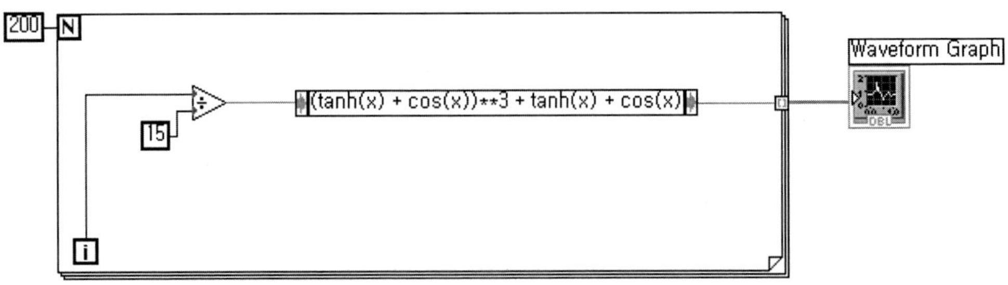

수식 익스프레스 VI

수식 익스프레스 VI는 함수 〉 수학 〉 스크립트 & 수식 팔레트, 혹은 함수 〉 익스프레스 〉 연산 & 비교 팔레트에서 찾을 수 있습니다.

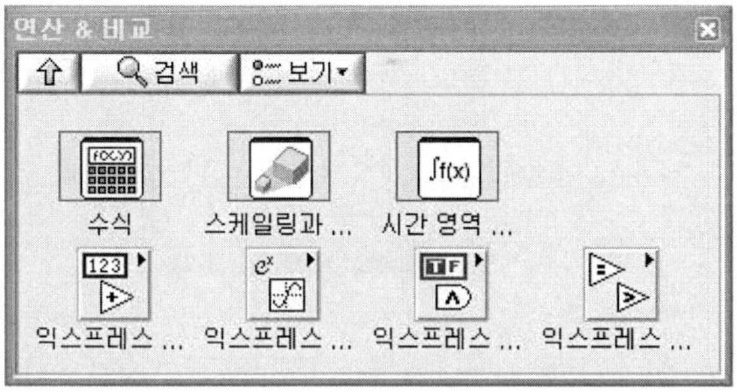

 **수식**을 블록다이어그램이 놓으면, **수식 설정** 창이 실행됩니다. 이 창에서 버튼들을 이용하여 필요한 수식을 만들 수 있습니다. 아래는 X1 + log(X1/X2) − X3을 수행하는 수식을 만든 것입니다.

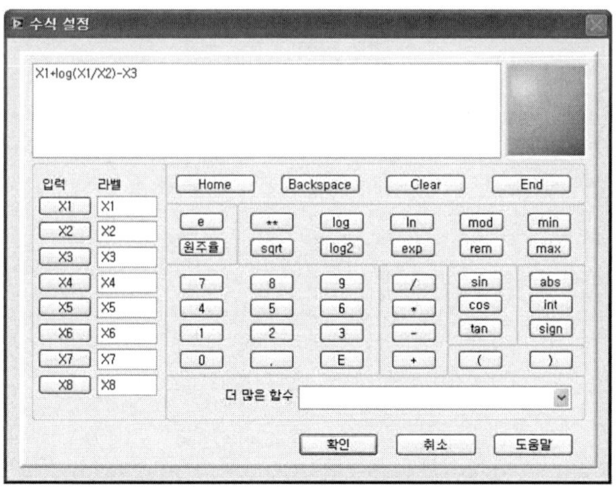

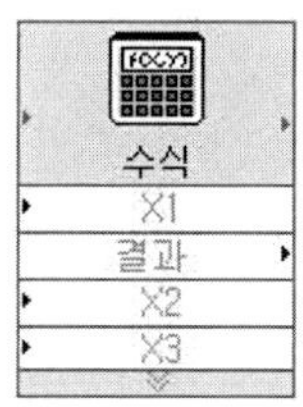

MathScript 노드

MathScript노드는 MathScript 연산을 수행할 수 있는 노드입니다. 함수 〉 프로그래밍 〉 구조 팔레트에서 찾을 수 있습니다. 그러나 LabVIEW 2009 버전부터는 MathScript RT 모듈을 설치해야만 설치되는 기능입니다.

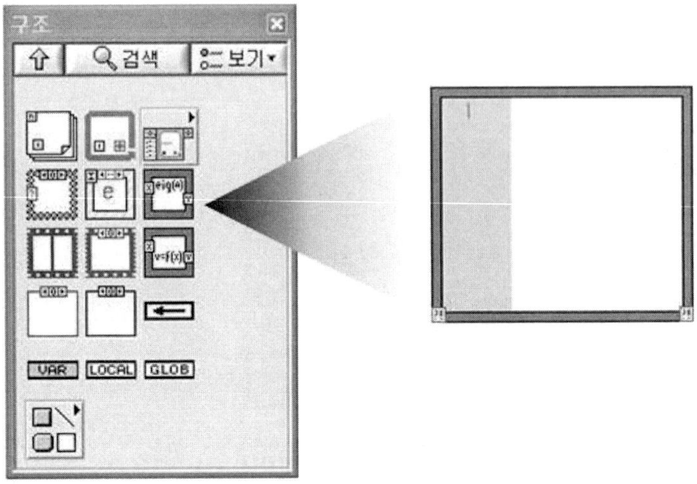

기본적으로 수식 노드와 사용법이 비슷합니다. 그러나 fft와 같은 고급 MathScript 연산을 수행할 수 있습니다. MathScript 구문은 Matlab 언어 구문과 비슷합니다.

연습 2-11. MathScript 노드 (옵션)

MathScript 노드를 이용하여 주파수를 분석하는 VI를 작성합니다. 이 연습에서 다음을 배웁니다.

- MathScript 노드의 사용법을 배웁니다.
- FFT 연산을 구현하고 결과를 웨이브폼 그래프에 플롯합니다.

⌘ 블록다이어그램

1. 새 VI를 만들고, fft연산.vi로 저장합니다.
2. 블록다이어그램에 While 루프와 MathScript 노드를 위치시킵니다. While 루프 조건에서 불리언 컨트롤인 정지 버튼을 생성해줍니다.

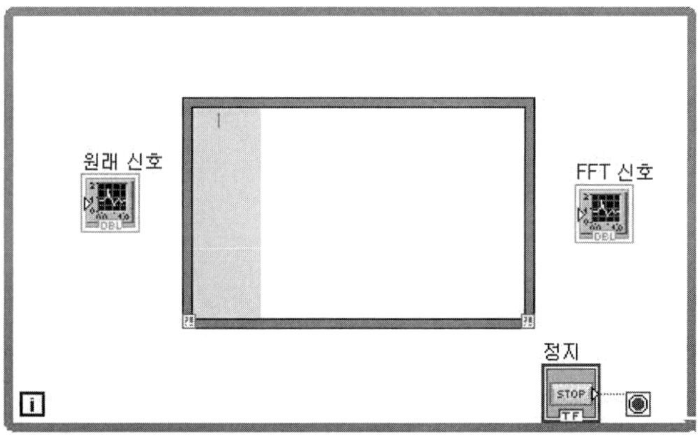

3. 프런트패널에 웨이브폼 그래프 두 개를 위치시킵니다. 컨트롤 〉 일반 〉 그래프 팔레트에서 웨이브폼 그래프를 찾을 수 있습니다.
4. 웨이브폼 그래프의 라벨을 '원래 신호'와 'FFT 신호'로 바꿔줍니다.
5. 블록다이어그램에서 웨이브폼 그래프의 터미널들을 다음과 같이 While 루프 속에 위치시킵니다.
6.  **신호 시뮬레이션**을 While 루프 속에 위치시킵니다. 함수 〉 익스프레스 〉 입력 팔레트에서 찾을 수 있습니다.
7. 신호 시뮬레이션 익스프레스 VI를 블록다이어그램에 위치시키면 다음과 같이 **신호 시뮬레이션 설정** 창이 팝업됩니다.

- 신호 타입: 사각파
- 주파수: 50Hz
- 진폭: 1
- 노이즈 추가: 선택함
- 노이즈 타입: 균일한 화이트 노이즈
- 노이즈 진폭: 0.6
- 타이밍:

  초당 샘플(Hz) = 10000

  샘플 개수: **자동**으로 선택함

8. 확인 버튼을 클릭하여 설정을 적용합니다.
9. 다음과 같이 신호 시뮬레이션의 출력을 원래 신호에 연결합니다.

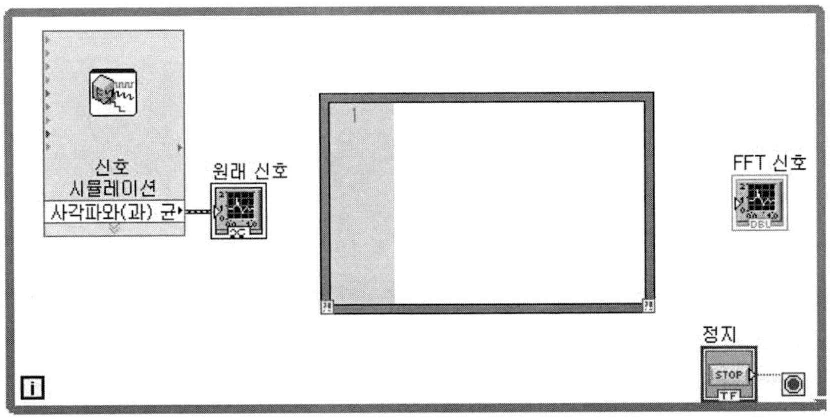

10. MathScript 노드의 왼쪽 경계에서 단축메뉴를 열고, **입력 추가**를 선택합니다. “Input” 을 입력합니다.
11. 같은 방법으로 오른쪽 경계에서 단축메뉴를 열고, **출력 추가**를 선택합니다. “Output” 을 입력합니다. 블록다이어그램은 다음과 같습니다.

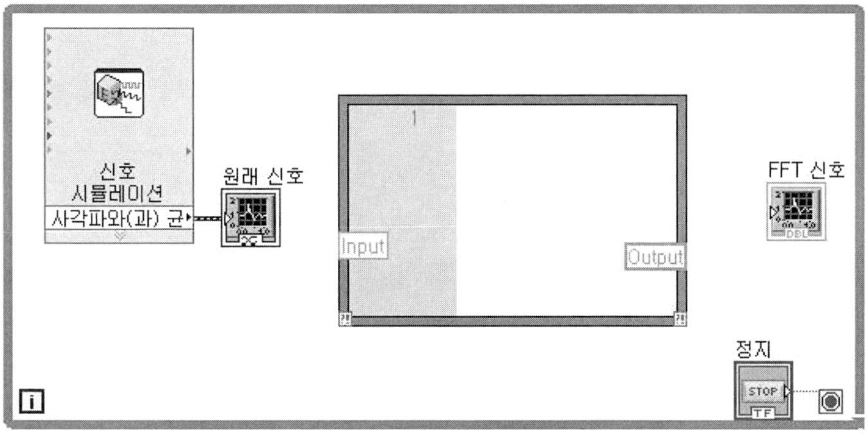

12. Output에서 단축메뉴를 열고, 데이터 타입 선택 〉 1D 배열 〉 DBL 1D를 선택합니다.

13. MathScript 노드 속에 다음과 같은 스크립트를 입력합니다. 각 라인의 끝에는 항상 세미콜론 ;을 넣어줍니다.

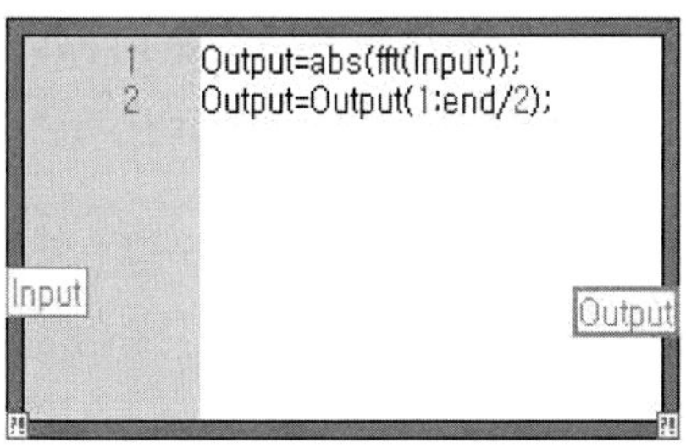


```
Output=abs(fft(Input));
Output=Output(1:end/2);
```

14. While 루프 속에  **다이나믹 데이터로부터 변환**을 위치시킵니다. 함수 〉 익스프레스 〉 신호 조작 팔레트에서 찾을 수 있습니다.

15. **다이나믹 데이터로부터 변환** 팝업창에서 결과로 나오는 데이터 타입으로 [스칼라의 1D배열 - 자동]을 선택합니다.

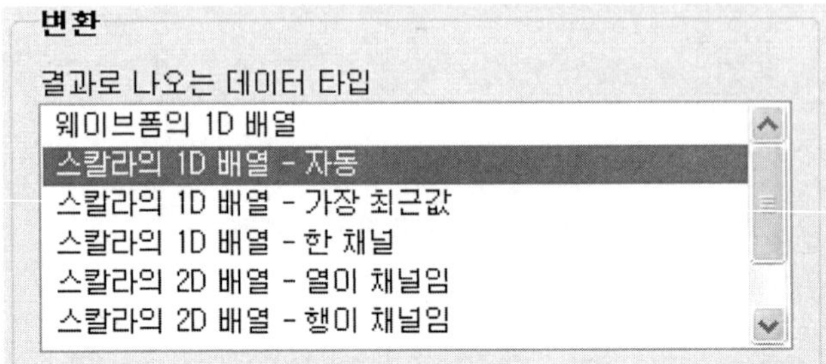

16. **신호 시뮬레이션**의 출력을 **다이나믹 데이터로부터 변환**에 연결하고, 다이나믹 데이터로부터 변환의 출력을 **Input**에 입력합니다. 또한 **Output**을 [FFT 신호]에 연결합니다.

17. 단축키 Ctrl + U를 이용하거나  **다이어그램 정리** 버튼을 이용하여 다음과 같이 블록다이어그램을 최적으로 정리합니다.

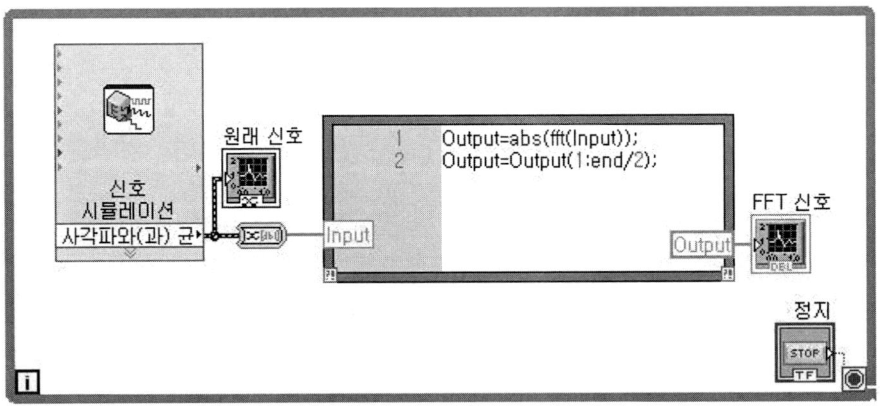

⌘ 프런트패널

18. 다음과 같이 프런트패널을 정리하고 VI를 실행합니다.

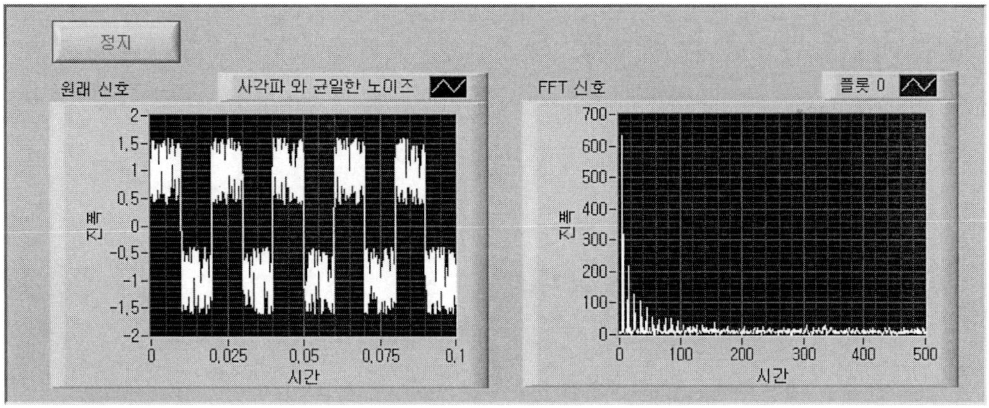

신호시뮬레이션 익스프레스 VI로 생성한 신호를 [원래 신호] 그래프에 출력하고, 이 신호를 FFT한 결과를 [FFT 신호] 그래프에 디스플레이합니다.

연습 2-11 끝

사. 이벤트 구조

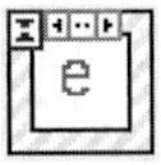

이벤트 구조는 사용자와 프런트패널의 직접적인 상호작용으로 블록다이어그램 실행을 제어하는 구조입니다. 함수 〉 프로그래밍 〉 구조 팔레트에서 이벤트 구조를 찾을 수 있습니다. 프런트패널에서 마우스 클릭, 키보드 입력, 메뉴 선택, 그리고 윈도우 닫기 등의 사용자 조작에 의해서 이벤트가 발생할 수 있습니다. 이와 같은 사용자 인터페이스 이벤트가 발생하면 해당되는 이벤트 케이스가 실행됩니다.

이벤트 구조는 항상 While 루프와 함께 사용되며, While 루프 기능을 보조합니다. While 루프는 루프 조건에 따라 프로그램을 반복적으로 실행하게 하는 LabVIEW의 구조입니다. 기본적으로 While 루프는 일정한 타이밍에 맞추어 반복 실행하는 폴링(Polling) 방식을 사용합니다. 그러나 폴링 방식은 정작 필요한 사용자 이벤트가 발생했을 때, 바로 반응할 수 없거나 이벤트를 인식하지 못하는 경우가 있습니다. LabVIEW에서는 **이벤트 구조**를 이용하여 이벤트 프로그램을 구현합니다. 또는 뒤에서 배울 **상태 머신**을 이용하여 이벤트 프로그램을 구현할 수 있습니다.

아래와 같은 프런트패널을 가진 VI에서 이벤트 구조를 블록다이어그램에 놓은 다음, 단축메뉴에서 **이벤트 케이스 추가...**를 선택하면 [이벤트 편집] 창이 나타납니다.

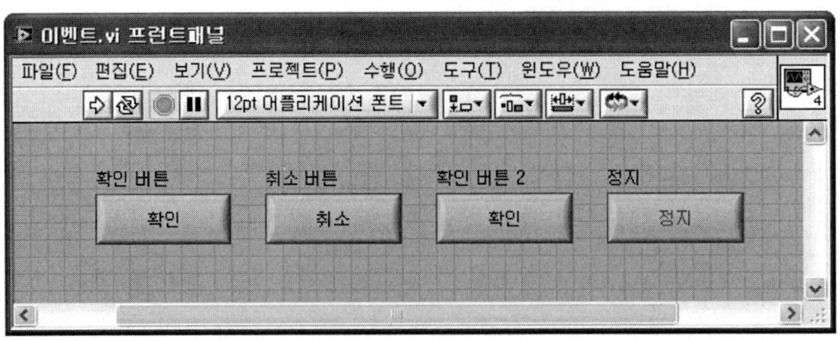

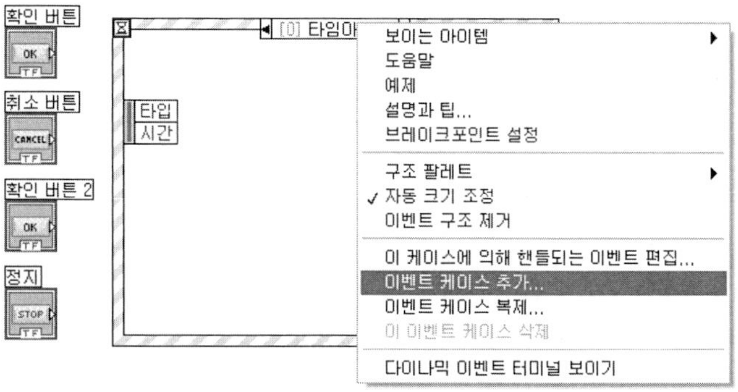

네 개의 불리언 버튼들에 '확인 버튼', '취소 버튼', '확인 버튼 2', 그리고 '정지' 라는 라벨을 붙여주었습니다. **이벤트 편집** 창에서는 프런트패널에 있는 객체의 라벨을 이용하여 이벤트 구조를 만들어줍니다. 이때 프런트패널에 있는 모든 객체들이 **이벤트 소스**가 될 수 있습니다.

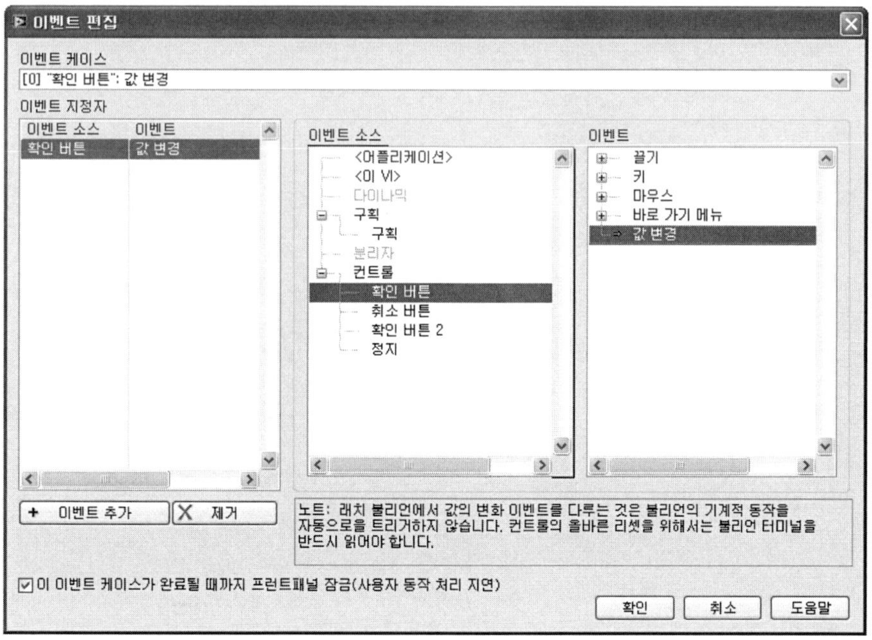

이벤트 편집은 [이벤트 지정자], [이벤트 소스], 그리고 [이벤트]로 구성됩니

다. 가운데에 있는 이벤트 소스에서 객체를 선택하고, 그 객체에 대응되는 이벤트를 오른쪽에서 선택해줍니다. 위 예제에서는 이벤트 소스로 '확인 버튼' 이라는 라벨을 가진 불리언을 선택하였고, 대응되는 이벤트로 '값 변경' 을 선택해주었습니다. 즉 확인 버튼의 값이 바뀌면 이벤트가 발생하도록 지정하였습니다.

다음 연습을 통하여 이벤트 구조를 만들고 사용하는 방법을 배워봅니다.

연습 2-12. 사용자 인터페이스 이벤트

사용자의 마우스나 키보드 조작에 의해 발생하는 이벤트를 받아서 처리하는 VI를 만들어봅니다. 다음을 배웁니다.

- 이벤트 구조의 사용법을 익힙니다.
- 이벤트를 새로 추가하는 방법을 익힙니다.

⌘ 프런트패널

a. 새 VI를 열고, 다음과 같이 프런트패널을 구성합니다. 컨트롤 〉 일반 〉 불리언 팔레트에서 확인 버튼 두 개, 취소 버튼 한 개, 그리고 정지 버튼 한 개를 찾아서 프런트패널에 위치시킵니다.

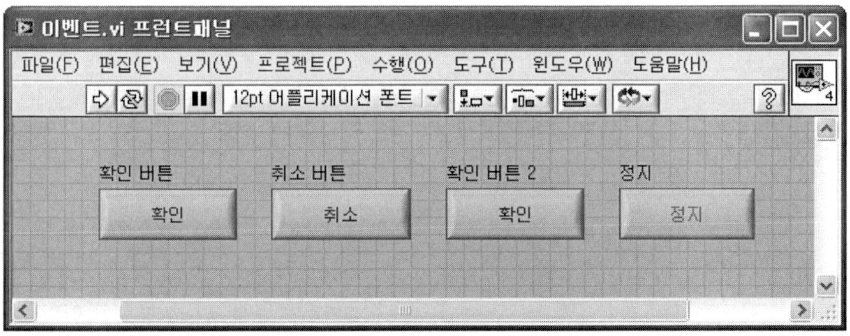

b. 단축메뉴에서 버튼들의 기계적 동작을 모두 '놓을 때 래치' 로 선택해줍니다.

참고 불리언 버튼의 **기계적 동작**에는 스위치와 래치가 있습니다. **스위치**는 클릭하면 상태가 변하고, 변한 상태가 유지됩니다. 그러나 **래치**는 클릭하면 상태가 변했다가 다시 원래 상태로 돌아옵니다. 세부적인 동작 방식에 따라서 다시 여섯 가지로 나뉩니다. 차례로, 누를 때 스위치, 놓을 때 스위치, 놓을 때까지 스위치, 누를 때 래치, 놓을 때 래치, 놓을 때까지 래치입니다. 그러나 첫 번째에 있는 [누를 때 스위치]와 다섯 번째에 있는 [놓을 때 래치]를 주로 사용합니다.

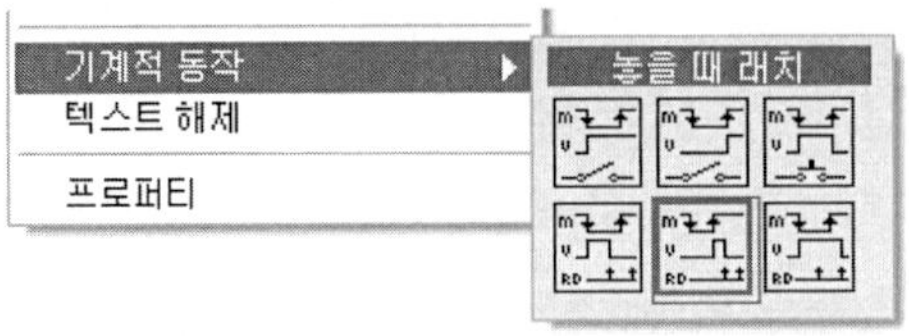

⌘ 블록다이어그램

c. 블록다이어그램에 While 루프와 이벤트 구조를 위치시킵니다. 함수 〉 프로그래밍 〉 구조 팔레트에서 이벤트 구조를 찾을 수 있습니다.

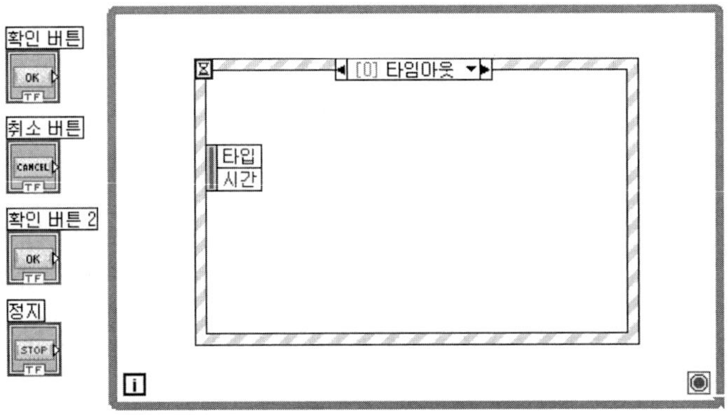

기본으로 지정되어 있는 이벤트는 **타임아웃**입니다. **⌛ 이벤트 타임아웃**에 밀리 초 단위의 시간을 입력합니다. 그 시간 안에 이벤트가 발생하지 않으면 타임아웃 이벤트를 한번 발생시킵니다.

참고 이벤트 구조는 항상 While 루프와 함께 사용합니다.

---

1. 다음같이 블록다이어그램을 구성합니다.
2. 이벤트 구조의 단축메뉴에서 **이벤트 케이스 추가**를 선택합니다.
3. **이벤트 편집** 창에서 이벤트 소스로 "확인 버튼"을 선택하고 이벤트로 "키 다운"을 선택합니다.
4. 이벤트 편집 창을 닫습니다.

5. [확인 버튼]의 터미널을 이 이벤트 속에 넣습니다. 버튼을 이벤트 속에 넣어줘야만 기계적 동작인 ***놓을 때 래치***를 수행할 수 있습니다.
6. **단일 버튼 대화 상자**를 놓고, [메시지]에 "작업 1을 수행합니다." 를 입력하고, [버튼 이름]에 "완료 "를 입력합니다. 단일 버튼 대화 상자는 함수 〉 프로그래밍 〉 대화상자 & 사용자인터페이스 팔레트에서 찾을 수 있습니다.

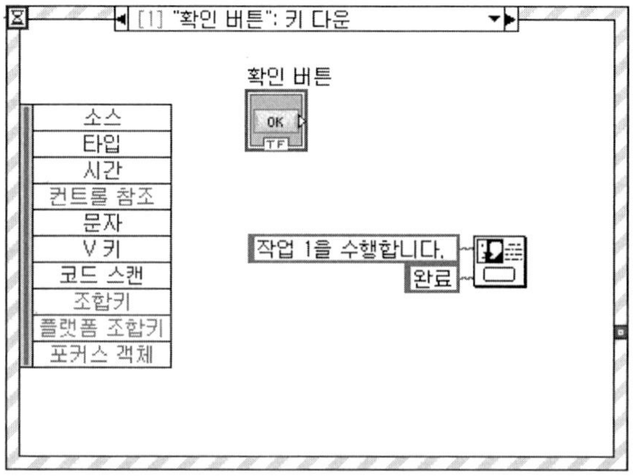

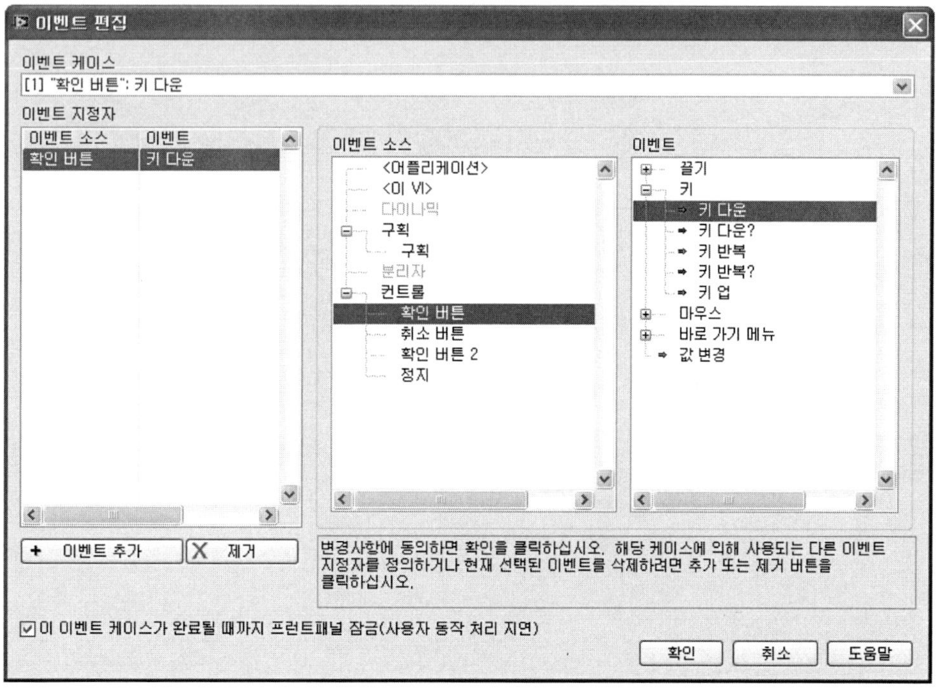

[1] "확인 버튼": 키 다운은 [1]번 이벤트의 이름은 " 확인 버튼 "이며 이벤트의 형태는 ***키 다운***이라는 의미입니다. 키보드의 〈Tab〉 키를 누를 때, 키 다운 이벤트가 발생합니다.

참고 이벤트 편집 창에서 이벤트 소스의 ***컨트롤*** 아래에는 프런트패널에 있는 모든 컨트롤과 인디케이터들이 나열됩니다. 만약 프런트패널에 새로운 컨트롤이나 인디케이터를 위치시키면 그 객체의 컨트롤이 추가될 것입니다.

타입
시간
컨트롤 참조
문자
V 키
코드 스캔
조합키
플랫폼 조합키
포커스 객체

참고 오른쪽의 이벤트 옵션들은 키 다운에 대하여 사용자가 사용할 수 있는 이벤트 요소들입니다. 예를 들어, 시간은 이 이벤트가 발생한 순간의 시간을 반환합니다. 이것을 이용하면 이벤트와 다음 이벤트 발생까지의 시간을 측정할 수 있습니다.

7. 같은 방법으로 **[2] "취소 버튼" : 마우스 다운** 이벤트와 **[3] "확인 버튼 2" : 마우스 커서 들어옴** 이벤트를 만들어줍니다.

[2] "취소 버튼" : 마우스 다운 이벤트는 버튼을 누를 때 이벤트가 발생합니다.

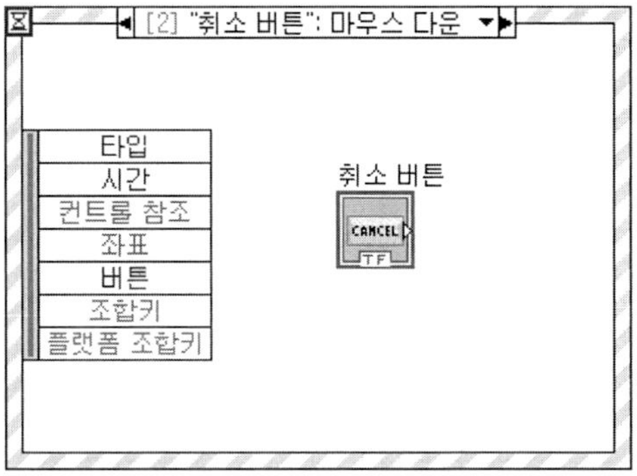

[3] "확인 버튼2" : 마우스 커서 들어옴 이벤트는 버튼 위로 마우스 커서가 들어갈 때 이벤트가 발생합니다. 즉, 마우스 커서의 움직임에 의해서 이벤트가 발생합니다.

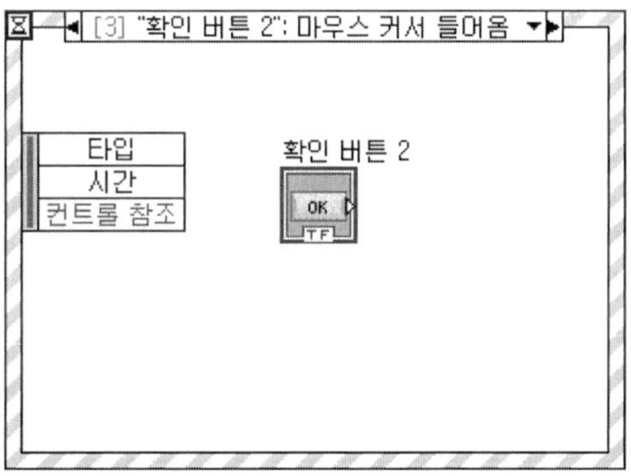

8. 정지 버튼에 대한 이벤트를 만들어줍니다. **[4] "정지" : 값 변경**을 지정해주고, 정지 버튼의 터미널을 이벤트 속에 넣습니다. [4] "정지" : 값 변경 이벤트는 정지 버튼의 값이 바뀌었을 때 이벤트가 발생합니다. 그리고 정지 버튼이 거짓에서 참으로 바뀌면 그 값은 와이어를 따라서 While 루프의 **루프 조건** ◉에 입력되어 루프가 종료됩니다.
9. 아래와 같이 블록다이어그램을 구성합니다. 루프 반복횟수 터미널에서 인디케이터를 생성하고 라벨을 '반복횟수' 라고 입력합니다.

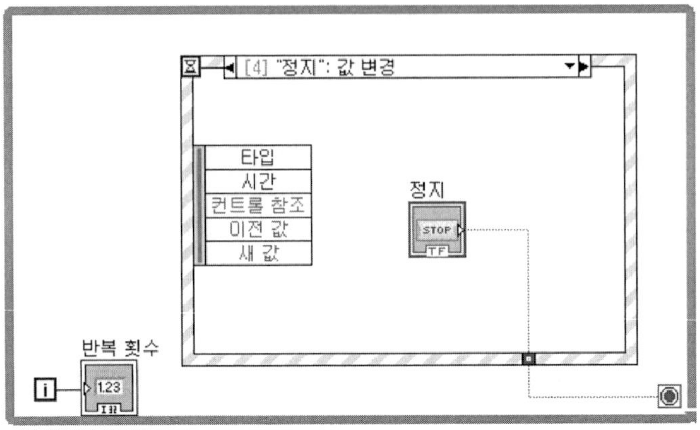

⌘ VI 실행

5. 프런트패널을 띄우고 VI를 실행합니다.

a. Tab 키를 눌러서 버튼들을 옮겨 다닐 수 있습니다. '확인 버튼' 이 선택되면 반복횟수가 1 증가하고, "작업 1을 수행합니다." 라는 대화상자가 팝업됨을 확인할 수 있습니다. 완료 버튼을 클릭하여 대화상자를 닫습니다.

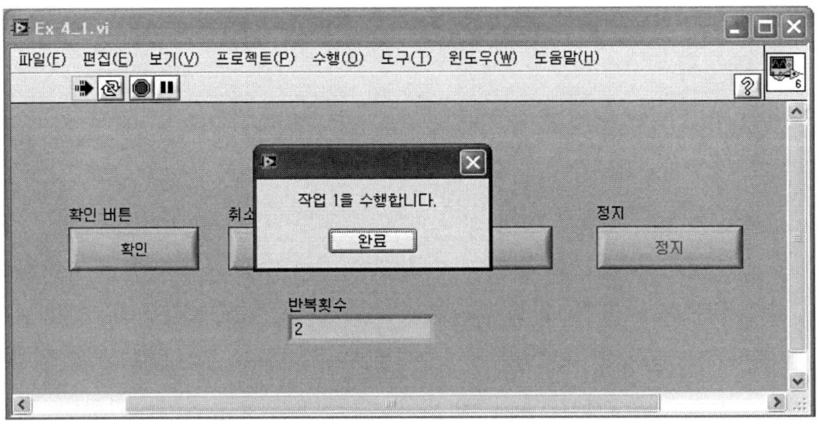

b. 마우스를 '확인 버튼 2' 위로 옮겨 놓습니다. 마우스가 이 버튼의 위로 들어갈 때 반복횟수가 1 증가함을 확인할 수 있을 것입니다.

c. 취소 버튼을 눌렀다가 놓아봅니다. 마우스를 누르는 순간 반복횟수가 1 증가함을 확인할 수 있습니다.

d. 정지 버튼을 클릭합니다. 반복횟수가 1 증가하고 VI가 종료합니다.

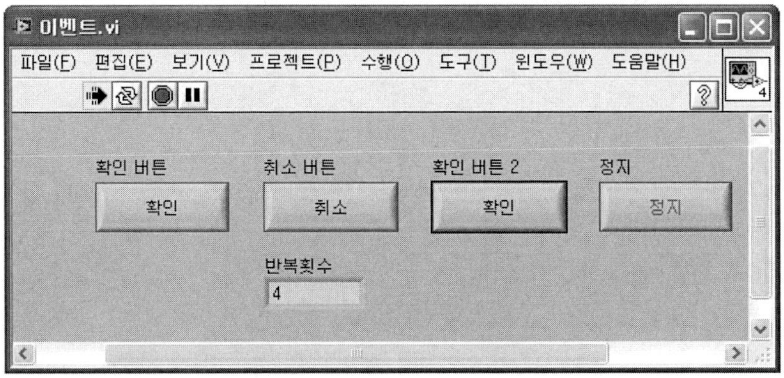

이벤트로 설정된 While 루프는 이벤트가 생길 때까지 대기하고 있습니다. 그래서 반복횟수가 변하지 않습니다. 즉, While 루프가 실행되지 않는다는 의미입니다. 그러나 이벤트가 발생하면 While 루프가 1회 실행되고, 반복횟수가 1 증가합니다. 같은 방법으로 반복횟수의 변화를 확인하여 이벤트가 발생했는지, 아닌지를 확인할 수 있습니다.

다음과 같이 시프트 레지스터를 이용하여 다음 이벤트가 발생할 때까지의 시간을 측정할 수 있습니다. 각 이벤트에서 [시간]을 출력 받아서 이전 시간을 빼주는 방식입니다.

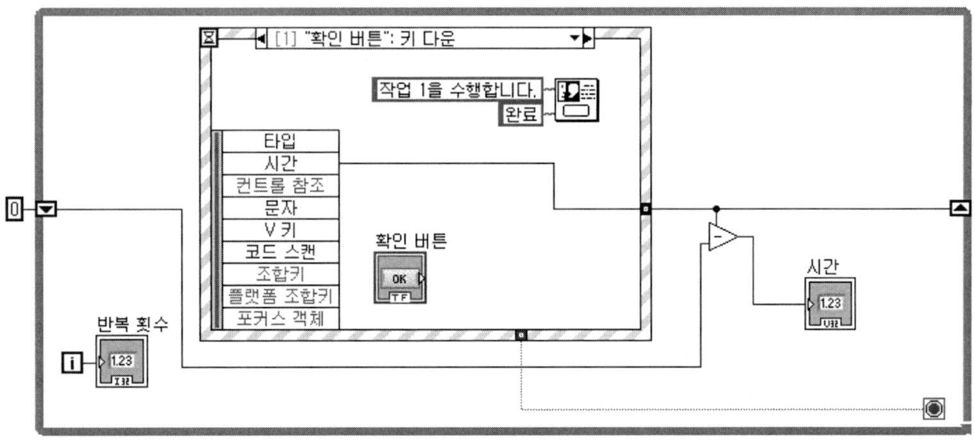

연습 2-12 끝

아. 시퀀스 구조

시퀀스 구조는 LabVIEW의 실행 순서를 명확히 정해줍니다. 함수 〉 프로그래밍 〉 구조 팔레트에서 찾을 수 있습니다.

LabVIEW는 근본적으로 와이어를 통한 데이터 흐름으로 프로그램의 실행 순서가 결정됩니다. 그러나 와이어를 연결하지 않고, 독립적인 작업을 여러 개 병렬 수행할 경우가 있습니다. 이때 작업들의 실행 순서를 명확히 지정해주고자 한다면 시퀀스 구조를 이용합니다.
시퀀스 구조에는 두 가지 형태가 있습니다. **다층 시퀀스 구조와 플랫 시퀀스 구조**입니다. 동일한 기능을 수행하지만, 형태와 사용법이 다르므로 각각에 대하여 배워봅니다.

⌘ 다층 시퀀스 구조

블록다이어그램에 다층 시퀀스 구조를 놓으면 영화 필름과 같은 아이콘이 생깁니다. 단축메뉴에서 **다음 프레임 추가**를 선택하여 프레임을 더 추가할 수 있습니다.
◀ 4 [0..4] ▾▶는 0에서 4까지의 프레임 중에서 4번 프레임임을 의미합니다.

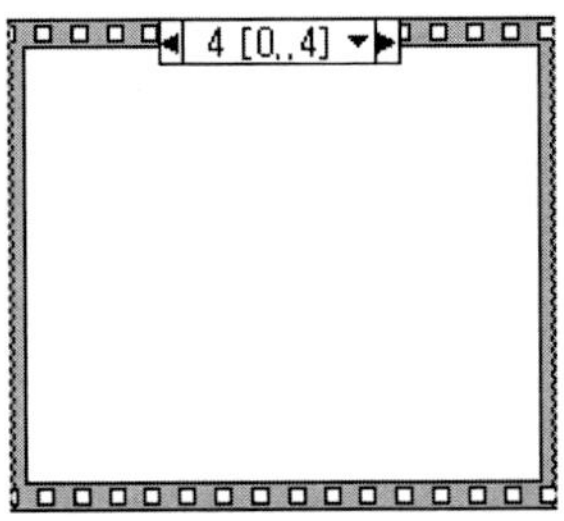

다층 시퀀스 구조는 여러 층으로 쌓을 수 있기 때문에 작은 블록다이어그램 화면에 순차적으로 실행하는 프로그램을 다층으로 쌓을 수 있습니다. 많은 프로그램을 층층으로 쌓아서 코드의 크기를 최적화할 수 있는 장점이 있지만 프로그램을 해독하기 힘들게 하는 단점이 있습니다.

다음 연습은 다층 시퀀스 구조를 이용하여 난수 발생 및 일치에 대한 작업과 수행되는데 걸린 시간을 측정하는 작업을 순차적으로 실행하는 VI를 만드는 것입니다.

연습 2-13. VI 실행 시간 측정

연습 2-2는 입력한 실수 값과 일치되는 난수가 생성될 때까지의 While 루프의 반복 횟수를 나타내주는 예제입니다. 이 예제에서 일치될 때까지 걸린 시간을 측정해봅니다.

⌘ 블록다이어그램

1. 연습 2-2. 난수 자동 일치.vi를 다층 시퀀스 구조로 두릅니다. 함수 〉 프로그래밍 〉 구조 팔레트에서 다층 시퀀스 구조를 찾을 수 있습니다.
2. 실행 시간 측정.vi라는 이름으로 저장합니다.

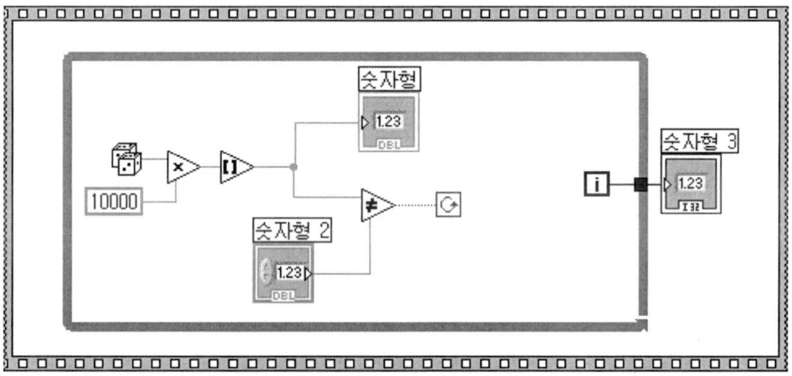

3. 단축메뉴의 **다음 프레임 추가**를 이용하여 다음 시퀀스를 만들어줍니다. 1번 시퀀스를 다음과 같이 구성합니다.

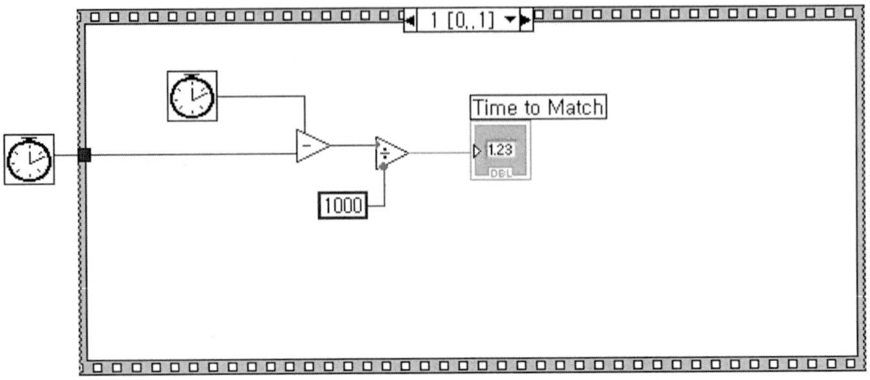

 **틱 카운터(ms)**는 함수 〉 프로그래밍 〉 타이밍 팔레트에서 찾을 수 있습니다. 현재 시각을 보여주는 함수인데 밀리 초 단위입니다. 그래서 현재 시각에서 처음 시각을 뺀 다음, 1000으로 나누어주면 소요된 시간을 초 단위로 구할 수 있습니다.

4. 0번 시퀀스를 확인해봅니다. 케이스 구조처럼 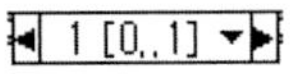 **선택자 라벨**을 이용하여 다른 시퀀스로 옮길 수 있습니다.

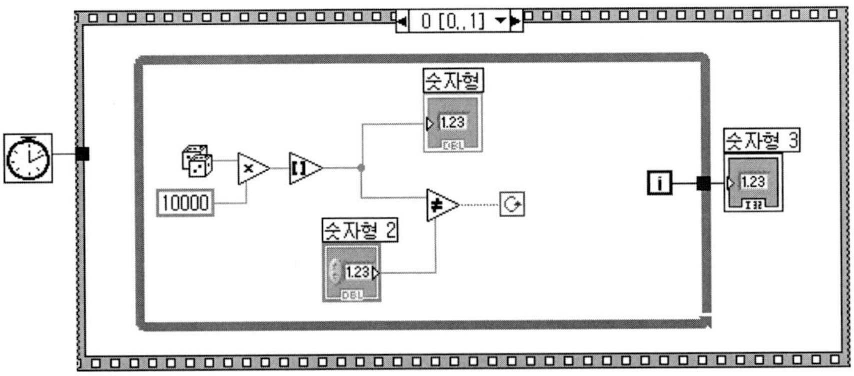

⌘ 프런트패널

5. 프런트패널의 아이콘들을 아래와 같이 정리하고 실행합니다.

우선 시퀀스 구조 밖에 있는 틱 카운터가 실행되어 [시작 시각]이 출력되고, 다음은 시퀀스 0번의 **난수 자동 일치.vi**가 실행됩니다. 시퀀스 0번이 종료하면 시퀀스 1번의 틱 카운터가 실행되고 [끝나는 시각]을 측정하게 됩니다. 시작 시각에서 끝나는 시각을 뺀 것이 Time to Match에 표시됩니다.

연습 2-13 끝

⌘ 플랫 시퀀스 구조

플랫 시퀀스는 다층 시퀀스와 기능은 동일하고 형태만 다릅니다. 단축메뉴에서 **다음에 프레임 추가** 혹은 **이전에 프레임 추가** 등을 선택하여 아래와 같이 순차적인 시퀀스를 만들 수 있습니다. 왼쪽에서 오른쪽 프레임으로 순서가 정해집니다.

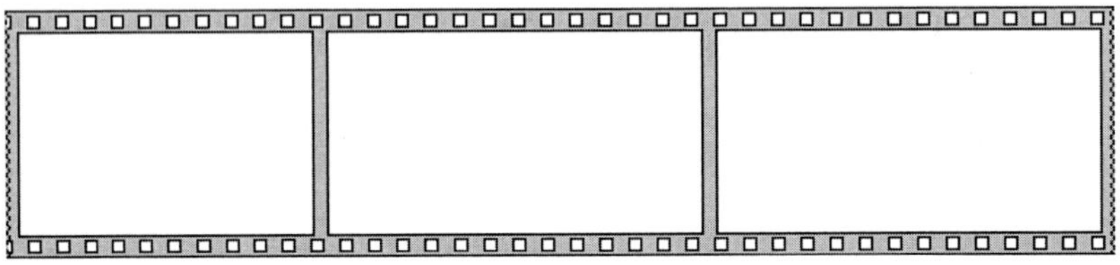

플랫 시퀀스는 다층 시퀀스를 이용하는 것보다 블록다이어그램을 이해하기 쉽습니다. 그러나 프레임을 옆으로 나열하기 때문에, 공간을 많이 차지하는 단점이 있습니다. 다음과 같이 플랫 시퀀스를 이용해서 연습 2-14와 동일한 기능을 수행하는 VI를 만들 수 있습니다.

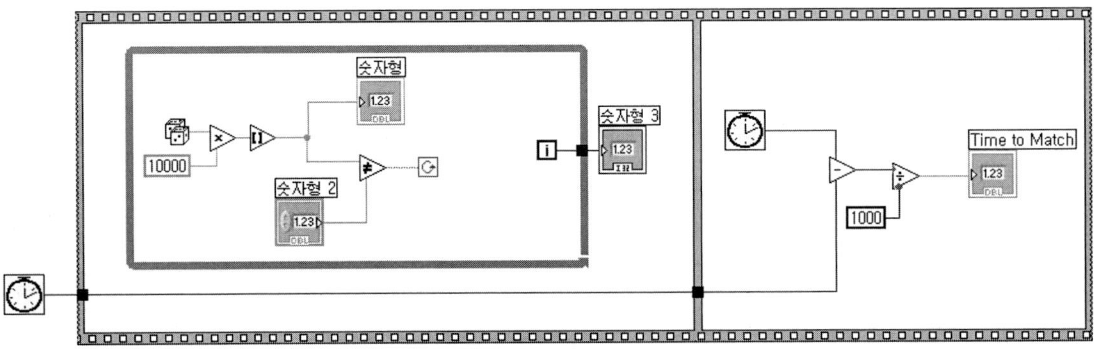

⌘ 시퀀스 로컬

플랫 시퀀스에서는 다른 프레임으로 와이어를 직접 연결하는 방법으로 데이터를 전달할 수 있습니다. 다음과 같이 [숫자형]은 와이어를 통하여 [숫자형 2]로 데이터를 전달하고 있습니다.

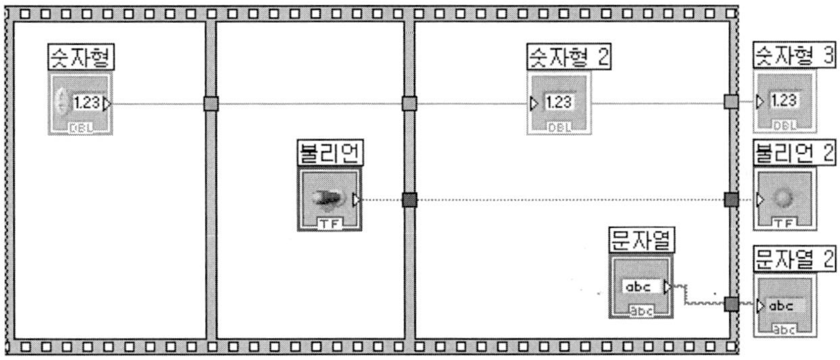

그러나 다층 시퀀스를 이용하여 위와 동일한 블록다이어그램을 만들기 위해서는 **시퀀스 로컬**을 이용해야 됩니다. 시퀀스 로컬은 프레임의 테두리에서 단축메뉴로 만들 수 있습니다. 아래와 같이 단축메뉴의 **시퀀스 로컬 추가**를 사용합니다.

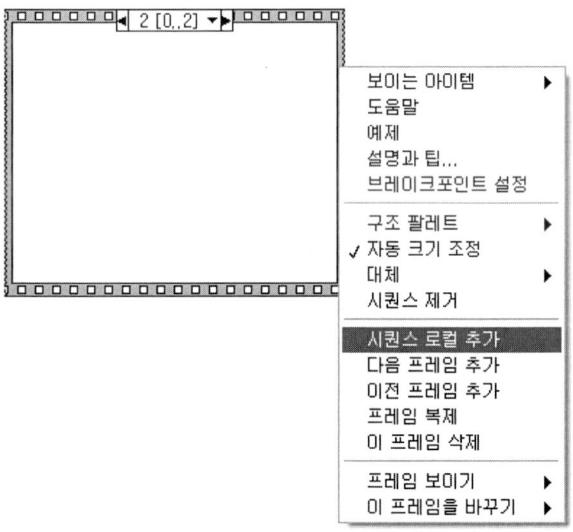

시퀀스 로컬은 와이어가 연결되지 않으면 노란색의 사각형만 있습니다. 여기에 출력을 연결하면 색깔이 바뀌고, 나가는 화살표가 생깁니다.

0번 프레임에서 시퀀스 로컬을 만들면, 1번 프레임과 2번 프레임에서 이 데이터를 받아볼 수 있고, 들어오는 화살표 모양의 시퀀스 로컬이 1번 프레임과 2번 프레임에 생깁니다.

다음은 다층 시퀀스에서 시퀀스 로컬을 이용하여 0번 프레임의 [숫자형]에서 1번 프레임의 [숫자형 3]으로 데이터를 전달하는 예입니다.

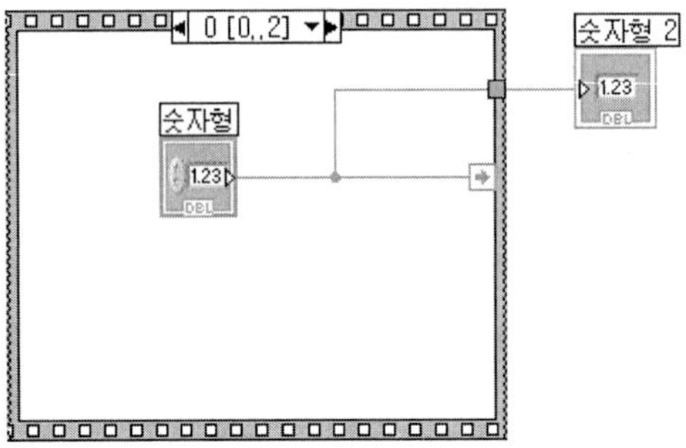

0번 프레임

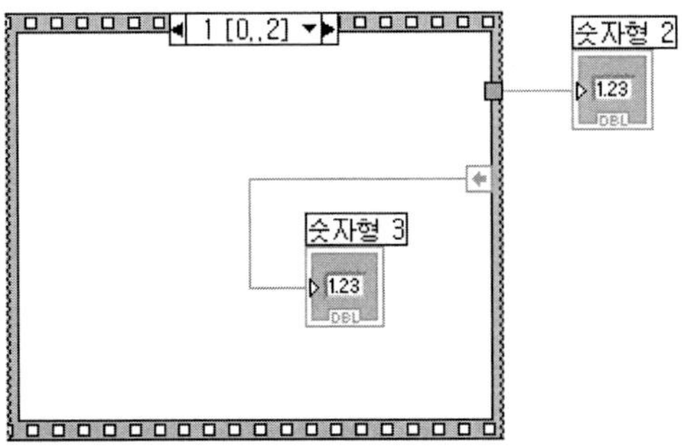

1번 프레임

시퀀스 구조에서 데이터는 앞쪽 프레임에서 뒤쪽 프레임으로만 전달 가능합니다. 반대로 뒤쪽 프레임에서 앞쪽 프레임으로는 데이터를 전달할 수 없습니다.

⌘ Timed 시퀀스

Timed 시퀀스 구조는 각 프레임을 정확한 타이밍으로 실행하게 해주는 시퀀스 구조입니다. 함수 〉 프로그래밍 〉 구조 〉 Timed 구조 팔레트에서 Timed 시퀀스를 찾을 수 있습니다.

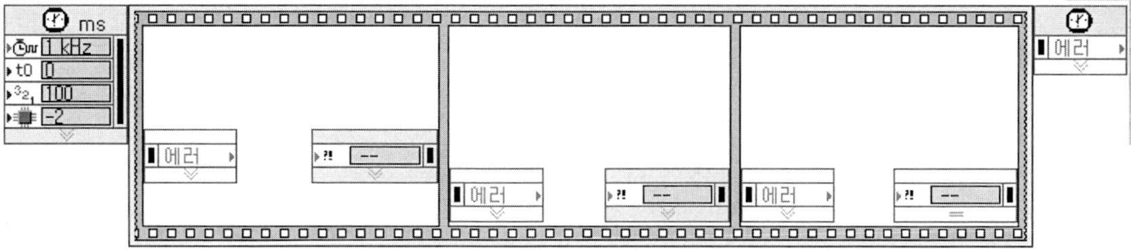
ms
1 kHz
t0
0
100
-2
에러
에러
에러
에러

자. 상태 머신

상태 머신(State Machine)은 이벤트 프로그래밍의 한 방법입니다. 즉, 이벤트 구조와 유사한 구조입니다. 실제로 이벤트 구조가 없는 예전 LabVIEW 버전에서는 상태 머신을 이용하여 이벤트 프로그래밍을 구현하였습니다.
상태 머신은 While 루프와 Case 구조를 이용하여 이벤트를 구현합니다. 이를 위하여 다음이 필요합니다.

- 엄격한 타입으로 정의된 열거형(Enum) 상수
- 시프트 레지스터

열거형 상수에 새로운 아이템을 추가할 때, 모든 열거형 상수가 [타입 정의로부터 자동 업데이트]가 수행되기 위하여 엄격한 타입으로 정의된 열거형 상수를 사용합니다. 사용자 컨트롤에 대해서는 1장에서 설명하였습니다. 다음은 전형적인 상태 머신의 블록다이어그램입니다.

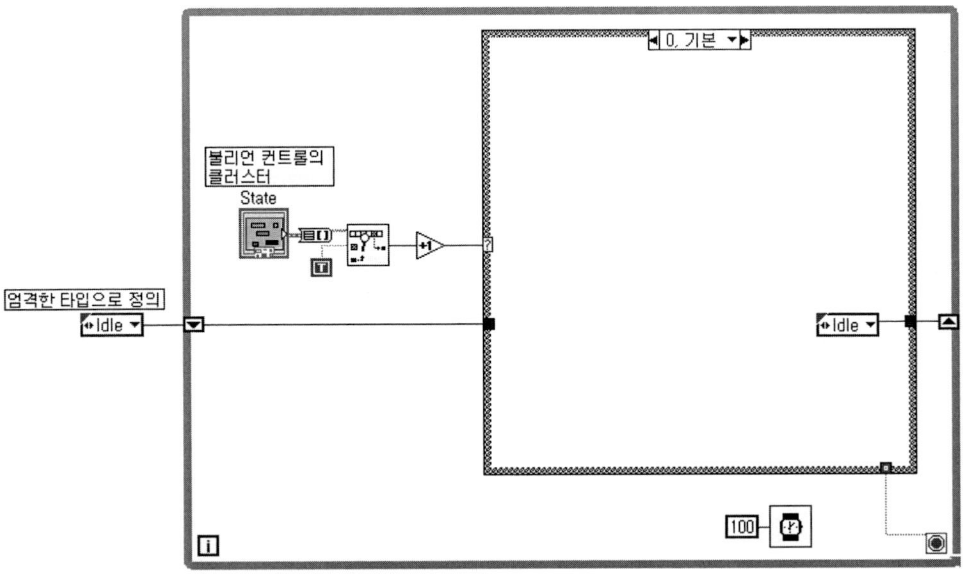

상태 머신은 엄격한 타입으로 정의된 열거형 상수를 이용하여 이벤트의 추가

와 제거를 체계적으로 관리할 수 있기 때문에 규모가 큰 프로그램을 작성할 경우에 이벤트 구조보다 효율적인 프로그래밍이 가능한 방식입니다. 그러나 두 가지의 상태가 동시에 변화한다면 첫 번째 상태의 변화만 동작하고 두 번째 상태는 잃어버립니다.

다음 연습을 통하여 상태 머신 프로그래밍 방식에 대하여 배워봅니다.

연습 2-14. 상태 머신

상태 머신을 이용하여 사용자 인터페이스 이벤트를 구현해봅니다. 다음을 배웁니다.

- 상태 머신 프로그래밍을 익힙니다.
- 엄격한 타입으로 정의된 열거형 상수를 만드는 방법을 배웁니다.
- 불리언 클러스터에서 어느 불리언 버튼이 선택되었는지 찾아내는 방법을 익힙니다.

⌘ 프런트패널

1. 새 VI를 만들고 상태머신.vi로 저장합니다.
2. 프런트패널에 클러스터를 위치시키고, 클러스터 속에 확인 버튼 4개와 정지 버튼을 순서대로 넣어줍니다. 클러스터의 라벨은 ‘State’ 로 입력합니다.
3. 확인 버튼의 불리언 텍스트를 ‘삼각파’, ‘사각파’, ‘사인파 ‘, ’ 코사인 ‘으로 바꿔줍니다. 그리고 확인 버튼의 라벨들과 정지 버튼의 라벨을 보이지 않게 설정합니다.
4. 클러스터의 단축메뉴에서 자동 크기 조정 〉 맞도록 크기 조정을 선택하여 아래와 같이 구성되도록 조정합니다.

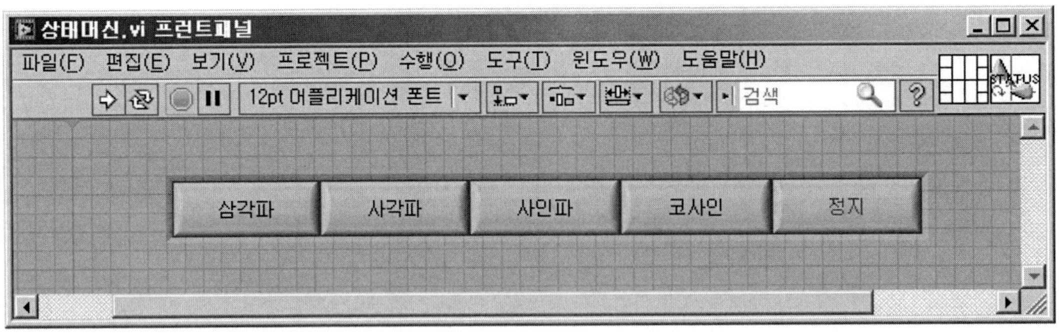

⌘ 블록다이어그램

5. While 루프와 Case 구조를 위치시킵니다. 기다림(ms)를 위치시키고, 100을 입력합니다.

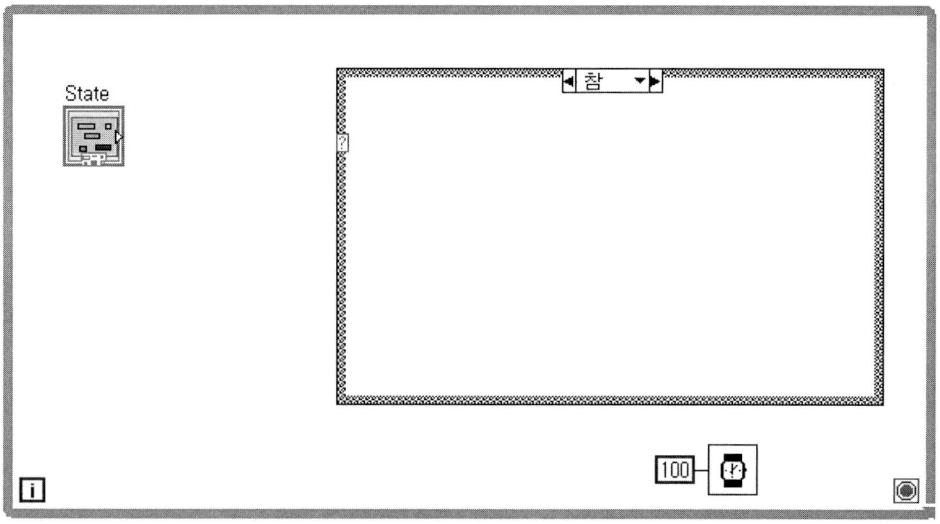

6. 클러스터를 배열로 함수를 이용하여 불리언 배열로 바꿔줍니다. 함수 〉 프로그래밍 〉 클러스터 팔레트에서 찾을 수 있습니다.

7. 1D 배열 검색을 이용하여 불리언 배열에서 참인 원소의 인덱스를 구합니다. 함수 〉 프로그래밍 〉 배열 팔레트에서 찾을 수 있습니다.

8. 증가를 이용하여 1을 더해줍니다. 함수 〉 프로그래밍 〉 숫자형 팔레트에서 찾을 수 있습니다.

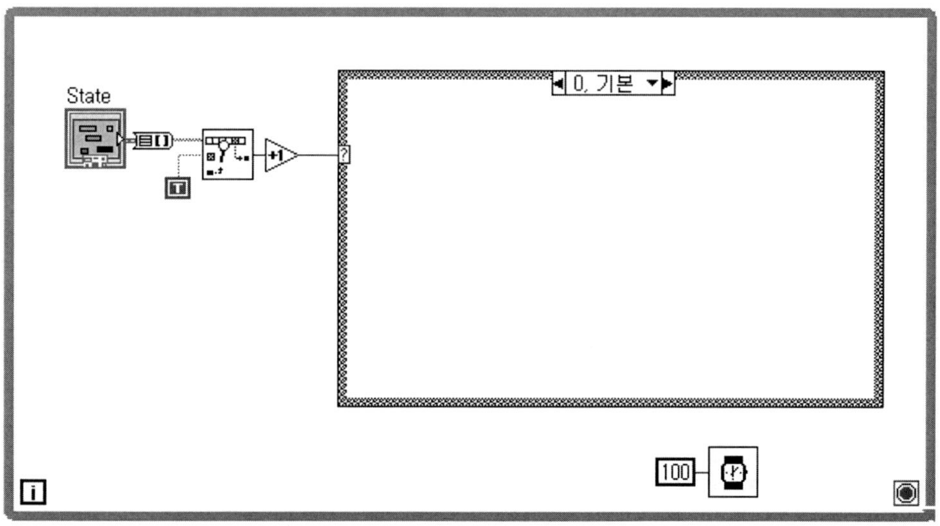

9.  열거형 상수를 위치시키고, 단축메뉴에서 [타입 정의 만들기]를 선택해줍니다. 함수 〉 프로그래밍 〉 숫자형 팔레트에서 찾을 수 있으며, 2011 버전부터 제공되는 기능입니다. 그리고 타입 정의 열거형이라는 의미에서 왼쪽 상단이 검은색 삼각형으로 표시됩니다.

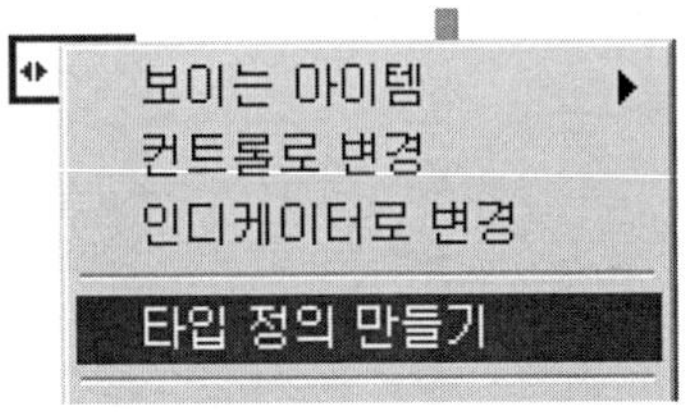

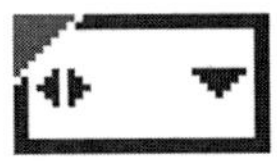

10. 열거형 상수의 단축메뉴에서 [타입 정의 열기]를 선택합니다. 이것은 타입 정의 열거형 상수로 변경된 경우에만 나타나는 단축메뉴입니다.

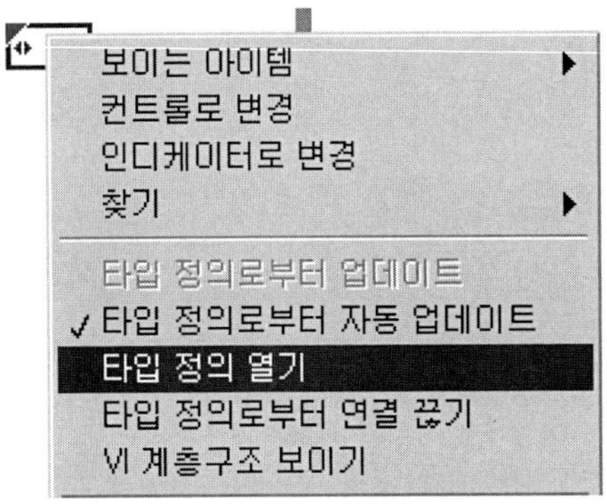

11. 사용자 컨트롤 창에서 [엄격한 타입 정의]로 선택해주고, 열거형의 단축메뉴에서 [아이템 편집]을 선택하여 [열거형 프로퍼티:열거형] 창을 띄웁니다.
12. 아이템을 다음과 같이 추가해줍니다. Idle=0, 삼각파=1, 사각파=2, 사인파=3, 코사인=4, 정지=5로 설정하였습니다.

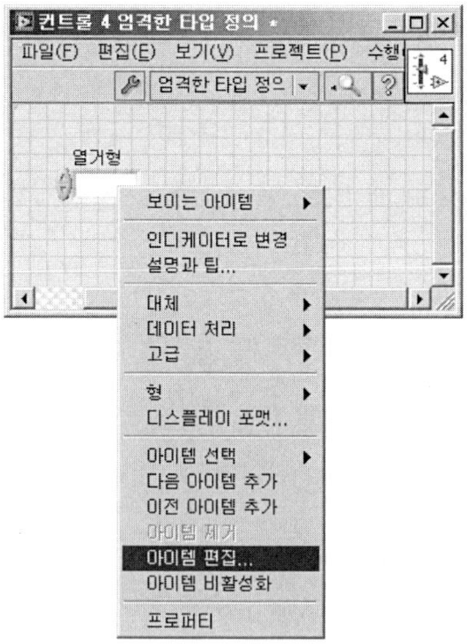

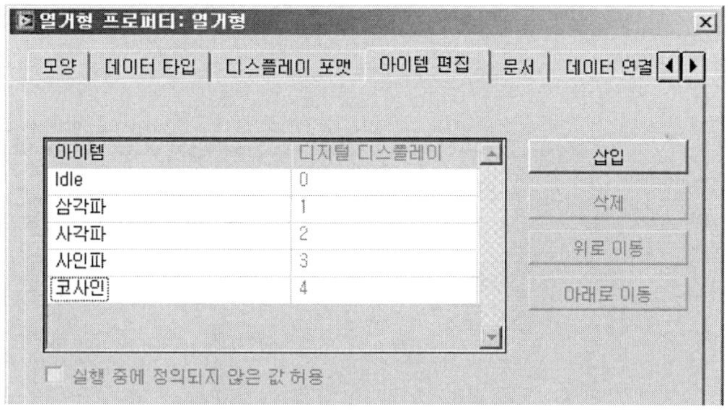

13. 열거형의 사용자 컨트롤 정의가 끝나면 저장하고 창을 닫습니다.
14. While 루프에 시프트 레지스터를 만들고, 엄격한 타입으로 정의된 열거형 상수로 초기화 시킵니다.
15. 열거형 상수를 복사하여 [0,기본] 케이스에 위치시킵니다. 열거형은 [Idle]로 선택합니다.

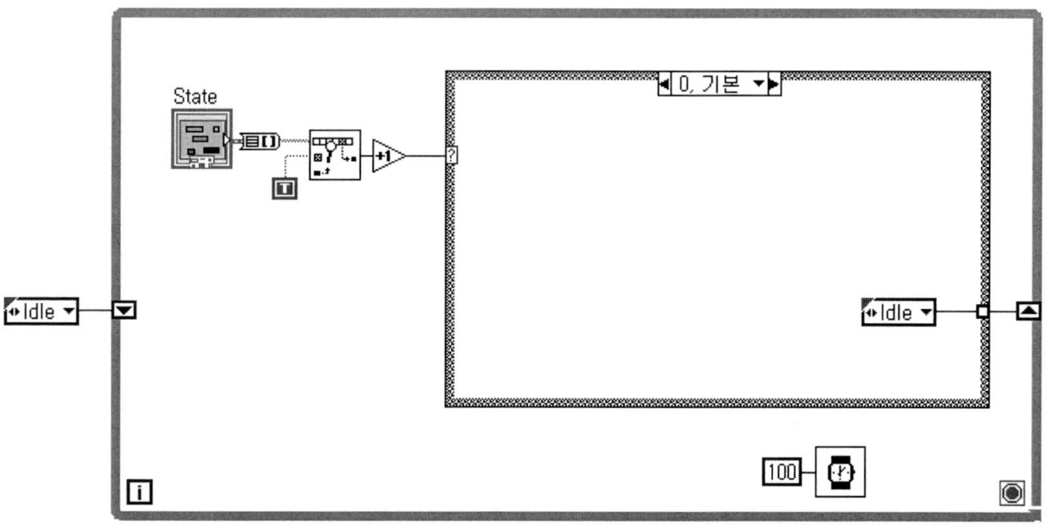

16. 열거형 상수를 복사하여 [1] 케이스에 위치시킵니다. 열거형은 [삼각파]로 선택합니다.
17. 단일 버튼 대화 상자를 위치시키고 "삼각파 생성"을 입력해줍니다. 함수 〉 프로그래밍 〉 대화 상자 & 사용자 인터페이스 팔레트에서 찾을 수 있습니다.

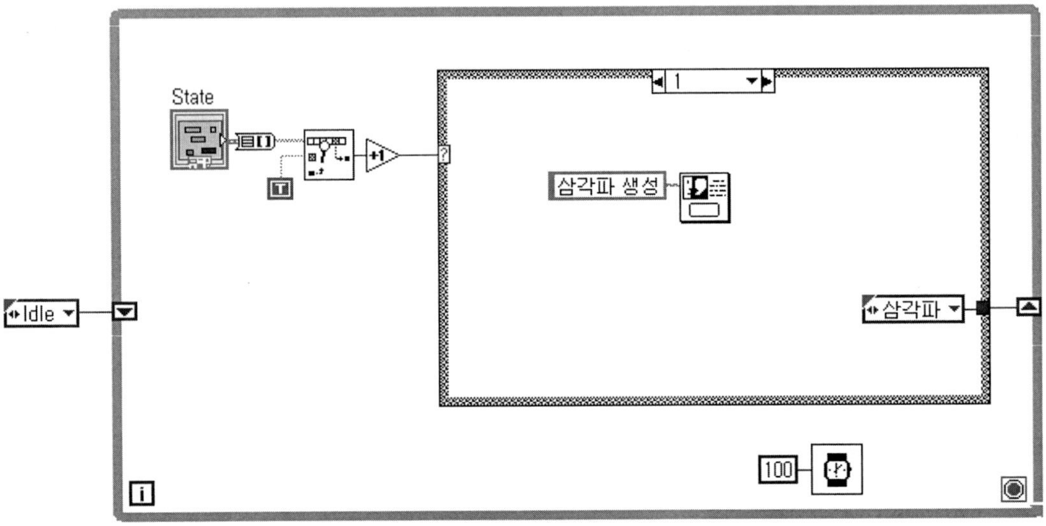

18. Case 구조의 단축메뉴에서 [케이스 복제]를 선택하여 [2] 케이스를 만듭니다. 이때 케이스의 내용도 복제될 것입니다. 단일 버튼 대화 상자의 입력을 "사각파 생성"으로 바꿔주고, 열거형 상수를 [사각파]로 선택합니다.
19. 같은 방법으로 [3],[4] 케이스를 복제하여 만들어줍니다.

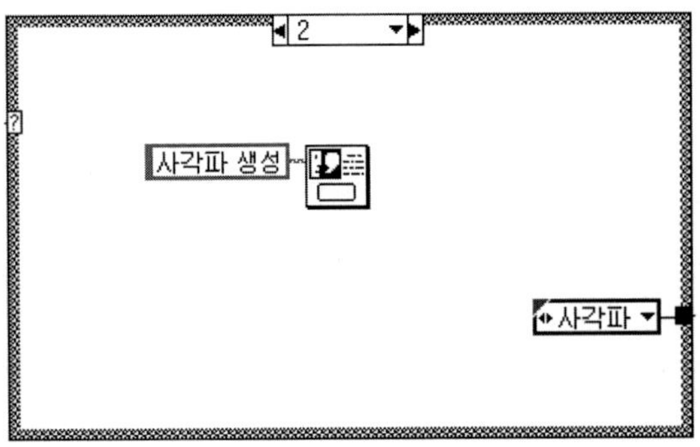

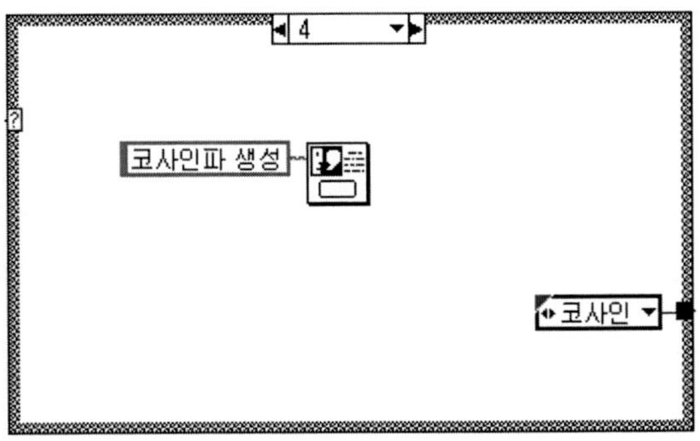

20. Case 구조의 단축메뉴에서 [다음 케이스 추가]를 선택하여 [5] 케이스를 만듭니다.
21. 열거형 상수를 복사하여 [5] 케이스에 넣고, [정지]로 선택해줍니다.
22. 불리언 상수 T를 [5] 케이스에 위치키시고, While 루프의 루프 조건에 연결해줍니다. 이때 Case 구조의 출력 단은 [연결되지 않으면 기본값 사용]으로 설정해줍니다.
23. 다음과 같이 블록다이어그램을 완성합니다.

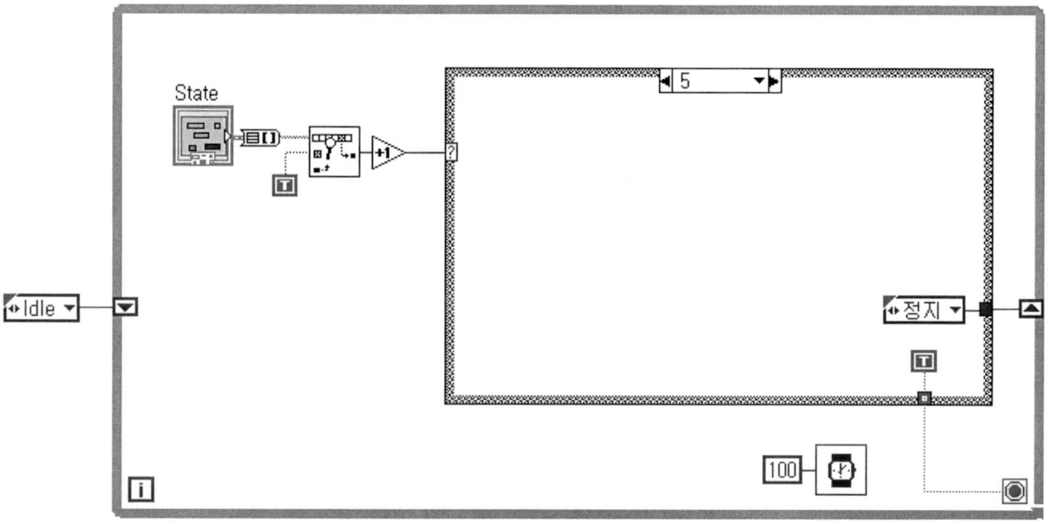

24. VI를 저장하고 실행해봅니다.

연습 2-14 끝

차. 파일 입출력

획득한 데이터를 파일로 저장하고 저장된 데이터를 다시 읽어서 사용하는 방법을 설명합니다. 파일 입출력의 기본 형식은 파일을 열고, 새로운 데이터를 이 파일에 쓰거나 저장된 파일을 읽고, 파일을 닫는 과정으로 이루어집니다.

파일 열기 ➜ 파일 쓰기/파일 읽기 ➜ 파일 닫기

파일 I/O 함수는 함수 〉 프로그래밍 〉 파일 I/O 팔레트에서 찾을 수 있습니다.

⌘ 파일 쓰기

파일을 저장하기 위해서는 먼저 파일을 열고, 데이터를 쓰고, 그리고 파일을 닫아야 합니다.

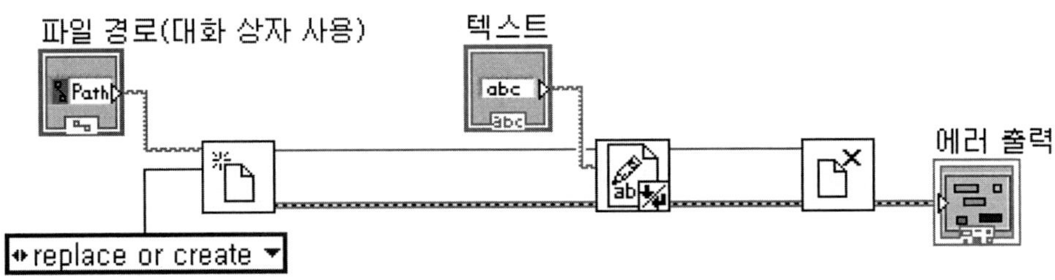

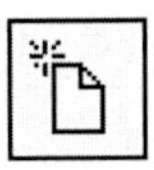 **파일 열기/생성/대체**는 파일에 데이터를 쓰거나 읽기위하여 열어줍니다. 이때 파일 경로를 지정해줘야 됩니다. 그리고 파일을 쓰기 위해서 여는 지, 읽기 위해서 여는 지, 또는 고치기 위해서 여는 지를 명확히 정해줍니다. 읽기위하여 열 경우에는 **open**으로 선택해줍니다. 그러나 파일 쓰기에서는 **replace or create**를 주로 선택합니다.

 **텍스트 파일에 쓰기**는 문자열 데이터를 저장할 때 사용합니다. 텍스트 파일로 저장되면 LabVIEW 이외의 방법, 예를 들어, Word나 흔글, 메모장,

Excel 등에서 저장된 파일을 읽을 수 있습니다. ASCII 형식으로 파일을 저장하는 것이므로 다양한 프로그램에서 사용할 수 있다는 장점이 있지만, Binary 파일 형식보다 파일 크기가 커진다는 단점이 있습니다.

2진 파일에 쓰기는 Binary 파일로 데이터를 저장할 때 사용합니다. 파일 크기를 최적화할 수 있기 때문에 고속으로 많은 데이터를 저장할 때 사용합니다. 그러나 이렇게 저장된 파일은 LabVIEW로만 읽을 수 있습니다.

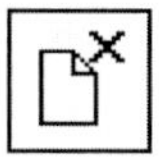
파일 닫기는 열었던 파일을 닫아주는 함수입니다.

참고 **연속적인 함수 사용 방법**: LabVIEW의 많은 부분은 C언어에서 시작합니다. C언어에서 간단한 함수는 단일 함수로 구현되지만, 대부분의 경우 연속적인 함수의 연결로 프로그래밍을 수행합니다. 예를 들어, 파일 입출력의 경우, Open, Write, Close의 함수를 차례로 설정해야만 프로그램을 완성할 수 있습니다. LabVIEW에서도 대부분의 함수가 연속적인 함수의 연결로 완성됩니다. 이때 함수들 간의 연결은 참조번호나 태스크(Task)를 공유하고 에러(error)를 공유합니다. 이러한 태스크의 공유나 에러의 공유는 함수의 실행 순서를 결정해주고, 설정 값들을 공유하는 역할을 합니다.

연습 2-15. 텍스트 파일에 저장하기

숫자형 데이터를 텍스트 파일에 저장해봅니다. 먼저 숫자형을 텍스트인 문자열로 타입 변환해야 될 것입니다. 다음을 배웁니다.

- 문자열 타입으로 타입 변환하여 파일에 저장하는 방법을 배웁니다.
- 파일 열기, 쓰기, 닫기의 기본 과정을 그대로 구현해봅니다.

⌘ 프런트패널

1. 새 VI를 만들고, 파일저장.vi로 저장합니다.
2. 다음과 같이 프런트패널을 구성합니다. 한 개의 파일 경로 컨트롤과 두 개의 문자열 컨트롤, 한 개의 숫자형 컨트롤을 놓습니다. 파일 경로 컨트롤은 컨트롤 〉 일반 〉 문자열&경로 팔레트에서 찾을 수 있습니다. 각각 라벨을 '머릿글', '전압', '꼬릿글' 로 바꿔줍니다.

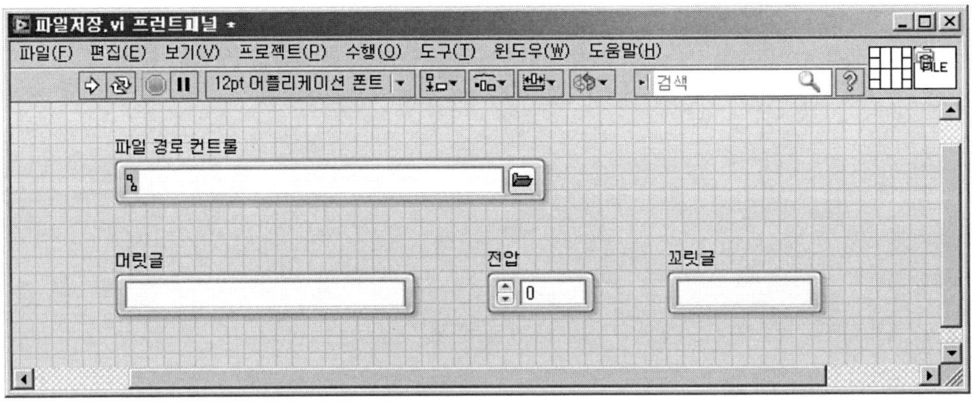

⌘ 블록다이어그램

3. 다음과 같이 블록다이어그램을 구성합니다.

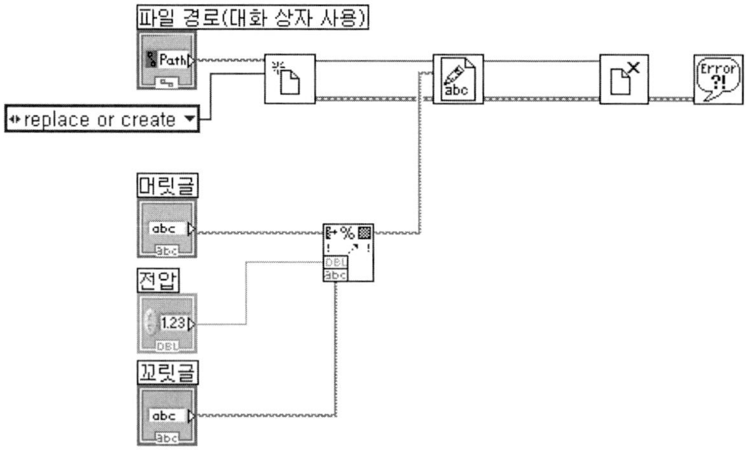

 **단순 에러 핸들러**는 함수 〉 프로그래밍 〉 대화 상자&사용자 인터페이스 팔레트에서 찾을 수 있습니다. 에러가 발생할 경우, 그 에러를 팝업창으로 보여주는 VI입니다.

 **문자열로 포맷**은 함수 〉 프로그래밍 〉 문자열 팔레트에서 찾을 수 있습니다. 숫자형 입력을 문자열로 타입 변환하는 함수입니다.

4. 파일 경로를 C:₩test.txt로 지정하고, 다음과 같이 값을 입력한 다음 실행합니다. 저장된 데이터는 메모장으로 확인합니다.

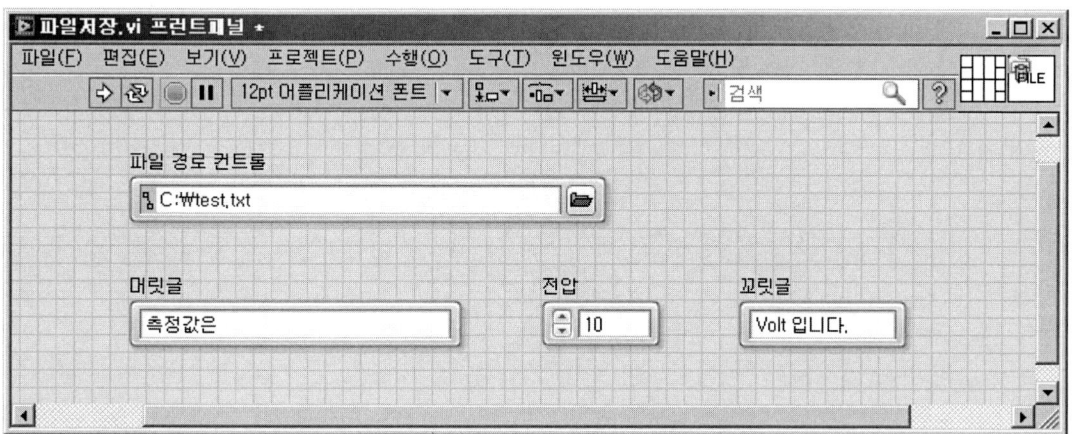

5.  **파일로 포맷**을 사용하여 다음과 같이 단순화시킬 수 있습니다. 파일로 포맷은 문자열로 포맷과 텍스트 파일로 쓰기를 합쳐놓은 함수입니다. 함수 〉 프로그래밍 〉 파일 I/O 팔레트에서 찾을 수 있습니다.

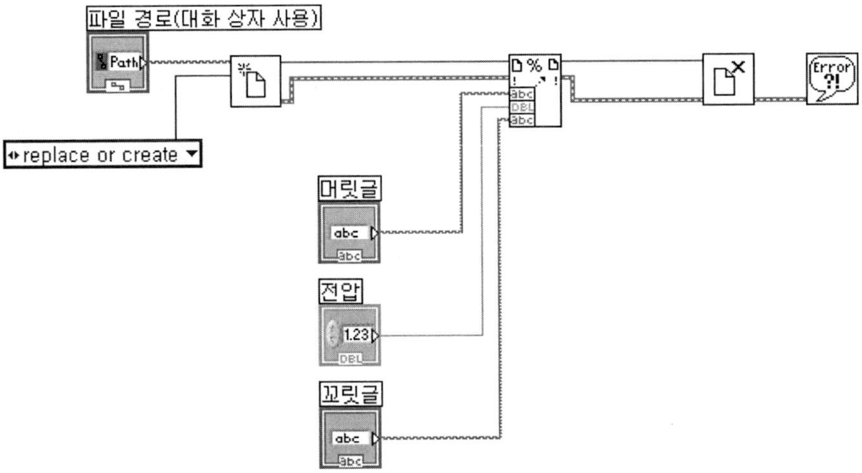

연습 2-15 끝

⌘ 파일 읽기

저장된 파일을 읽기 위해서는 먼저 파일을 열고, 데이터를 읽고, 파일을 닫아야합니다. 특히 데이터를 읽을 때, 읽은 데이터의 크기를 Byte 단위로 입력할 수 있습니다. 참고로 문자는 한 개가 1 Byte입니다. 파일 읽기 VI는 다음과 같이 구성할 수 있습니다.

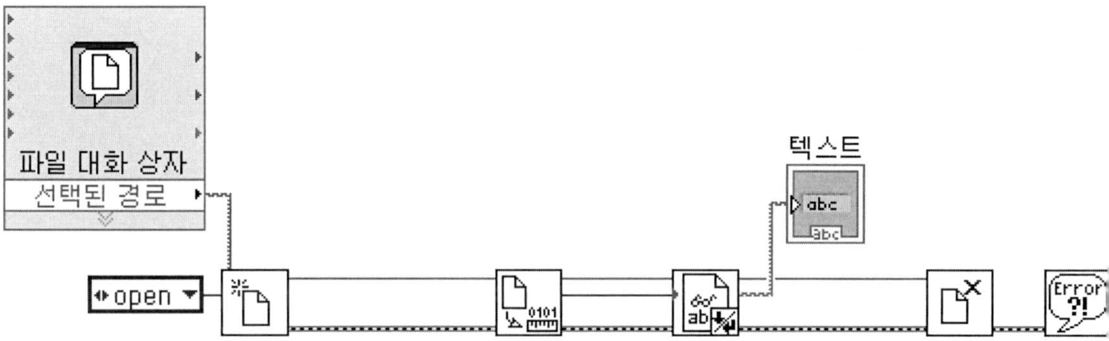

 **파일 대화 상자**는 함수 〉 프로그래밍 〉 파일 I/O 〉 고급 파일 기능 팔레트에서 찾을 수 있습니다. 파일 경로를 지정하는 대화 상자입니다. [파일 대화 상자 설정]에서 파일 경로를 찾는 옵션을 정해줄 수 있습니다.

 **파일 크기 얻기**는 고급 파일 기능 팔레트에서 찾을 수 있습니다. 파일 크기를 Byte 단위로 출력합니다. 파일 크기를 텍스트 파일로부터 읽기의 [카운트] 입력에 넣어줍니다.

 텍스트 파일로부터 읽기는 함수 〉 프로그래밍 〉 파일 I/O 팔레트에서 찾을 수 있습니다. 텍스트 형식의 파일로부터 데이터를 읽어오는 함수입니다. 이때, 읽어올 데이터 크기를 [카운트]에 꼭 입력해줘야 됩니다.

연습 2-16. 문자열 타입으로 저장된 파일을 읽기

연습 2-15에서 저장한 파일을 읽어봅니다. 다음을 배웁니다.

- 문자열 타입으로 저장된 데이터를 읽어오는 방법을 배웁니다.
- 문자열 데이터를 분리하여 원하는 정보를 출력합니다.

⌘ 블록다이어그램

1. 새 VI를 만들고 파일 읽기.vi로 저장합니다.
2. 다음과 같이 블록다이어그램을 구성합니다.

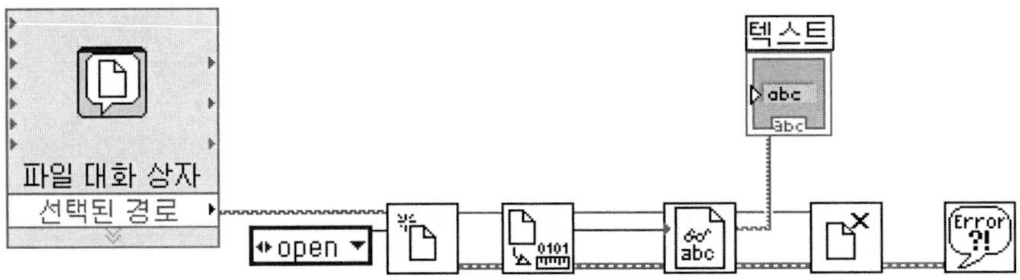

3. VI를 실행합니다. 연습 2-15에서 저장한 데이터를 읽어옵니다.

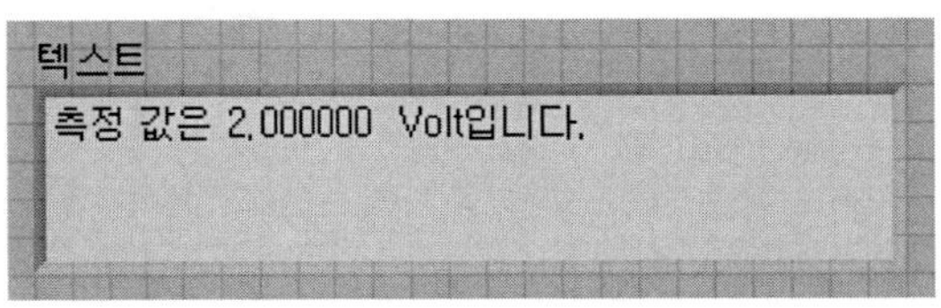

4. 위의 데이터에서 숫자형 값만 분리해봅니다.

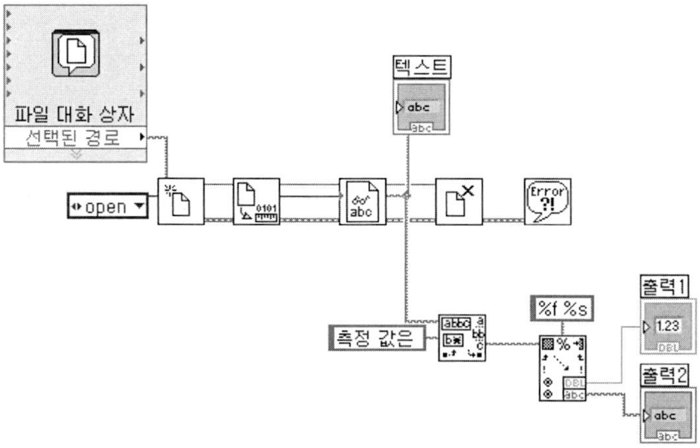

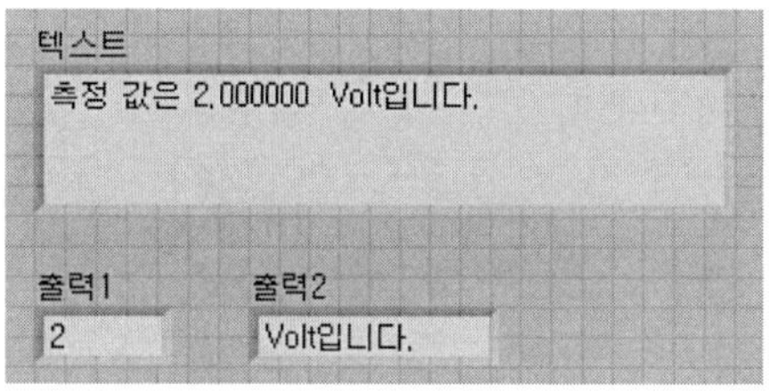

패턴 일치와 **문자열로부터 스캔**은 함수 〉 프로그래밍 〉 문자열 팔레트에서 찾을 수 있습니다.

연습 2-16 끝

⌘ 2진 파일에 쓰기

숫자형 데이터를 파일로 바로 저장할 때, **2진 파일에 쓰기**를 사용할 수 있습니다. 이 방법은 파일크기를 최적화할 수 있습니다. 그러나 Binary 파일이므로 메모장 등으로 읽을 수 없으며 LabVIEW로만 이렇게 저장한 파일을 읽을 수 있습니다. 2진 파일에 쓰기 VI는 다음과 같이 구성할 수 있습니다.

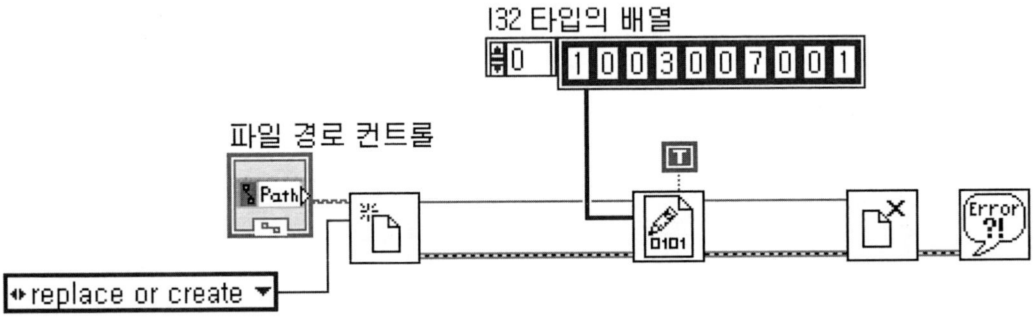

2진 파일에 쓰기의 **배열 또는 문자 크기를 앞에 추가? (참)**에 [참]을 입력하였습니다. Header를 추가한다는 의미입니다. 일반적으로 숫자형 배열 데이터를 저장할 경우에는 Header로 파일 크기가 저장됩니다. 2진 파일에 쓰기 VI에서 사용된 Header정보와 저장한 데이터의 형을 기록해두었다가 **2진 파일로부터 읽기 VI**에서 적용해야 됩니다. 위의 경우에는 I32 숫자형 배열을 저장하고 있습니다.

참고로 I32 롱은 4byte의 데이터입니다. 그리고 DBL 배정도는 8byte 데이터입니다.

⌘ 2진 파일로부터 읽기

2진 파일로 저장된 데이터를 읽어오는 VI를 다음과 같이 작성합니다.

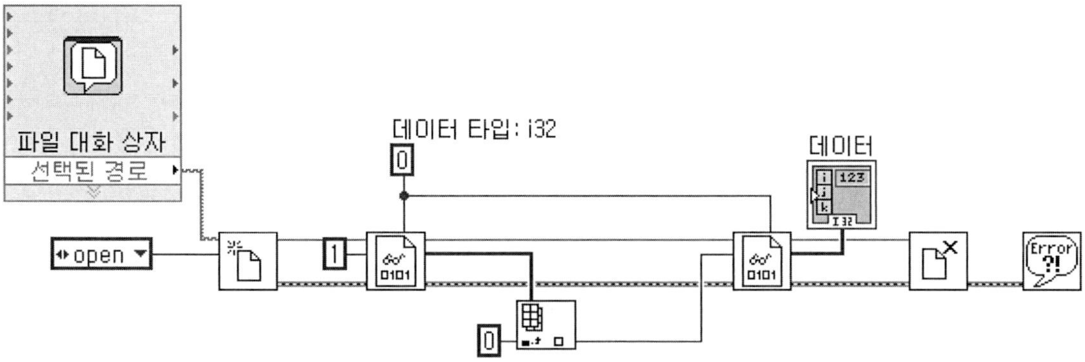

2진 파일로부터 읽기를 두 개 사용하였습니다. 먼저 Header의 정보를 읽고, 다음으로 Header에서 읽은 데이터의 크기를 뒤에 오는 2진 파일로부터 읽기의 카운터 입력에 연결하였습니다. 그리고 [데이터 타입]에 I32형 상수인 0을 동일하게 입력해주었습니다. 이때 2진 파일로부터 읽기에서 출력되는 값은 항상 1D 배열이므로, **배열 인덱스**를 이용하여 Header 정보를 단일 스칼라 값으로 바꿨습니다.

Binary 파일을 이용한 파일 입출력은 파일 사이즈를 최적화할 수 있다는 장점을 가집니다. 그리고 Random Access Reading을 구현할 수 있습니다. Random Access Reading은 파일 전체에서 일부 부분을 Random으로 Access할 수 있다는 의미이고, 효율적인 파일 읽기의 방법입니다. Random Access Reading이 되지 않을 경우에는 전체 파일을 Open한 뒤에 필요한 정보를 발취해야 되므로 파일 사이즈가 클 경우에는 좋은 방법이 아닙니다.

⌘ 스프레드시트 파일 입출력

스프레드시트 파일은 Excel이나 메모장에서 숫자형 배열을 다룰 때 사용합니다.

스프레드시트 파일 입출력 함수에는 **스프레드시트 파일에 쓰기**와 **스프레드시트 파일로부터 읽기**가 있습니다. 다음은 2D 배열의 숫자형 데이터를 소수점 다섯 자리의 배정도 형(**%.5f**)으로 저장하고 있습니다. 메모장으로 읽으면 아래와 같이 저장됨을 확인할 수 있습니다. 구분 문자는 기본적으로 **텝(tab)**입니다. 구분 문자를 다른 것으로 바꿀 수도 있습니다.

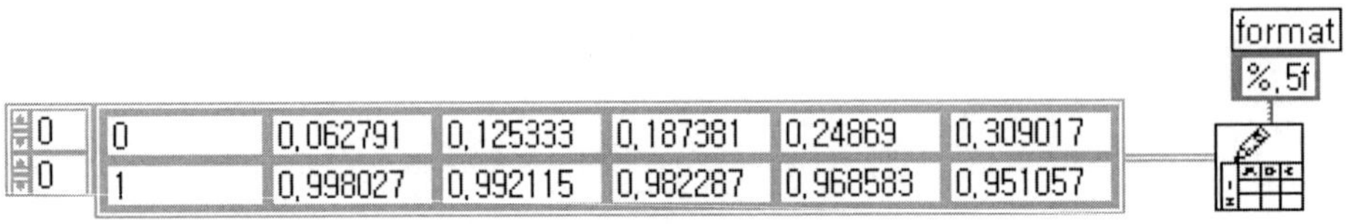

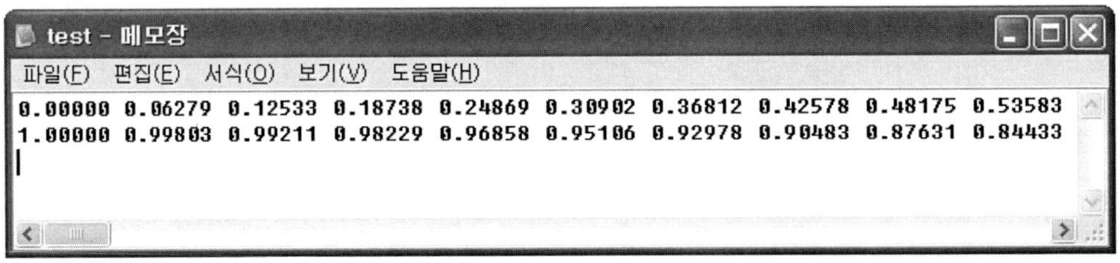

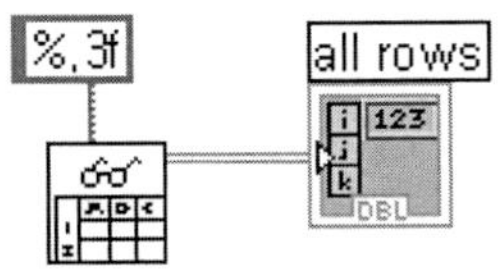

스프레드시트 파일로부터 읽기를 사용하여 읽을 수 있습니다. 다음은 포맷에 **%.3f**를 입력했으므로 소수점 세 자리의 배정도 형으로 출력합니다.

⌘ While 루프를 이용한 연속적인 파일 입출력

While 루프 속에  **파일 열기/생성/대체**와  **파일 닫기**를 넣으면, 루프가 한번 실행될 때 마다, 파일을 열고 닫을 것입니다. 이것은 시스템에 많은 부담을 주게 됩니다. 그래서 While 루프를 사용할 경우에는 다음과 같이 파일 열기와 파일 닫기를 루프 밖으로 빼줍니다.

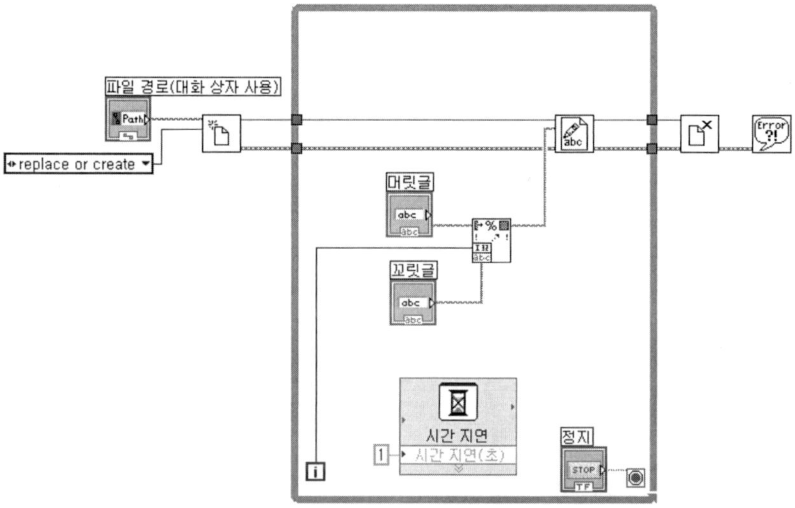

While 루프에서의 연속 함수 사용 방법: 연속되는 함수 들은 설정, 수행, 설정 해제의 구조로 되어 있습니다. 그래서 작업 수행 부분만 루프 속에 넣어주고, 설정이나 설정 해제는 루프 밖에 위치시킵니다.

연습 2-17. While 루프와 파일 입출력

난수와 시간을 저장하는 VI를 만들어봅니다. 다음을 배웁니다.

- While 루프를 이용하여 연속적으로 데이터를 파일에 저장하는 방법을 배웁니다.
- 에러가 발생하면 While 루프를 멈추는 방법을 배웁니다.

⌘ 블록다이어그램

1. 새 VI를 만들고, While 루프 & 파일 입력.vi로 저장합니다.
2. 다음과 같이 블록다이어그램을 구성합니다.

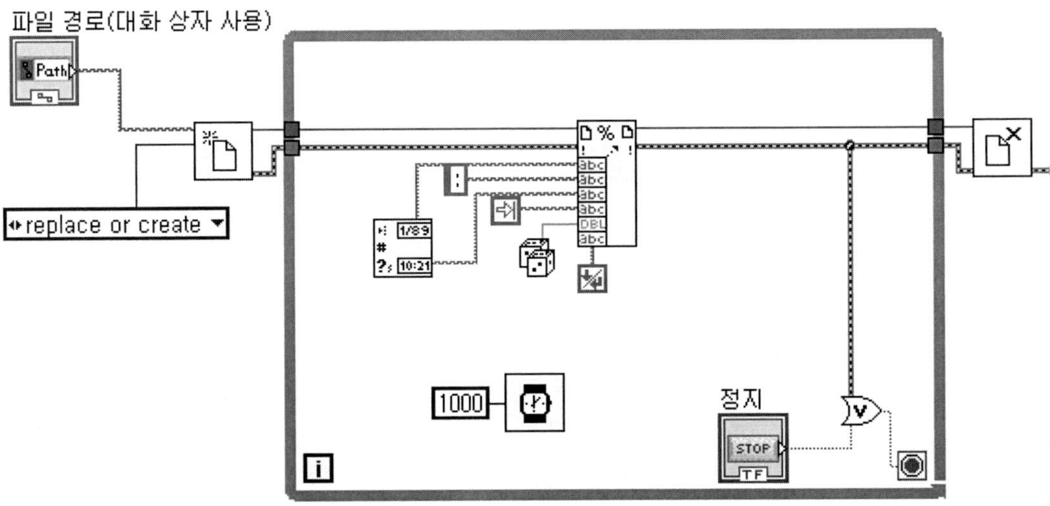

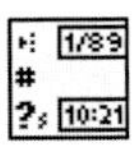 **날짜/시간을 문자열로 얻기**는 함수 〉 프로그래밍 〉 타이밍 팔레트에서 찾을 수 있습니다. **탭 상수**와 **라인 끝 상수, 문자열 상수**는 함수 〉 프로그래밍 〉 문자열 팔레트에서 찾을 수 있습니다.

OR은 함수 〉 프로그래밍 〉 불리언 팔레트에서 찾을 수 있습니다. 파일

저장 과정에서 에러가 발생하거나 정지 버튼을 클릭했을 때, 루프를 멈추도록 구성하였습니다. 에러가 있는 경우에는 마지막에 위치한 단순 에러 핸들러가 에러에 대한 정보를 팝업해줍니다.

Error ?! 단순 에러 핸들러는 함수 〉 프로그래밍 〉 대화 상자 & 사용자 인터페이스 팔레트에서 찾을 수 있습니다.

3. 실행하고 a.txt로 데이터를 저장해봅니다. 날짜, 시간, 그리고 난수가 저장되었음을 확인할 수 있습니다.

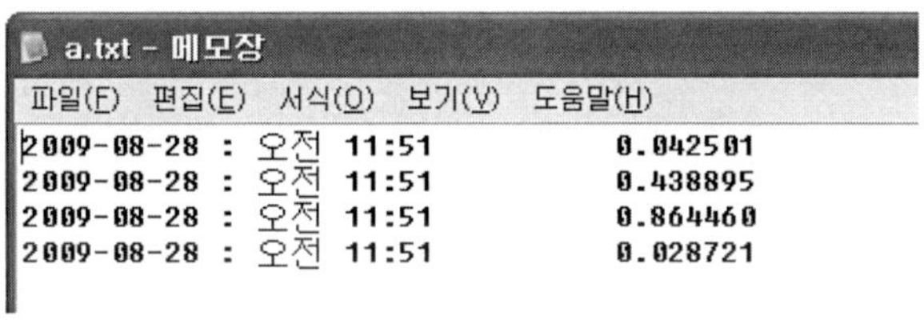
a.txt - 메모장
파일(F) 편집(E) 서식(O) 보기(V) 도움말(H)
2009-08-28 : 오전 11:51 0.042501
2009-08-28 : 오전 11:51 0.438895
2009-08-28 : 오전 11:51 0.864460
2009-08-28 : 오전 11:51 0.028721

연습 2-17 끝

⌘ 측정 파일에 쓰기와 측정 파일로부터 읽기

데이터 수집 보드로 획득한 데이터를 저장할 때에는 **측정 파일에 쓰기**로 저장하는 것이 간편합니다. 그리고 파일에서 데이터를 읽어 와서 아날로그 신호로 출력하고자 할 때에는 **측정 파일로부터 읽기**를 사용할 수 있습니다. 익스프레스 VI이므로 팝업창에서 여러 가지 설정을 쉽게 할 수 있습니다.

 **측정 파일에 쓰기,**  **측정 파일로부터 읽기**는 파일 I/O 팔레트에서 찾을 수 있습니다.

측정 파일에 쓰기를 블록다이어그램에 놓으면 다음과 같은 설정창이 나타납니다. 한 개의 익스프레스 VI로 측정 데이터를 저장할 수 있으며, While 루프 속에서도 사용할 수 있습니다.

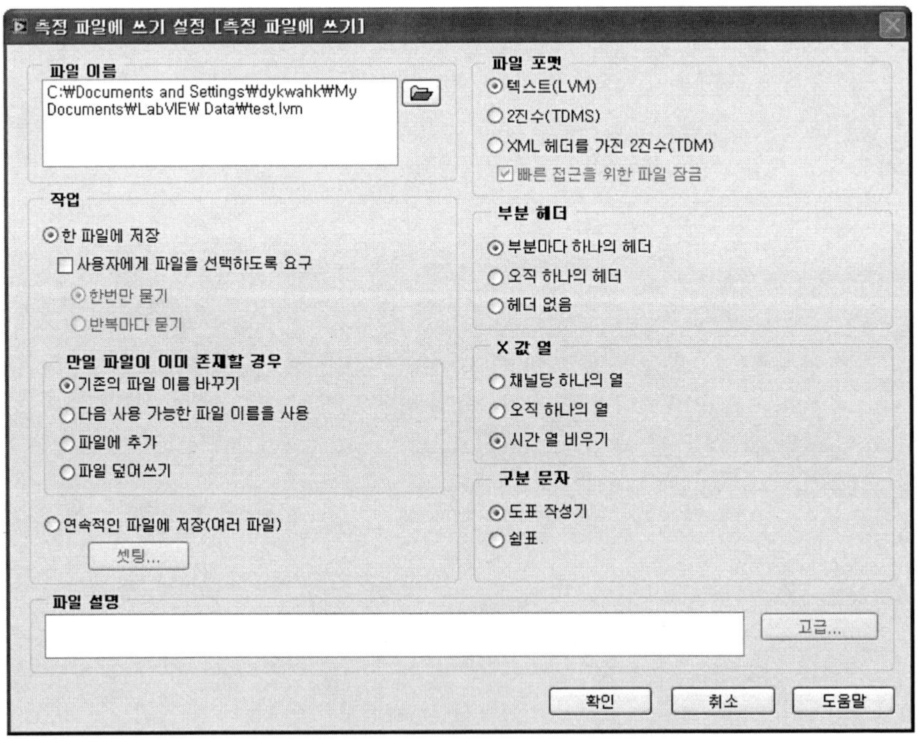

요약정리

가. While 루프를 이용하여 연속적인 실행 구조를 만들 수 있습니다.

나. While 루프는 시스템이 제공하는 가장 빠른 속도로 실행되기 때문에, 시간 지연 함수를 이용하여 필요한 만큼의 속도로 제어해줍니다.

다. 시프트 레지스터를 이용하여 이전 루프의 데이터를 다음 루프로 전달할 수 있습니다.

라. Timed 루프는 While 루프와 비슷하지만 루프 타이밍을 더 정확히 수행할 수 있는 구조입니다.

마. For 루프를 이용하여 N 번 실행하는 구조를 만들 수 있습니다.

바. For 루프에서 반복 병렬 처리를 활성화할 수 있습니다.

사. 케이스 구조를 이용하여 조건에 따라서 실행이 바뀌도록 프로그래밍할 수 있습니다.

아. 케이스 조건으로 불리언이나 숫자형 컨트롤, 링, 문자열 등을 이용할 수 있습니다.

자. 수식 노드들을 이용하여 복잡한 수식 연산을 수행할 수 있습니다.

차. 이벤트 구조와 While 루프를 이용하여 이벤트가 발생할 때만 VI가 실행하도록 프로그래밍할 수 있습니다.

카. 시퀀스 구조를 이용하여 VI의 실행 순서를 명확히 정해줍니다.

타. 상태 머신으로 이벤트 프로그래밍을 구현할 수 있습니다.

파. 문자열을 이용하여 ASCII 타입으로 파일을 저장하고 읽어올 수 있습니다.

하. 2 진 타입으로 파일을 저장하면 파일의 크기를 최적화할 수 있고, Random Access가 가능합니다.

거. 파일 입출력을 While 루프와 함께 사용할 경우에는 파일 열기와 닫기 함수는 루프 밖에 위치시킵니다.

Note.

제 3 장

데이터 수집

데이터 수집 보드를 이용하여 신호를 측정하는 방법에 대하여 설명합니다. 신호의 종류, 데이터 수집 보드의 구성, 신호의 연결 방법, DAQmx 드라이버 및 함수의 사용 방법을 익힙니다.

가. 아날로그와 디지털 신호

물리적인 신호를 컴퓨터에서는 디지털로 변경하여 인식합니다. 그리고 물리적인 신호는 크게 디지털 신호와 아날로그 신호로 구분됩니다. 아날로그 신호에서는 신호의 크기와 모양이 중요하며, 이것을 측정하거나 생성합니다. 디지털 신호에서는 신호의 크기나 모양보다는 신호의 로직(logic) 상태 및 Pulse의 개수를 인지합니다.

1. 디지털 신호

디지털 신호는 High와 Low 등의 디지털 로직을 전압 값의 차이로 표현하는 것입니다. 아래와 같이 디지털 신호를 오실로스코프로 확인했을 때, Low 상태와 High 상태를 확인할 수 있습니다.
디지털 신호는 High와 Low의 상태 변화를 이용할 수 있고, 또한 Pulse 개수, Pulse 속도, Pulse 폭 등을 이용할 수 있습니다.
디지털 로직 상태를 이용하는 것에는 LED 인디케이터 ON/OFF, 밸브 ON/OFF, 스위치 ON/OFF 등이 좋은 예가 될 수 있습니다. 그리고 펄스를 이용하는 것에는 타코미터(Tachometer)를 이용한 회전수 측정, 엔코더(Encoder)를 이용한 회전각 측정, 변위 측정, 펄스를 이용한 모터제어 등이 있습니다. 아래 그림에서 왼쪽은 디지털 신호의 상태 변화를 나타낸 것입니다. 그리고 오른쪽은 Pulse를 나타낸 것입니다.

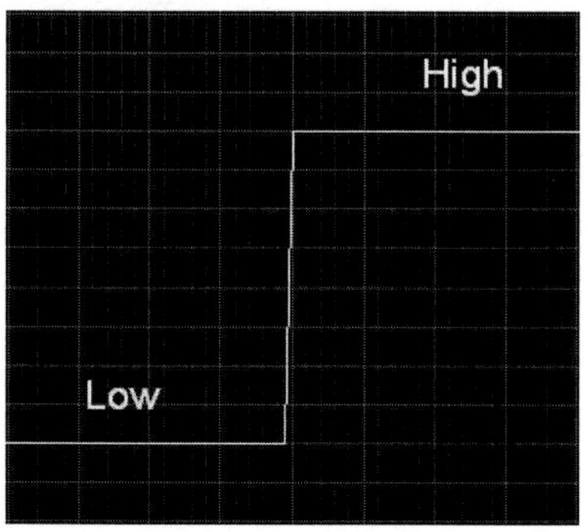

그림. 디지털 로직

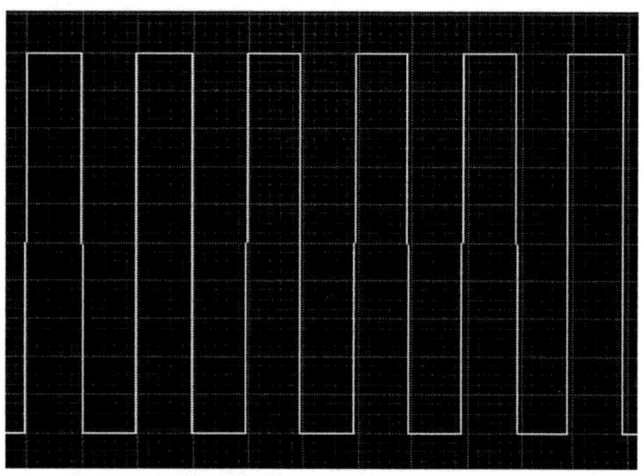

그림. 디지털 Pulse

2. 아날로그 신호

아날로그 신호는 신호 모양을 다루는 것입니다. 즉, 신호의 크기와 모양이 아날로그 신호입니다. 위에서 언급한 디지털 신호에서도 전압 값과 모양은 아날로그적인 신호입니다. 디지털 신호는 로직적인 의미인 High, Low, 펄스의 개수, 속도 등입니다. 아날로그 신호는 온도 측정이나 노이즈 측정, 진동 측정, 파형 발생 및 측정 등에서 사용됩니다.

3. 아날로그 및 디지털 신호 측정

컴퓨터는 직접적으로 전기적 물리량을 입력 받을 수 없으므로, 아래와 같은 데이터 수집 시스템을 구성해서 물리량을 컴퓨터가 인식할 수 있는 **디지털 정보**로 변환시켜야 됩니다.

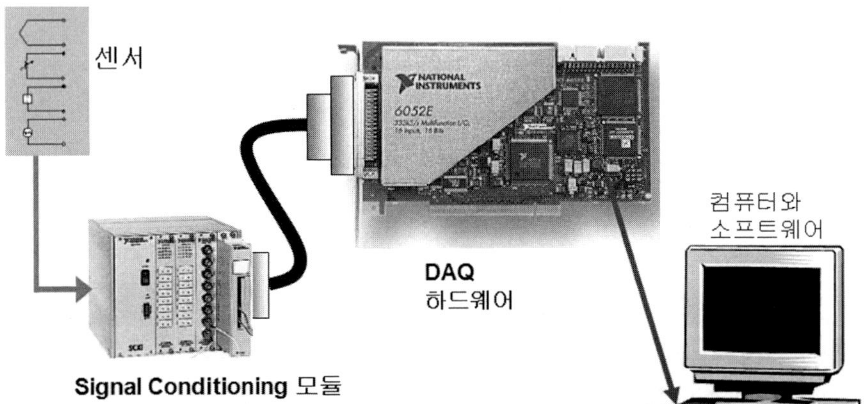

그림. 데이터 수집 시스템

컴퓨터를 이용한 신호 측정은 다음과 같은 순서로 진행됩니다.

a. 센서를 이용하여 물리적인 신호를 측정 가능한 전기적 신호로 바꿔줍니다.

b. 시그널컨디셔닝 모듈을 이용하여 전기적 신호를 측정하기에 적합한 신호로 컨디셔닝해줍니다.

c. DAQ 하드웨어를 이용하여 컨디셔닝된 아날로그 신호를 컴퓨터가 인식할 수 있는 디지털 정보로 바꿔줍니다.

여기에서 DAQ는 Data Acquisition의 약자입니다. DAQ 하드웨어는 컴퓨터에 장착하여 아날로그 신호를 측정하거나 출력하고, 디지털 입출력 등을 수행할 수 있는 하드웨어를 통칭합니다.

컴퓨터를 이용한 아날로그 파형 발생은 반대의 과정으로 진행됩니다.

a. 프로그램적으로 파형을 시뮬레이션해줍니다. Discrete한 데이터 정보로 구성된 파형일 것입니다.
b. DAQ 하드웨어의 아날로그 출력을 이용하여 Discrete한 데이터 정보를 아날로그 파형으로 변환하여 출력합니다.
c. 양자화 노이즈가 포함되어 있으므로 Low pass 필터를 이용하여 고주파 성분을 제거해줍니다.

디지털 신호의 입력과 출력은 훨씬 쉬운 방식으로 수행됩니다. 디지털 입출력 포트를 이용하여 디지털 상태를 바로 인식하고 출력할 수 있기 때문입니다. 그러나 용도에 따라서 다양한 디지털 포맷이 정의되어 있으므로 그에 맞추어 신호를 출력하고 입력 받아야 됩니다. 예를 들어, 5V TTL 신호의 경우에는 그라운드를 기준으로 0에서 0.8V를 로직 Low로 인식하고, 2에서 5V를 로직 High로 인식합니다. 그러므로 5V TTL 신호를 다룰 경우에는 이 범위에 맞추어 입력과 출력을 수행해야 될 것입니다.

로직 Low = 0V에서 0.8V사이
로직 High = 2V에서 5V사이

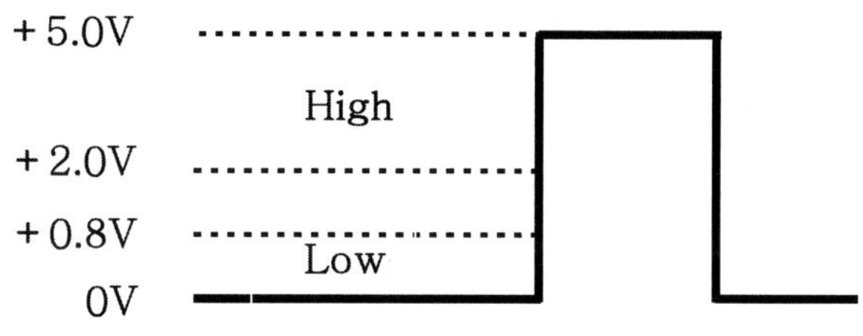

그림. TTL 신호의 범위

또 다른 예는 산업용 디지털 입출력입니다. 상대적으로 5V TTL 신호는 노이즈에 취약하므로 산업 현장에서는 더 높은 전압 범위를 로직 Level로 정의하여 사용하고 있습니다.

로직 Level	최소	최대
Low	0 V	±4V
High	±11V	±30V

그리고 디지털 소자들은 그라운드 신호가 아니라 Differential 신호를 이용하여 정보를 주고 받는 방식을 사용합니다. LVDS(Low voltage differential signalling) 신호가 대표적인 예입니다.

나. 데이터 수집 보드

전기적 입력 신호를 디지털 정보로 변환시키거나 디지털 정보를 전기적 신호로 출력하는 목적의 하드웨어를 데이터 수집 보드라고 부릅니다. 영어 약자로 DAQ (Data Acquisition) 보드라고 부릅니다.

아날로그 입력의 경우에는 ADC 칩이 아날로그-디지털 변환을 수행합니다. ADC는 Analog-Digital Converter의 약자입니다. 다음은 NI M 시리즈 보드의 아날로그 입력 개념도입니다. 멀티플렉스(Multiplex) 타입의 데이터 수집보드의 대표적인 예입니다. ADC 앞단에 Multiplexer와 터미널 설정 부분, 증폭기(Amplifier), Lowpass 필터 등이 추가되는 구조입니다. 참고로 PGIA는 Programmable Gain Instrumentation Amplifier의 약자이고, Lowpass 필터는 Nyquist 주파수 이상의 고주파를 차단하기 위한 용도입니다.

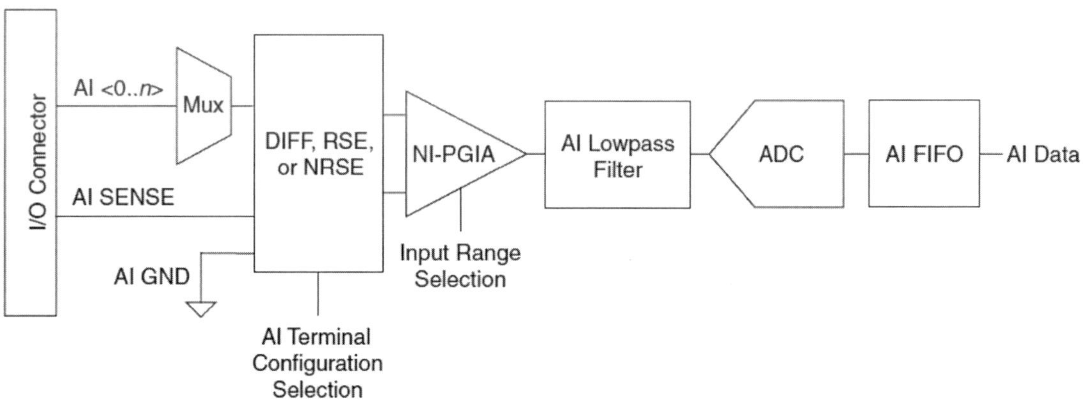

그림. 아날로그 입력 개념도

1. 멀티플렉스 방식과 동시 샘플링 방식

한 개의 ADC로 여러 채널의 아날로그 입력을 측정하기 위하여 앞단에 Multiplexer 스위치를 설치하여 채널을 스위칭하는 방식을 멀티플렉스 방식이라고 부릅니다. 그리고 스위칭하지 않고 채널 별로 각각 ADC가 있을 방식을 동시 샘플링 방식이라고 부릅니다.

멀티플렉스 방식은 저속의 다 채널 아날로그 측정에서 많이 사용되는 방식입니다. 온도, 압력, Strain Gauge, 변위, 로드셀 등을 측정할 때 사용됩니다. 동시 샘플링 방식은 Nanosecond 단위의 정밀도로 정확한 동시 샘플링이 필요한 경우에 사용됩니다. 그리고 다 채널 마이크로폰 측정, 가속도계 측정 등이나 채널간의 위상차를 측정하는 경우에 동시 샘플링 보드를 사용합니다. 그러나 채널당 가격이 비싸므로 일반적인 경우에는 멀티플렉스 방식이 적합합니다.

2. Ghost 현상

멀티플렉스 방식은 스위치를 이용하여 채널별로 한 샘플씩 스위칭하여 측정합니다. 0에서 3번 채널까지 측정한다면, 채널 0, 1, 2, 3, 0, 1, 2, 3, 0, 1, 2, 3, ...으로 한 샘플씩 스위칭하면서 측정하는 것입니다.
만약 0번 채널에 진폭이 10V인 사인파형을 입력하고, 1번 채널에는 수 mV의 온도를 측정한다면 1번 채널에서 0번 채널의 잔상(Ghost 이미지)이 측정될 수 있습니다.
Ghost 현상을 방지하기 위해서는 샘플링 속도를 낮게 조정하여 Amplifier가 충분히 Settling 되게 해주거나, 0번 채널에 10V 사인파형, 1번 채널에는 Ground 연결, 2번 채널에는 온도 측정으로 순서를 조정해주면 됩니다. 1번 채널의 Ground 연결은 허수 연결이지만 2번 채널의 온도 측정에서 Ghost 현상이 발생하는 것을 차단해주는 효과가 있습니다.
추가적인 Ghost 현상 방지책으로는 1 kΩ 이하의 Low 임피던스 신호 소스를 사용하여 Amplifier의 Settling 속도를 높이거나, 고급 케이블을 사용하여 케이블에서의 인접 채널 간섭을 방지하는 방법이 있습니다.

3. 입력 전압 범위

DAQ 보드에서 증폭기의 Gain에 따라서 몇 가지 전압 범위를 선택할 수 있습니다. 예를 들어, -10 V에서 +10 V 범위, -5 V에서 +5 V 범위, -1 V에서 +1V 범위 등을 선택할 수 있습니다. 그리고 입력 전압 범위와 ADC의

Resolution, 그리고 Gain으로 측정 가능한 최소 전압을 계산할 수 있습니다. 예를 들어, 16 bit DAQ 보드에서 입력 전압 범위를 -5V에서 5V로 설정하고, Gain을 100으로 하면 측정 가능한 최소 전압은 1.526 μV가 됩니다.

$$\frac{10}{2^{16} \times 100} = \frac{10}{6553600} = 0.00000152588$$

DAQ 보드의 측정 전압의 정밀도는 다음 수식으로 표현될 수 있습니다.

$$\text{측정 가능한 최소 전압} = \frac{[\text{측정 전압 범위}]}{2^{Resolution} \times Gain}$$

아날로그 입력에서 증폭기의 Gain 설정은 측정 전압의 정밀도를 결정하는 중요한 요소입니다. 그러나 LabVIEW에서는 Gain을 직접 설정할 수 없습니다. 그 대신 입력 신호의 최소값과 최대값을 입력하면, 가장 적합한 Gain이 자동 설정됩니다. DAQ 보드마다 설정 가능한 Gain 값이 다르더라도 사용자는 이것을 고려하지 않아도 되는 것입니다.

입력 신호의 최소값과 최대값은 다음과 같이, [DAQmx 채널 설정] 함수에서 설정할 수 있습니다. DAQ 어시스턴트를 이용할 경우에는 신호 입력 범위 [최대/최소]에 입력할 수 있습니다. 함수 〉 측정 I/O 〉 DAQmx-데이터 수집 팔레트에서 [DAQmx 채널 설정] 함수를 찾을 수 있습니다.

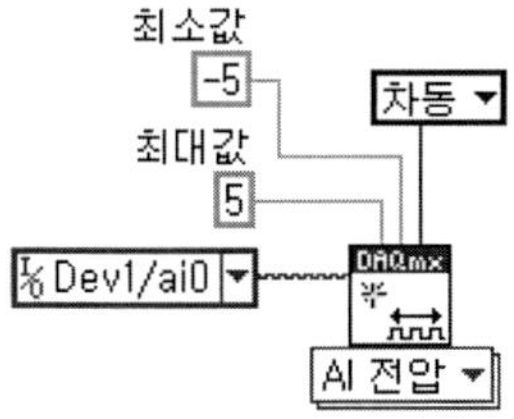

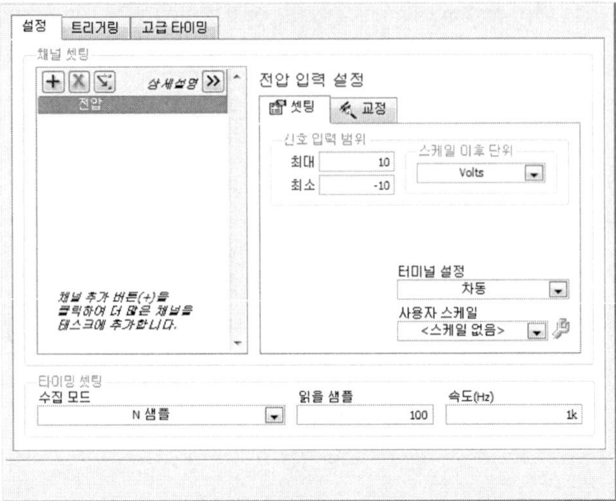

4. 샘플링 속도

샘플링 속도(Sampling Rate) f_s는 초당 몇 개의 샘플을 측정하느냐를 나타냅니다. 단위는 Samples/sec입니다. 또는 S/s입니다. 샘플링 속도의 단위로 Hz를 사용하기도 합니다. 샘플링 속도는 프로그램적으로 설정할 수 있고, 최대 샘플링 속도는 제품의 스펙으로 제시됩니다.

샘플링 속도는 다음과 같이 **DAQmx 타이밍** 함수로 설정할 수 있습니다. DAQmx 타이밍 함수는 함수 〉 측정 I/O 〉 DAQmx - 데이터 수집 팔레트에서 찾을 수 있습니다.

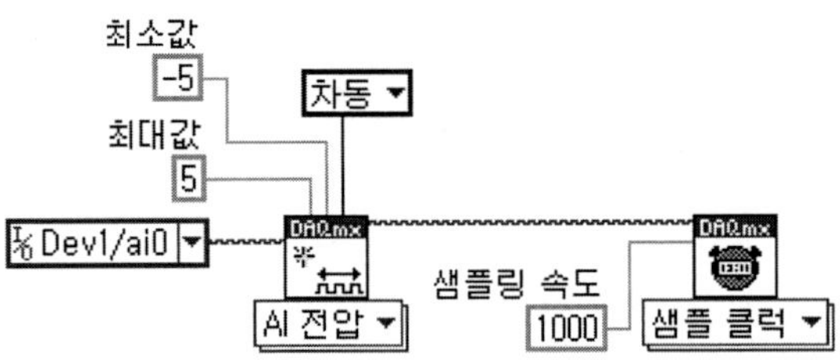

ADC의 샘플링은 DAQ 보드에 내장된 Clock에 맞추어 진행됩니다. Clock은 속도보다는 정확도가 더 중요하며, Timing Accuracy가 Clock의 정확도를 나타내는 스펙입니다. 단위는 ppm또는 ppb입니다. 비율의 단위이고 ppm은

parts per million의 약자이고 1/1000,000을 의미합니다. 또한 ppb는 parts per billion의 약자이고 1/1000,000,000을 의미합니다. 예를 들어, 50 ppm of sample rate는 샘플링 속도가 0.005 %까지 정확하다는 의미가 됩니다. 아날로그 입력에서 전압 축의 정밀도는 ADC의 Resolution과 증폭기의 Gain으로 결정되지만, 시간 축의 정밀도는 Clock의 Accuracy에 의하여 결정됩니다.

샘플링 속도는 DAQ 보드 Clock의 1/n만 설정이 가능합니다. 여기에서 n은 자연수입니다. 예를 들어, 20 MHz의 Clock을 가지고 있다면 1 MS/s는 설정할 수 있지만, 999 kS/s는 설정할 수 없습니다. 그러나 틀리게 설정하더라도 소프트웨어적으로 가장 가까운 값으로 변경하여 적용되기 때문에 에러가 발생하지는 않습니다.

Nyquist 이론에 의하면 샘플링 속도의 1/2인 신호까지만 측정이 가능하고, 그 이상의 주파수 성분은 Aliasing 현상을 일으킵니다. 그리고 입력 신호보다 최소한 10배 이상의 샘플링 속도를 사용해야만 입력 신호의 파형을 구분할 수 있습니다. 그러므로 샘플링 속도는 측정하고자 하는 신호보다 10배에서 50배는 빠른 값으로 설정해줍니다.

다음은 Aliasing의 예입니다. 100 Hz의 사인파형을 20 Samples/sec로 측정했을 때, 검은 점으로 표시된 부분만 샘플링하게 됩니다. 검은 점을 연결하여 신호를 디지털로 복원하면 사인파형이지만 주파수가 훨씬 낮은 신호로 인식됩니다.

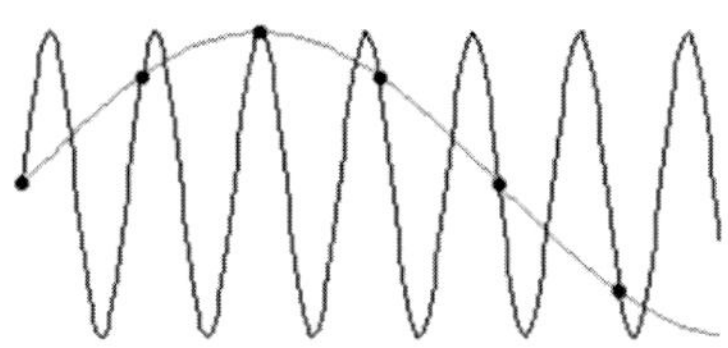

그림. Aliasing의 사례

사인파형은 주파수 영역에서 한 개의 주파수 성분만 있으므로 Aliasing되지 않도록 그 주파수보다 2배 이상 샘플링 속도를 키워주면 됩니다. 그러나 일반적인 파형의 경우에는 사인파형과 다르게 주파수 영역에서 다양한 주파수 성분을 가집니다. 그리고 고주파 성분의 노이즈가 측정 단에 유입될 수도 있습니다. 이 경우에는 Aliasing 현상으로 원하지 않는 고주파 성분의 허상이 측정 영역에서 나타나게 됩니다. 이를 방지하기 위해서는 물리적으로 ADC 앞단에 Nyquist 주파수에서 Cutoff되는 Lowpass 필터를 설치해줍니다. 이론적으로 가장 좋은 Anti-Aliasing 필터는 샘플링 속도 f_s가 가변되는 것에 맞추어 함께 가변되는 것입니다. 즉 $1/2f_s$로 샘플링 속도 f_s에 따라 다이내믹하게 가변되는 것입니다. 델타시그마 ADC를 사용하는 DAQ 보드의 경우에는 샘플링 속도에 따라서 가변되는 Anti-Aliasing 필터가 제공됩니다. 일반적인 DAQ보드는 최대 샘플링 속도 f_{s-max}의 1/2로 고정된 Lowpass 필터를 가지고 있습니다.

5. 샘플 모드

유한한 개수만 샘플링하는 유한 샘플 모드와 연속적으로 계속 샘플링하는 연속 샘플 모드가 있습니다. 측정을 시작하면 지정한 개수의 데이터를 측정하고 종료하는 모드가 **유한 샘플** 모드이고, While 루프를 이용하여 데이터의 끊임없이, 연속적으로 측정하는 모드를 **연속 샘플** 모드라고 부릅니다. 다음은 유한 샘플 모드의 예입니다. **DAQmx 타이밍**에서 유한 샘플/연속 샘플을 선택할 수 있습니다.

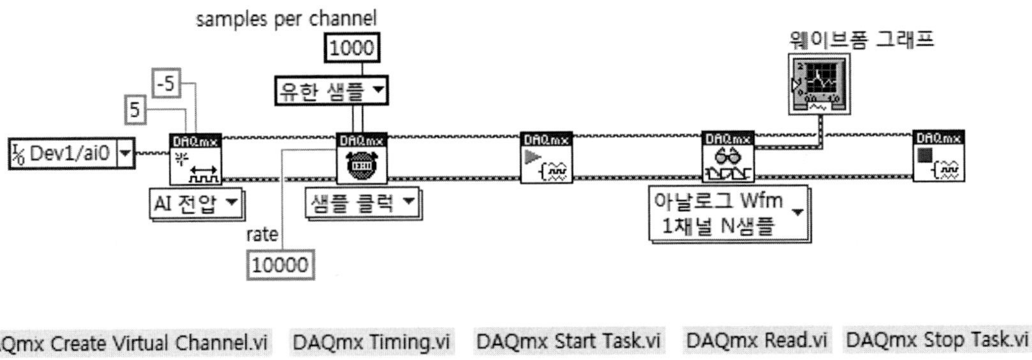

연속 샘플 모드는 데이터 Loss 없이 연속적으로 측정하는 모드입니다. 이때 LabVIEW 및 NI-DAQmx 드라이버는 Double Buffer 방식을 이용하여 데이터 Loss가 없도록 처리합니다. Loss가 생길 경우, Error를 발생시킵니다. 다음은 연속 샘플 모드의 예입니다. **DAQmx 읽기**만 While 루프 속으로 들어가는 구조입니다.

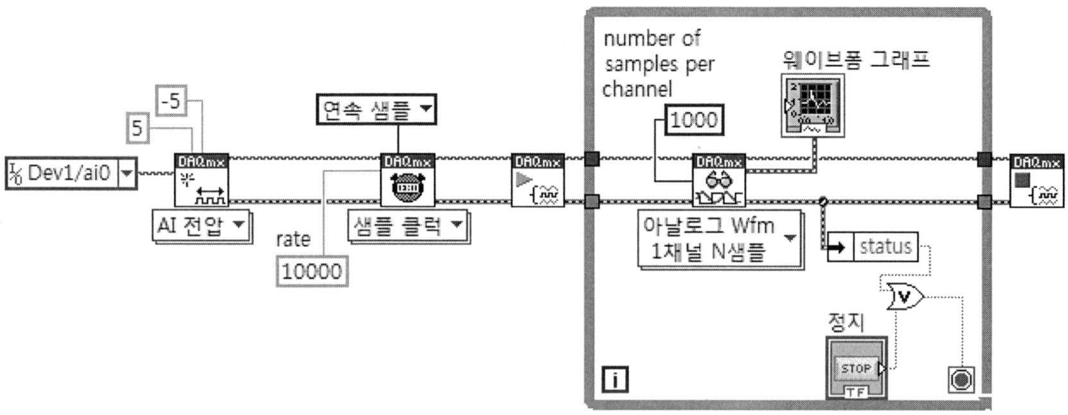

연속 샘플링은 스트리밍(Streaming)이라고 표현되기도 합니다. 이때 Bus의 Bandwidth가 데이터 수집 보드에서 컴퓨터 메모리로 데이터 전달에 Loss가 없을 정도로 충분한지를 고려해야 됩니다. 일반적으로 PCI 버스는 100Mbyte/sec정도이고, PCI Express는 1X, 2X, 4X 등에 따라서 200Mbyte/sec이상이 가능합니다. 고속 USB 2.0은 480Mbps(60Mbyte/sec)까지 전송이 가능합니다. 또한 고속 샘플링을 위해서는 DMA를 이용해야 됩니다. Direct Memory Access는 데이터 수집 보드마다 최대 DMA 개수가 스펙으로 정해져있습니다.

6. DAQ 보드 선정 기준

DAQ 보드를 이용하여 아날로그 신호를 측정할 때 어떤 점이 고려되어야 되는지 설명합니다.

a. **얼마나 빠른 신호를 측정할 것인가?** 측정하고자 하는 신호보다 최소 10배에서 50배 이상을 샘플링할 수 있어야 됩니다. 예를 들어 1000 Hz의 신호

를 측정하고자 한다면 10,000 S/s ~ 50,000 S/s 이상은 측정해야 됩니다. 얼마나 빠른 신호까지 측정할 수 있느냐는 DAQ 하드웨어의 최대 샘플링 속도로 확인할 수 있습니다. 예를 들어, NI-6259는 최대 샘플링 속도는 1.25 MS/s입니다.

b. **얼마나 작은 신호까지 측정할 수 있는가?** 측정 정밀도를 말하며 Code Width라고 부릅니다. Code Width는 Max Input Range와 Resolution, 그리고 Input Gain에 의하여 결정됩니다. 그러므로 DAQ 하드웨어의 세 가지 스펙을 확인해야만 측정 정밀도를 계산할 수 있습니다.

$$Code\ Width = \frac{Max\ Input\ Range}{(2^{resolution} \times Input\ Gain)}$$

예를 들면, Max Input Range = ±10 V이고, Resolution = 16 bits, 그리고 최대 Input Gain = 100 인 보드의 Code Width는 $\frac{20}{(2^{16} \times 100)}$ = 3 μV입니다.

c. **시그널컨디셔닝 기능을 내장하고 있는가?** 노이즈 필터, Anti-aliasing 필터, Attenuation, Isolation, 센서 전원 공급, 브릿지 회로 구성 등의 시그널컨디셔닝이 DAQ 보드에 내장되었는지 확인합니다. 시그널컨디셔닝이 내장되지 않았을 경우에는 외부에 시그널컨디셔닝 장비를 추가해야 됩니다.

다. 아날로그 입력 연결 방식

아날로그 신호를 측정할 때, 신호 소스의 특성과 목적에 따라서 네 가지 방식의 연결 모드를 선택할 수 있습니다.

먼저 신호 소스가 Grounded 신호인지, 혹은 Floating 신호인지를 구분해야 됩니다. 다음과 같이 섀시가 Grounded되어 있을 때, - 신호선이 섀시와 함께 Grounded된 경우를 Grounded 신호라고 하고, 섀시 Ground로 연결되지 않은 경우를 Floating 신호라고 정의합니다. 제품의 매뉴얼을 확인하여 Grounded 여부를 파악해야 될 것입니다.

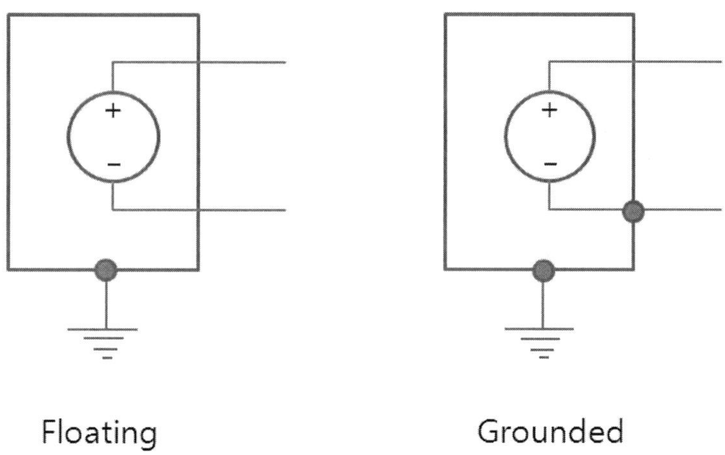

그림. Floating 및 Grounded 신호원

DAQ 보드는 네 가지 연결모드를 제공합니다. 차동(Differential), RSE, NRSE, 유사차동(Pseudo-differential) 모드가 있습니다. 여기에서 RSE는 Reference Single Ended의 약자이고, NRSE는 Non-Reference Single Ended의 약자입니다.

일반적으로 차동 모드는 + 신호선과 - 신호선의 차를 입력받는 방식으로 널리 이해되고 있고, RSE는 - 신호선이 Ground를 Reference로 하는 방식으로 잘 알려져 있습니다. NRSE는 RSE 모드의 단점을 보완하기 위하여 만들어진 방식이고, 유사차동 모드는 델타시그마 ADC에서 제공되는 특징입니다.

1. RSE 모드 (Reference Single Ended)

RSE 모드는 + 신호선은 아날로그 입력에 연결하고, - 신호선을 AI GND (아날로그 입력 그라운드)에 연결하는 방식입니다. - 신호선이 그라운드에 직접 연결되는 방식이므로 추가적인 그라운드 처리가 필요 없으며, 오실로스코프 등에서 일반적으로 사용되는 방식입니다.

그러나 RSE 모드는 Floating 신호 소스에서만 사용할 수 있다는 제약이 있습니다. 만약 Grounded 신호 소스를 RSE 모드에 연결하면 다음과 같이 Ground Loop가 발생하여, 시스템을 고장 내거나 노이즈를 발생시킬 수 있습니다. Ground Loop란 시스템 안에 두 개의 Ground가 있을 경우, 두 개의 Ground 사이의 미세한 전위차에 의하여 전류 흐름의 Loop가 생성되는 것을 의미합니다. 평소에는 노이즈 발생 정도의 문제이지만, 외부에서 서지(Surge)가 유입될 경우에는 Ground Loop로 흐를 수 있기 때문에 시스템 파손의 직접적인 원인이 될 수 있습니다.

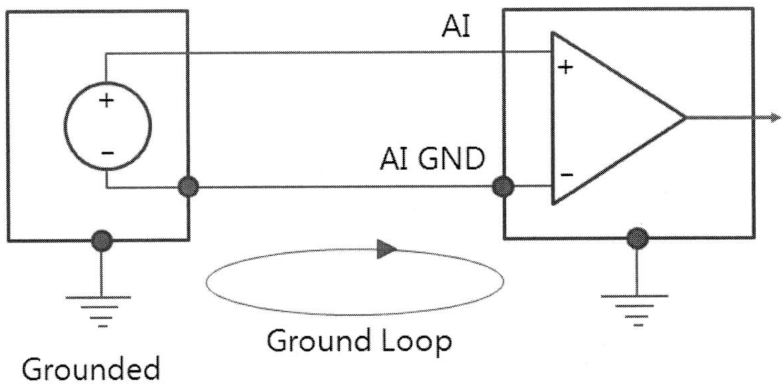

그림. Ground Loop의 발생 사례

RSE 모드에는 Floating 신호 소스만 다음과 같이 연결하여 사용해야 될 것입니다. 측정단의 AI GND에서만 Ground가 연결되므로 안정적인 시스템이 구성됩니다.

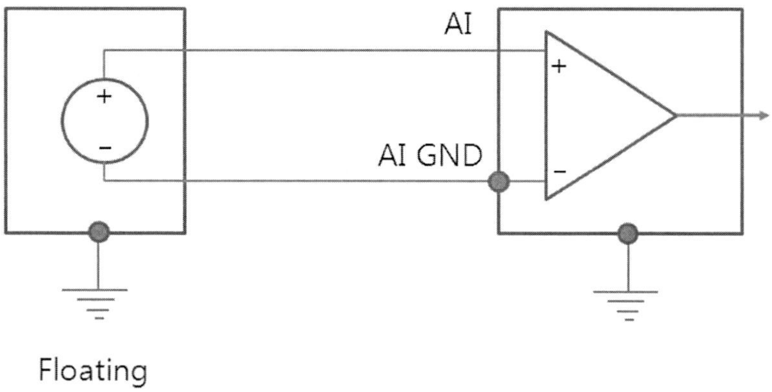

그림. RSE 모드로 Floating 신호 측정

2. NRSE 모드 (Non-Referenced Single Ended)

NRSE 모드는 RSE 모드가 Grounded 신호를 측정할 수 없다는 단점을 보완하기 위한 측정 모드입니다. 이때 - 신호선은 AI SENSE에 연결합니다. 다음은 Grounded 신호 소스를 NRSE 모드로 측정하는 경우입니다. 신호 소스에서 Ground Referenced가 되어 있으므로 DAQ 시스템에서는 별도의 Ground 처리를 해주지 않습니다.

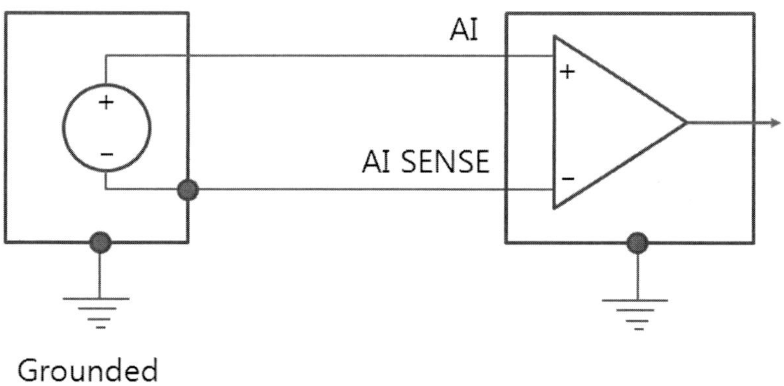

그림. NRSE 모드로 Grounded 신호 측정

NRSE 모드는 RSE 모드가 측정하지 못하는 Grounded 신호 소스를 측정하기 위한 목적으로 만들어진 것입니다. 그러므로 Grounded 신호 소스의 경우에는 NRSE 모드를 사용하고, Floating 신호 소스의 경우에는 RSE 모드를 사용하면 될 것입니다.

참고로 AI SENSE는 Ground Referenced가 아닙니다. 그래서 Floating 신호 소스인 경우에는 Ground Referenced를 만들어줘야 됩니다. 다음은 Floating 신호 소스를 NRSE 모드로 측정하는 경우입니다. + 신호선은 아날로그 입력 채널에 연결하고, - 신호선은 AI SENSE에 연결합니다. 그리고 50kΩ 저항으로 Ground Reference를 잡아줬습니다. 일반적으로 10kΩ에서 100kΩ사이의 저항을 이용합니다.

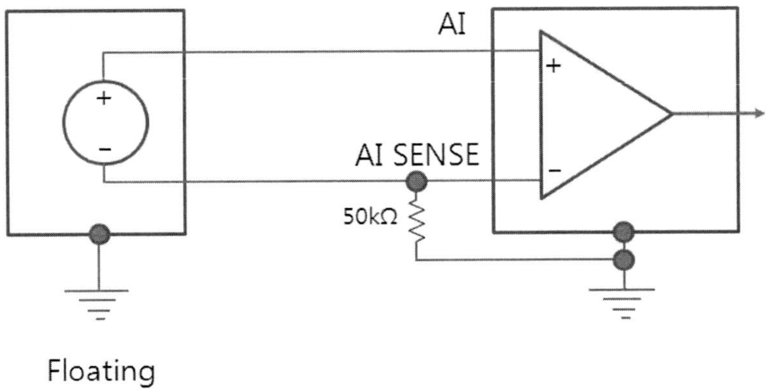

그림. NRSE 모드로 Floating 신호 측정

3. 차동 모드 (Differential)

차동 모드는 + 신호선과 - 신호선의 차를 입력받는 방식이므로, Common-mode 전압과 노이즈를 제거할 수 있다는 장점을 가집니다. 그러나 DAQ 보드의 경우에는 두 개의 입력 채널을 각각 + 신호선과 - 신호선으로 이용해야 되므로, 사용할 수 있는 유효 채널의 수가 반을 줄게 된다는 단점을 가집니다. 그리고 차동 모드는 Ground Referenced 방식이 아니므로 신호 소스가 Floating인 경우에는 Ground 처리를 해줘야 됩니다.

차동 모드에서 신호 소스가 Floating일 경우에는 다음과 같이 10kΩ에서

100kΩ사이의 저항으로 Ground Referenced를 만들어줘야만 측정이 가능합니다.

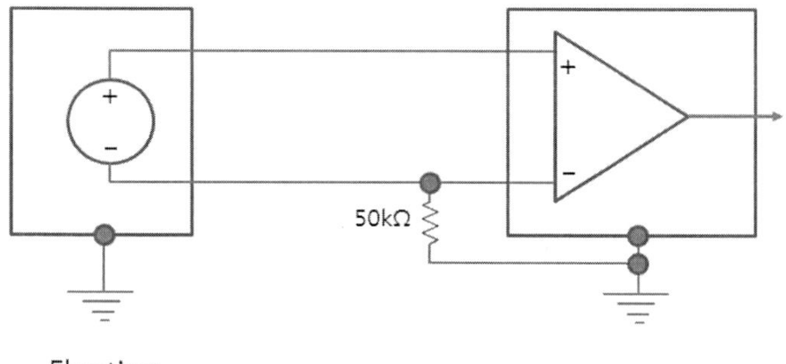

그림. 차동 모드로 Floating 신호 측정

다음과 같이 신호 소스가 Grounded인 경우에는 추가적인 저항연결 없이 + 신호선은 + 입력에, 그리고 - 신호선은 - 입력에 바로 연결하면 됩니다.

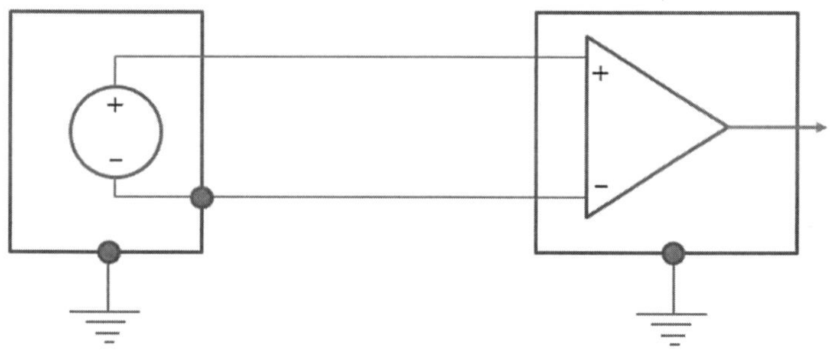

그림. 차동 모드로 Grounded 신호 측정

차동 모드인 경우에는 두 개의 아날로그 입력 채널을 사용하기 때문에, 차동 모드 입력 채널 쌍을 맞춰야 됩니다. DAQ 보드의 경우에는 N번 채널과 N+8번 채널이 한 쌍이 됩니다. 즉, 0번과 8번 채널, 1번과 9번 채널이 한 쌍이고, 16번과 24번 채널이 한 쌍입니다.

다음은 32 채널 Single-Ended 아날로그 입력이 가능한 DAQ 보드에서 16

채널 Differential 입력을 받는 경우에 대한, DAQmx 채널 설정의 예입니다. 이 경우에도 N번과 N+8번 채널이 한 쌍이 됩니다. Dev1/ai0:7은 0에서 7번 채널까지 모두 측정하겠다는 설정이고, Dev1/ai16:23은 16번에서 23번 채널까지도 모두 측정하겠다는 설정입니다. 차동 모드에서는 8번에서 15번 채널까지, 그리고 24번에서 31번 채널까지는 입력으로 설정할 수 없기 때문에 Dev1/ai0:15로 설정할 수 없습니다.

차동 모드는 노이즈에 강하므로, 채널의 여유가 있으면 차동 모드를 우선적으로 사용하는 것이 합당합니다. 그리고 채널 수가 많이 필요하거나 SCXI나 SCC, 5B 시리즈처럼 RSE 모드만 지원하는 시그널컨디셔닝 제품을 이용하는 경우에는 RSE 모드를 사용합니다. 또한 Grounded 신호 소스인데, 채널 수가 많이 필요한 경우에는 NRSE 모드를 사용하면 될 것입니다.

4. 유사 차동 모드 (Pseudo-Differential)

유사 차동 모드는 차동 모드에서 더 발전한 기술입니다. 차동 모드는 ADC 전단에 위치한 Differential Amplifier에서 Common-mode 노이즈와 전압을 제거하는 원리입니다. 그러나 낮은 주파수 영역에서는 Differential Amplifier의 Common-mode 노이즈 제거가 효과를 발휘하지만, 높은 주파수 영역에서는 효과가 줄어듭니다. 이를 보완하기 위하여 유사 차동 모드에서는 Common-mode Choke가 Differential Amplifier 전단에 추가되어 고주파 영역에서의 Common-mode 노이즈를 제거해줍니다. Common-mode Choke는 Transformer의 일종이지만 연결 방향은 반대입니다. + 신호 쪽과 - 신호 쪽이 서로 Transform되게 하여 고주파에서 Common mode를 제거해줍니다.

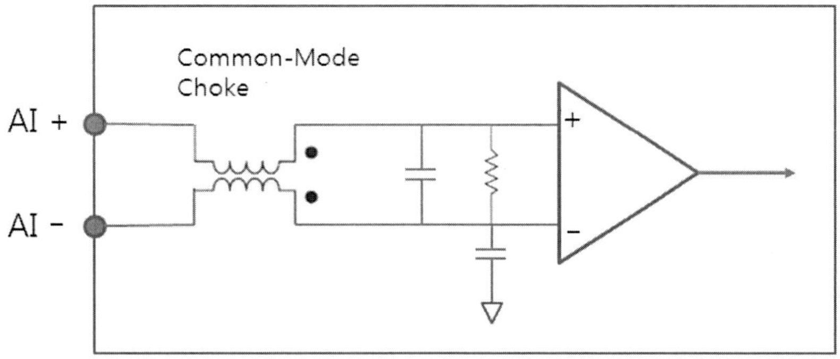

그림. 유사 차동 모드

유사 차동 모드는 Common Mode Choke가 앞단에 붙기 때문에 RSE 모드와 함께 사용될 수 없습니다.

라. DAQmx 드라이버와 MAX

NI-DAQ 하드웨어에 대하여 DAQmx 드라이버와 MAX가 제공됩니다. MAX는 Measurement and Automation Explorer의 약자입니다. DAQmx 드라이버를 설치하면, 다음과 같이 함수 > 측정 I/O 팔레트에 **DAQmx-데이터 수집** 팔레트가 추가됩니다.

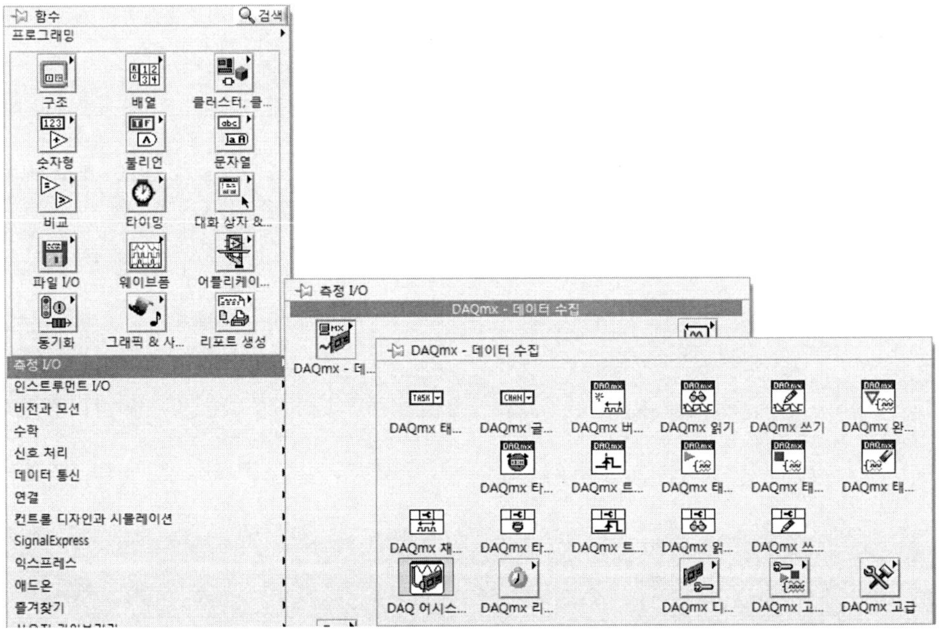

1. MAX

MAX는 DAQ 하드웨어를 설정하고, Test할 수 있는 Utility입니다. 다음과 같이 내 시스템 > 디바이스와 인터페이스 아래에서 현재 컴퓨터에 설치된 DAQ 하드웨어를 모두 확인할 수 있습니다.

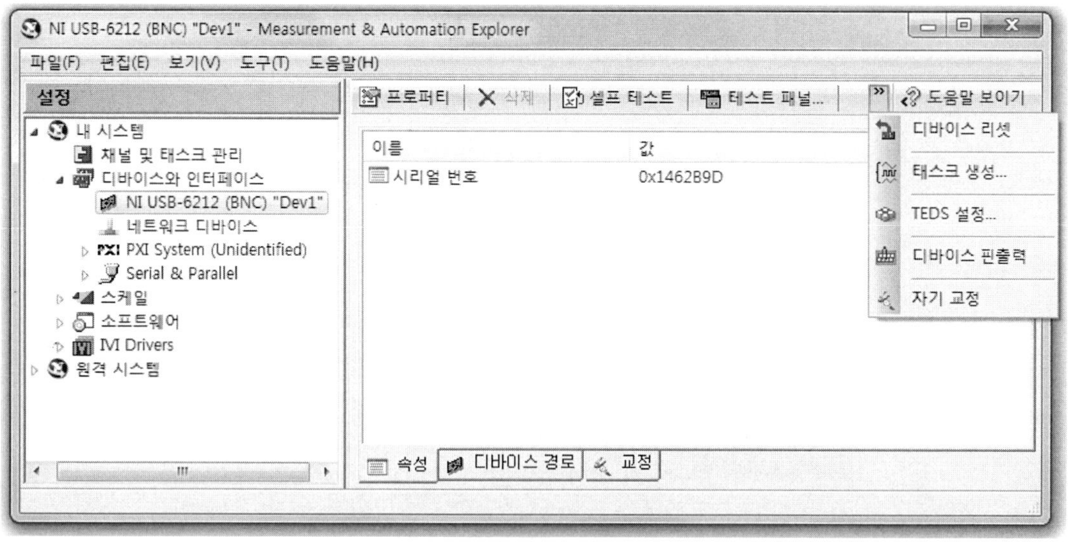

만약 이 위치에서 DAQ 디바이스가 확인되지 않으면 하드웨어나 소프트웨어 문제가 발생한 것입니다. 단축키 [F5]를 클릭하거나 보기(V) 〉 새로 고침(R)을 선택하여 새로 고침을 실행해봅니다. 새로 고침 실행 후에도 DAQ 디바이스가 나타나지 않으면 하드웨어를 물리적으로 재설치 해보고, 그래도 나타나지 않으면 수리를 맡겨야 됩니다. 이와 같이 MAX는 DAQ 디바이스가 문제가 생겼을 때, 디버깅할 수 있는 좋은 툴로 사용될 수 있습니다. 또한 MAX에서 DAQ 디바이스를 선택하면, 셀프 테스트, 테스트 패널, 디바이스 리셋, 태스크 생성, 자기 교정 등을 수행할 수 있습니다.

셀프 테스트는 DAQ 디바이스의 이상 유무를 자체 진단하는 유틸리티입니다. 이상이 없을 경우, 다음과 같이 "디바이스 셀프 테스트를 통과하였습니다." 메시지가 팝업됩니다.

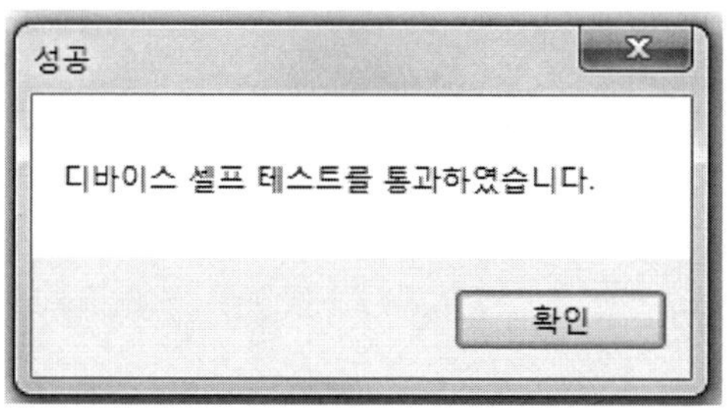

테스트 패널은 DAQ 디바이스의 기본 기능을 실행하여 Test할 수 있는 유틸리티입니다. 실제 측정한 값이 정확한지를 확인해볼 수 있습니다.

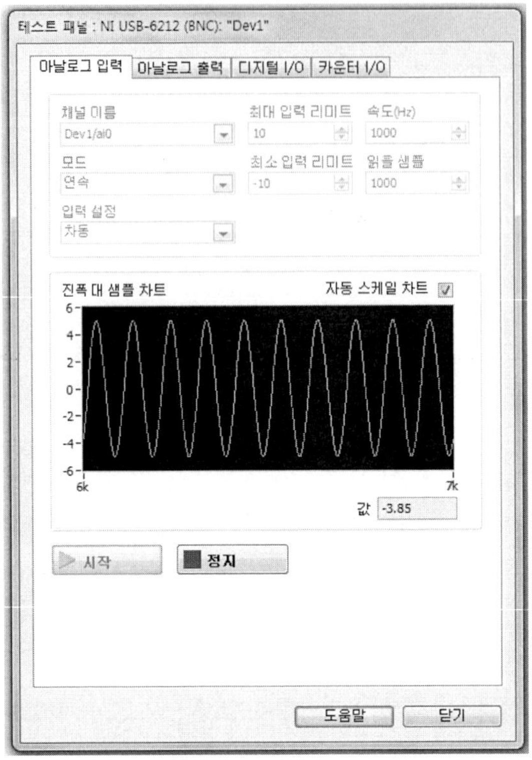

다음과 같이 아날로그 입력 탭을 선택하고, 채널 이름에서 신호가 입력되고 있는 채널을 선택합니다. 샘플링 속도(Hz)와 측정 모드를 설정하고 시작 버튼을 클릭하면 입력되는 신호를 측정할 수 있습니다. 아날로그 출력이나 디지털 I/O, 카운터 I/O 탭을 선택하여 각 기능을 실제로 Test해 볼 수 있습니다.

태스크 생성은 태스크를 만들어 프로그래밍을 시작할 수 있도록 돕는 유틸리티입니다. 다음과 같이 NI-DAQmx 태스크 새로 생성... 창이 팝업됩니다. 태스크는 내 시스템 〉 채널 및 태스크 관리 〉 NI DAQmx 태스크에 새로운 태스크가 생성됩니다.

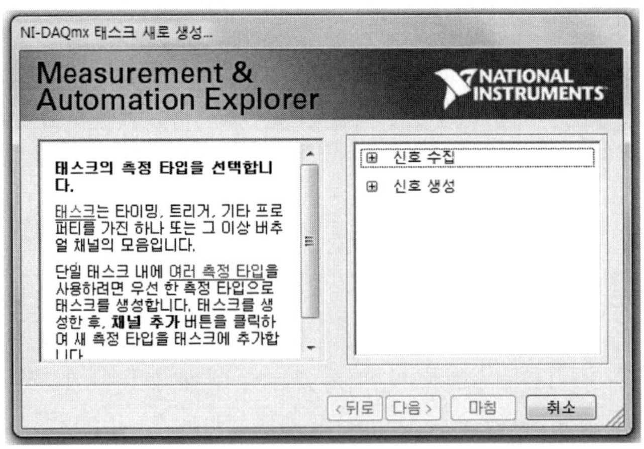

자기 교정은 DAQ 하드웨어 내부에 내장된 자기 교정 기능을 실행시키는 유틸리티입니다. 모든 DAQ 하드웨어는 시간이 경과하면 측정값의 정확도(Accuracy)가 변하게 됩니다. 또한 온도의 변화에 따라서도 측정값이 틀리게 됩니다. 자기 교정을 실행하면, 내장된 자기 교정 기능이 실행되고 결과가 EEPROM에 기록됩니다. 그러므로 측정의 정확도를 향상시키고자 할 경우에는 MAX에서 자기 교정 유틸리티를 실행시켜줍니다.

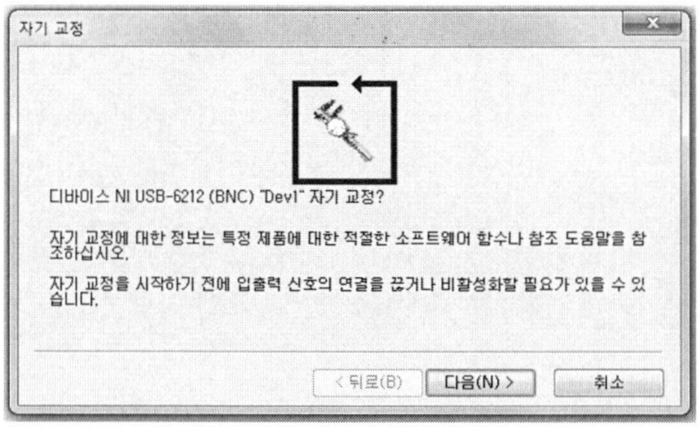

2. 태스크 생성 및 사용

아날로그 신호 측정이나 출력 등을 수행하는 개별 작업을 태스크(Task)라고 부릅니다. LabVIEW 프로그래밍 역시 태스크를 만드는 작업입니다. DAQ의 경우에는 편리하고 직관적인 대화창 방식으로 태스크를 생성하고 사용할 수 있는 기능이 제공됩니다.

채널 및 태스크 관리에서 마우스 오른쪽 클릭하고 새로 생성을 선택하면 [새로 생성...] 창이 팝업됩니다.

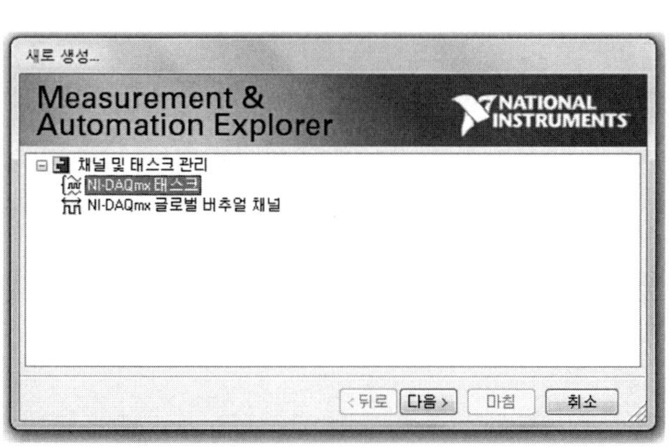

[새로 생성...] 창에서 NI-DAQmx 태스크를 선택하고 다음 버튼을 클릭합니다.

[NI-DAQmx 태스크 새로 생성...] 창에서 신호

수집 혹은 신호 생성을 선택할 수 있습니다.
이때 아날로그 전압 신호 측정 태스크를 생성하고자 할 경우에는 신호 수집 〉 아날로그 입력 〉 전압을 선택합니다.

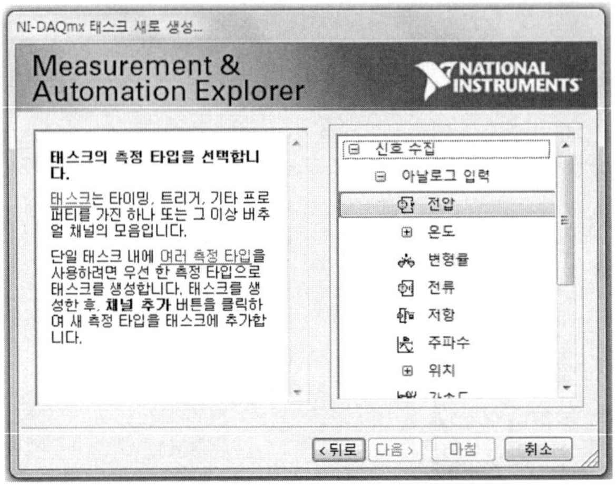

[지원되는 물리적인 채널]에서 사용할 채널을 선택합니다. 한번에 여러 개의 채널을 선택하고자 할 경우에는 Shift 키나 Ctrl 키를 이용합니다. [다음] 버튼을 클릭하고 태스크의 이름을 입력합니다.

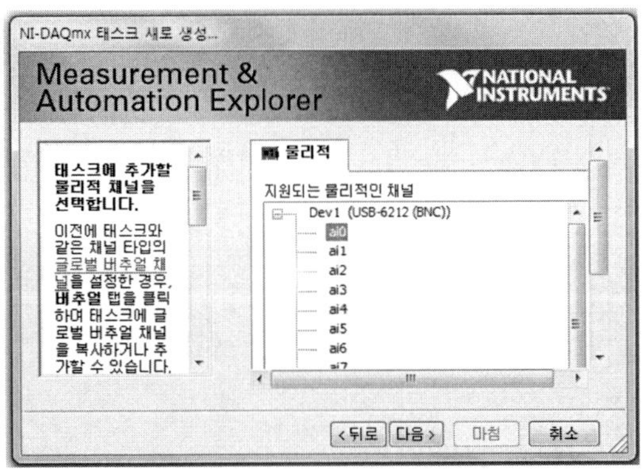

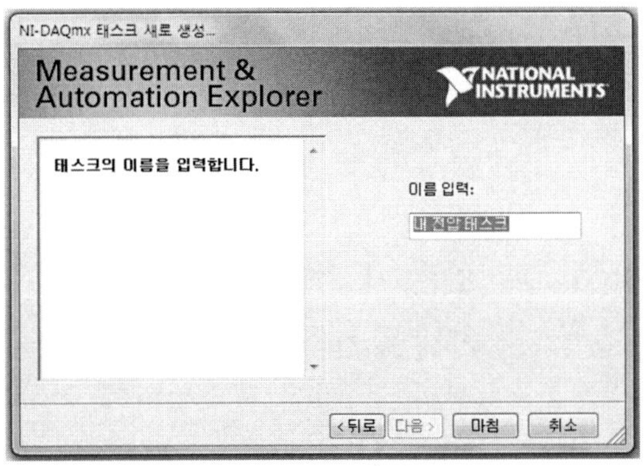

[마침] 버튼을 클릭하면 기본 태스크 설정이 완료되고 팝업창이 닫힙니다. 그리고 MAX의 오른쪽 창에 설정내용이 디스플레이됩니다. 추가적인 입력 설정과 타이밍 셋팅이 완료되면 상단에 위치한 실행(R)을 클릭하여 태스크를 실행합니다. 실행 결과는 디스플레이 칸에서 바로 확인할 수 있습니다.

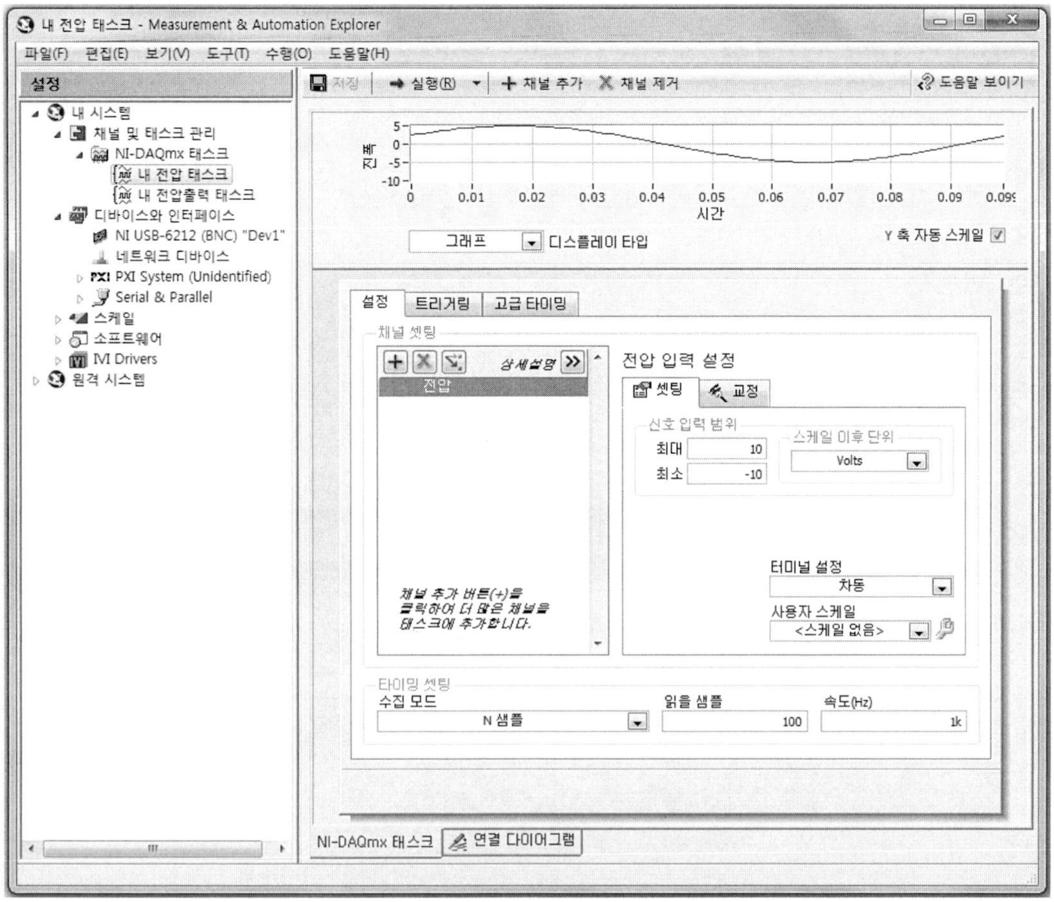
내 전압 태스크 - Measurement & Automation Explorer
파일(F) 편집(E) 보기(V) 도구(T) 수행(O) 도움말(H)
설정
저장
실행(R)
채널 추가
채널 제거
도움말 보이기
내 시스템
채널 및 태스크 관리
NI-DAQmx 태스크
내 전압 태스크
내 전압출력 태스크
디바이스와 인터페이스
NI USB-6212 (BNC) "Dev1"
네트워크 디바이스
PXI System (Unidentified)
Serial & Parallel
스케일
소프트웨어
IVI Drivers
원격 시스템
진폭
시간
그래프
디스플레이 타입
Y 축 자동 스케일
설정
트리거링
고급 타이밍
채널 셋팅
상세설명
전압
채널 추가 버튼(+)을 클릭하여 더 많은 채널을 태스크에 추가합니다.
전압 입력 설정
셋팅
교정
신호 입력 범위
최대
최소
스케일 이후 단위
Volts
터미널 설정
차동
사용자 스케일
<스케일 없음>
타이밍 셋팅
수집 모드
N 샘플
읽을 샘플
100
속도(Hz)
1k
NI-DAQmx 태스크
연결 다이어그램

연습 3-1. 아날로그 전압 출력 태스크 생성

MAX에서 아날로그 전압 출력 태스크를 만들어보고 실행해봅니다. 또한 LabVIEW로 이 태스크를 드래그하여 사용해봅니다.

⌘ MAX

1. 채널 및 태스크 관리에서 오른쪽 마우스 버튼을 클릭하고 새로 생성...을 선택합니다. 그리고 DAQmx 태스크를 선택하고 [다음] 버튼을 클릭합니다.
2. 신호 생성 〉 아날로그 출력 〉 전압을 선택합니다.

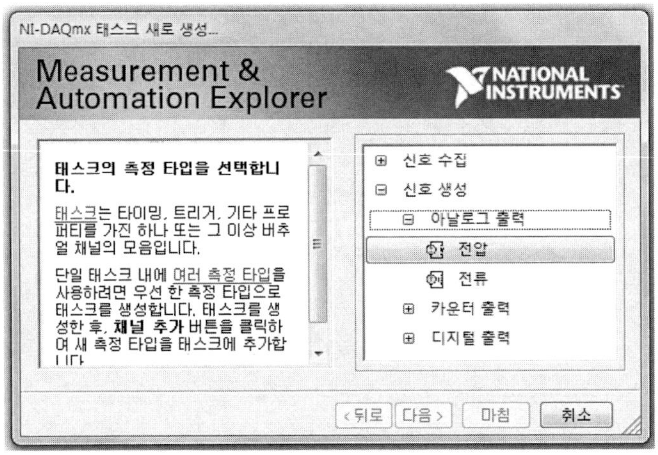

3. 지원되는 물리적인 채널에서 ao0를 선택합니다. [다음] 버튼을 클릭합니다.

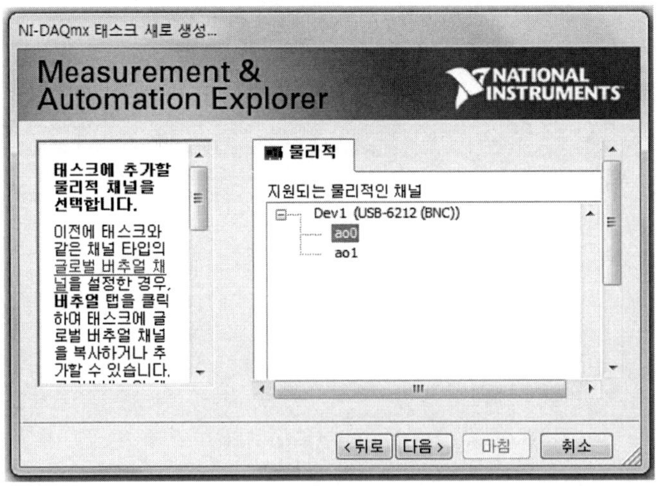

4. 태스크 이름 입력에 기본 값인 [내 전압출력 태스크]로 두고 [마침] 버튼을 클릭하여 설정을 적용합니다.
5. 신호 타입 테스트로 [사인파]를 선택하고, 생성 모드로 [연속 샘플]을 선택합니다.
6. 상단에 있는 실행을 선택하여 사인파형을 출력할 수 있습니다. 출력 신호는 오실로스코프나 DAQ 아날로그 입력을 이용하여 확인할 수 있습니다.

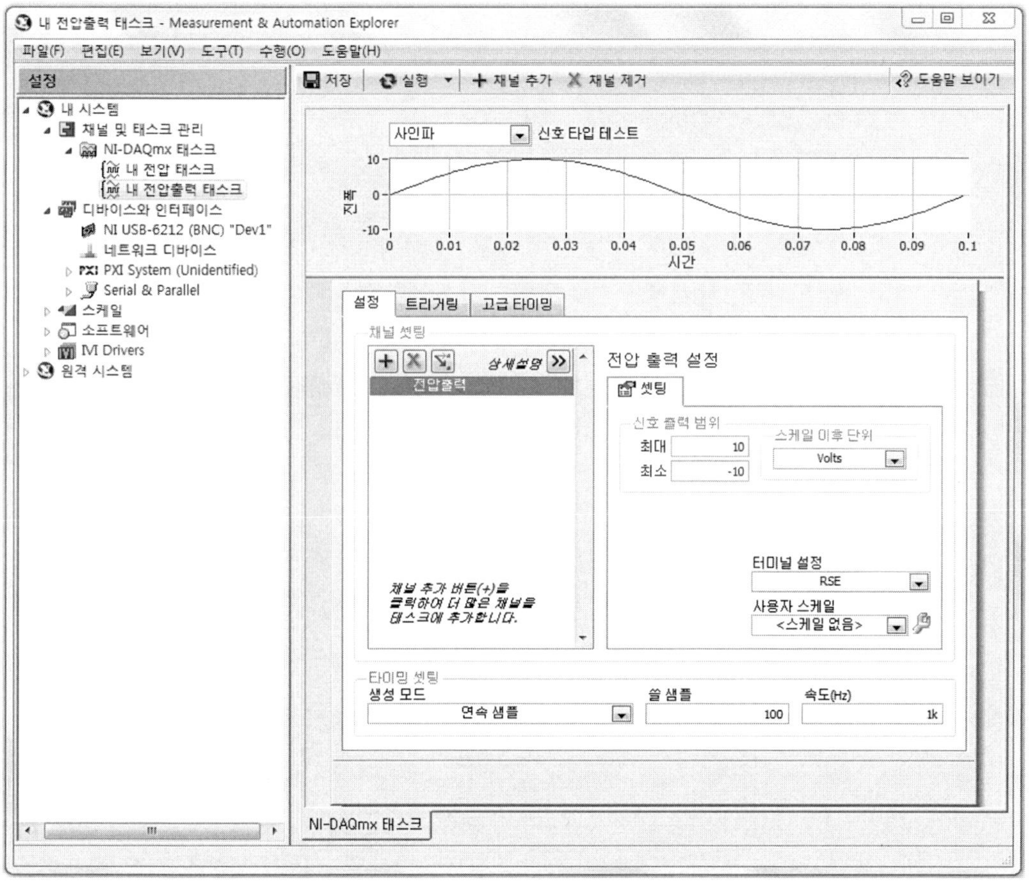

7. 내 시스템 〉 채널 및 태스크 관리 〉 NI-DAQmx 태스크에서 마우스 왼쪽 버튼으로 [내 전압출력 태스크]를 클릭하고 LabVIEW의 블록다이어그램으로 드래그&드롭 합니다.

⌘ 블록다이어그램

8. [내 전압출력 태스크]의 단축메뉴에서 코드 생성 〉 **설정 및 예제**를 선택합니다. 태스크의 설정은 SubVI로 생성되고 나머지는 DAQmx 함수를 이용한 예제로 생성됩니다.

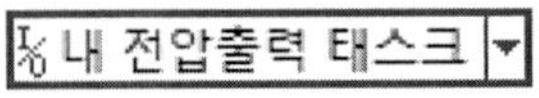

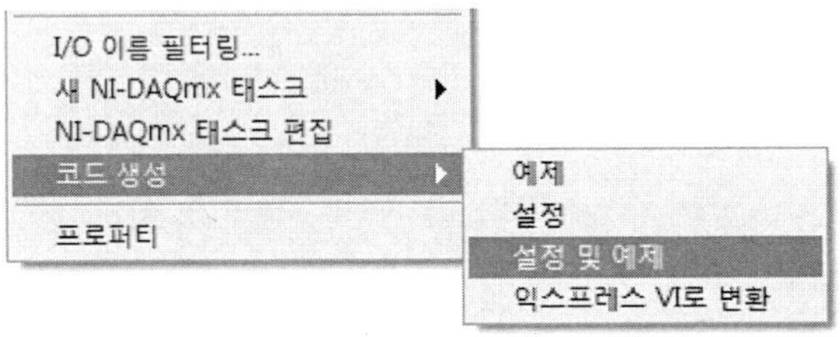

9. [코드 생성하기]가 종료되면, 설정 및 예제가 자동으로 생성됨을 확인할 수 있습니다. 이 예제에서는 톱니파를 아날로그 출력으로 생성해줍니다. 다른 파형을 출력하고자 할 경우에는 sub Generate WDT data.vi를 대체하면 됩니다.

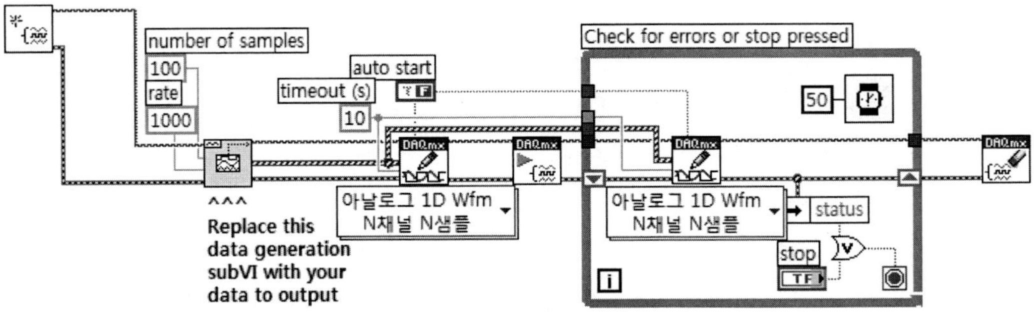

10. 톱니파 아날로그 출력.vi로 저장하고 실행합니다. 출력 파형을 확인하기 위하여 MAX의 NI-DAQmx 태스크에서 아날로그 입력 채널로 확인합니

다. ao0에서 출력한 신호를 ai0로 측정합니다.

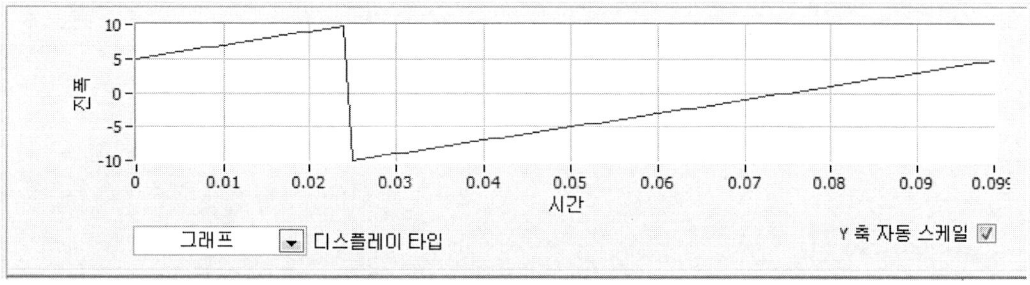

11. 다음은 사인파형을 출력할 수 있게 sub Generate WDT data.vi를 수정한 예입니다. [다른 이름으로 저장]을 선택하여 복사를 만듭니다.

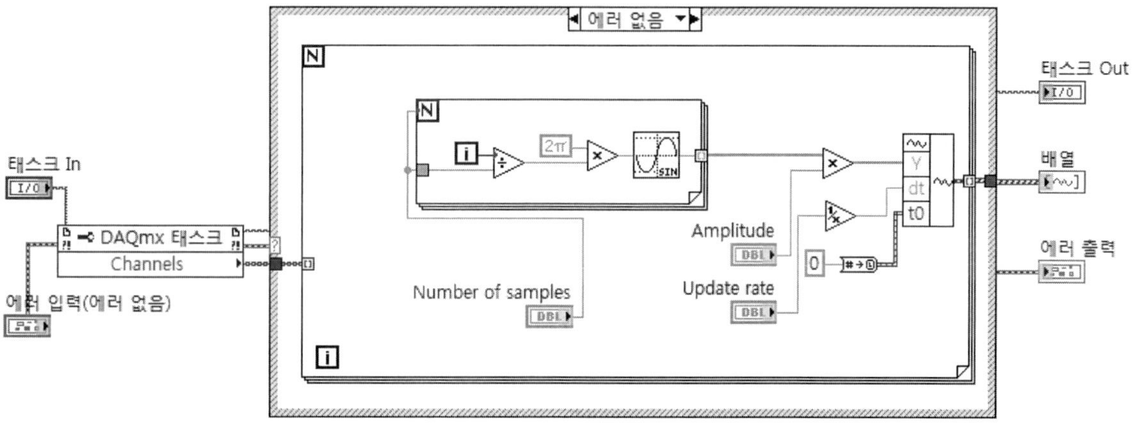

12. 새로 만든 파형 시뮬레이션 SubVI로 sub Generate WDT data.vi를 대체한 결과는 다음과 같습니다.
13. VI를 실행하고, MAX의 DAQmx 태스크에서 신호를 확인합니다.

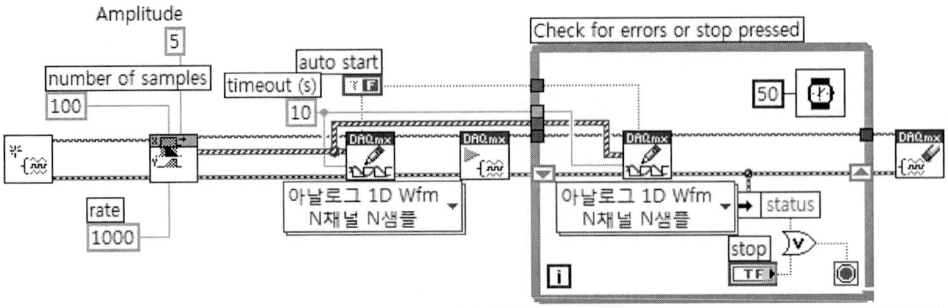
Amplitude
5
number of samples
100
rate
1000
timeout (s)
10
auto start
Check for errors or stop pressed
50
아날로그 1D Wfm N채널 N샘플
아날로그 1D Wfm N채널 N샘플
status
stop

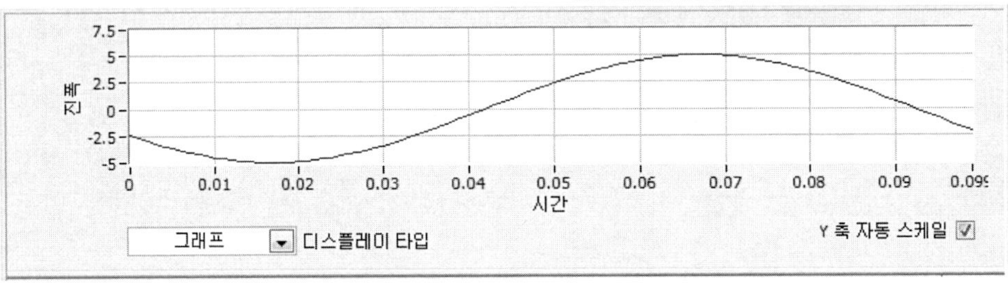
진폭
시간
그래프
디스플레이 타입
Y 축 자동 스케일

연습 3-1 끝

마. DAQ 어시스턴트를 이용한 아날로그 입력

DAQ 어시스턴트는 대화창을 이용하여 직관적으로 DAQ 태스크를 생성하고, 프로그래밍을 수행할 수 있는 방법입니다. 함수 〉 측정 I/O 〉 DAQmx - 데이터수집 팔레트에서 찾을 수 있으며, 함수 〉 익스프레스 〉 입력 팔레트에서도 찾을 수 있습니다.

DAQ 어시스턴트를 블록다이어그램에 위치시키면, [익스프레스 태스크 새로 생성...] 창이 팝업됩니다. 아날로그 입력 태스크를 작성하고자 할 경우에는 신호 수집 〉 아날로그 입력 〉 전압을 선택하고 [다음] 버튼을 클릭합니다.

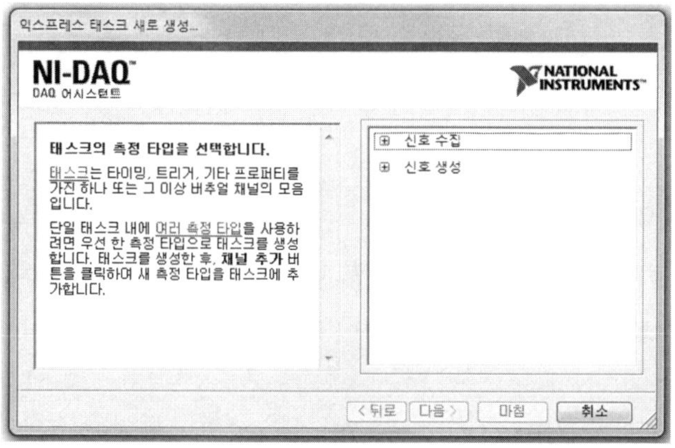

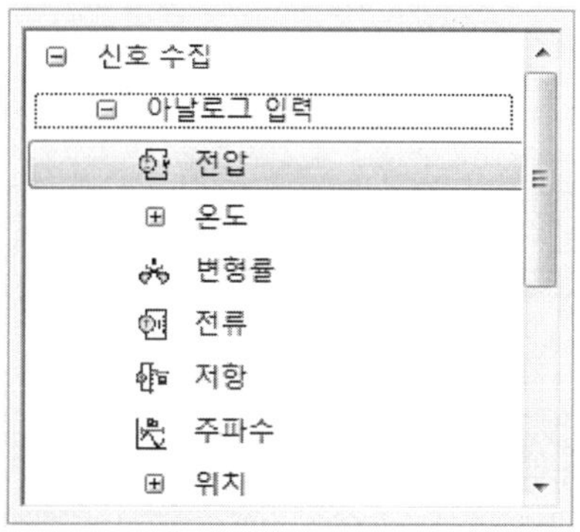

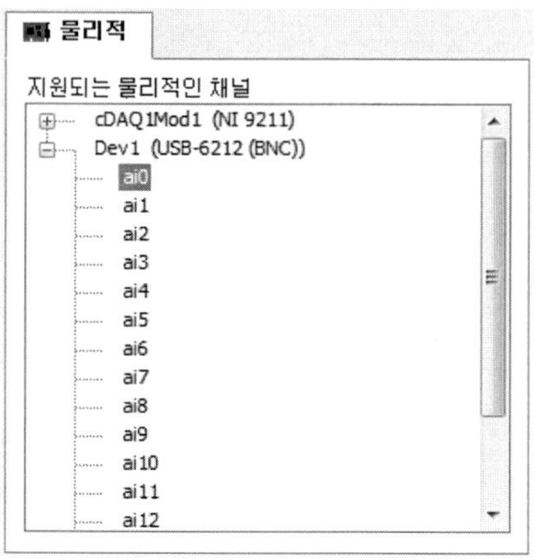

다음 단계로, 물리적 채널을 선택하고 [마침] 버튼을 클릭하여 태스크를 적용합니다. 이때 Ctrl이나 Shift 키를 이용하여 동시에 여러 채널을 선택할 수 있습니다.

설정한 태스크에 맞추어 다음과 같이 DAQ 어시스턴트 창이 나타납니다. 이 창에서 측정에 필요한 여러 가지 설정을 지정합니다. 이때 신호 입력 범위(최대, 최소)는 DAQ 보드의 Gain을 설정하는 것이고, 터미널 설정은 차동, RSE, NRSE, 유사차동 모드 등의 입력 모드를 설정하는 것입니다.

아래쪽에 위치한 타이밍 셋팅에서 샘플링 속도(Hz), 수집 모드, 샘플링 개수 등을 설정합니다.

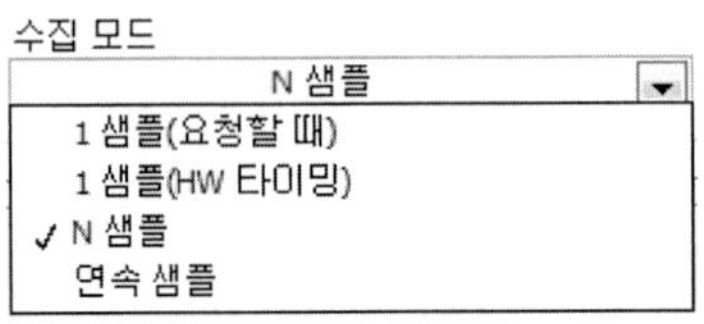

수집 모드로는 1샘플(요청할 때), 1샘플(HW 타이밍), N 샘플, 연속 샘플을 선택할 수 있습니다. N 샘플은 DAQ 어시스턴트를 한번 실행할 때마다 N개의 샘플을 측정하는 모드입니다. 그리고 연속 샘플은 While 루프를 이용하여 연속적으로 계속 측정하는 모드입니다.

1샘플(요청할 때)와 1샘플(HW 타이밍)은 DAQ 어시스턴트가 한번 실행할 때, 1샘플씩 측정하는 모드입니다. 이중에서 1샘플(HW 타이밍)은 While 루프와 함께 사용되면 실행 속도는 DAQ 보드의 HW 타이밍에 의하여 Determinism이 구현됩니다. 주로 제어 로직에서 사용되는 수집 모드입니다. 그러나 Determinism이 보장되는 DAQ 보드에서만 사용이 가능하고, 그렇지 못한 경우에는 에러가 발생합니다. ni.com의 KnowledgeBase 4TRGNVH7에서 지원되거나 지원되지 않는 DAQ 보드를 확인할 수 있습니다.

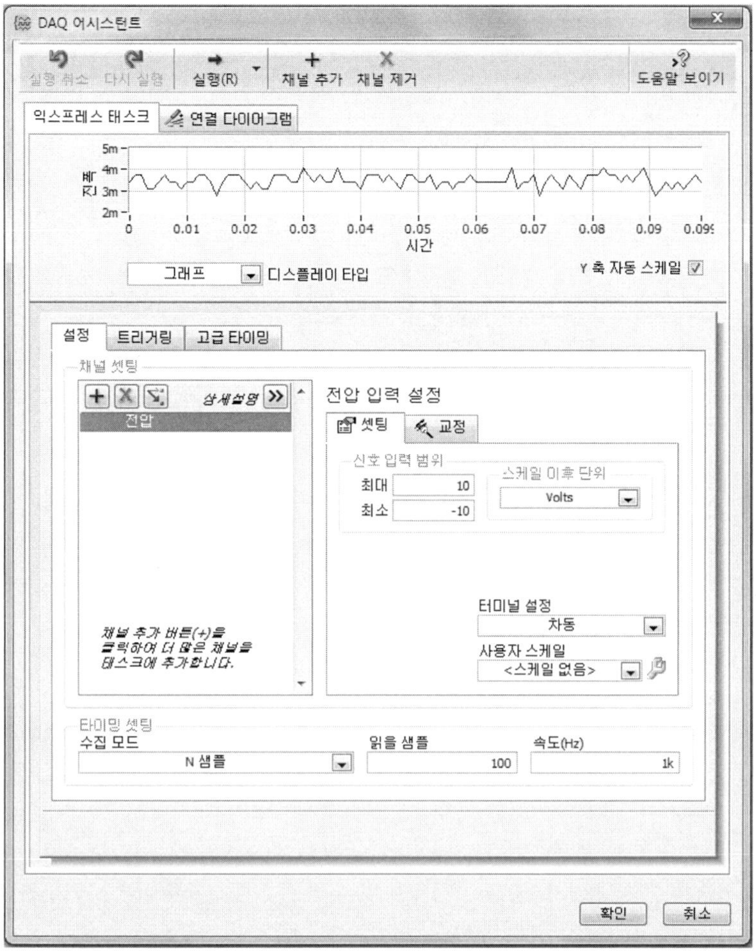

[확인] 버튼을 클릭하여 설정을 적용하면, 다음과 같이 블록다이어그램이 완성됩니다. 프런트패널에 웨이브폼 그래프를 위치시키고, 데이터 출력을 연결하여 디스플레이합니다.

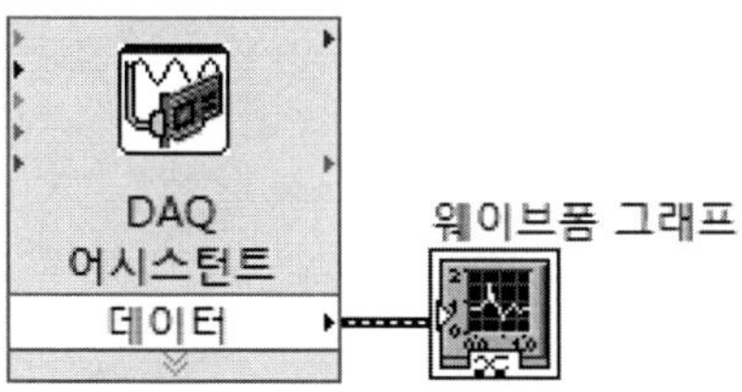

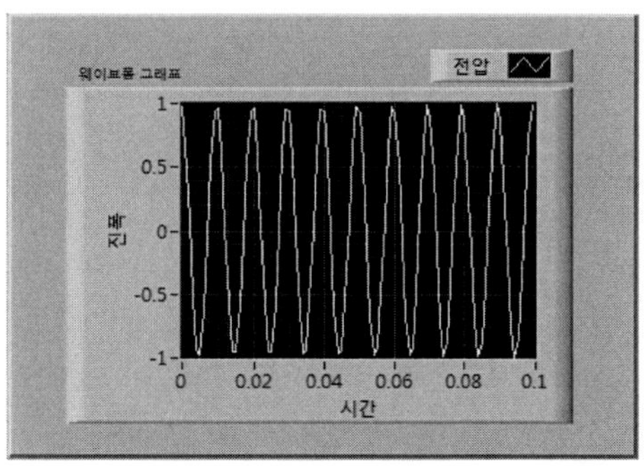

DAQ 어시스턴트의 단축메뉴에서 NI-DAQmx 코드 생성을 선택하면, DAQ 어시스턴트로 설정한 태스크가 자동으로 NI-DAQmx 코드로 생성됩니다.

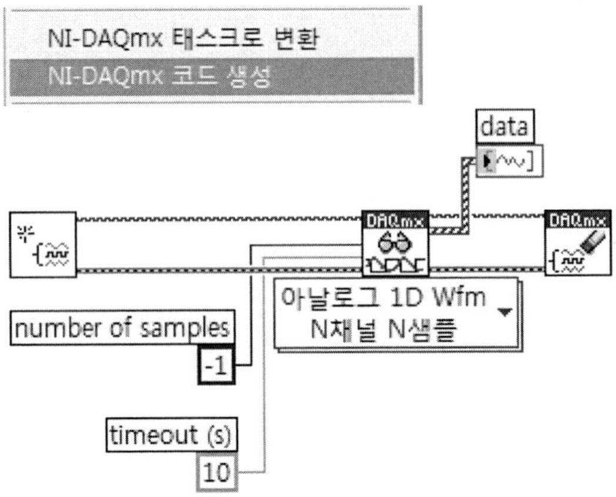

바. DAQmx 함수를 이용한 아날로그 입력

DAQmx 함수를 이용하여 아날로그 입력 VI를 작성하는 방법에 대하여 배워봅니다. 간단한 한 두 개의 태스크를 작성할 경우에는 DAQ 어시스턴트나 MAX의 DAQmx 태스크를 이용하는 방법이 효율적입니다. 그러나 아날로그 입력과 출력, 디지털 입출력 등의 여러 태스크를 함께 진행해야 되는 경우에는 DAQmx 함수를 이용하여 개발자가 세부적으로 설정 및 작성하는 것이 유리합니다. DAQmx 함수는 함수 〉 측정 I/O 〉 DAQmx - 데이터 수집 팔레트에서 찾을 수 있습니다.

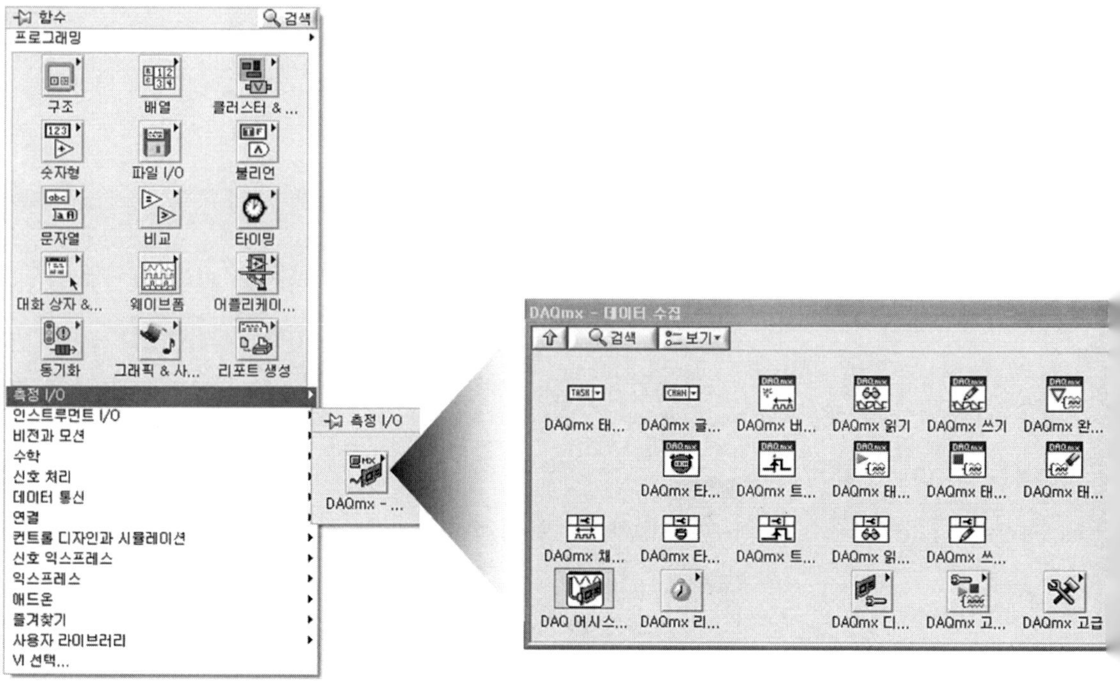

DAQmx 함수는 기본 9 개 함수로 구성됩니다. 또한 모든 함수는 선택자를 가지고 있는 **다형성 VI**이므로 함수의 선택자를 바꿈으로써 아날로그 입력용으로 사용할 수도 있고, 아날로그 출력용으로 사용할 수도 있으며, 디지털 입출력이나 카운터 VI도 같은 함수들로 프로그래밍이 가능합니다.

I.  **DAQmx 버추얼 채널 생성**은 어떤 태스크를 수행할지 설정하는 함수입니다. 또한 태스크를 수행할 DAQ 하드웨어와 채널, 그리고 측정 타입을 설정합니다. 다음과 같이 아래쪽의 선택자를 이용하여 어떤 태스크를 수행할지 선택할 수 있습니다.

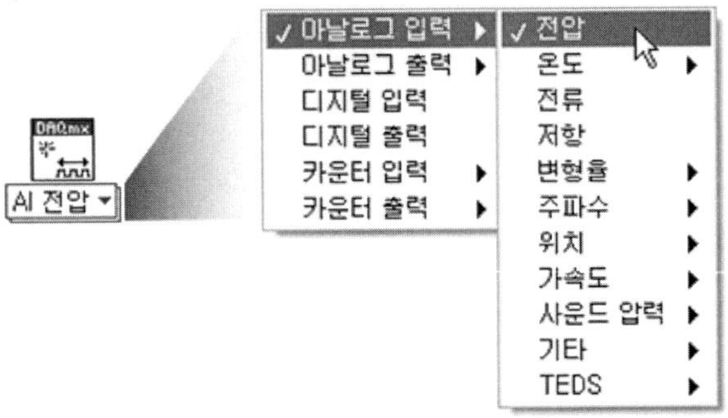

II.  **DAQmx 타이밍**은 하드웨어의 타이밍 관련 매개변수를 지정하는 함수입니다. 샘플링 클럭이나 핸드쉐이킹 관련 설정을 수행합니다. 즉, DAQ 어시스턴트에서  태스크 타이밍의 클럭 설정 부분과 같은 역할을 수행합니다.

III.  **DAQmx 트리거**는 트리거 관련 모든 설정을 위한 함수입니다.

IV.  **DAQmx 태스크 시작**은 설정된 일(Task)을 시작하는 VI입니다.

V.  **DAQmx 읽기**는 아날로그 입력이나 디지털 입력, 카운터 입력 VI를 만들 때, 측정된 데이터를 읽어오는 함수입니다.

VI.  **DAQmx 쓰기**는 아날로그 출력이나 디지털 출력, 카운터 출력 VI를 만들 때, 시뮬레이션된 데이터를 DAQ 보드로 쓸 때 사용하는 함수입

니다.

VII.  **DAQmx 태스크 정지**는 실행중인 태스크를 정지하는 함수입니다.

VIII.  **DAQmx 태스크 지우기**는 태스크의 모든 설정을 지우는 함수입니다.

IX.  **DAQmx 완료될 때까지 기다림**은 쓰기를 수행할 때, 쓰기가 완료될 때까지 기다리는 함수입니다.

위에서 설명한 9개의 DAQmx 함수로 설정할 수 없거나 수행할 수 없는 태스크가 있을 경우에는 아래와 같은 DAQmx 프로퍼티 노드와 고급 태스크 옵션이나 고급 함수 등을 이용합니다.

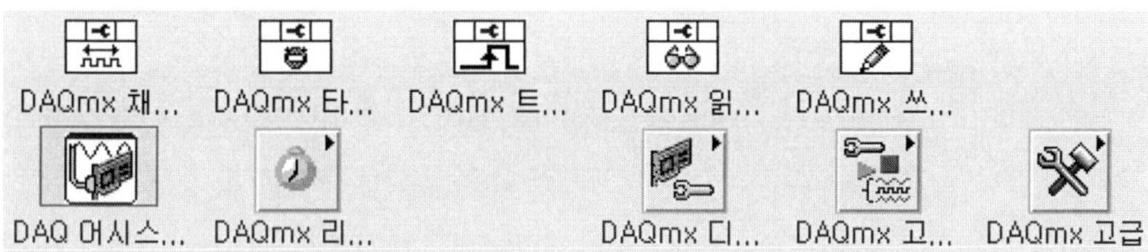

연습문제를 따라해보면서, DAQmx 함수들의 사용법과 용도에 대하여 배워봅니다. 첫 번째 연습문제는 DAQ 보드를 이용한 웨이브폼 측정 예제입니다. 일반적으로 웨이브폼을 측정하는 하드웨어로는 오실로스코프를 많이 사용합니다. DAQ 보드를 이용해서 오실로스코와 비슷하게 웨이브폼을 측정하는 VI를 작성할 수 있습니다. 이때 샘플링 속도 설정에 따라서 얼마나 세밀한 파형까지 측정 및 디스플레이가 가능한 지 결정됩니다. 일반적으로 측정하고자하는 신호의 주파수보다 10배에서 50배로 높게 설정합니다.
연습 3-2는 NI 예제 탐색기 〉 하드웨어 입력과 출력 〉 DAQmx 〉 아날로그 측정 〉 전압 폴더의 Acq&Graph Voltage-Int Clk.vi와 동일한 예제입니다.

연습 3-2. 웨이브폼 측정

한 개 채널에서 10,000 S/s의 속도로 1000개의 데이터를 측정하는 VI를 작성해봅니다. 이 예제를 이용하면 100㎐ 정도의 웨이브폼을 측정할 수 있습니다.

⌘ 블록다이어그램

1. **DAQmx – 데이터 수집** 팔레트에서 다음과 같이 함수들을 찾아서 차례로 위치시킵니다.

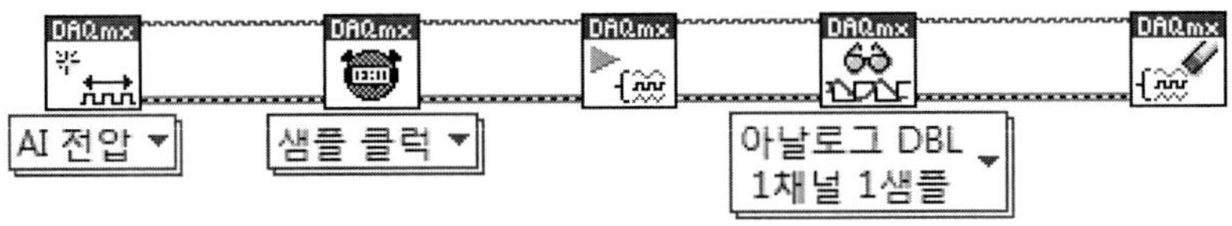

a.  DAQmx **버추얼 채널 생성**의 선택자를 기본값인 [AI전압]으로 선택합니다. DAQ 디바이스의 물리적 채널, 최대/최소 전압범위, 입력 모드 등을 설정할 수 있습니다. 이중에서 [물리적 채널]만 필수 입력입니다. 나머지는 입력하지 않을 경우, 기본값으로 설정됩니다. 참고로 최소값과 최대값의 기본값은 −5V와 +5V입니다.

b.  DAQmx **타이밍**의 선택자를 기본 값인 [샘플 클럭(아날로그/카운터/디지털)]으로 설정합니다. 샘플 모드, 샘플 속도, 채널당 샘플을 입력해줘야 됩니다.

c.  DAQmx **읽기**는 DAQ 하드웨어가 측정하여 메모리에 써놓은 데이터를 읽어오는 VI입니다. 아날로그 〉 단일 채널 〉 여러 샘플 〉 웨이브폼을 선택해줍니다.

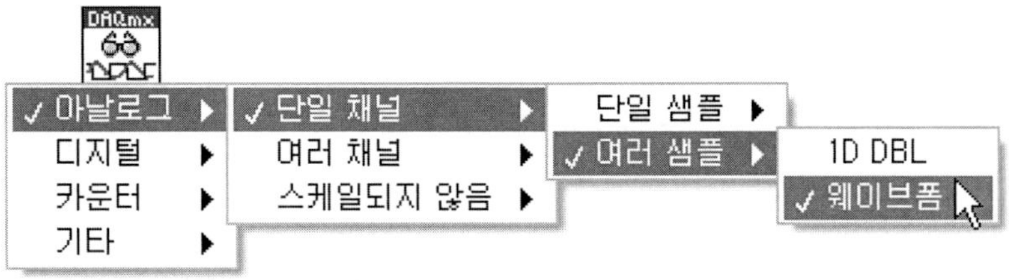

2. DAQmx 함수들의 태스크와 에러를 연결해주고, **단순 에러 핸들러**를 연결해줍니다. 함수 〉 프로그래밍 〉 대화 상자 & 사용자 인터페이스 팔레트에서 찾을 수 있습니다. 실행 중, 에러가 발생할 경우 에러에 대한 정보를 팝업창으로 보여줍니다.

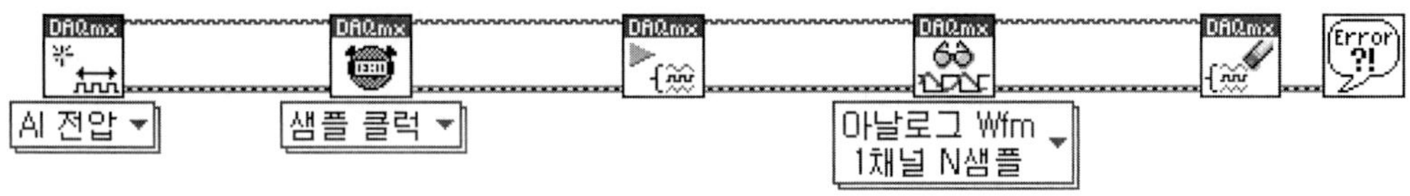

3. DAQmx 버추얼 채널 생성의 [물리적채널]에서 단축메뉴의 생성 〉 컨트롤로 생성합니다.
4. DAQmx 타이밍의 [샘플 모드]에서 상수를 생성하고 [유한 샘플]로 선택합니다. 그리고 [채널당 샘플]에서 컨트롤을 생성하고 [속도]에서 컨트롤을 생성합니다.
5. 프런트 패널에 웨이브폼 그래프를 위치시키고, 터미널을 DAQmx 읽기의 데이터 출력에 연결하여 블록다이어그램을 완성합니다.

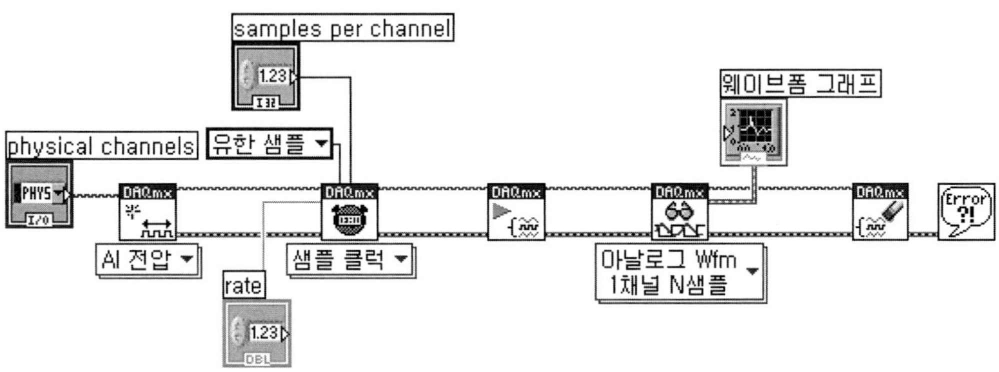

프런트패널

6. 프런트패널을 다음과 같이 정리하고, 물리적채널을 설정합니다. 속도에 10,000을 입력하고 채널당 샘플은 1000을 입력합니다.
7. 웨이브폼측정.vi로 저장하고 실행합니다.

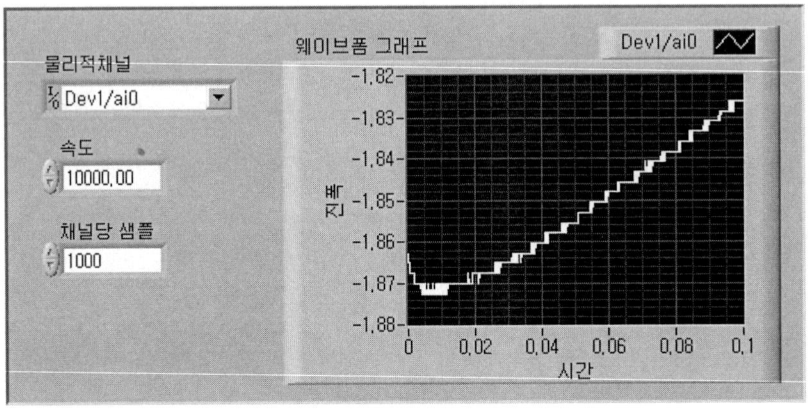

연습 3-2 끝

연습 3-2는 한번 실행하면 N개 샘플을 측정하고 종료하는 VI입니다. 그리고 연속으로 계속 샘플링을 진행하고자 할 경우에는 연습 3-3의 방법으로 가능합니다. NI 예제 탐색기 〉 하드웨어 입력과 출력 〉 DAQmx 〉 아날로그 측정 〉 전압 폴더의 Cont Acq&Graph Voltage-Int Clk.vi와 동일한 예제입니다. 그러나 While 루프를 이용한 연속 실행을 구현하기 위하여 다음과 같이 연습 3-2 전체를 While 루프 속에 넣었을 경우에는 몇 가지 문제점이 발생합니다. 첫째로 DAQmx 태스크 설정과 태스크 지우기가 매 루프마다 반복되므로 리소스의 낭비를 초래합니다. 또한 태스크 설정에는 수 msec의 시간이 소요되므로 설정하는 동안에는 측정을 하지 못합니다. 둘째로 메모리 Buffer를 한 개만 사용하므로 근본적으로 Data의 Loss가 발생하게 됩니다. 세째로 단순 에러 핸들러가 While 루프 속에 있을 경우, 무한 루프가 발생하여 시스템을 정상 종료할 수 없는 상황이 발생합니다.

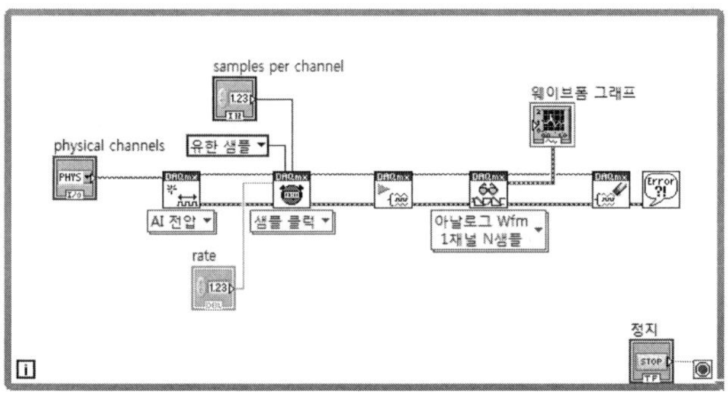

연습 3-3. 연속적인 웨이브폼 측정

한 개 채널에서 10,000 S/s의 속도로 연속적으로 웨이브폼을 측정하는 VI를 작성해봅니다.

⌘ 블록다이어그램

1. 연습 3-2에서 작성한 VI를 다음과 같이 수정합니다. DAQmx 타이밍에서 샘플 모드를 [연속 샘플]로 바뀌줍니다. 그리고 [채널당 샘플]에 입력되었던 컨트롤은 삭제합니다. 또한 DAQmx 읽기의 [채널당 샘플 개수]에서 상수를 생성하고 1000을 입력합니다. [채널당 샘플 개수]에는 주로 샘플 속도의 1/10인 값을 입력합니다.

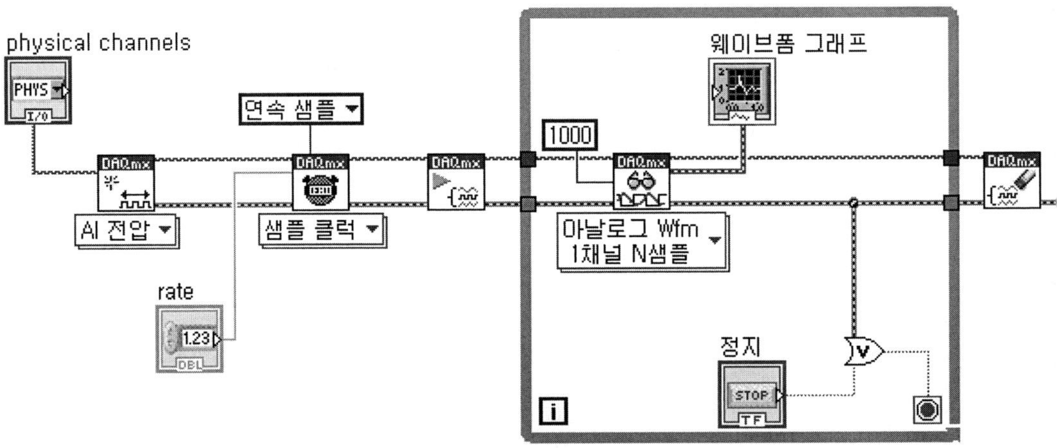

⌘ 프런트패널

2. 프런트패널을 다음과 같이 정리하고 VI를 실행합니다. 정지 버튼을 누르기 전까지 계속 측정합니다. 10,000 S/s로 샘플링하고, 1000개씩의 데이터를 읽어 와서 웨이브폼 그래프에 플롯합니다.

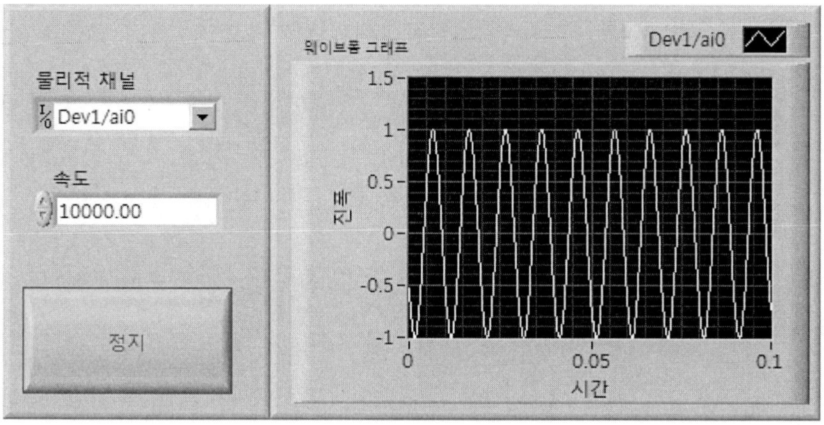

3. 블록다이어그램에 **측정 파일에 쓰기**를 위치시키고 데이터를 [신호]에 입력합니다. 활성화 버튼을 클릭할 때만 파일을 저장하도록 [활성화] 버튼을 만들어주었습니다.

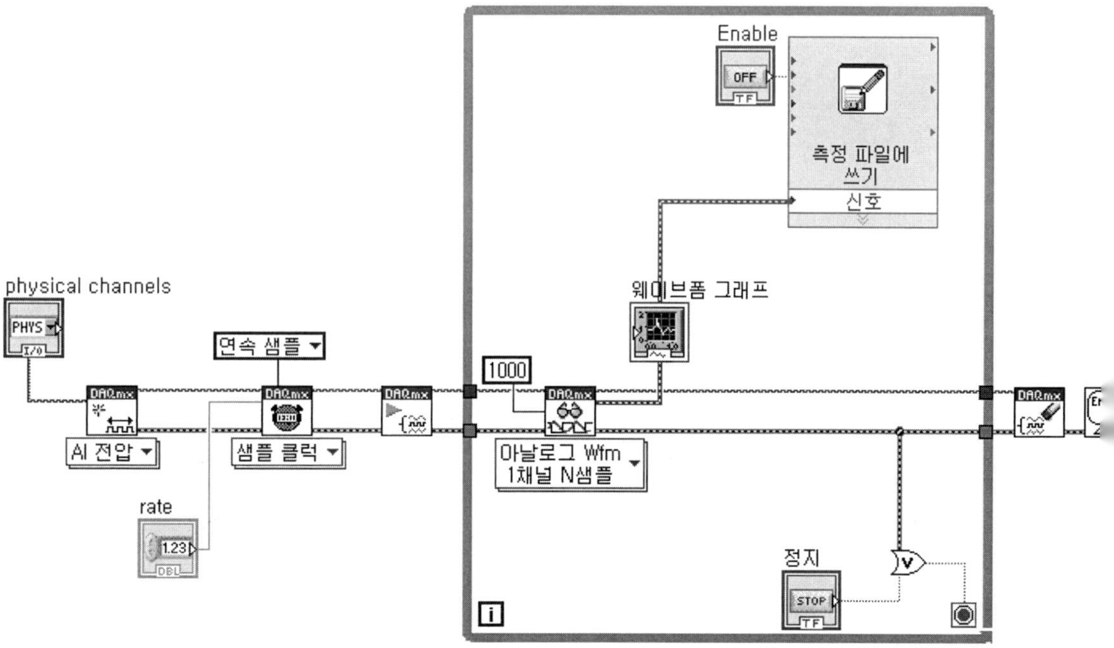

 **측정 파일에 쓰기**는 함수 〉 프로그래밍 〉 파일 I/O 팔레트에서 찾을 수 있습니다. 먼저 파일 이름을 지정해주고, 다음과 같이 **헤더 없음과 오직 하나의 열**을 선택해주었습니다. 일반적으로 txt 파일이나 Excel 파일로 저장합

니다. 기본형식은 *.lvm 파일로 저장입니다.

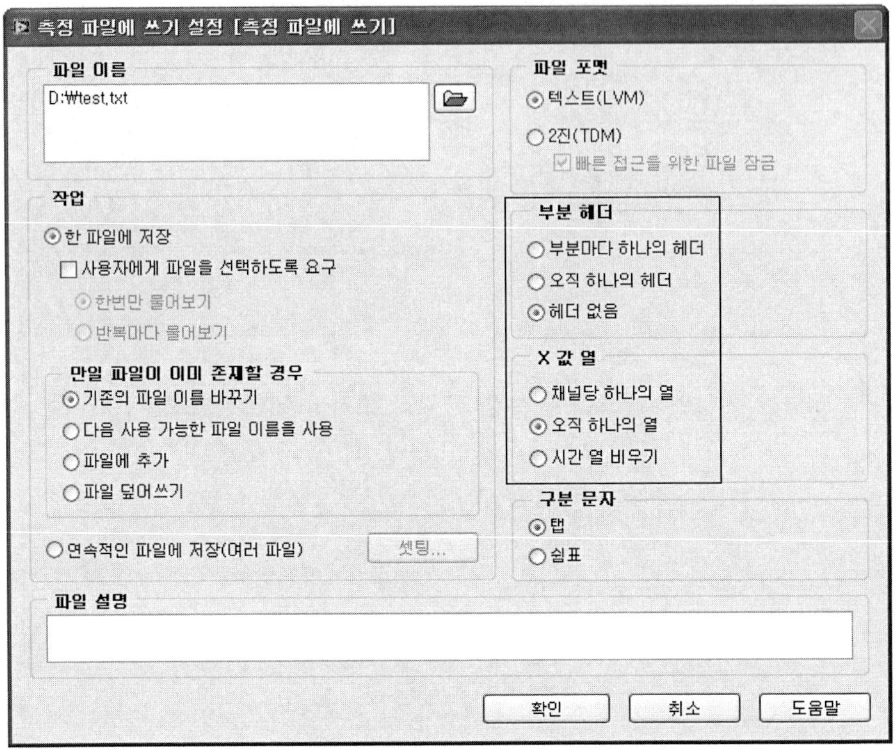

연습 3-3 끝

연습 3-2와 연습 3-3은 1개 채널에서 웨이브폼을 측정하는 VI를 작성한 예입니다. 그러나 여러 채널에서 동시에 웨이브폼을 측정하는 VI와 근본적으로 크게 다르지 않습니다. 유일하게 다른 점은 **DAQmx 읽기**에서 아날로그 〉 여러 채널 〉 여러 샘플 〉 1D 웨이브폼으로 선택해주는 것입니다. 이 경우, 데이터 출력은 1차원 웨이브폼 배열로 바뀝니다.

그러나 이렇게 멀티채널 보드를 이용한 다채널 아날로그 측정을 구현할 때, 채널 별로 Gain을 다르게 설정하거나 샘플링 속도를 다르게 설정할 수는 없습니다. 여러 채널을 동일한 설정으로 동시에 측정한다고 생각하면 될 것입니다.

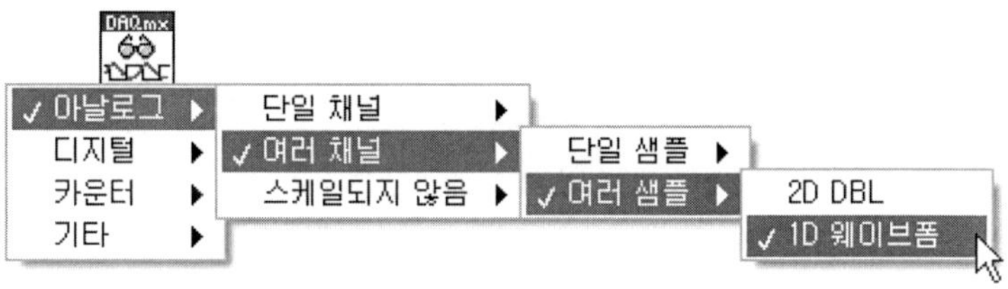

연습 3-4. 다 채널 웨이브폼 측정

여러 채널에서 10,000 S/s의 속도로 연속적으로 측정하는 VI를 작성해봅니다. 연습 3-3에서 DAQmx 읽기 부분을 수정하여 구현할 수 있습니다.

⌘ 블록다이어그램

1. 연습 3-3에서 작성한 VI를 수정합니다. **DAQmx 읽기**의 설정을 다음과 같이 바꾸어줍니다. **아날로그 〉 여러 채널 〉 여러 샘플 〉 1D 웨이브폼.**

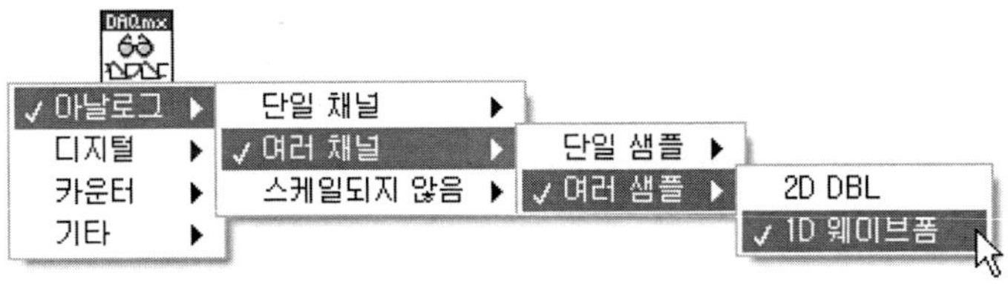

2. 블록다이어그램은 다음과 같습니다. DAQmx 읽기의 설정이 [아날로그 1D Wfm N채널 N샘플]로 바뀌었습니다. N채널에서 N샘플의 1D 웨이브폼을 측정하겠다는 의미입니다.

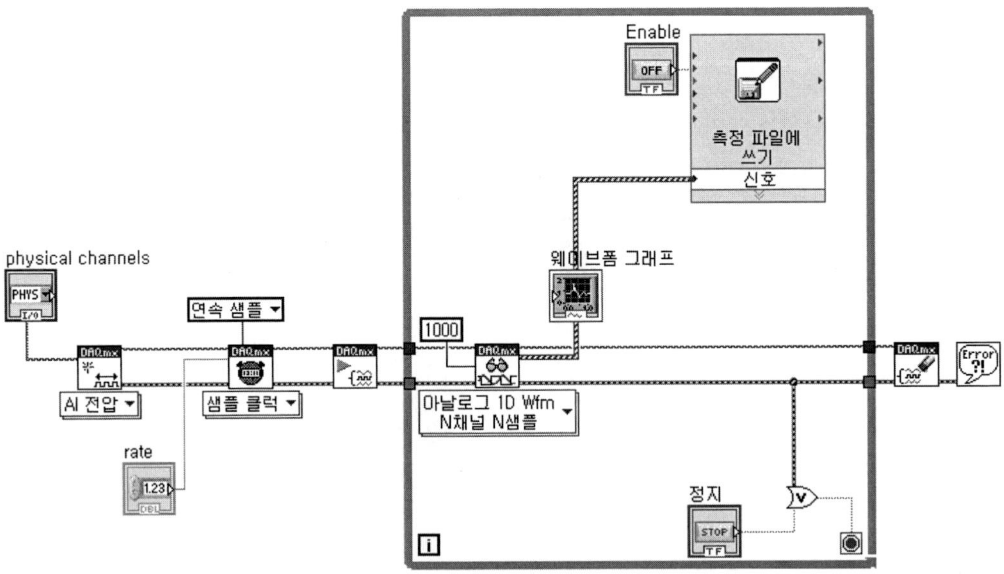

⌘ 프런트패널

3. 프런트패널을 다음과 같이 정리하고 VI를 실행합니다. 연속적인 두 개의 채널을 측정할 경우에는 **콜론 :**을 이용하여 채널을 입력합니다. **ai0:1**은 채널 0과 채널 1을 측정하겠다는 의미입니다.

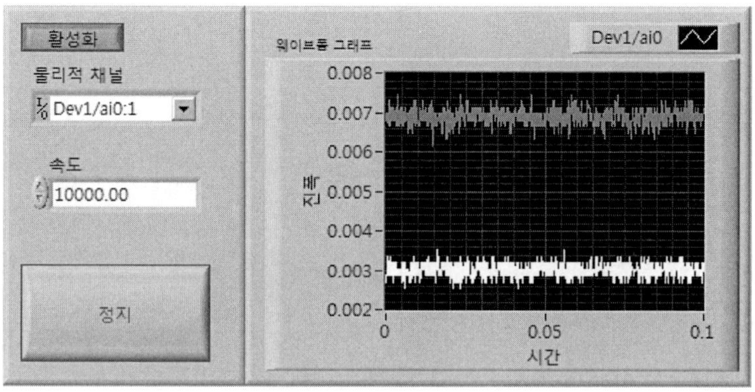

4. 다음과 같이 [탐색...]을 선택하고, Shift 키나 Ctrl 키를 이용하여 여러 채널을 선택할 수 있습니다. 아래는 연속하지 않은 ai0, ai2, ai5 채널을 선택한 사례입니다.

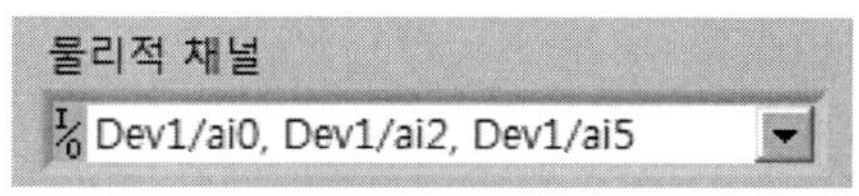

연습 3-4 끝

연습 3-2, 3-3, 3-4는 DAQ 보드에 내장된 Clock을 이용한 예제입니다. 그러나 외부 기기와 동기화를 위하여 외부 Clock을 이용한 아날로그 입력이 요구되는 경우가 있습니다. 다음 연습 3-5는 외부 Clock을 사용한 다채널 연속 샘플링의 예제입니다. NI 예제 탐색기 〉 하드웨어 입력과 출력 〉 DAQmx 〉 아날로그 측정 〉 전압 폴더의 Cont Acq&Graph Voltage-Ext Clk.vi와 동일한 예제입니다.

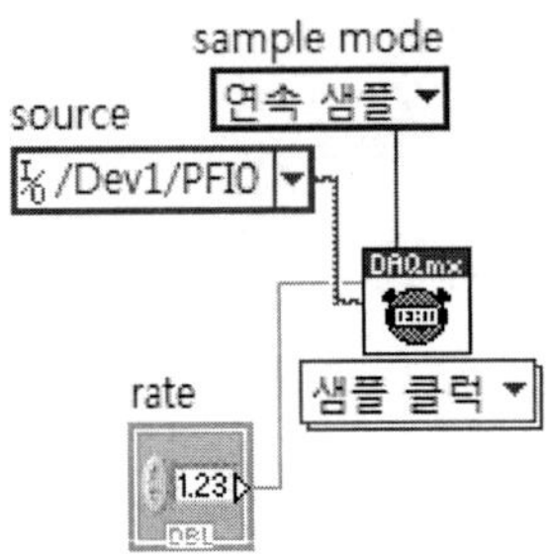

그러나 실제로 내부 Clock을 사용하는 예제인 연습 3-4와 큰 차이는 없고, DAQmx 타이밍에서 [소스] 입력에 외부 Clock의 입력 line을 선택해주면 됩니다. [소스]의 기본설정은 Internal Clock입니다. 즉, [소스] 입력을 하지 않으면 내부 Clock으로 자동 설정되고, 외부 Clock을 이용할 경우에는 해당 입력 Line을 지정해주면 됩니다. 주로 외부 Clock은 PFI핀을 이용합니다.

연습 3-5. 외부 Clock을 이용한 웨이브폼 측정

외부 Clock을 이용하여 연속적으로 다채널 웨이브폼을 측정하는 VI를 작성해 봅니다. DAQmx 타이밍에서 Clock 소스를 설정할 수 있습니다. Default는 DAQ 하드웨어의 내부 Clock을 사용하는 것이지만 외부의 Clock을 받아서 사용할 수도 있습니다.

⌘ 블록다이어그램

1. 연습 3-4를 수정합니다. DAQmx 타이밍에서 [소스] 입력에 상수를 생성해주고, 외부 Clock 입력 핀을 선택해줍니다. 여기에서는 PFI0번 핀을 선택했습니다.

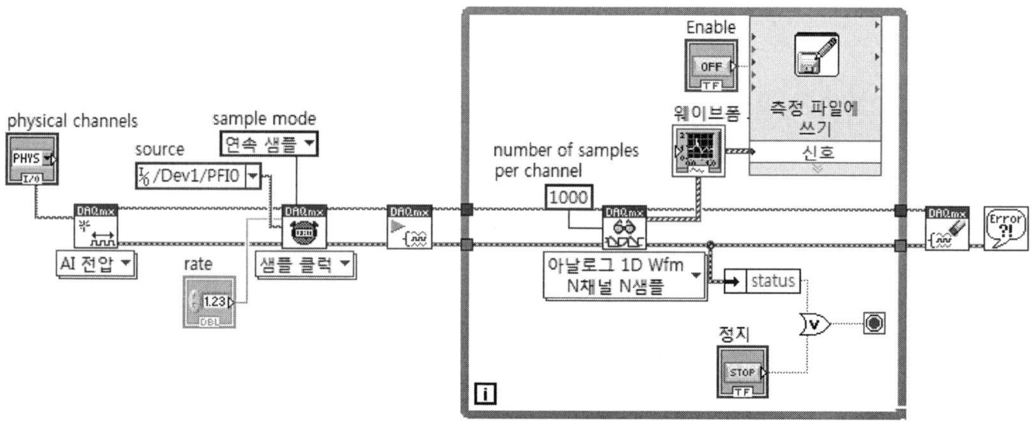

⌘ 프런트패널

2. 외부 Clock Source를 DAQ 보드의 PFI0번 핀에 입력하고, VI를 실행합니다.

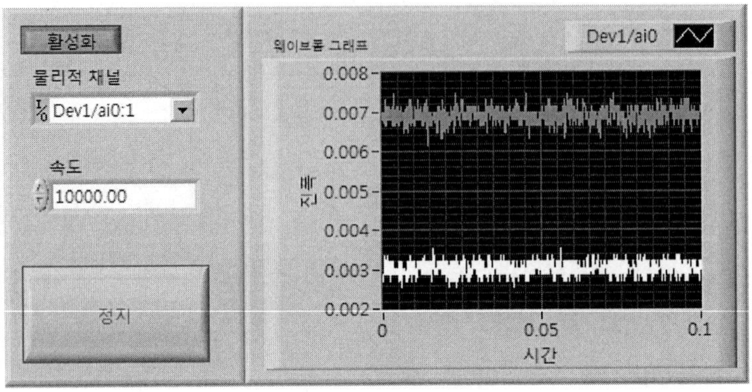

연습 3-5 끝

연습 3-2, 3-3, 3-4, 3-5를 통하여 1채널 웨이브폼 유한 샘플링, 1채널 웨이브폼 연속 샘플링, 다채널 웨이브폼 연속 샘플링, 그리고 외부 Clock을 이용한 다채널 웨이브폼 연속 샘플링의 예제에 대하여 배웠습니다.

사. 소프트웨어 타임

지금까지 하드웨어 Clock을 사용한 고속 웨이브폼 측정에 대하여 배웠습니다. 그러나 100Hz이하의 저속 측정에서는 소프트웨어 타임을 이용하여 측정해도 됩니다. 참고로 Windows OS는 1kHz의 Clock을 가지고 있으므로 이론적으로 최대 1kHz까지의 측정이 가능합니다. 다음 연습은 소프트웨어 타임을 이용하여 초당 1회 측정하는 예입니다.

소프트웨어 타임을 이용한 측정의 장점은 Windows OS에서 제공하는 절대시간, 즉 날짜와 시간 값을 이용할 수 있다는 것입니다. DAQ 하드웨어는 정밀한 고속 Clock을 제공하지만 절대시간은 제공하지 않습니다. 그래서 데이터와 날짜 및 시간을 일대일로 대응시켜서 측정하고자 하는 경우에는 소프트웨어 타임을 이용한 아날로그 입력 VI를 이용해야 됩니다.

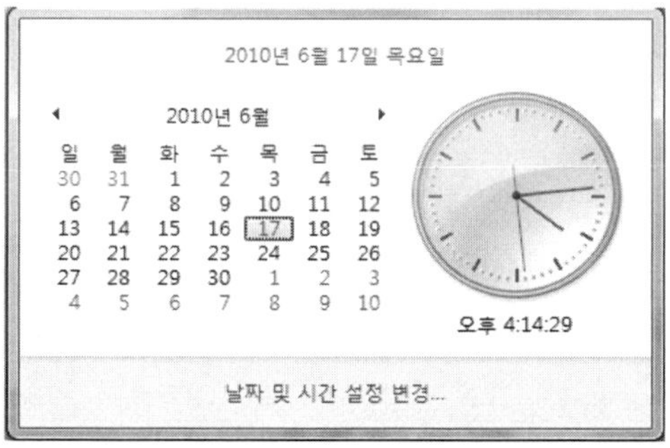

연습 3-6. 소프트웨어 타임을 이용한 아날로그 입력

소프트웨어 타임을 기준으로 아날로그 값을 측정하는 VI를 작성해봅니다. 이 방법으로 수백 Hz 정도의 샘플링 속도까지 측정이 가능합니다.

⌘ 블록다이어그램

1. 다음과 같이 블록다이어그램을 구성합니다. 연습 3-3에서  **DAQmx 타이밍**이 빠졌음을 확인할 수 있습니다. 또한 웨이브폼 그래프 대신으로 웨이브폼 차트를 사용하였습니다.

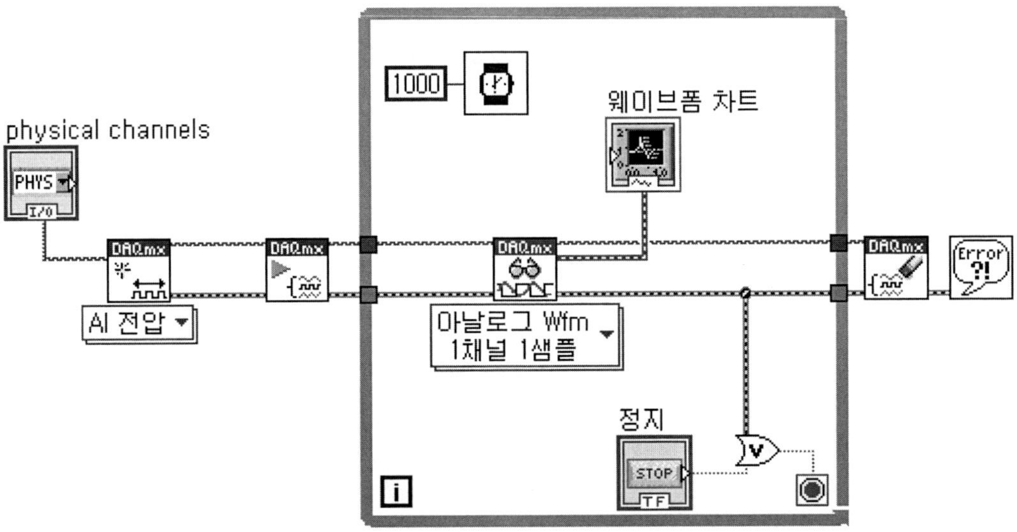

 **DAQmx 읽기**에서 아날로그 〉 단일 채널 〉 단일 샘플 〉 웨이브폼을 선택해주었습니다. 단일 샘플이므로 웨이브폼 차트를 사용하여 측정값을 디스플레이합니다.

 **기다림(ms)**은 미리 초 단위로 Wait하는 함수입니다. 1000을 입력하였으므로 1 초를 기다립니다. 함수 〉 프로그래밍 〉 타이밍 팔레트에서 찾을 수

있습니다.

⌘ 프런트패널

2. 다음과 같이 프런트패널을 구성하고 실행합니다.

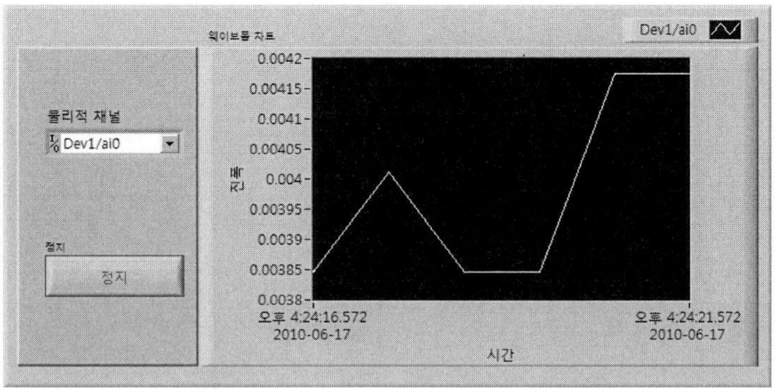

⌘ 파일 I/O 추가

3. 다음과 같이 블록다이어그램을 수정하여, 측정한 데이터를 시간정보와 함께 저장합니다.

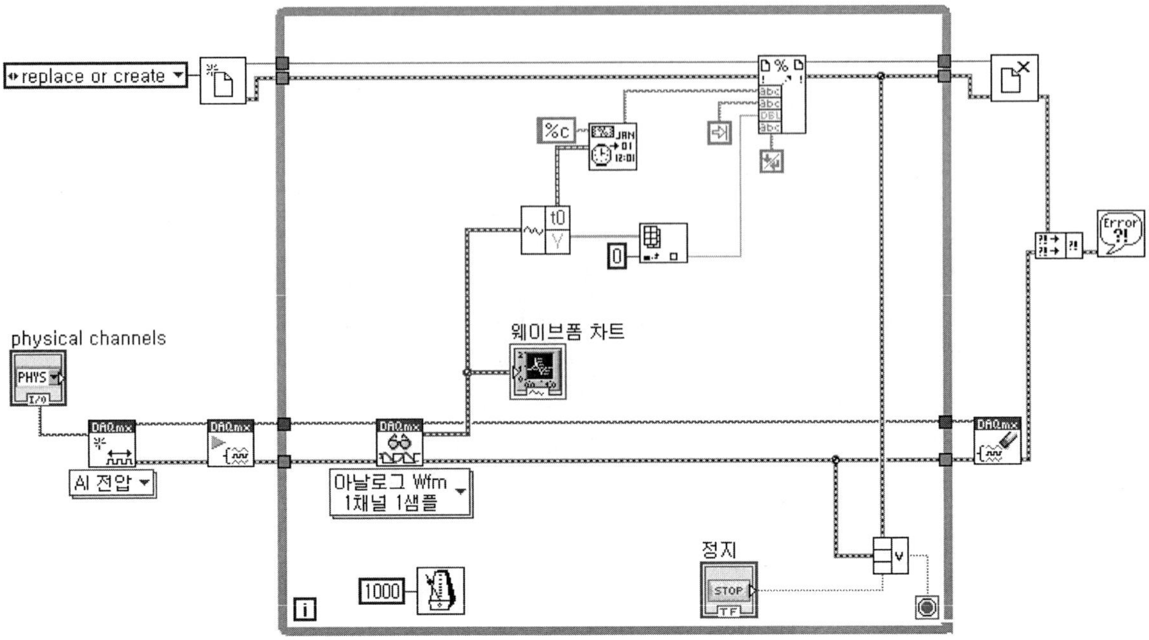

a. **웨이브폼 구성요소 얻기**는 함수 〉 프로그래밍 〉 웨이브폼 팔레트에서 을 찾을 수 있습니다. 크기를 키우거나 항목을 바꾸어 선택할 수 있습니다. 여기에서는 t0과 Y 항목을 선택해주었습니다. t0은 타임스탬프이고, Y는 측정값입니다. 비록 단일 샘플(Single Sample)씩 측정하는 경우이지만 웨이브폼에서 측정값 Y는 항상 1D 배열입니다.

b. **배열 인덱스**를 이용하여 측정값 Y를 **숫자형**으로 바꾸어줍니다. 함수 〉 프로그래밍 〉 배열 팔레트에서 찾을 수 있습니다.

c. **날짜/시간 문자열로 포맷**은 타임스탬프를 문자열로 바꾸어주는 함수입니다. 포맷으로 **%c**를 입력하면, Windows OS 시간 형태로 포맷을 해줍니다. 초 단위를 더 세부적으로 표현하고 싶은 경우에는 **%c%.3u**로 포맷을 입력합니다.

포맷으로 %c를 입력한 경우

포맷으로 %c%.3u를 입력한 경우

참고로 **%m월 %d일 %H시 %M분 %S%.3u초**를 입력한 경우에는 다음과 같이 포맷됩니다.

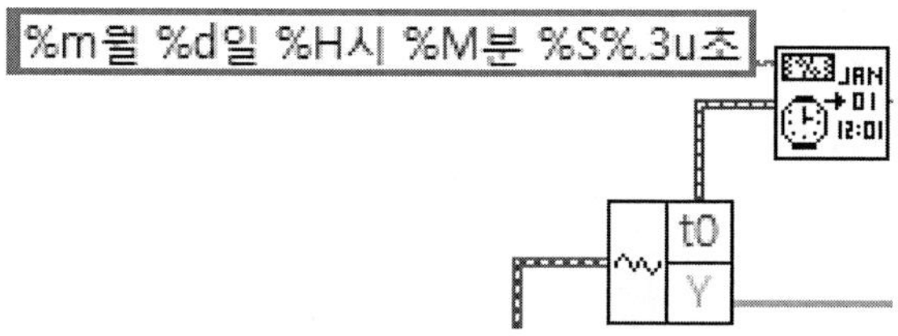

d. **파일로 포맷**을 이용하여 날짜, 시간, 데이터를 저장하였습니다. 다음은 txt파일로 저장한 데이터를 메모장으로 읽은 것입니다. 함수 〉 프로그래밍 〉 파일 I/O에서 찾을 수 있습니다.

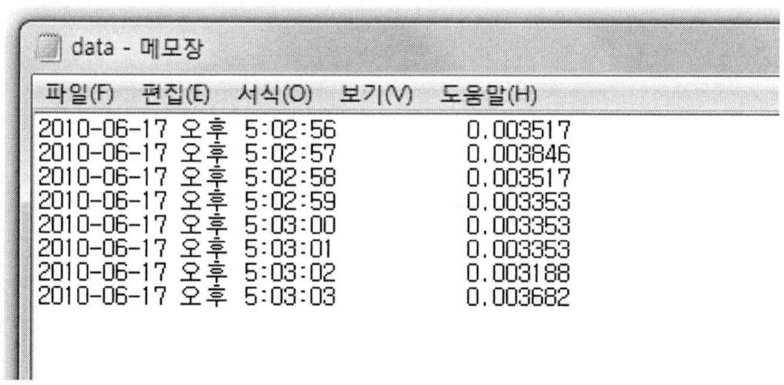
data - 메모장

파일(F) 편집(E) 서식(O) 보기(V) 도움말(H)

```
2010-06-17 오후 5:02:56      0.003517
2010-06-17 오후 5:02:57      0.003846
2010-06-17 오후 5:02:58      0.003517
2010-06-17 오후 5:02:59      0.003353
2010-06-17 오후 5:03:00      0.003353
2010-06-17 오후 5:03:01      0.003353
2010-06-17 오후 5:03:02      0.003188
2010-06-17 오후 5:03:03      0.003682
```

라인 끝 상수와 **탭 상수**는 함수 〉 프로그래밍 〉 문자열 팔레트에서 찾을 수 있습니다.

e. 파일 저장 중에 에러가 발생하거나, DAQ 측정 중에 에러가 발생하거나, 정지 버튼을 클릭했을 때, While 루프를 멈추도록 구성하기 위하여

복합 연산을 이용하였습니다. 함수 〉 프로그래밍 〉 불리언 팔레트에서 찾을 수 있습니다. 복합연산을 크기를 키워주거나 단축메뉴에서 모드를 변경할 수 있습니다.

f. 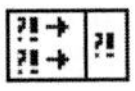 **에러 병합**은 함수 〉 프로그래밍 〉 대화 상자 & 사용자 인터페이스 팔레트에서 찾을 수 있습니다. 에러를 통합하여 단순 에러 핸들러로 보내줍니다.

4. 소프트웨어 타임 측정 및 저장.vi로 저장합니다.

연습 3-6 끝

연습 3-7(옵션). 소프트웨어 타임을 이용한 여러 채널 측정

여러 채널에서 한 개씩의 데이터를 획득하고 저장할 수 있도록 연습 3-6의 블록다이어그램을 수정합니다.

⌘ 블록다이어그램

1.  DAQmx 읽기에서 아날로그 〉 여러 채널 〉 단일 샘플 〉 1D 웨이브폼을 선택해줍니다.
2. 몇 개의 채널을 사용할 것인지가 정해지지 않았으므로, 채널 개수에 따라서 가변되는 VI를 다음과 같이 작성합니다. N에 값을 입력하지 않은 For 루프를 이용하여 자동 인덱싱합니다.

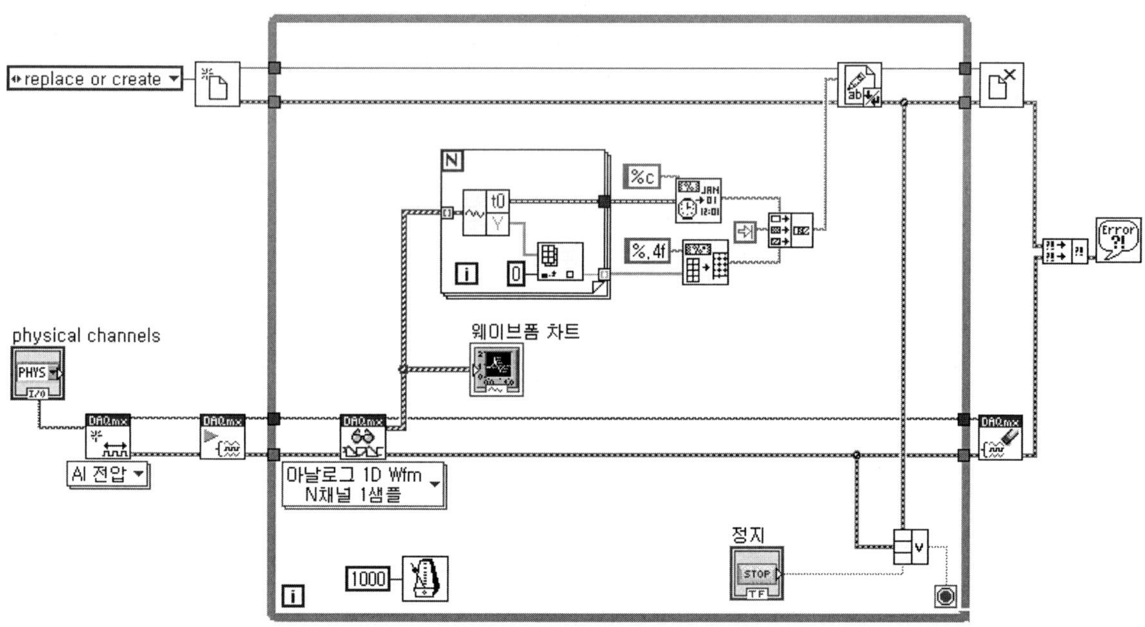

a.  **텍스트 파일에 쓰기**를 이용하여 문자열을 저장합니다. 함수 〉 프로

그래밍 〉 파일 I/O 팔레트에서 찾을 수 있습니다.

b. 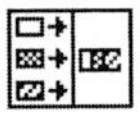 **문자열 연결**을 이용하여 타임스템프 문자열, 탭 상수, 스프레드시트 문자열을 연결하여 저장할 데이터의 포맷을 완성합니다.

c. 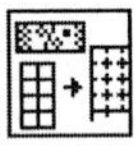 **배열을 스프레드시트 문자열로**를 이용하여 배열을 스프레드시트 문자열로 바꿔줍니다. 함수 〉 프로그래밍 〉 문자열 팔레트에서 찾을 수 있습니다.

⌘ 프런트패널

3. 프런트패널에서 Dev1/ai0:3을 입력해주고, 다음과 같이 실행합니다. 채널 0, 1, 2, 3을 측정하여 저장합니다.

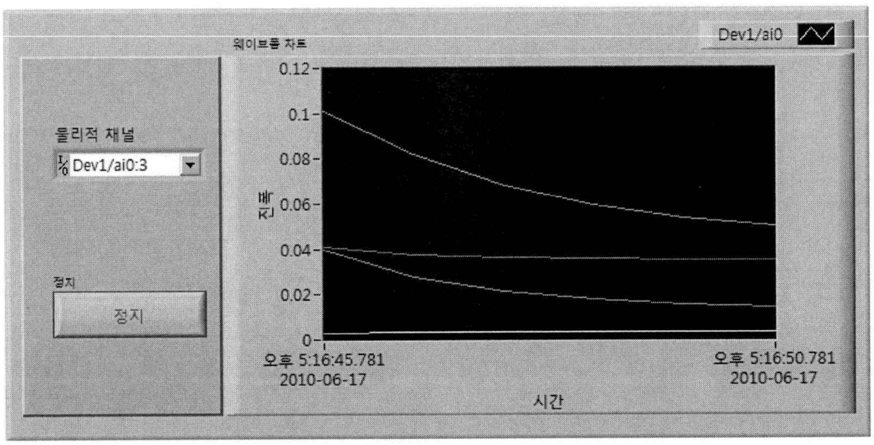

4. 저장된 데이터를 메모장을 이용하여 확인합니다.

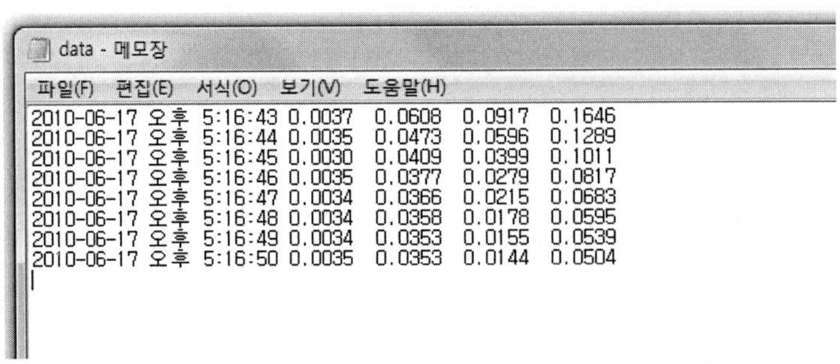
data - 메모장

파일(F) 편집(E) 서식(O) 보기(V) 도움말(H)

```
2010-06-17 오후 5:16:43 0.0037  0.0608  0.0917  0.1646
2010-06-17 오후 5:16:44 0.0035  0.0473  0.0596  0.1289
2010-06-17 오후 5:16:45 0.0030  0.0409  0.0399  0.1011
2010-06-17 오후 5:16:46 0.0035  0.0377  0.0279  0.0817
2010-06-17 오후 5:16:47 0.0034  0.0366  0.0215  0.0683
2010-06-17 오후 5:16:48 0.0034  0.0358  0.0178  0.0595
2010-06-17 오후 5:16:49 0.0034  0.0353  0.0155  0.0539
2010-06-17 오후 5:16:50 0.0035  0.0353  0.0144  0.0504
```

연습 3-7 끝

요약정리

가. 디지털 신호는 신호의 로직 정보를 이용합니다. 그리고 아날로그 신호는 신호의 크기와 모양을 다룹니다.

나. 전기적 입력 신호를 디지털 정보로 변환하거나 디지털 정보를 전기적 신호로 출력하는 목적의 하드웨어를 데이터 수집 보드라고 부릅니다.

다. 데이터 수집 보드를 선정할 때에는 얼마나 빠른 신호를 측정할 것인지, 얼마나 작은 신호를 측정할 것인지, 시그널컨디셔닝 기능을 내장하고 있는 지 등을 고려해야 됩니다.

라. 아날로그 입력 신호의 연결 방법에는 RSE 모드, NRSR 모드, 차동 모드, 유사 차동 모드가 있습니다.

마. DAQmx 드라이버를 설치하면, LabVIEW 함수 팔레트에 DAQmx 함수가 추가되고, MAX가 설치됩니다.

바. MAX는 Measurement and Automation Explorer의 약자이며, 하드웨어의 설정, 디버깅, 태스크 만들기 등의 기능을 수행할 수 있는 유틸리티입니다.

사. MAX에서 생성한 NI-DAQmx 태스크를 LabVIEW로 드래그 앤 드롭할 수 있습니다.

아. DAQ 어시스턴트를 이용하여 아날로그 입력 VI를 작성할 수 있습니다.

자. DAQmx 함수를 이용하여 웨이브폼 측정 VI를 작성할 수 있습니다.

차. 소프트웨어 타임을 이용하여 OS에서 제공하는 절대 시간과 측정 데이터를 동기화 시킬 수 있습니다.

Note.

제 4 장

신호 처리

LabVIEW를 이용한 Signal Processing 방법에 대하여 배워봅니다.

가. 신호 처리

DAQ 보드 등으로 측정한 초기 데이터에는 다양한 노이즈 성분들이 포함되어 있거나 Offset 혹은 Trend 신호가 포함되어 있는 경우가 많습니다. 그리고 이러한 노이즈나 Trend 신호를 제거한 뒤, 실제로 사용자가 원하는 정보를 초기 데이터에서 추출하는 작업이 요구됩니다. 신호 처리란, 초기 데이터에서 노이즈나 Trend 성분을 제거하거나 원하는 정보를 분석해내는 작업을 의미합니다. LabVIEW에서는 다양한 신호 처리 함수와 툴킷, 그리고 수학 연산 함수를 이용하여 이러한 신호 처리를 수행할 수 있습니다. 관련 함수는 함수 〉 신호 처리 팔레트나 함수 〉 수학 팔레트에서 여러 함수들을 찾을 수 있습니다.

여기에서는 다음에 대하여 설명할 것입니다.

1. 디지털 필터를 이해하고 사용하고 디자인하는 방법에 대하여 설명합니다.
2. 웨이블릿 분석의 원리 및 사용 방법에 대하여 설명합니다.
3. 다양한 수학 함수와 사용 방법에 대하여 설명합니다.

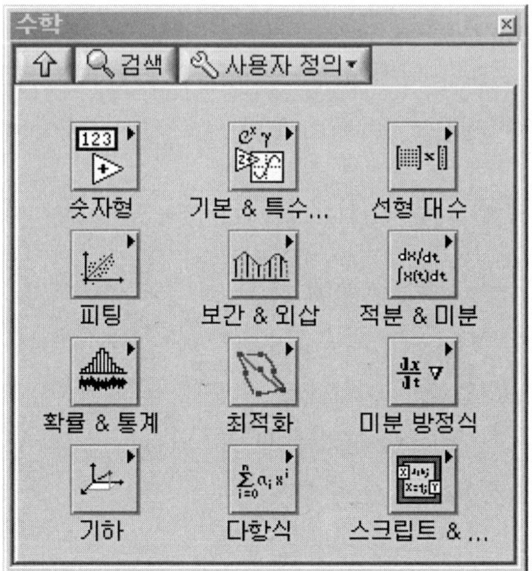

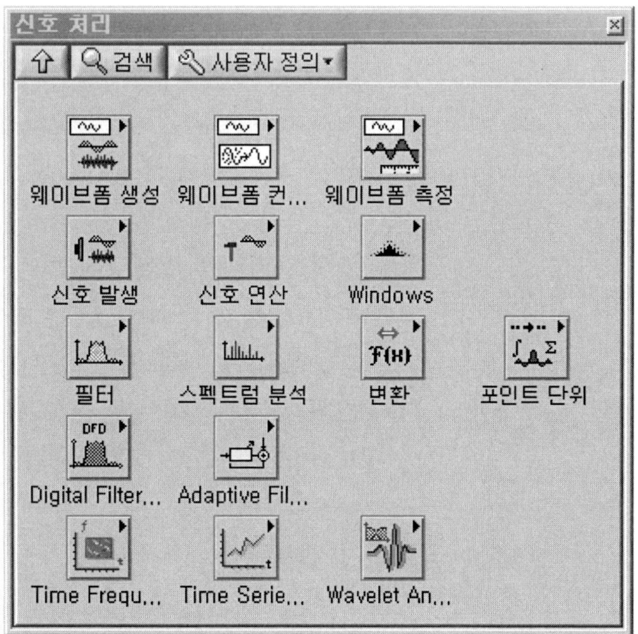

나. 디지털 필터

필터 설정 창에서 필터의 종류와 스펙을 선택할 수 있습니다. 저역 통과(Low Pass), 고역 통과(High Pass), 대역 통과(Band Pass), 그리고 대역 정지(Band Stop) 필터를 선택할 수 있으며, FIR과 IIR 필터 타입을 선택할 수 있습니다.
FIR 필터와 IIR 필터는 디지털 필터를 구현하는 계산 방식에 따라서 구분하는 것입니다. 처리 속도 및 응답 특성에서 장단점이 있지만, 어느 것이 절대적으로 좋다고 말할 수 없으므로 경우에 따라서 사용자가 가장 적합한 방식을 선택해주어야 될 것입니다.

FIR 필터는 Linear Phase Shift이므로 위상 보정이 가능하고, 구현이 쉬워서 User가 다양한 Application으로 변경이 가능합니다. 특히 Phase 정보가 중요한 RF 분야나 User의 로직을 추가해야되는 제어 등에서 FIR 필터를 많이 사용합니다.
IIR 필터는 Ideal한 필터에 가깝게 구현 가능하다는 장점을 가지고 있습니다. 그러나 Magnitude 특성이 좋은 대신, Phase Shift가 Nonlinear하여 보정이 불가능하고, 구현이 어려워서 User가 필터를 변경하기가 힘들고 표준화된 필터를 사용해야 됩니다. 버터워스, 체비셰프, 역 체비셰프, 타원, 베셀 등의 IIR 필터가 있습니다.

함수 〉 신호 처리 〉 필터 팔레트에서 수학적인 디지털 필터 함수들을 찾을 수 있습니다. 특히 고급 IIR 필터링 팔레트나 고급 FIR 필터링 팔레트에서 각각의 [필터 계수]를 디자인하는 함수들을 찾을 수 있습니다. 디자인된 필터 계수와 디지털 데이터의 합성곱을 취하면, 필터링을 구현할 수 있습니다. 그러나 필터 익스프레스 VI와 결과는 동일합니다.

1. FIR 필터의 이해

FIR 필터를 수학적으로 이해하기 위해서는 먼저 FIR 시스템에 대하여 이해해야됩니다. 시스템이란, 배열 x[n]을 입력받아서 프로세싱을 진행하고 같은 크기의 배열 y[n]을 출력합니다. 다음과 같이 표현할 수 있습니다.

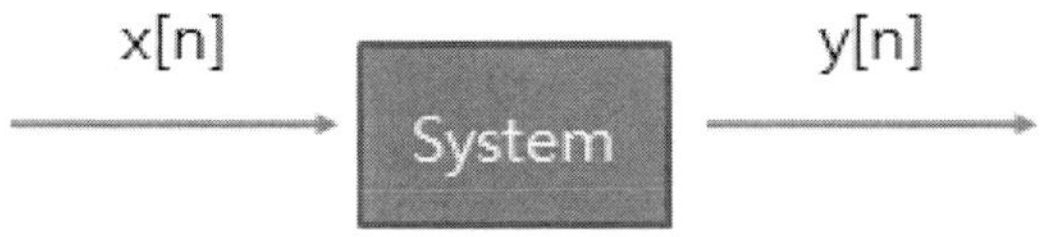

수학적으로 FIR 시스템은 다음과 같이 정의됩니다.

$$y[n] = \sum_{k=0}^{M} b_k x[n-k]$$

$$y[n] = b_0 x[n] + b_1 x[n-1] + b_2 x[n-2] + \ldots + b_M x[n-M]$$

여기에서 bk는 매개변수(Parameter) 혹은 계수라고 부릅니다.
또한 bk는 다음과 같이 Unit Implus Response로 표현될 수 있습니다. Unit Implus Response란, 시스템에 Unit Implus δ[n-k]를 입력했을 때의 Response인 y[n] 값을 의미합니다. 이 Response는 계수와 나머지는 0으로 구성된 n개 원소의 배열입니다. 수식으로 표현하면 다음과 같습니다.

$$h[n] = \sum_{k=0}^{M} b_k \delta[n-k] = \begin{cases} b_n & n = 0, 1, 2, \ldots, M \\ 0 & otherwise \end{cases}$$

그리고 원소표로 표시하면 다음과 같습니다. n = 0, 1, 2, ..., M인 경우에는 b_k이고 다른 경우에는 모두 0임을 나타냅니다. 즉, h[n]은 n개 원소 배열이지만 그중 M+1개만 계수 값을 가지고 나머지는 0입니다.

n	N<0	0	1	2	3	...	M	M+1	N>M+1
h[n]	0	b_0	b_1	b_2	b_3	...	b_M	0	0

FIR 시스템은 Unit Impulse Response인 h[n]을 이용하여 다음과 같이 수학적으로 표현됩니다.

$$y[n] = \sum_{k=0}^{M} b_k x[n-k] = \sum_{k=0}^{M} h[k] x[n-k] = \sum_{k=-\infty}^{\infty} h[k] x[n-k] = h[n] * x[n] = x[n] * h[n]$$

즉, y[n]은 h[n]과 x[n]의 합성곱(convolution)입니다.

FIR 시스템의 대표적인 예는 Running Average입니다. 일반적으로 Running Average는 고주파 성분을 제거하기 때문에 Low Pass Filter의 한 방법입니다. 다음은 3-points running average를 수행하는 예입니다. 시프트레지스터를 이용하여 연속되는 3개 원소의 평균을 취하였습니다.

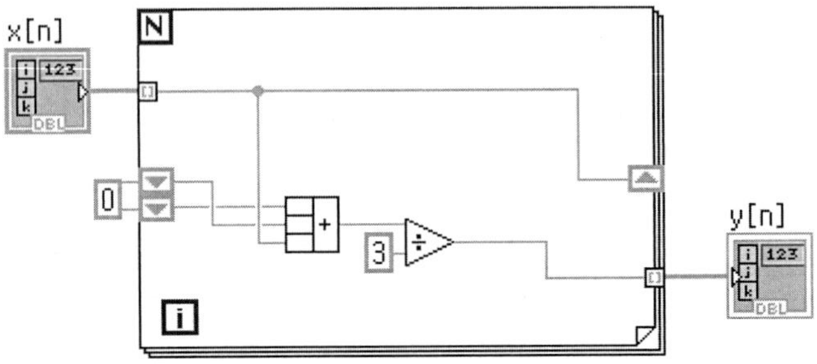

그리고 3-points running average는 3 개의 계수를 가진 FIR 시스템으로 표현할 수 있습니다.

$y[n] = b_0x[n] + b_1x[n-1] + b_2x[n-2]$

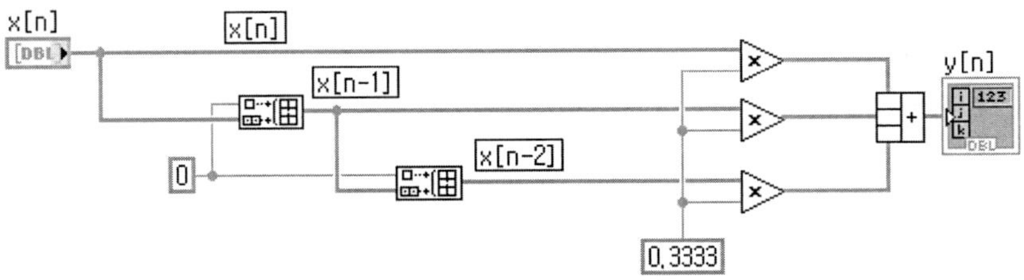

이것을 다시 Unit Impulse Response h[n] = {0.3333, 0.3333, 0.3333}과의 합성곱으로 표현하면 다음과 같습니다. 합성곱은 함수 〉 신호 처리 〉 필터 〉 고급 FIR 필터링 팔레트에서 찾을 수 있습니다.

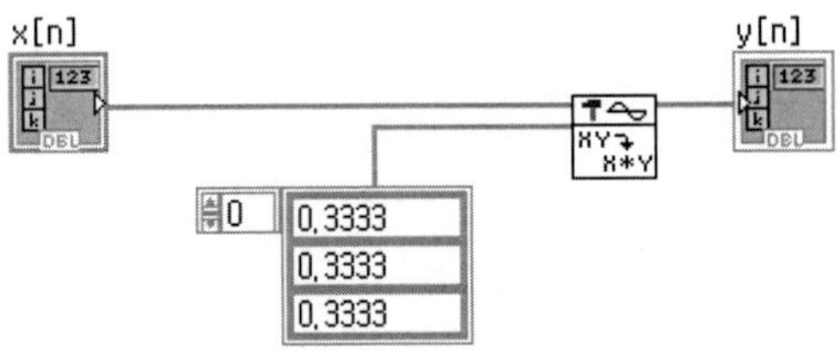

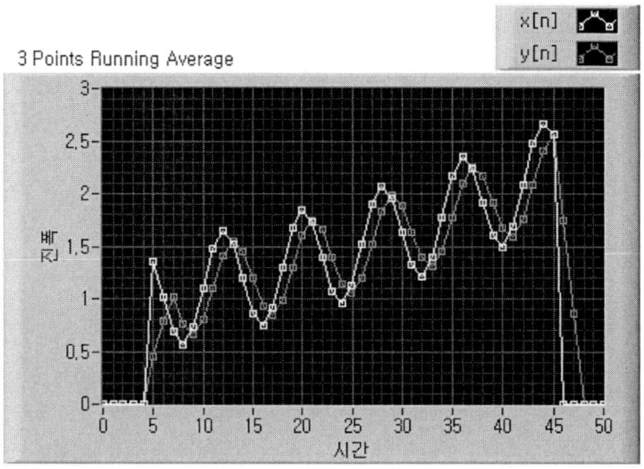

같은 방법으로 7 points running average를 구하면 다음과 같이 표현될 수 있습니다.

Running Average가 입력받은 신호의 High Frequency 성분을 제거하고 있음을 확인할 수 있습니다. 또한 이와같은 FIR 시스템을 통하여 위상(Phase)도 오른쪽으로 Shift됨을 확인할 수 있습니다. Linear한 Shift이므로 간단하게 위상을 복귀시킬 수 있을 것입니다.

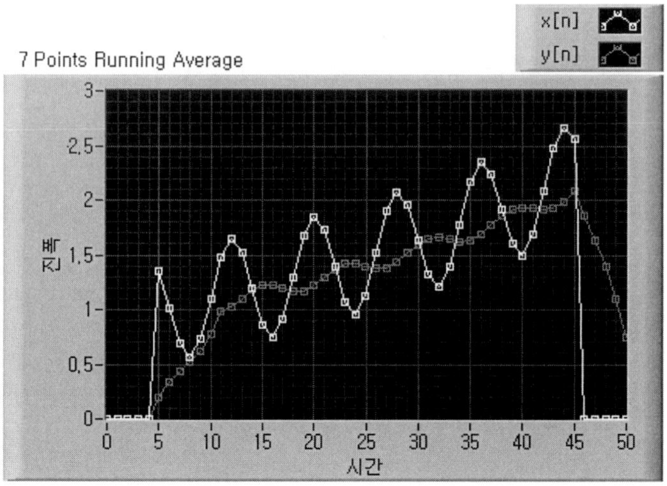

위에서 소개한 Running Average는 대표적인 FIR 시스템의 예입니다. 특히 Running Average FIR시스템은 High Frequency 성분을 제거하는 Low Pass Filter의 특성을 나타냅니다. 이와 같이 FIR 시스템을 어떻게 디자인하느냐에 따라서 필터링을 구현할 수 있습니다. 그리고 여기에서 디지털 필터 디자인이라는 학문이 파생됩니다. 디지털 필터를 디자인한다는 것은 [필터 계수]를 어떻게 디자인하느냐를 의미합니다. 즉 Impulse Response h[n]을 디자인하는 작업입니다. 이를 위하여 Z transform을 통한 시스템의 안정성과 디자인이 필요합니다. 그러나 그보다 먼저 만들어진 FIR 시스템의 주파수 특성, 즉 Frequency Response에 대하여 알아봅니다.

2. FIR 시스템의 Frequency Response

시스템의 주파수 특성을 알기 위해서는 기본 주파수 파형인 사인 파형들(Sinusoid)을 입력해서, 각 주파수 성분(ω)에 대한 Response를 확인하는 방법을 사용합니다.

sinusoid 신호인 $x[n] = Ae^{j\phi}e^{j\hat{\omega}n}, \quad -\infty < n < \infty$ 을 이용하여 다음과 같이 시스템의 주파수 특성을 분석합니다. 여기에서 φ 는 위상(Phase) 성분이고, $\hat{\omega} = 2\pi f$ 는 주파수 성분입니다.

FIR 시스템으로 수식을 전개하면 다음과 같습니다.

$$\begin{aligned} y[n] &= \sum_{k=0}^{M} b_k x[n-k] \\ &= \sum_{k=0}^{M} b_k A e^{j\phi} e^{j\hat{\omega}[n-k]} = \sum_{k=0}^{M} b_k e^{-j\hat{\omega}k} A e^{j\phi} e^{j\hat{\omega}n} = \sum_{k=0}^{M} b_k e^{-j\hat{\omega}k} x[n] \\ &= H(e^{j\hat{\omega}}) x[n] \end{aligned}$$

여기에서, $H(e^{j\hat{\omega}}) = \sum_{k=0}^{M} b_k e^{-j\hat{\omega}k}$ 입니다.

$H(e^{j\hat{\omega}})$을 FIR 시스템의 Frequency Response라고 부르고 ω 의 함수입니다. 그리고 $H(e^{j\hat{\omega}})$는 ω 의 함수이므로 다음과 같이 진폭과 각도 성분으로 표현할 수 있습니다.

$$H(e^{j\hat{\omega}}) = |H(e^{j\hat{\omega}})| e^{j\angle H(e^{j\hat{\omega}})}$$

이것을 FIR 시스템에 다시 적용하면, 다음과 같이 표현됩니다.

$$y[n] = H(e^{j\hat{\omega}})x[n] = (|H(e^{j\hat{\omega}})|A)e^{j(\angle H(e^{j\hat{\omega}})+\phi)}e^{j\hat{\omega}n}$$

이 수식으로 분석하면 sinusoid 신호인 $x[n] = Ae^{j\phi}e^{j\hat{\omega}n}$ 이 FIR 시스템에 의하여 Magnitude Amplitude와 Phase가 변함을 확인할 수 있습니다. 즉, Magnitude는 $|H(e^{j\hat{\omega}})|$ 배가 되고, Phase는 $\angle H(e^{j\hat{\omega}})$만큼 변하게 됩니다. 이를 통하여 FIR 시스템은 Linear한 Phase 변화가 있는 필터의 특성을 가진다는 것을 다시 한번 확인할 수 있습니다. 다음 세 가지 FIR 시스템의 예를 통하여 이를 확인해봅니다.

[예 1] First Difference System

First Difference System이란, y[n] = x[n] - x[n-1]로서 원소들을 한 개씩 Shift하면서 빼주는 FIR 시스템의 한 예입니다. 이 시스템의 Frequency Response $H(e^{j\hat{\omega}})$을 계산하면 다음과 같습니다.

y[n] = x[n]-x[n-1]이면, b_0 = 1, b_1=-1, 나머지는 0입니다.

그러므로 $H(e^{j\hat{\omega}}) = \sum_{k=0}^{M} b_k e^{-j\hat{\omega}k} = 1 - e^{-j\hat{\omega}} = 1 - \cos\hat{\omega} + j\sin\hat{\omega}$ 입니다.

삼각함수 연산을 통하여 $|H(e^{j\hat{\omega}})| = 2\left|\sin\left(\frac{\hat{\omega}}{2}\right)\right|$ 이고,

$\angle H(e^{j\hat{\omega}}) = \arctan\left(\frac{\sin\hat{\omega}}{1-\cos\hat{\omega}}\right)$ 임을 확인할 수 있습니다. 각각을 그래프로 표현하면 다음과 같습니다.

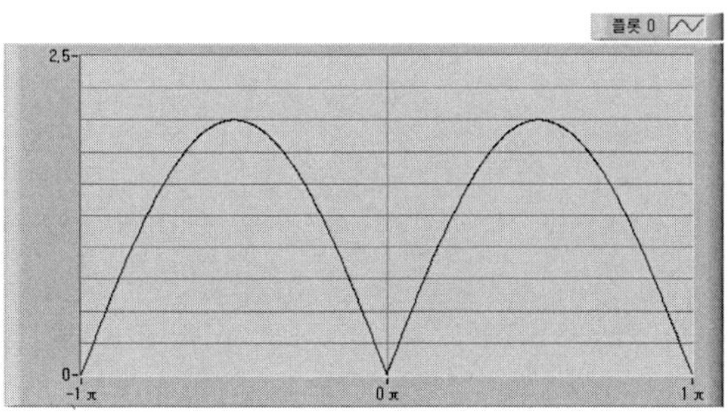

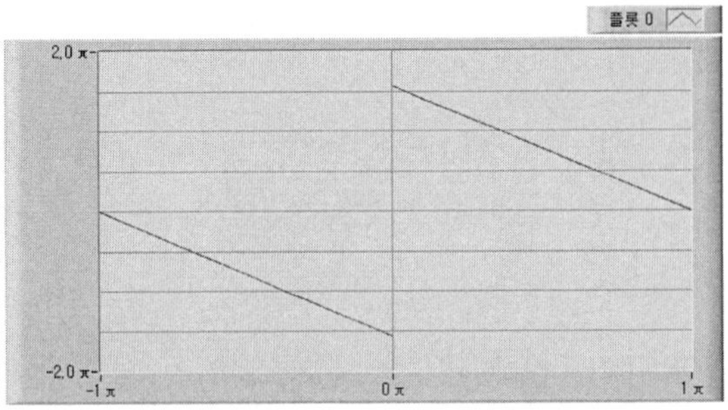

모두 주파수 성분인 ω 의 함수이고, $\hat{\omega} = 2\pi f$ 입니다. 그러므로 진폭 $|H(e^{j\hat{\omega}})| = 2\left|\sin\left(\frac{\hat{\omega}}{2}\right)\right|$ 은 0㎐ 성분을 제거하는 High Pass의 특성을 나타냅니다. 위상변화 또한 주파수 성분에 따라 다르게 나타남을 확인할 수 있습니다.

〔예 2〕 Low Pass Filter

$\{b_k\} = \{1, 2, 1\}$ 인 FIR 시스템은 Low Pass 필터의 특성을 가지는 가장 간단한 시스템입니다. y[n] = x[n] + 2x[n−1] + x[n−2]입니다.

$H(e^{j\hat{\omega}}) = \sum_{k=0}^{M} b_k e^{-j\hat{\omega}k} = 1 + 2e^{-j\hat{\omega}} + e^{-j2\hat{\omega}} = (2 + 2\cos\hat{\omega})e^{-j\hat{\omega}}$ 이므로,

$|H(e^{j\hat{\omega}})| = (2 + 2\cos\hat{\omega})$ 이고, $\angle H(e^{j\hat{\omega}}) = -\hat{\omega}$ 입니다. 그래프로 표현하면 각각 다음과 같습니다.

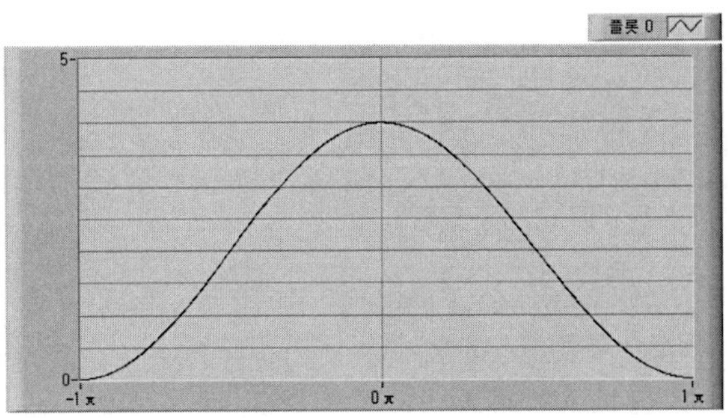

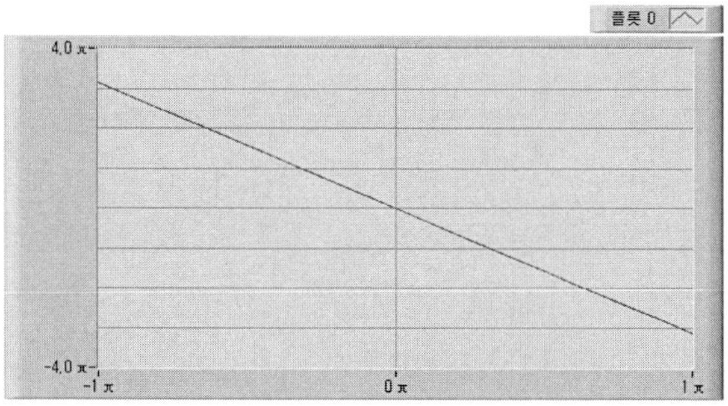

0㎐ 부근의 신호는 통과하고, High Frequency 성분은 차단되는 전형적인 Low Pass Filter입니다.

[예 3] Running Average

Running Average는 다음과 같이 FIR 시스템으로 표현할 수 있습니다.

$y[n] = \frac{1}{L}\sum_{k=0}^{L-1} x[n-k]$, 여기에서 L은 정수입니다.

그리고 Frequency Response를 구하면 다음과 같습니다.

$$H(e^{j\hat{\omega}}) = \frac{1}{L}\sum_{k=0}^{L-1} e^{-j\hat{\omega}k} = \left(\frac{\sin(\frac{\hat{\omega}L}{2})}{L\sin(\frac{\hat{\omega}}{2})}\right)e^{-j\hat{\omega}(L-1)/2}$$ 입니다.

L=11인 경우에 대하여 그래프로 표현하면 다음과 같습니다. Running Average는 Low Pass 필터의 특성을 나타냄을 확인할 수 있습니다.

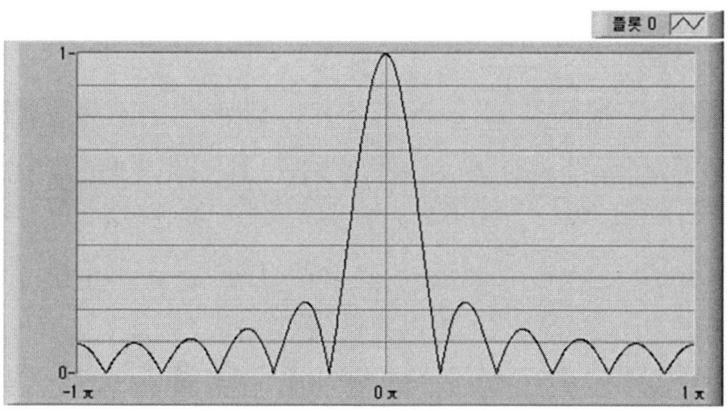

3. FIR 필터 디자인

정리하면 FIR 시스템은 주파수 성분 별로 진폭의 감쇄나 Stop, Pass 등의 특성을 나타냅니다. 즉 필터 기능을 구현할 수 있습니다. 필터 계수를 어떻게 디자인하느냐에 따라서 원하는 특성의 디지털 필터를 디자인할 수 있습니다. FIR 시스템을 디자인하기 위해서는 Z Transform으로 시스템의 Pole과 Zero를 구하여 시스템의 특성과 안정성을 확인해야됩니다. Z transform은 복잡한 수학적 논의이므로 이 책에서는 더 이상 논하지 않습니다.

LabVIEW는 사용자가 쉽게 원하는 특성의 FIR 필터를 디자인할 수 있도록 필터 계수를 만드는 함수들을 제공합니다. 함수 〉 신호처리 〉 필터 〉 고급 FIR 필터링 팔레트에서 이들 함수를 찾을 수 있습니다. FIR 윈도우된 계수, 팍스-맥클레란, 사비츠키 고레이 필터 계수, 그리고 FIR 협대역 계수 등이 있습니다. 각각 Magnitude와 Phase 특성이 다르므로 용도에 맞추어 선택하여 사용하면 될 것입니다.

가장 일반적인 FIR 필터계수 함수는 **FIR 윈도우된 계수**입니다.

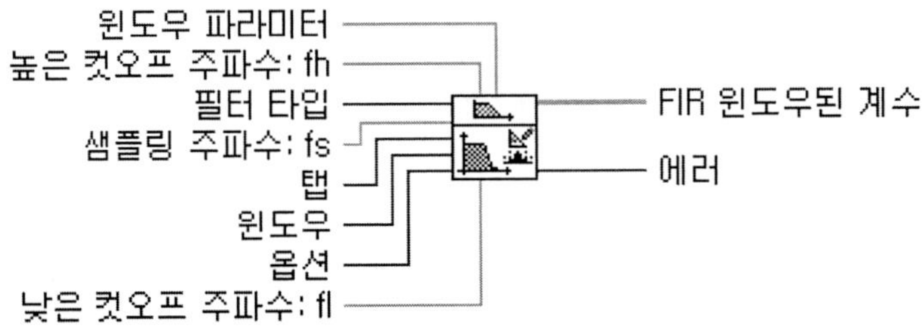

필터타입은 Low Pass(기본설정), High Pass, Band Pass, Band Stop을 선택할 수 있습니다.

높은 컷오프 주파수: fh는 Band Pass와 Band Stop에서만 사용되는 설정입니다. Low Pass와 High Pass 필터에서는 낮은 컷오프 주파수: fl만 사용합니다.

탭은 FIR 윈도우된 계수의 원소 개수입니다. 0보다 커야 되고, High Pass나 Band Stop인 경우에는 홀수를 입력해야 됩니다.

윈도우는 평활화 윈도우의 타입을 지정합니다. 평활화 윈도우는 필터 통과 대역에서 리플을 줄이고 필터 정지 대역에서 주파수 성분을 감쇠하여 필터의 성능을 향상합니다. 참고로 사각형(기본) 윈도우는 윈도우 기능을 사용하지 않겠다는 의미와 동일합니다.

다음은 **FIR 윈도우된 필터**의 블록다이어그램입니다. 함수 〉 신호처리 〉 필터 팔레트에서 찾을 수 있습니다. FIR 윈도우된 계수와 합성곱으로 구현되었음을 확인할 수 있습니다.

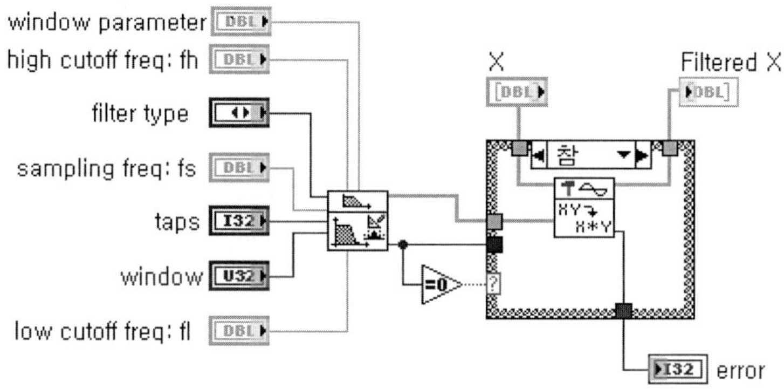

디지털 필터는 1D DBL 배열 타입의 신호를 입력받아서, 같은 크기와 타입의 필터된 배열을 출력합니다. 이때 DAQ 보드의 샘플링 속도가 입력값으로 필요합니다.

연습 4-1. 필터 익스프레스 VI

필터 익스프레스 VI를 이용하여 신호 처리를 수행하는 VI를 만들어봅니다.
다음을 배웁니다.

- 필터를 이용하여 저역 통과 필터링을 구현합니다.
- 익스프레스 VI의 사용법을 익힙니다.

⌘ 블록다이어그램

1. 새 VI를 만들고, Low Pass 필터.vi로 저장합니다.
2. 프런트패널에 웨이브폼 그래프를 한 개 위치시킵니다.
3. 신호 시뮬레이션과 필터를 위치시키고 다음과 같이 블록다이어그램을 완성합니다. 함수 〉 익스프레스 〉 입력 팔레트 및 신호 분석 팔레트에서 각각 찾을 수 있습니다.
4. 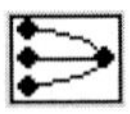 신호 병합은 함수 〉 익스프레스 〉 신호 조작 팔레트에서 찾을 수 있습니다. 여러 개의 다이내믹 데이터를 병합해주는 함수입니다.

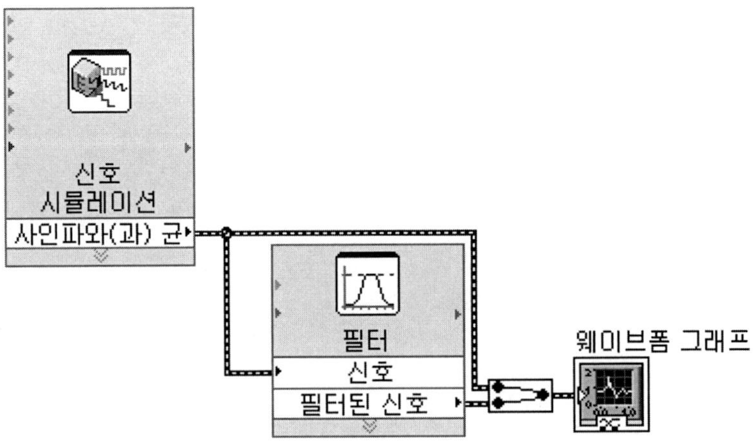

5. 신호 시뮬레이션과 필터를 다음과 같이 설정합니다.

- 신호 시뮬레이션: 사인파, 주파수=10.1Hz, 노이즈 추가, 초당 샘플 =1000Hz
- 필터: 저역 통과, 컷오프 주파수 = 100Hz

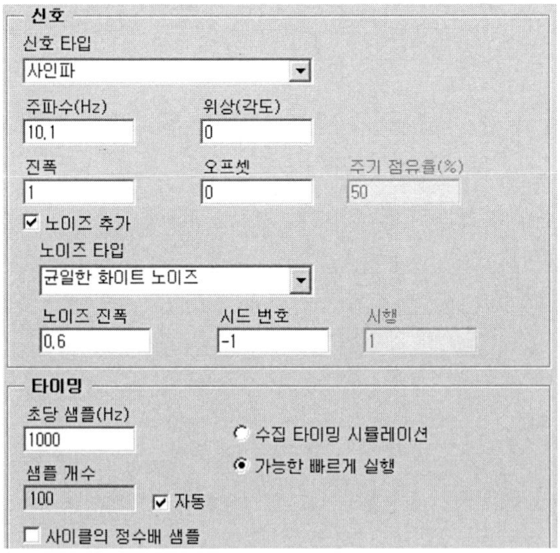

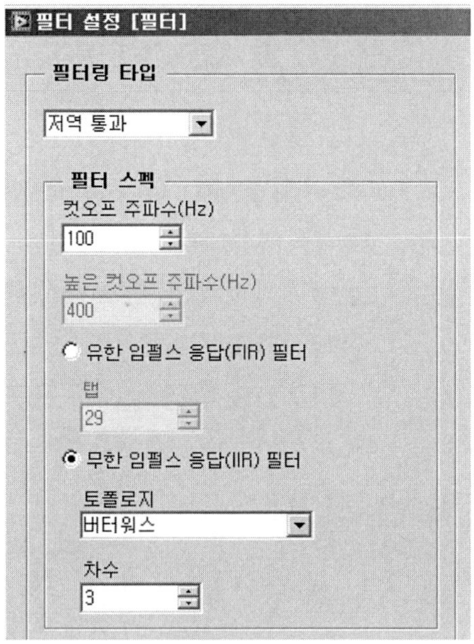

⌘ 프런트패널

6. 프런트패널을 정리하고 실행합니다.

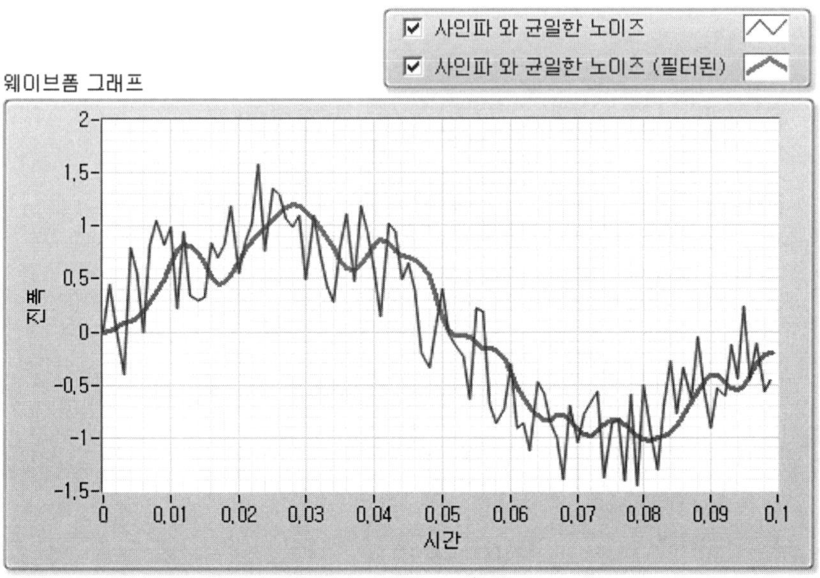

연습 4-1 끝

연습 4-2. 디지털 FIR 필터 및 FIR 윈도우된 필터

디지털 FIR 필터를 이용하여 신호 처리를 수행하는 VI를 만들어봅니다. 다음을 배웁니다.

- 디지털 FIR 필터를 이용하여 저역 통과 필터링을 구현합니다.
- FIR 윈도우된 필터를 이용하여 저역 통과 필터링을 구현합니다.
- FIR 필터의 사용법을 익힙니다.

⌘ 블록다이어그램

1. 새 VI를 만들고 FIR 필터.vi로 저장합니다.
2. 블록다이어그램에 신호 시뮬레이션을 위치시키고 다음과 같이 설정합니다.

- 신호 타입 : 사인파
- 주파수 : 10.1Hz
- 노이즈 추가
- 초당 샘플 : 1000Hz
- 샘플 개수 : 200 (자동 설정이 아님)

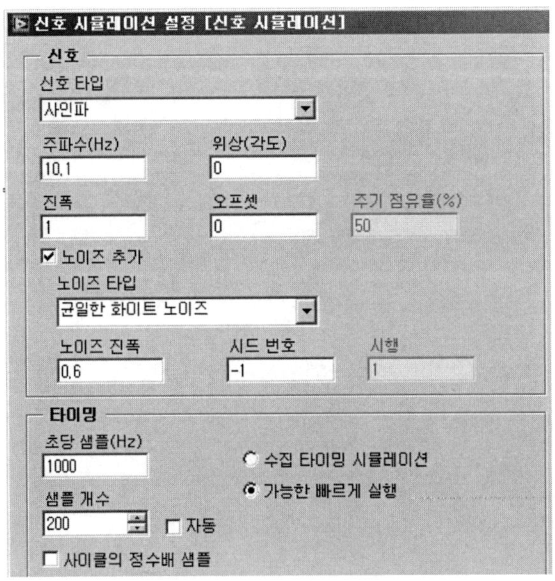

3. 다음과 같이 블록다이어그램을 완성합니다. 디지털 FIR 필터는 함수 〉 신호 처리 〉 웨이브폼 컨디셔닝 팔레트에서 찾을 수 있습니다. [FIR 필터 스펙]에서 단축메뉴로 컨트롤을 생성시켜주고, 신호 출력을 배열 만들기에 연결해줍니다.
4. 다이내믹 데이터로부터 변환을 이용하여 웨이브폼으로 데이터를 변경해줬습니다.

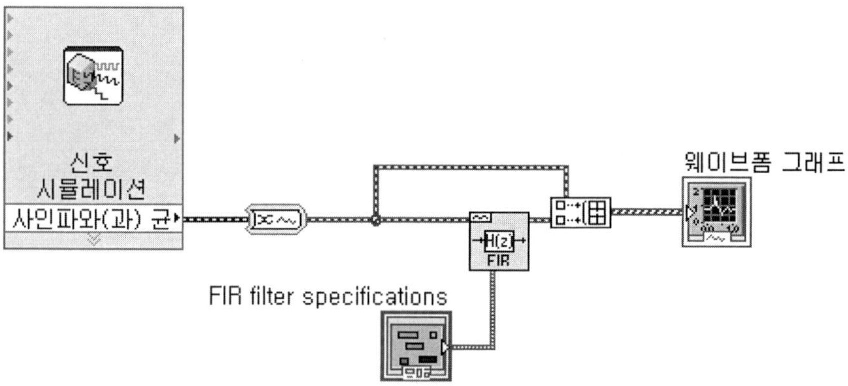

⌘ 프런트패널

5. 프런트패널을 다음과 같이 정리합니다.
6. FIR 필터 스펙에 다음을 입력하고 실행합니다.

- 토플로지: Windowed FIR
- 타입 :Lowpass
- 탭 수: 50
- 하위 통과 대역: 100Hz

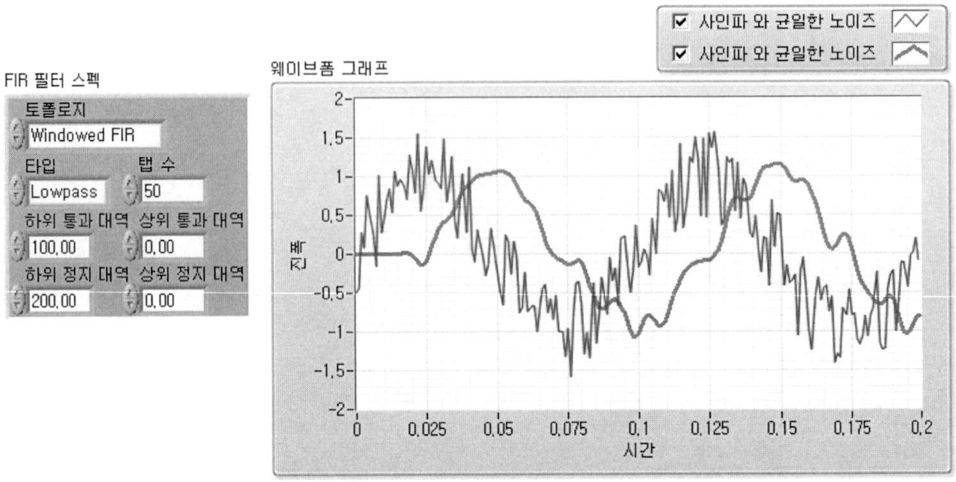

7. 다음과 같이 블록다이어그램을 수정합니다.
8. 웨이브폼 구성요소 얻기를 위치시키고, Y 배열과 dt를 얻어냅니다. 함수 〉 프로그래밍 〉 웨이브폼 팔레트에서 찾을 수 있습니다.
9. FIR 윈도우된 필터를 위치시키고, X에 Y배열을 연결하고, 샘플링 주파수 fs에 1/dt를 입력합니다. 함수 〉 신호 처리 〉 필터 팔레트에서 찾을 수 있습니다. 그리고 필터 타입, 탭, 윈도우에서 단축메뉴로 상수를 만들어주고, Lowpass, 50taps, 해닝으로 설정해줍니다. 낮은 컷오프 주파수: fl에 컨트롤을 생성해줍니다.
10. 필터된 X 출력을 웨이브폼 만들기에 입력하여 필터된 웨이브폼을 만들어줍니다. 웨이브폼 만들기는 함수 〉 프로그래밍 〉 웨이브폼 팔레트에서 찾을 수 있습니다.
11. 배열 만들기의 입력을 늘여서, 필터된 웨이브폼을 추가해줘서 블록다이어그램을 완성합니다.

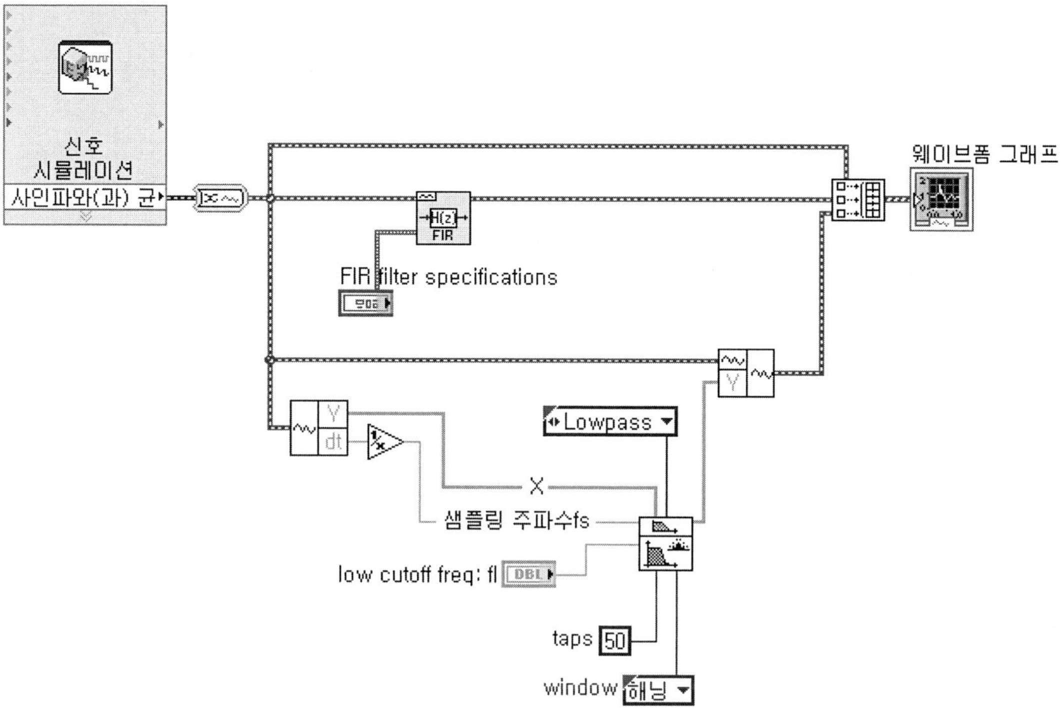

12. 프런트패널을 다음과 같이 정리하고 실행합니다. 낮은 컷오프 주파수: fl = 100 Hz를 입력합니다.

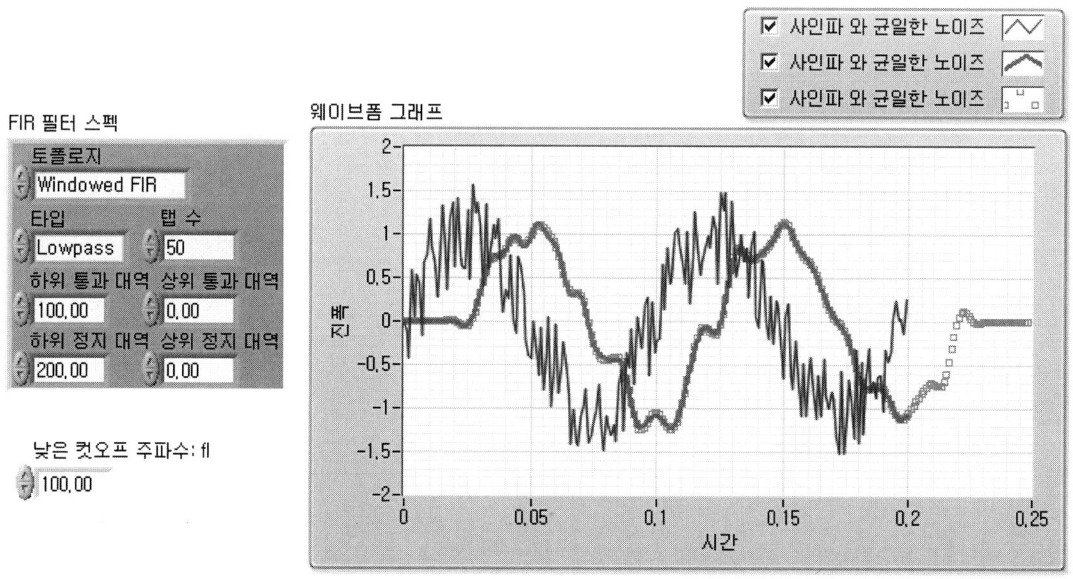

디지털 FIR 필터의 결과와 FIR 윈도우된 필터가 거의 동일함을 확인할 수 있습니다.

연습 4-2 끝

4. IIR 필터의 이해

IIR 필터는 IIR 시스템을 통하여 이해할 수 있습니다. IIR 시스템은 다음과 같이 정의됩니다. FIR 시스템에 y[n-i] 성분이 추가된 형태입니다. 즉 IIR 시스템에서는 b_k와 a_k의 두 가지 계수가 필요합니다. b_k를 전진 계수(Feed-Forward)라고 부르고, a_k를 역 계수(Feed-back)이라 부릅니다.

$$y[n] = \sum_{k=0}^{M} b_k x[n-k] + \sum_{i=1}^{N} a_i y[n-i]$$

여기에서 x[n]은 시스템의 입력값이고, y[n]은 시스템의 출력값입니다. IIR 시스템은 이전 출력값인 y[n-i]를 함께 사용합니다. 참고로 최초 계산시에는 시스템의 이전 결과값이 없기 때문에, y[n-i] = 0으로 정의합니다.

IIR 시스템도 FIR 시스템과 동일하게 Frequency Response를 통하여 주파수 특성을 확인할 수 있고, Z Transform으로 Zero와 Pole을 구하여 시스템을 디자인할 수 있습니다. 그러나 y[n-i] 성분까지 사용하기 때문에 수학적인 연산이 훨씬 복잡합니다.

IIR 시스템은 수식이 복잡하고 계산 및 디자인이 어렵다는 단점이 있지만, Magnitude 특성이 좋은 필터를 디자인할 수 있다는 장점이 있습니다. 그래서 더 Ideal한 필터를 원할 경우에는 IIR 필터를 추천합니다. Ideal한 필터란, 필터 통과 대역에서 리플이 적고 필터 정지 대역에서 주파수 성분을 깨끗이 감쇠시키는 필터를 의미합니다.
IIR 시스템은 Phase Shift가 non-linear하므로 Phase 복원이 불가능합니다. 그러므로 Phase 정보가 중요한 RF 통신 영역에서는 사용하지 않는 필터 타입입니다. RF 통신 영역에서 FIR 필터 타입을 사용합니다.그리고 IIR 시스템은 계산과 디자인이 어렵다는 단점 때문에 사용자가 새롭게 정의하기가 힘듭니다.
함수 〉 신호처리 〉 필터 〉 고급 IIR 필터링 팔레트에서 여러 종류의 필터 계수를 디자인하는 함수들이 제공됩니다. 각 함수는 클러스터 타입의 필터 계수를 출력합니다.

다음은 **버터워스 계수**의 예입니다.

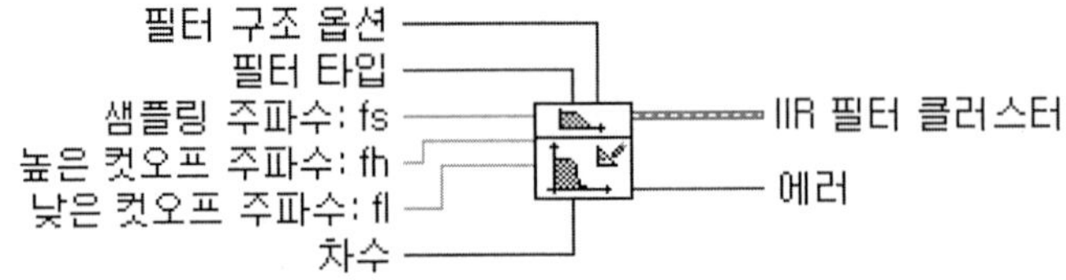

그리고 다음은 버터워스 계수를 적용한 **버터워스 필터**의 블록다이어그램입니다. 함수 〉 신호처리 〉 필터 팔레트에서 찾을 수 있습니다.

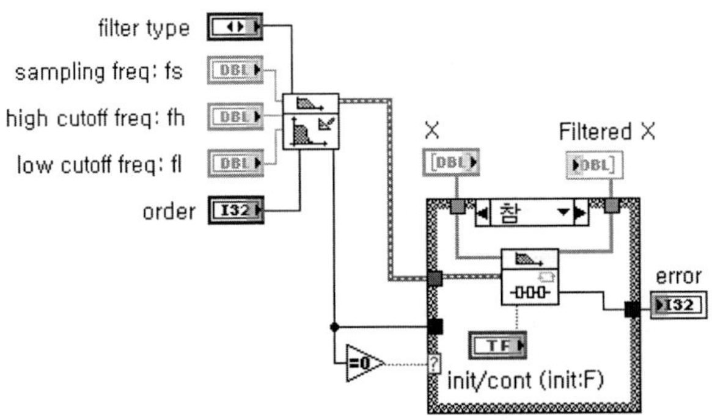

익스프레스 함수인 **필터** 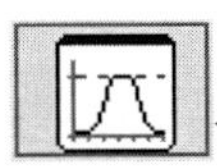 는 웨이브폼 배열 타입이나 다이내믹 타입의 신호를 입력받아서 LabVIEW에서 제공되는 여러 필터를 선택하여 손쉽게 적용할 수 있게 해줍니다. 그러나 내부적으로 FIR이나 IIR 필터를 사용하기 때문에 동일한 결과입니다.

연습 4-3. IIR 버터워스 필터

버터워스 필터를 이용하여 신호 처리를 수행하는 VI를 만들어봅니다. 다음을 배웁니다.

- 버터워스 필터의 사용법을 익힙니다.
- 디지털 FIR 필터의 결과와 비교해봅니다.

⌘ 블록다이어그램

1. 연습 4-2를 다른 이름으로 저장합니다. IIR 필터.vi로 저장합니다.
2. FIR 윈도우된 필터를 버터워스 필터로 대체합니다. 버터워스 필터는 IIR 필터의 한 종류입니다. 윈도우 설정이 없으며, 차수(Order)를 설정합니다. 디지털 FIR 필터와 위상을 비슷하게 맞추기 위하여 25 차수로 설정하였습니다.

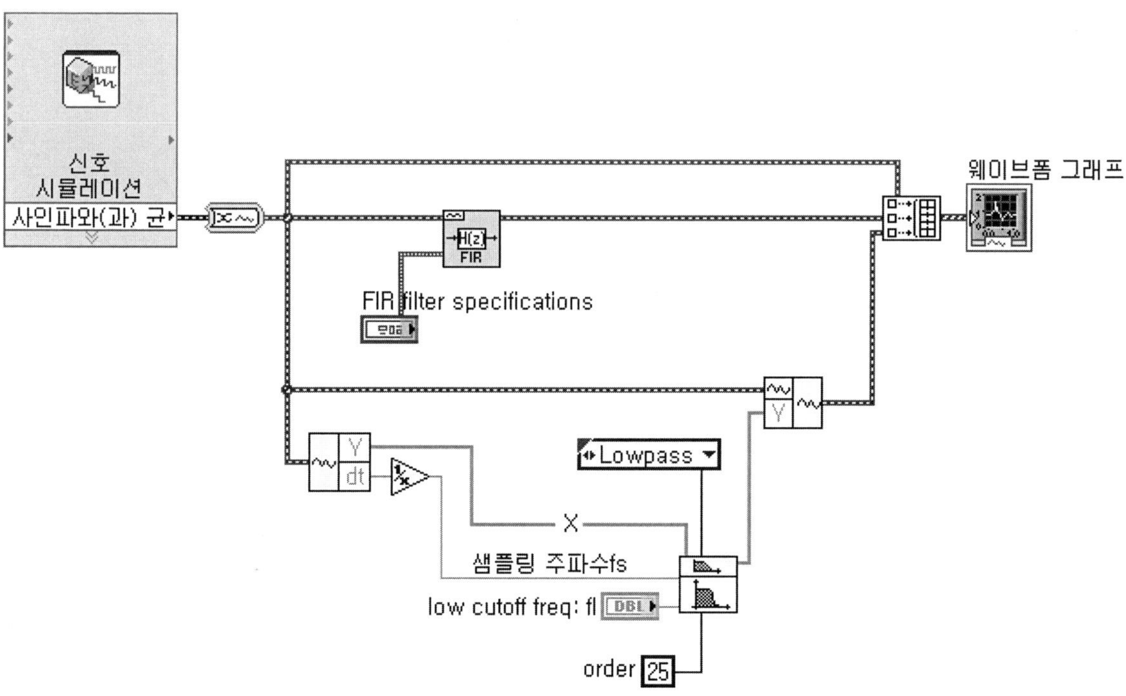

⌘ 프런트패널

3. 다음과 같이 프런트패널을 정리하고 VI를 실행합니다.

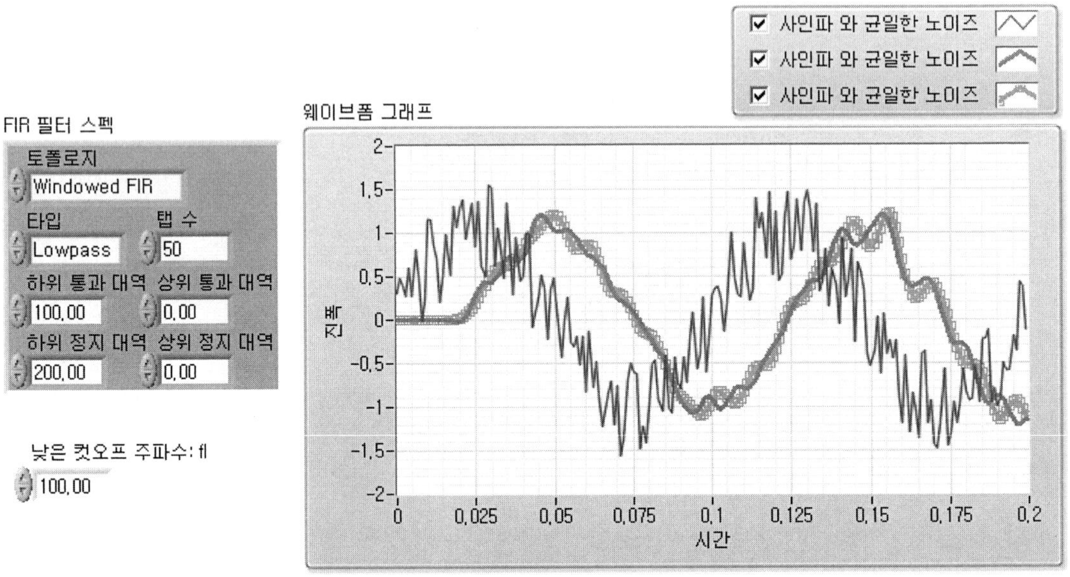

버터워스 필터의 차수를 조정하여 탭 50의 디지털 FIR 필터와 비슷하도록 맞췄습니다. 이와 같이 필터의 종류와 설정에 따라서 결과가 조금씩 다르므로 어플리케이션에 따라서 접합한 필터와 설정을 사용해야 될 것입니다.

연습 4-3 끝

다. Fourier 분석

데이터 수집 보드로 측정한 Discrete한 디지털 데이터에서 주파수 정보를 얻는 대표적인 방법은 Fourier Transform을 이용한 주파수 분석입니다.

먼저 Fourier Transform에 대하여 간단히 정리해봅니다. Fourier Transform이란, 시간에 따라서 변하는 신호인 임의의 x(t)는 정형파(Sinusoids) 신호들의 합으로 표현될 수 있으며, 정형파들의 진폭과 주파수, 위상차로 표현되는 Transform을 의미합니다.
여기에서 Sinusoids 신호 $a(t) = Acos(\omega_0 t + \phi)$ 로 표현됩니다. A는 진폭이고, ω_0는 radian frequency이고, φ 는 위상차입니다. 이것을 Complex Exponential 신호를 표현하면 다음과 같습니다.

$$
\begin{aligned}
z(t) &= Ae^{j(\omega_0 t + \phi)} \\
&= Acos(\omega_0 + \phi) + jAsin(\omega_0 t + \phi)
\end{aligned}
$$

임의의 신호 x(t)는 다음과 같이 정형파 신호의 합으로 표현할 수 있습니다.

$$x(t) = A_0 + \sum_{k=1}^{N} A_k \cos(2\pi f t + \phi_k)$$

수학적으로 Fourier Transform을 정의하면 다음과 같습니다.
시간에 따라 연속적인 신호 $x_c(t)$를 Continuous Time Fourier Transform (CTFT)으로 표현하면,

$X_c(j\omega) = \int_{-\infty}^{\infty} x_c(t) e^{-j\omega t} dt$ 입니다.

그리고 Discrete Time Fourier Transform (DTFT)로 표현하면,

$X(e^{j\hat{\omega}}) = \sum_{n=-\infty}^{\infty} x[n] e^{-j\hat{\omega} n}$ 입니다.

여기에서 $\hat{\omega} = \omega T_s$ 이고 T_s는 샘플링 주기입니다. ($T_s = \dfrac{1}{f_s}$)

입력 신호의 스펙트럼을 구하는 방법으로 FFT를 사용할 수 있습니다. 그리고 FFT는 Discrete Fourier Transform(DFT)의 빠른 계산법입니다. Discrete Fourier Transform은 다음과 같이 정의됩니다. L 개 원소를 가진 Y 배열을 입력받아서, N 개 원소의 스펙트럼을 출력하게 됩니다.

$$F_k = \sum_{n=0}^{L-1} y_n e^{-j\frac{2\pi}{N}kn}, \ k = 0, 1, 2, ..., N-1$$

그리고 FFT는 L = N일 경우입니다.

즉, $F_k = \sum_{n=0}^{N-1} y_n e^{-j\frac{2\pi}{N}kn}, \ k = 0, 1, 2, ..., N-1$ 입니다. 그리고 주파수 분해능은 다음과 같습니다.

$\triangle f = \dfrac{f_s}{N}$ 입니다.

함수 〉 신호 처리 〉 변환 팔레트에서 FFT 함수를 찾을 수 있습니다. 다음은 [기본 함수 생성기]로 시뮬레이션한 사인파형을 FFT 분석하는 예제입니다. Y 배열을 입력받아서 FFT 변환을 수행하고, 복소수 데이터를 극좌표로 변환하여 웨이브폼 그래프에 플롯하였습니다.

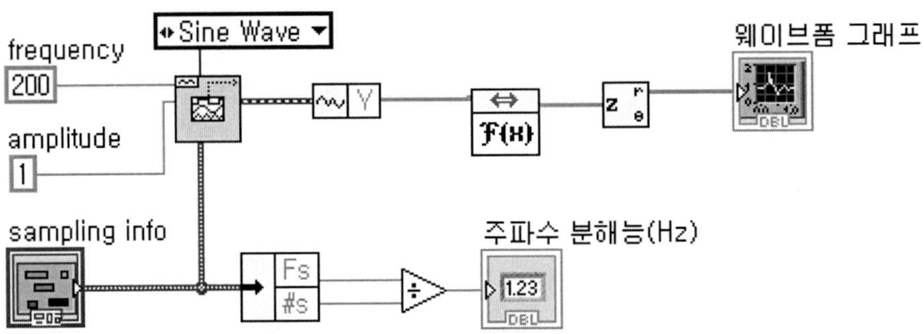

다음 연습을 통하여 FFT 변환을 수행하는 예제를 만들어 봅니다.

연습 4-4. FFT 함수

FFT 함수를 이용하여 입력 신호에 대한 주파수 스펙트럼을 구하는 VI를 만들어봅니다. 다음을 배웁니다.

- FFT 함수의 사용법을 익힙니다.
- 파워 스펙트럼 함수의 사용법을 익힙니다.
- 오토 파워 스펙트럼 함수의 사용법을 익힙니다.

⌘ 블록다이어그램

1. 새 VI를 만들고, FFT.vi로 저장합니다.
2. **기본 함수 생성기**를 위치시킵니다. 함수 〉 프로그래밍 〉 웨이브폼 〉 아날로그 웨이브폼 〉 웨이브폼 생성 팔레트에서 찾을 수 있습니다.
3. **기본 함수 생성기**의 [주파수], [진폭], [신호 타입]에서 단축메뉴로 상수를 생성해줍니다. 그리고 샘플링 정보에서 컨트롤을 생성해줍니다.

- 주파수 = 200 Hz
- 진폭 = 1
- 신호 타입 = Sine Wave
- 샘플링 정보 : Fs = 10,000 S/s, #s = 1000 개

4. **웨이브폼 구성 요소 얻기**와 **FFT**를 위치시키고 Y 배열을 FFT의 X 입력에 연결합니다. 함수 〉 신호 처리 〉 변환 팔레트에서 FFT 함수를 찾을 수 있습니다.
5. **복소수를 극좌표로** 함수를 위치시키고, FFT 출력을 연결해줍니다. 그리고 극좌표 출력을 웨이브폼 그래프로 디스플레이 해줍니다. 프로그래밍 〉 숫자형 〉 복소수 팔레트에서 찾을 수 있습니다.
6. **이름으로 풀기** 함수를 이용하여 [샘플링 정보]에서 Fs와 #s를 풀어내고, Fs/#s를 계산합니다. 이 값이 주파수 분해능입니다.
7. 다음과 같이 블록다이어그램을 완성합니다.

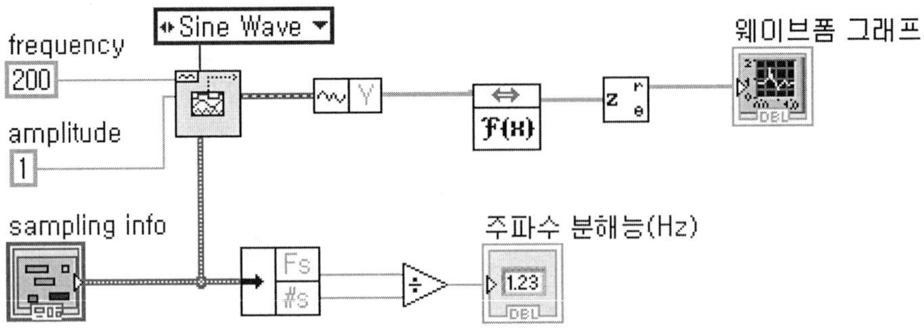

⌘ 프런트패널

8. 다음과 같이 프런트패널을 정리하고 실행합니다. 주파수 분해능이 10Hz 이므로, 웨이브폼 그래프의 X축의 간격은 10Hz입니다. 그러므로 200Hz 의 주파수 성분이 있음을 그래프로 확인할 수 있습니다.

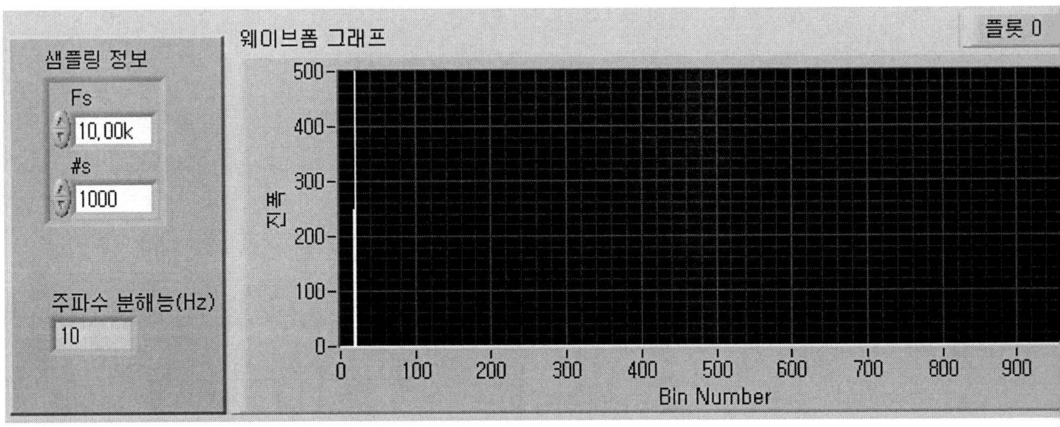

다음과 같이 블록다이어그램을 수정합니다.

⌘ 블록다이어그램 수정

9. 열거형 상수를 위치시키고, 아이템으로, [FFT], [파워 스펙트럼], [오토 파워 스펙트럼]을 입력해줍니다. 열거형 상수는 함수 〉 프로그래밍 〉 숫자형 팔레트에서 찾을 수 있습니다.
10. Case 구조를 위치시키고, 조건으로 열거형 상수를 연결해줍니다.
11. ["FFT", 기본] 케이스에 **FFT**와 **복소수를 극좌표로** 함수를 위치시킵니다.

12. ["파워 스펙트럼"] 케이스에 **파워 스펙트럼** 함수를 위치시킵니다. 함수 〉 신호 처리 〉 스펙트럼 분석 팔레트에서 찾을 수 있습니다.
13. Case 구조의 단축메뉴에서 [다음 케이스 추가]를 선택해줘서, ["오토 파워 스펙트럼"] 케이스를 추가해줍니다. 그리고 **오토 파워 스펙트럼** 함수를 위치시킵니다. 함수 〉 신호 처리 〉 스펙트럼 분석 팔레트에서 찾을 수 있습니다.

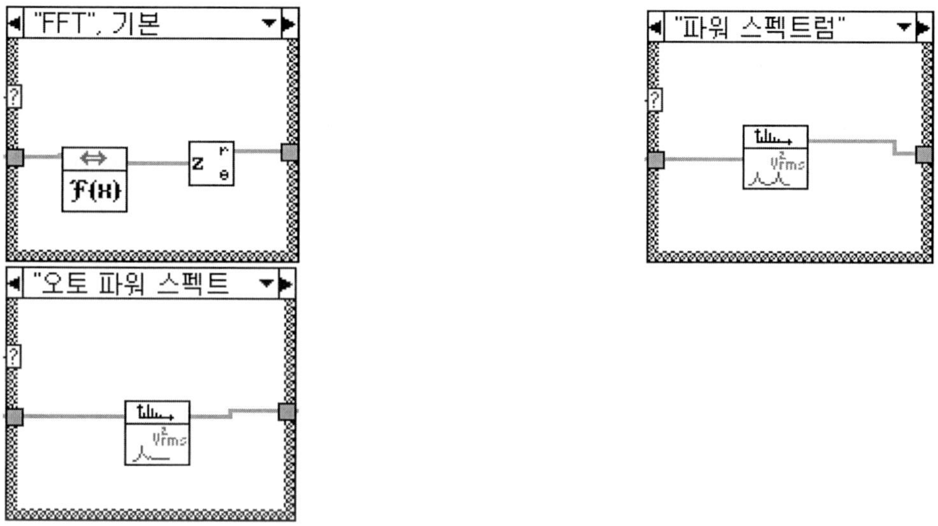

14. 블록다이어그램을 다음과 같이 완성합니다. 열거형 상수에서 원하는 스펙트럼 분석 방법을 선택하여 분석을 수행할 수 있도록 구성한 것입니다.

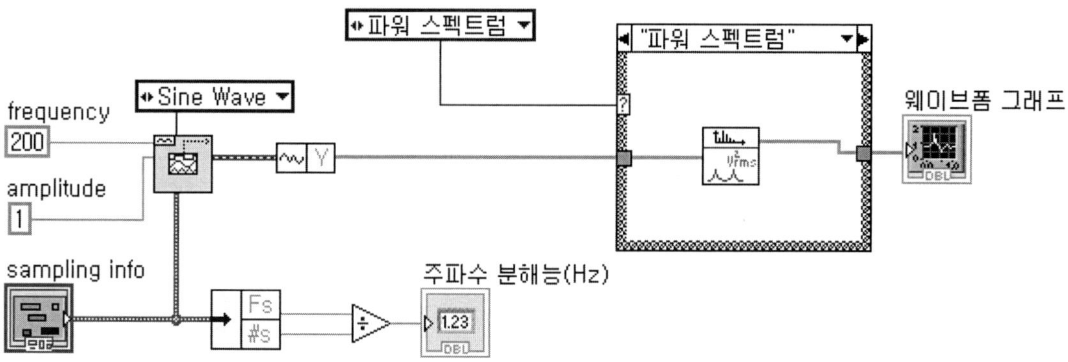

다음은 "오토 파워 스펙트럼 "으로 분석한 경우입니다.

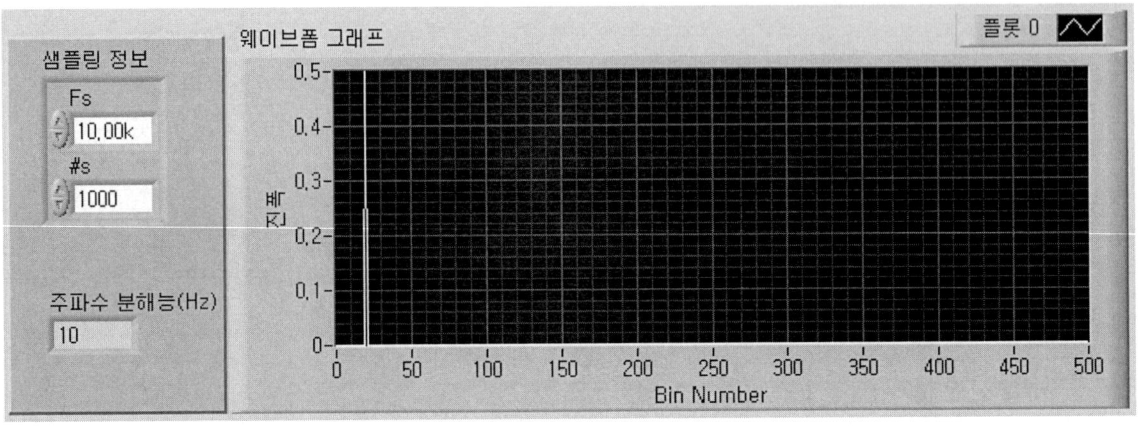

연습 4-4 끝

연습 4-5. 웨이브폼 측정 함수를 이용한 FFT

웨이브폼 측정 함수를 이용한 FFT 분석 VI를 작성해봅니다. 다음을 배웁니다.

- FFT 파워 스펙트럼 및 PSD 함수의 사용법을 익힙니다.
- FFT 스펙트럼(크기 - 위상) 함수의 사용법을 익힙니다.
- FFT 스펙트럼(실수 - 허수) 함수의 사용법을 익힙니다.

⌘ 블록다이어그램

1. 연습 4-4에서 만든 FFT.vi를 수정합니다.
2. 열거형 상수의 단축메뉴에서 [다음 아이템 추가]를 선택하여, [FFT 파워 스펙트럼 및 PSD], [FFT 스펙트럼(크기-위상)], [FFT 스펙트럼(실수-허수)]를 각각 추가해줍니다. 완성된 열거형 상수는 다음과 같이 6개의 아이템을 차례로 가지게 될 것입니다.

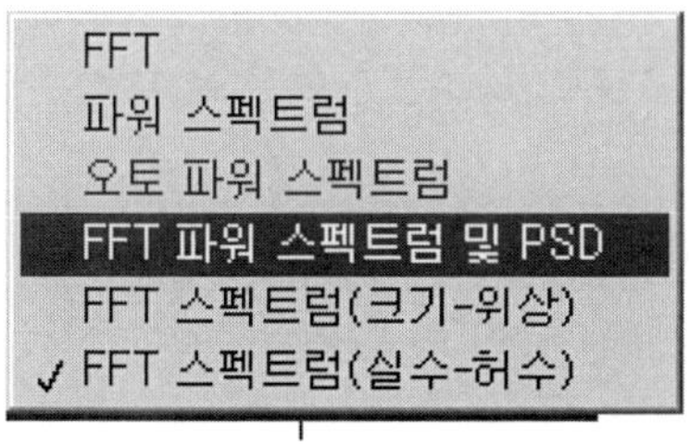

3. Case 구조의 단축메뉴에서 [다음 케이스 추가]를 선택하여, "FFT 파워 스펙트럼 및 PSD" 케이스를 추가해줍니다.
4. **FFT 파워 스펙트럼 및 PSD**와 **이름으로 풀기** 함수를 위치시키고 다음과 같이 블록다이어그램을 완성합니다. 함수 〉 신호 처리 〉 웨이브폼 측정 팔레트에서 찾을 수 있습니다. **FFT 파워 스펙트럼 및 PSD** 함수에는 웨이브폼 데이터를 입력해줍니다. 그리고 출력 클러스터에서 **이름으로 풀기** 함수를 이용하여 magnitude를 분리하여 웨이브폼 그래프로 플롯해줍니다.

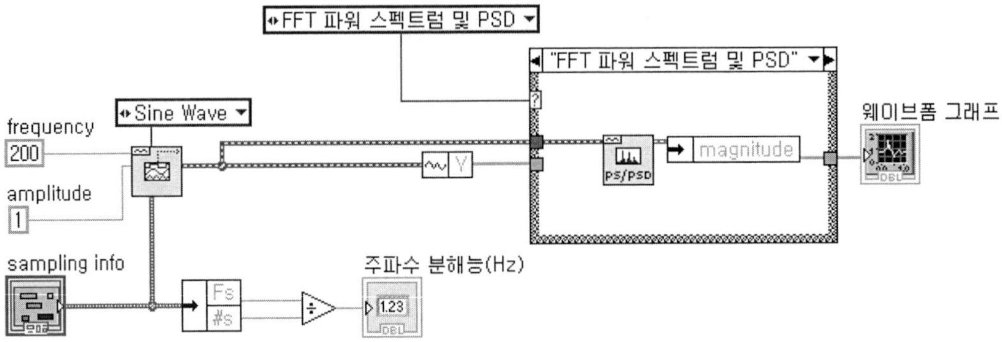

5. 같은 방법으로 Case 구조의 단축메뉴에서 [다음 케이스 추가]를 선택하여, "FFT 스펙트럼(크기-위상)" 케이스를 추가해줍니다.
6. **FFT 스펙트럼(크기-위상)**와 **이름으로 풀기** 함수를 위치시키고 다음과 같이 케이스를 완성합니다. 함수 〉 신호 처리 〉 웨이브폼 측정 팔레트에서 찾을 수 있습니다. 출력 클러스터에서 이름으로 풀기 함수를 이용하여 magnitude를 분리하여 웨이브폼 그래프로 플롯해줍니다. 위상 출력에서 이름으로 풀기 함수를 이용하여 phase를 분리합니다.

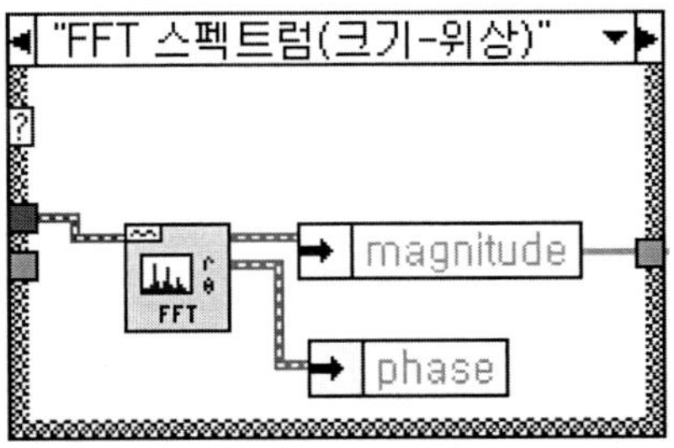

7. 같은 방법으로 Case 구조의 단축메뉴에서 [다음 케이스 추가]를 선택하여, "FFT 스펙트럼(실수-허수)" 케이스를 추가해줍니다.
8. **FFT 스펙트럼(실수-허수)**와 **이름으로 풀기** 함수를 위치시키고 다음과 같이 케이스를 완성합니다. 함수 〉 신호 처리 〉 웨이브폼 측정 팔레트에서 찾을 수 있습니다. 실수 출력 클러스터에서 이름으로 풀기 함수를 이용하여 real part를 분리하고, 허수 출력에서 imaginary part를 분리합니다.
9. 실수/허수를 극좌표로 함수를 이용하여 극좌표 값을 구하고 웨이브폼에 플롯해줍니다. 프로그래밍 〉 숫자형 〉 복소수 팔레트에서 찾을 수 있습니다.

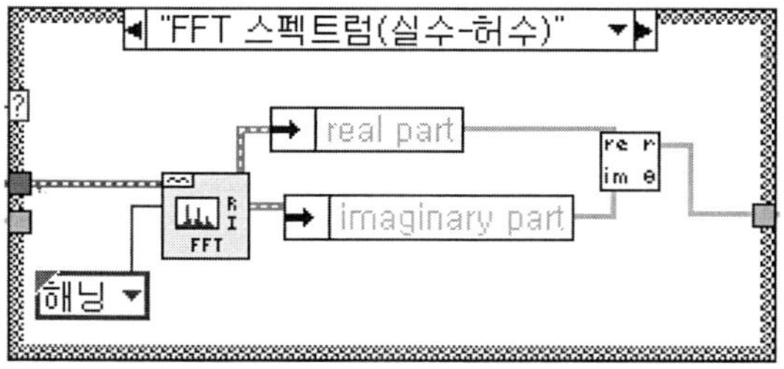

⌘ 프런트패널

완성된 블록다이어그램과 프런트패널은 다음과 같습니다.

10. 열거형 상수를 [FFT 스펙트럼(실수-허수)]로 선택하고 VI를 실행합니다.

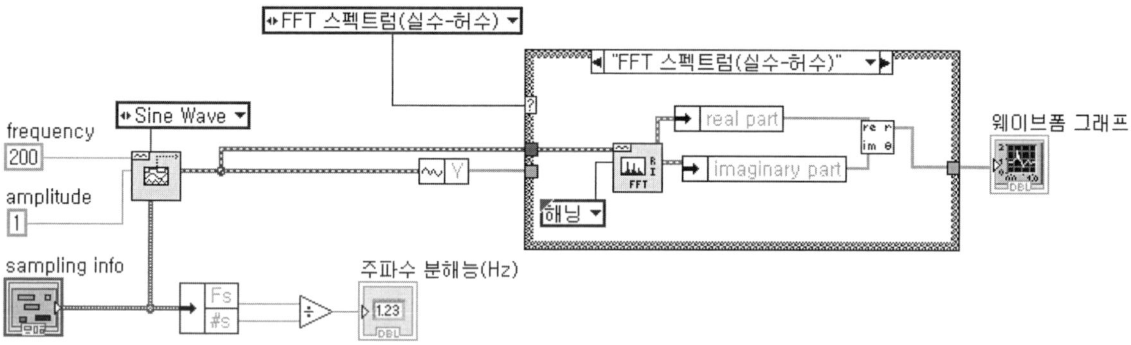

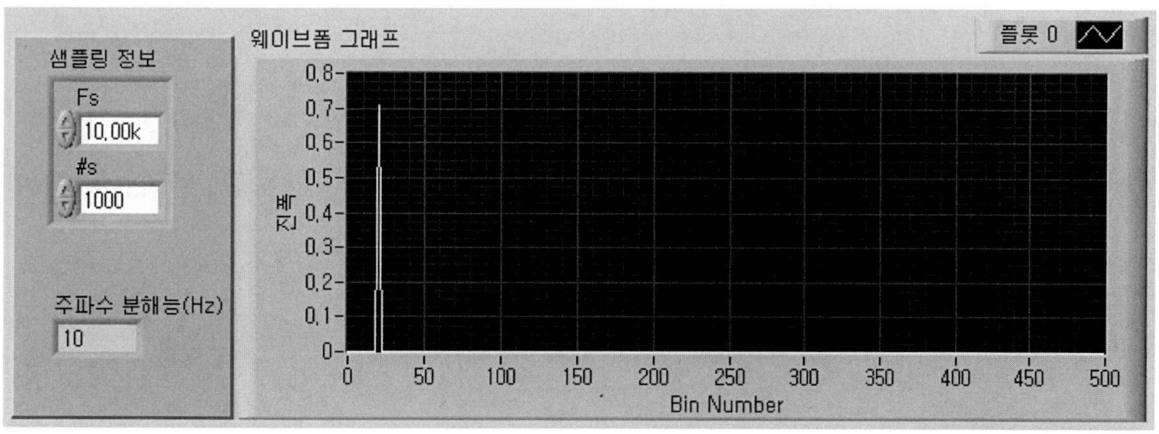

연습 4-5 끝

라. 웨이블릿 분석

웨이블릿 분석 (Wavelet Analysis)는 전통적인 Fourier Analysis의 단점을 보완하기 위한 목적으로 만들어졌습니다. 대표적인 예로 설명하도록 하겠습니다.

다음과 같이 초기 1초 동안은 1Hz로, 다음 0.5초 동안은 2Hz인 웨이브폼이 있을 경우를 Fourier expansion으로 표현하면, 수식과 같이 무한개의 Sinusoidal 함수로 표현됩니다.

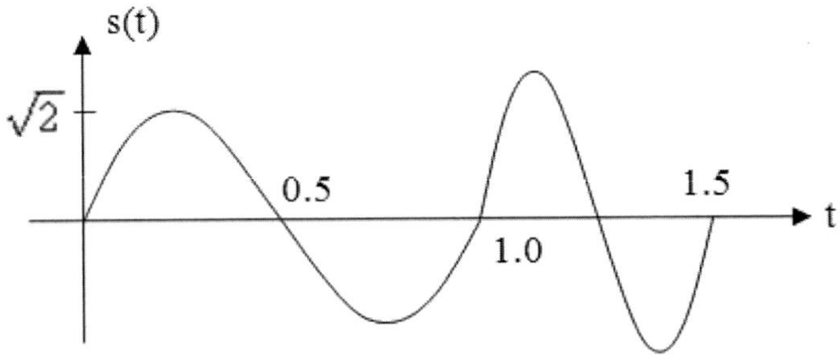

$s(t)=\sum_{k=-\infty}^{\infty} a_k \exp\left\{j\frac{2\pi t}{T}k\right\}$, 여기에서 a_k는 Fourier coefficient입니다.

그러나 이 웨이브폼을 자세히 관찰하면, 단지 두 개의 웨이블릿(Wavelet)으로 구성된 신호임을 확인할 수 있습니다. 여기에서 두 개의 웨이블릿은 각각 1Hz와 2Hz의 사인파형 한 주기입니다.

Mother Wavelet $\Psi(t)$을 진폭이 $\sqrt{2}$ 이고, 0에서 1초까지의 사인파형으로 정의하면, 다음과 같이 s(t)를 표현할 수 있습니다.

$s(t)=\Psi(t)+\sqrt{2}\Psi(2(t-1))$,

또는 $W_{a,u}=\int_T s(t)\Psi_{a,u}(t)dt$로 나타낼 수 있습니다. 여기에서 $W_{a,u}$을 Wavelet transform coefficients입니다. a와 u는 모두 정수이고 다음과 같이 정의합니다.

$$\Psi_{a,u}(t) = 2^{a/2}\Psi(2^a(t - u2^{-a}))$$

u가 증가하면 $\Psi_{a,u}(t)$는 시간 축으로 Shift하고, a가 증가하면 사인파형이 압축되어 시간 폭은 줄고 진폭은 커집니다. 여기에서 a를 Scale factor라고 부릅니다. 그래서 s(t)를 Wavelet transform coefficients로 표현하면 다음과 같습니다.

$W_{0,0} = 1,\ W_{1,0} = 0,\ W_{1,1} = 0,\ W_{1,2} = 1$

또한 대응되는 $\Psi_{a,u}(t)$는 다음과 같습니다.

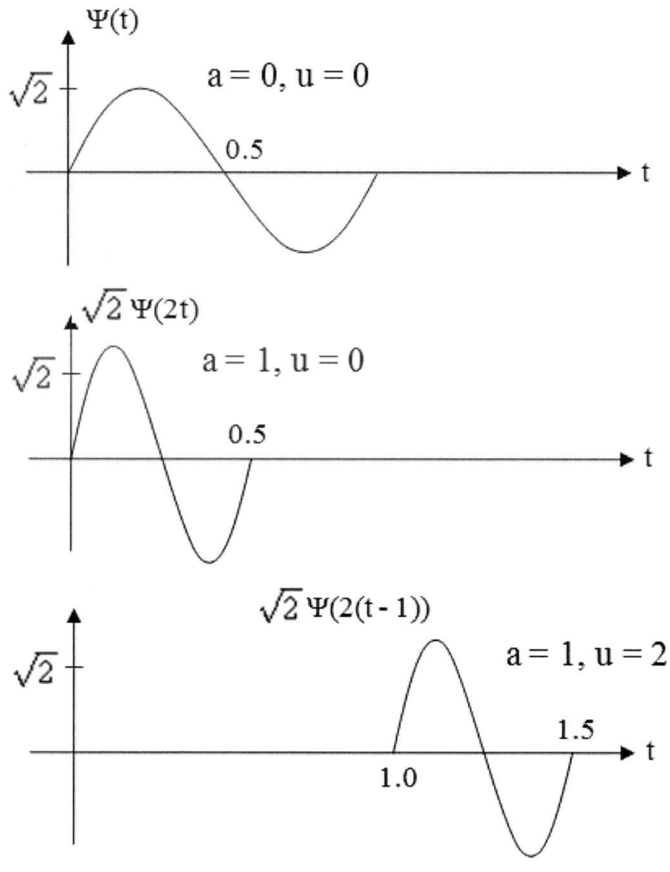

s(t)는 웨이블릿의 원리를 설명하기 위한 이론적인 예입니다. 그러나 이와 비슷한 파형이 있다면 전통적인 Fourier 분석보다는 웨이블릿 분석이 훨씬 간

단하고 정확한 방법이 될 것입니다. 또한 다양한 Wavelet 파형 중에서 가장 적합한 Wavelet과 Scale Factor를 선택한다면 측정 가능한 거의 모든 웨이브폼을 웨이블릿 분석으로 신호 처리가 가능할 것입니다. 사실 Fourier 분석도 정형파를 Mother Wavelet으로 하는 웨이블릿 분석의 일종이라고 할 수 있습니다.

Wavelet 분석은 Advanced Signal Processing 툴킷에서 제공되는 기능입니다.

1. Wavelet 분석의 특징

Wavelet 분석은 다음과 같은 특징을 가집니다.

a. 일반적으로 고주파 신호는 짧은 시간 폭으로 표현되고, 저주파 신호는 긴 시간 폭으로 표현됩니다. 앞에서 소개한 한 주기 사인파형 Wavelet의 경우에도 Scale Factor a가 커지면, 시간 간격은 좁아지는 특징이 있습니다. 그리고 이것은 자연적인 현상입니다. 실제로 자연적인 신호 역시 고주파는 시간 폭이 좁고, 저주파는 시간 폭이 넓습니다. 그래서 신호의 특성을 분석할 때도, 고주파를 분석할 때는 Time resolution이 높아야 되고, 저주파를 분석할 때는 Time resolution이 낮아야 됩니다. 여기에서 Time resolution은 시간 폭에 반비례합니다. 전통적인 Fourier 분석의 경우에는 고주파나 저주파의 구분이 없이, 동일한 Time resolution으로 분석하지만, 웨이블릿은 이러한 단점을 보완하여 고주파는 High time resolution으로 저주파는 Low time resolution으로 분석합니다. 반대로 Scale Factor a가 커지면, Frequency resolution은 나빠집니다. 왜냐하면 a가 커지면 고주파 성분의 Wavelet이 되고, 고주파는 주파수 도메인에서는 넓은 영역으로 분포하기 때문입니다. 아래 그림에서 주파수가 높아지면 시간 폭은 좁아지고, 반대로 주파수가 낮아지면 시간 폭이 넓어짐을 확인할 수 있습니다. 다른 표현으로 시간 폭이 좁아지는 것은 Time resolution이 좋아진다는 의미이고, 넓어진다는 것은 Time resolution이 나빠진다는 의미입니다. 또한 주파수가 높아진다는 것은 Frequency resolution이 나빠진다는 의미이고, 주파수가 낮아진다는 것은

Frequency resolution이 좋아진다는 의미입니다.

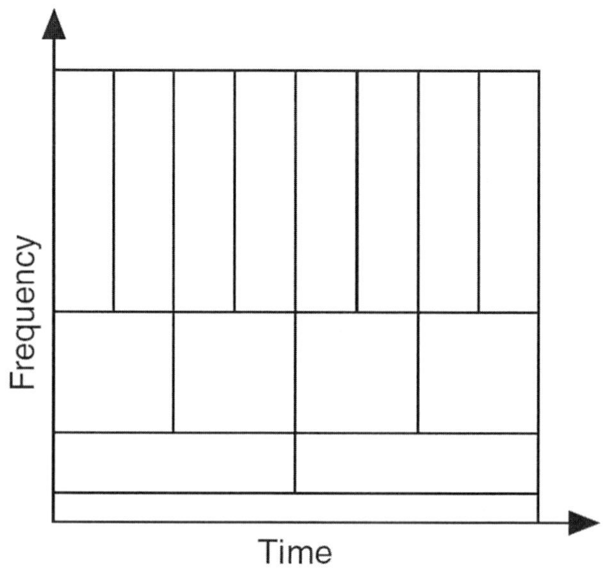

Frequency와 Time의 관계는 다음 그림으로도 잘 설명할 수 있습니다. 여기에서 u는 time shift이고, a는 Scale factor입니다. 또한 Sinc 형태의 Wavelet 들입니다. a=64인 경우, High frequency이고 Frequency 폭이 넓지만 Frequency resolution은 낮습니다. 반면 Time 폭은 좁고 Time resolution은 높습니다. a=16인 경우에는 반대의 상황입니다.

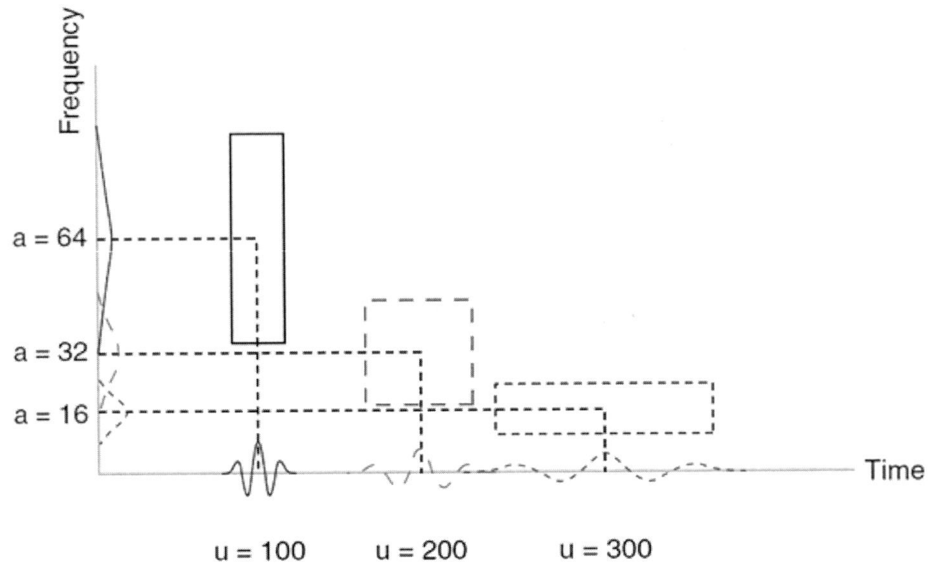

b. Fourier 변환은 임의의 신호를 정형파(sinusoid) 들의 합으로 표현하는 Transform입니다. 그리고 이들 sinusoid 신호들은 대칭적이고 (symmetric), 매끄럽고(smooth), 규칙적(regular)입니다. 반면 웨이블릿 변환은 이와 다르게 다양한 Wavelet 들을 이용한 변환입니다. 이들은 대칭적인 경우도 있고 비대칭적인(asymmetric) 경우도 있으며, 매끄러운 경우도 있고 날카로운(sharp) 경우도 있습니다. 또한 규칙적인 경우도 있지만 비 규칙적인(irregular) 경우도 있습니다. Wavelet으로는 Sine 파형, Mexican Hat, Meyer, Morlet, orthogonal (Haar, Daubechies (db**xx**), Coiflets (coif**x**), Symmlets (sym**x**)), 그리고 biorthogonal (Biorthogonal (biorx_x), FBI (bior4_4 (FBI))) 등이 있습니다. 여기에서 x는 wavelet의 order를 의미합니다. 즉, db02는 Daubechies wavelet의 order 02를 나타냅니다. 이들 Wavelet에는 prototype이 있고 이를 **Mother Wavelet**이라고 부릅니다. 그리고 Mother Wavelet에서 Scale factor와 time shift를 바꾸어서 다양한 Wavelet를 만들 수 있습니다. 다음은 대표적인 Mother Wavelet 들을 소개한 것입니다. db02, db06, bior4_4 (FBI), sym2, sym7, 그리고 haar입니다.

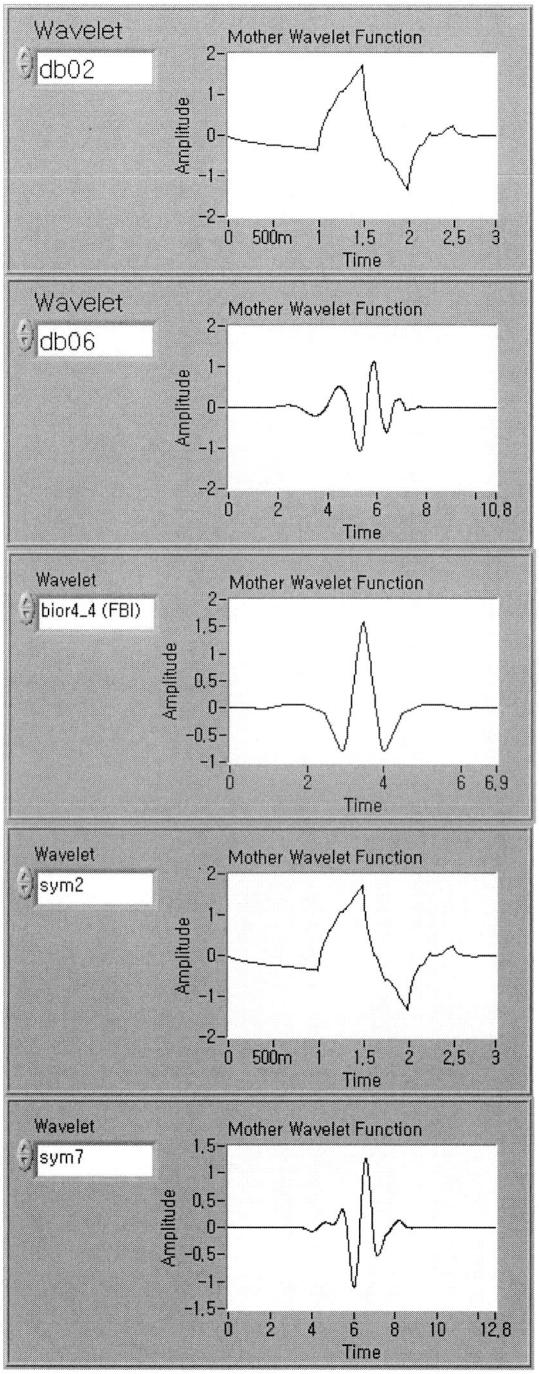
Wavelet
db02
Mother Wavelet Function
Amplitude
Time
Wavelet
db06
Mother Wavelet Function
Amplitude
Time
Wavelet
bior4_4 (FBI)
Mother Wavelet Function
Amplitude
Time
Wavelet
sym2
Mother Wavelet Function
Amplitude
Time
Wavelet
sym7
Mother Wavelet Function
Amplitude
Time

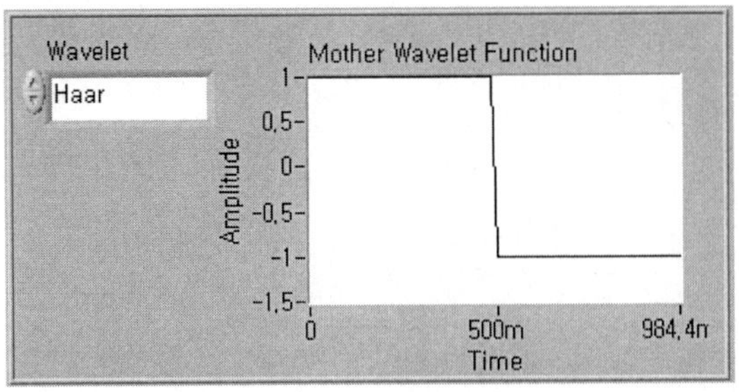

NI 예제 탐색기에서 툴킷 및 모듈 〉 웨이브렛 분석 〉 시작하기 폴더의 Mother Wavelet and Scaling Function.vi를 이용하여 여러 타입의 Mother Wavelet 들을 플롯하였습니다.

연습 4-6. 웨이블릿에 대응하는 Mother Wavelet function

Wavelet Analysis 툴킷을 이용하여 제공되는 여러 종류의 Wavelet에 대하여 대응하는 Mother Wavelet Function과 Scaling Function을 구하는 VI를 만들어봅니다. 다음을 배웁니다.

- Wavelet Filter Bank 함수들을 익힙니다.
- Wavelet에 대응하는 Mother Wavelet이 어떤 모양인지 관찰합니다.

⌘ 블록다이어그램

1. 새 VI를 만들고, Mother Wavelet.vi로 저장합니다.
2. WA Wavelet Filter.vi와 WA Mother Wavelet and Scaling Function.vi를 위치시킵니다. 함수 〉 신호 처리 〉 Wavelet Analysis 〉 Discrete Wavelet 〉 Filter Banks 팔레트에서 찾을 수 있습니다.
3. 다음과 같이 블록다이어그램을 완성합니다. WA Wavelet Filter.vi는 지정한 Wavelet에 따라 대응하는 Analysis Filters와 Synthesis Filters를 출력하는 VI입니다. 여기에서는 Analysis Filters 출력을 이용합니다. Analysis Filters 출력을 WA Mother Wavelet and Scaling Function.vi에 입력하면, 대응하는 Mother Wavelet Function과 Scaling Function을 얻을 수 있습니다.

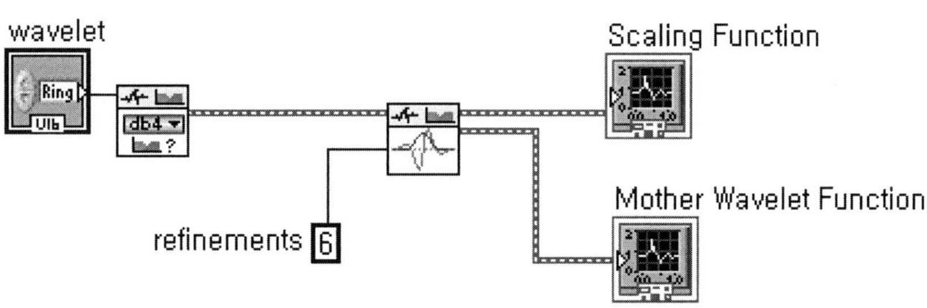

4. 다음과 같이 프런트패널을 정리하고, VI를 실행합니다. db02 웨이블릿에 대한 Scaling Function과 Mother Wavelet Function을 디스플레이하고 있습니다.

5. Wavelet의 바꿔가면서 실행해봅니다.

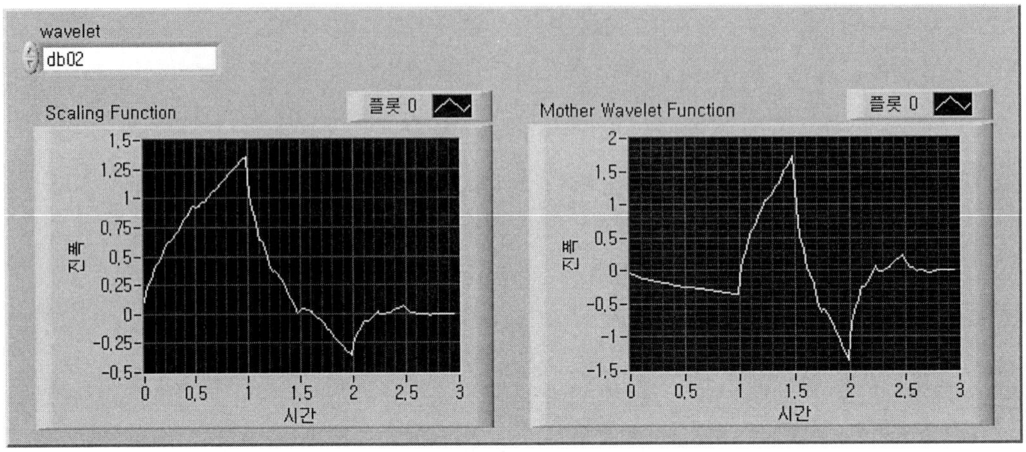

연습 4-6 끝

c. Fourier 변환은 신호의 주파수 특성을 분석하는데 주로 활용됩니다. 반면 웨이블릿 분석은 한정된 시간 폭을 가진 다양한 Wavelet을 이용하여 신호를 분석하는 방식이므로, 다양한 신호의 특성 분석해내거나 신호를 변환시킬 수 있습니다. 예를 들어, Transient Feature Detection, Multiple Resolutions 분석, Detrend, Denoise, 신호 압축(Sparse Representation) 등을 수행할 수 있습니다. 각 사례를 소개드리면 다음과 같습니다.

- **Transient Feature Detection**: Transient Feature란 신호가 갑자기 변하거나 끊어진 곳 등을 의미합니다. 변곡점, 꼭짓점, 불연속점 등을 찾아내는 도구로 Wavelet 분석이 활용됩니다. 예를 들어, Electrocardiogram(ECG) 신호에서 P, Q, R, S, T 위치 찾기에 사용되어 집니다.

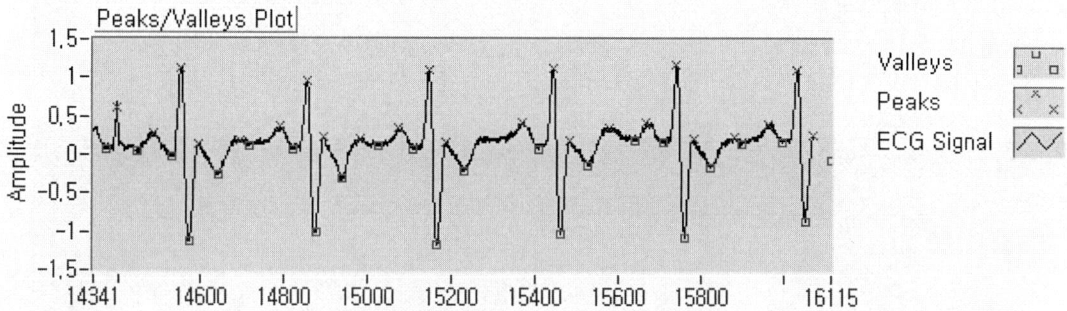

NI 예제 탐색기의 툴킷 및 모듈 〉 웨이브렛 분석 〉 어플리케이션 폴더에서 ECG QRS Complex Detection.vi를 찾을 수 있습니다.

- **Multiple Resolutions** 분석: Wavelet은 고주파 성분에서는 Low Resolution으로 저주파 성분에서는 High Resolution이라는 신호의 자연적인 특성을 활용하기 때문에, 이 특성을 그대로 활용하여 한 개 신호에 대하여 다양한 Scale로 분석이 가능합니다. 다음은 S&P 500 지수에 대한 db02 Wavelet 분석을 수행한 사례입니다. Short, Medium, Long Term의 Trend를 각각 분석해낸 것입니다.

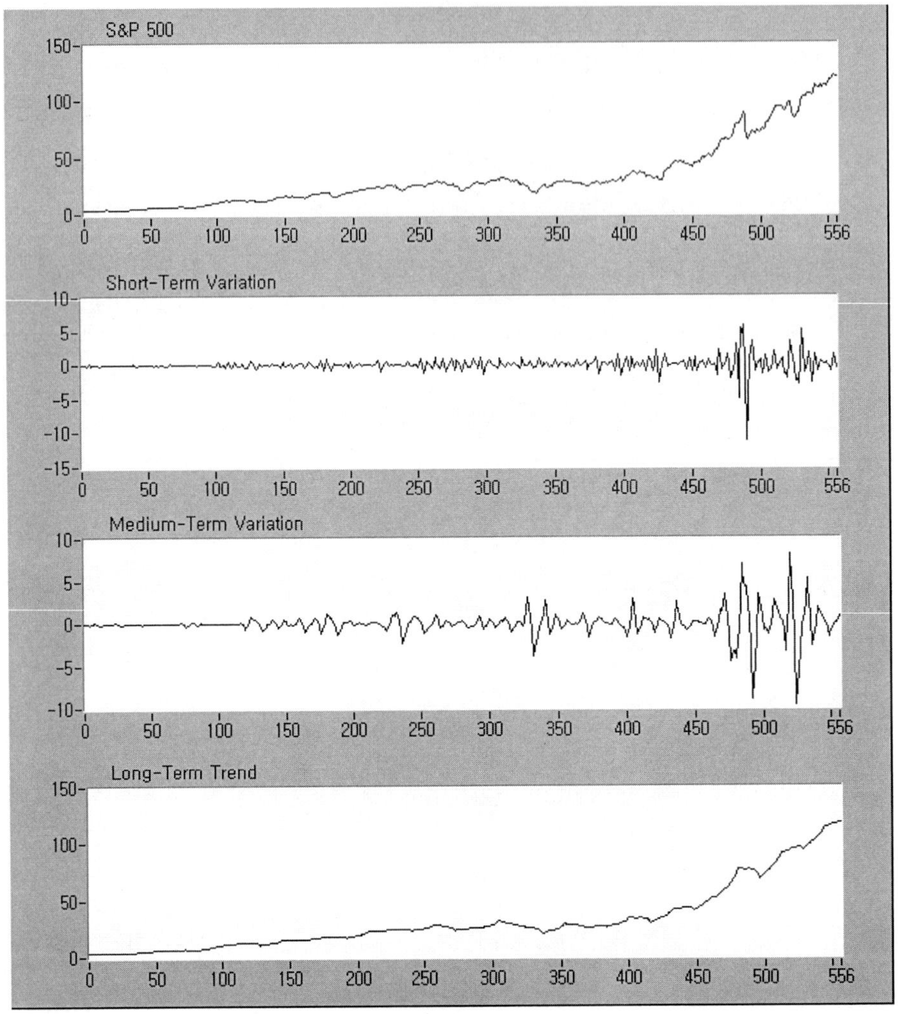

NI 예제 탐색기의 툴킷 및 모듈 〉 웨이브렛 분석 〉 어플리케이션 폴더에서 Multiscale Analysis.vi를 찾을 수 있습니다.

- **Detrend**: 측정한 신호에서 Trend를 제거한다는 의미입니다. 예를 들어, 앞에서 소개한 ECG 신호의 경우, 초기 측정한 데이터에서는 Trend가 포함되어 있습니다. 이 Trend는 환자가 움직이거나 주변 환경의 변화 때문에 발생하는데 천천히 ECG 전압이 증가하거나 감소하는 현상으로 관측됩니다. 그래서 측정한 초기 ECG 신호에 Detrend를 취해줘야 되고, 그 결과가 앞에서 소개한 ECG 신호입니다. 보시는 것과 같이 증가하거나 감소하는 Trend 없이 0V 근처에서 ECG 파형이 형성되어 있습니다. 또 다른

예로, S&P 500 지수의 Short term 및 Medium term 분석도 일종의 Detrend입니다.

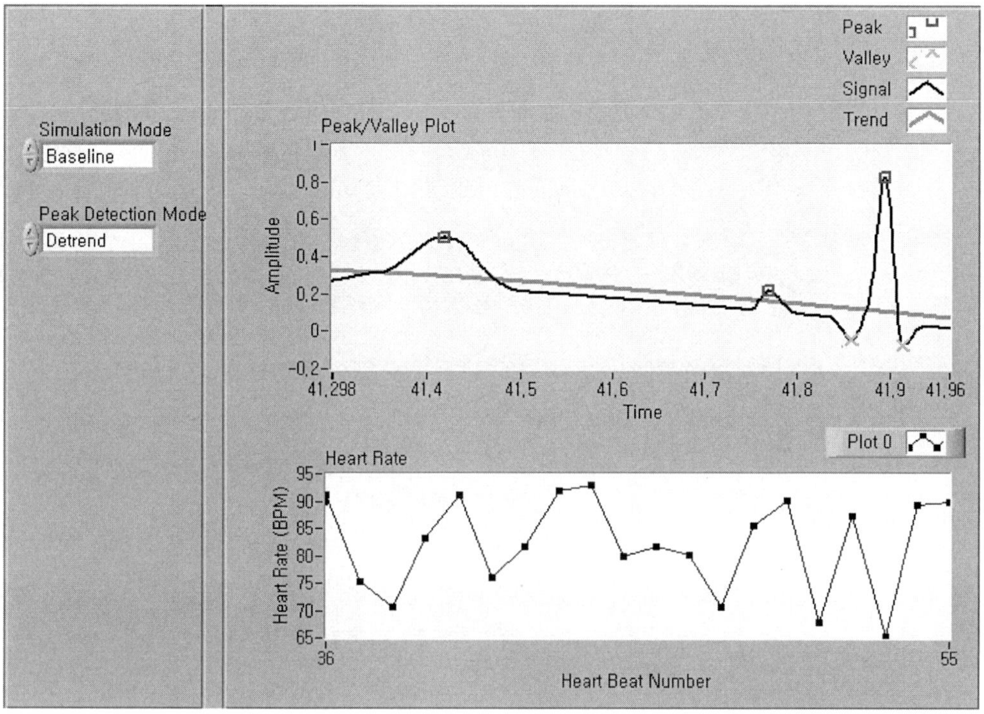

NI 예제 탐색기의 툴킷 및 모듈 〉 웨이브렛 분석 〉 어플리케이션 폴더에서 ECG Heart Rate Monitor (Online).vi를 찾을 수 있습니다. 여기에서는 깨끗한 ECG 신호에 Trend을 임의로 추가하여 Trend가 포함된 ECG 신호를 시뮬레이션 한 것입니다.

- **Denoise**: 측정한 신호나 영상 이미지에서 불필요한 노이즈를 제거하는 것을 의미합니다. Wavelet 분석은 일종의 연속적인 필터의 조합이므로, 원하는 정보를 추출하기 위하여 다양한 필터링이 수행됩니다. 그러므로 Wavelet 분석으로 신호를 분석하고 재조합하는 과정에 노이즈 제거도 함께 진행할 수 있습니다. 대표적인 사례로 오래된 사진의 디지털 영상에서 노이즈를 제거하면 깨끗한 이미지로 복원이 가능합니다. 또한 앞에서 소개한 Detrend의 반대 개념으로 Trend만 남기는 것을 Denoise라고 말할 수 있습니다.

NI 예제 탐색기의 툴킷 및 모듈 > 웨이브렛 분석 > 시작하기 폴더에서 Denoise-image.vi를 찾을 수 있습니다.

- **신호 압축(Sparse Representation)**: Wavelet 분석은 Perfect Reconstruction Filter Banks를 이용하여 Discrete Wavelet Transform을 수행합니다. 즉, 완벽한 복원이 가능합니다. 이를 이용하여 이미지 압축이나 데이터 압축에 사용되어집니다. 다음은 사진을 압축한 사례입니다.

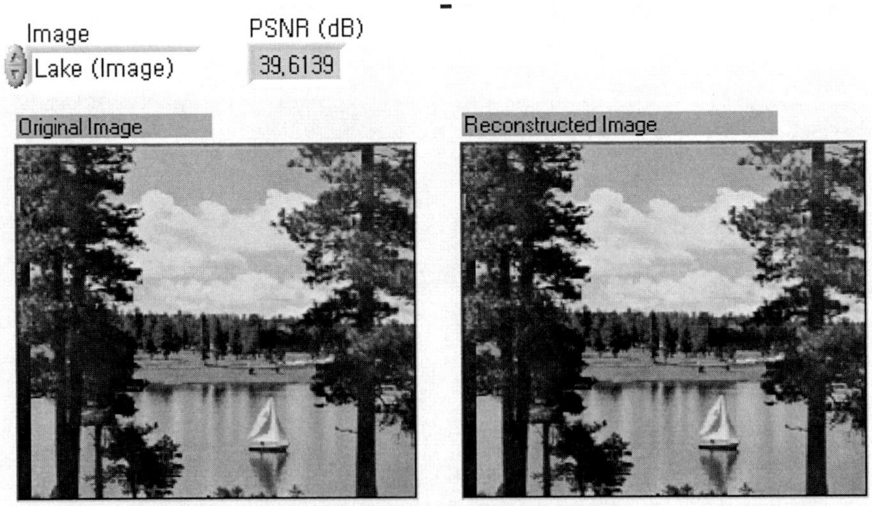

NI 예제 탐색기의 툴킷 및 모듈 > 웨이브렛 분석 > 어플리케이션 폴더에서 Image Compression.vi를 찾을 수 있습니다.

연습 4-7. Detrend 분석

Wavelet Analysis 툴킷에서 제공하는 Detrend 함수를 사용하여 입력된 신호에서 Trend 신호를 분리하는 VI를 만들어봅니다. 다음을 배웁니다.

- WA Data Samples VI를 이용하여 샘플 신호를 불러오는 방법을 익힙니다.
- WA Detrend VI를 이용하여 입력된 신호에서 Trend를 분리하고 Detrended 신호를 구하는 방법을 익힙니다.

⌘ 블록다이어그램

1. 새 VI를 만들고, Detrend.vi로 저장합니다.
2. WA Data Samples.vi를 위치시키고, 다음과 같이 블록다이어그램을 구성합니다. data 입력에서 단축메뉴로 컨트롤을 생성시키고, 프런트패널에 웨이브폼 그래프를 위치시켜서 signal 출력에 연결해줍니다. 함수 〉 신호처리 〉 Wavelet Analysis 〉 Utilities 팔레트에서 찾을 수 있습니다.

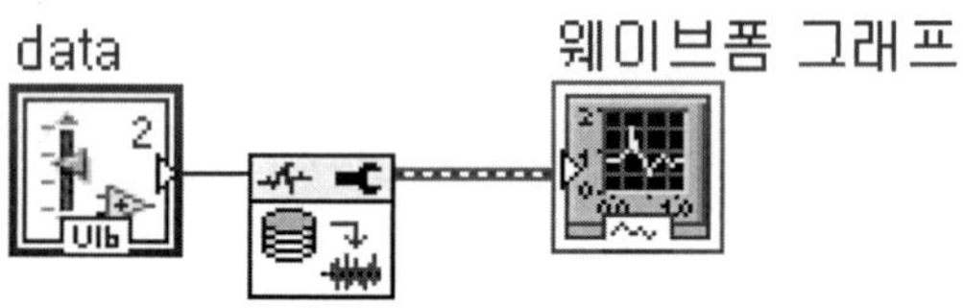

3. 다음과 같이 프런트패널을 정리하고 실행해봅니다. Doppler를 선택하고 실행하면, Doppler 신호가 출력됩니다. 이와 같이 WA Data Samples.vi는 LabVIEW Wavelet Analysis 툴킷에서 기본으로 제공하는 다양한 신호 패턴을 불러오는 역할을 수행합니다.

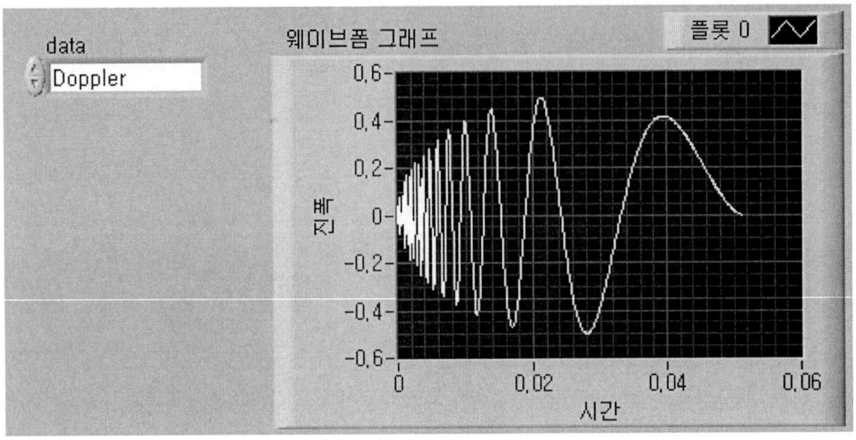

4. WA Detrend.vi를 위치시키고, 다음과 같이 블록다이어그램을 구성합니다. 함수 〉 신호 처리 〉 Wavelet Analysis 〉 Feature Extraction 팔레트에서 찾을 수 있습니다. threshold frequency와 wavelet에서 단축메뉴로 컨트롤을 생성하고, 프런트패널에 웨이브폼 그래프 2개를 위치시켜서, detrended signal과 trend signal을 각각 연결해줍니다.

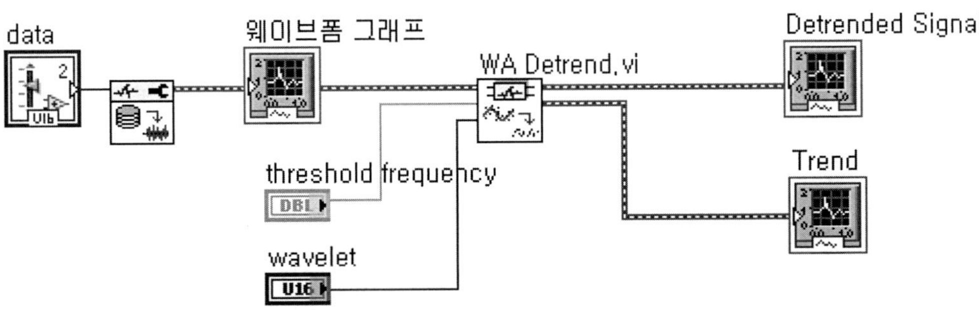

⌘ 프런트패널

5. 다음과 같이 프런트패널을 정리하고 실행합니다.

- data = Doppler
- wavelet = db02
- threshold frequency = 1000

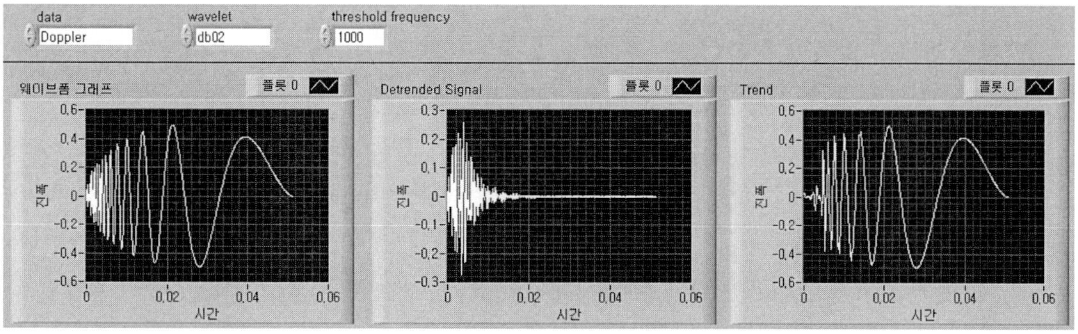

6. 설정을 바꾸어 다시 실행합니다.

- data = ECG
- wavelet = db04
- threshold frequency = 0.0001

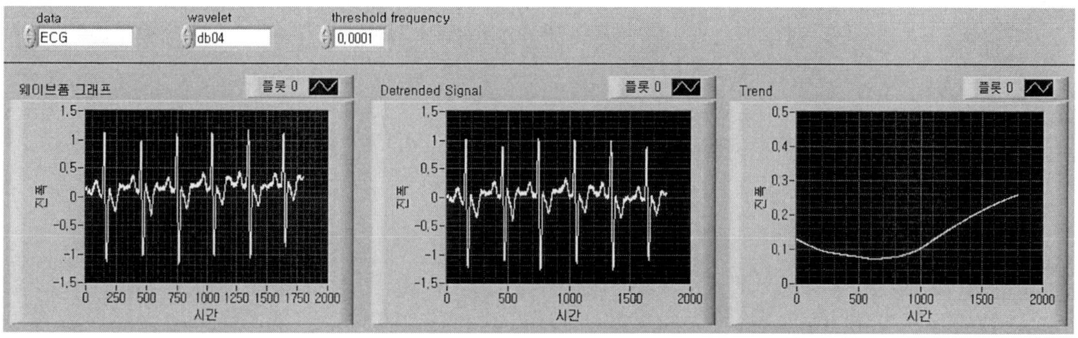

연습 4-7 끝

2. Wavelet 분석 방법

Wavelet 분석에는 Continuous Wavelet과 Discrete Wavelet 분석 방법이 있습니다. 함수 〉 신호 처리 〉 Wavelet Analysis 팔레트에서 각각 Continuous Wavelet 팔레트와 Discrete Wavelet 팔레트로 구분되어 있습니다. 원리는 동일하고, 계산 방식의 차이에 따라서 분류된 것입니다. 여기에서 Continuous와 Discrete는 Fourier 변환에서의 의미와는 다릅니다.

a. Continuous Wavelet 분석

Continuous Wavelet 팔레트에는 두 개의 함수가 제공됩니다. Continuous Wavelet Transform.vi와 Analytic Wavelet Transform.vi입니다.

WA Continuous Wavelet Transform.vi

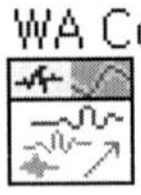

WA Analytic Wavelet Transform.vi

Continuous Wavelet Transform은 다음과 같은 순서로 진행됩니다.

- 선정된 Wavelet을 시간 축으로 Shift하면서 입력된 신호와 내적(inner product)을 계산합니다.
- Wavelet의 Scale을 바꾸어서 앞의 과정을 반복합니다.

Continuous Wavelet Transform의 결과는 CWT coefficients입니다. 이것은 입력된 신호(분석할 신호)와 Wavelet이 얼마나 유사한지를 나타냅니다. 또한 CWT coefficients을 제곱하여 Scalogram을 구할 수도 있습니다. 만약 측정 신호가 시간에 따라서 Scale이 바뀌는 경우에는 Scalogram을 통하여 Time-Scale로 확인할 수 있습니다.

그러나 Continuous Wavelet Transform은 다음과 같은 단점이 있습니다.

- 계산을 위하여 많은 컴퓨터 프로세스 로드를 사용해야 됩니다. 그러므로 실시간 신호처리에는 사용하지 않고, 후처리 방식으로 주로 사용합니다.
- CWT는 위상 정보는 주지 않으므로, 위상 정보가 필요한 경우에는 Analytic Wavelet Transform을 사용해야 됩니다.
- CWT의 경우에는 Reconstruct가 되지 않으므로, 원래 신호를 복원해야

되는 경우에는 Discrete Wavelet 함수를 사용해야 됩니다.

Continuous Wavelet Transform의 예는 다음과 같습니다. 입력 신호에서 Breakdown 포인터를 찾는 예제입니다. NI 예제 탐색기의 툴킷 및 모듈 〉 웨이브렛 분석 〉 어플리케이션 폴더에서 Breakdown Point Detection.vi를 찾을 수 있습니다. 원으로 표시한 부분에 Breakdown이 있음을 확인할 수 있습니다.

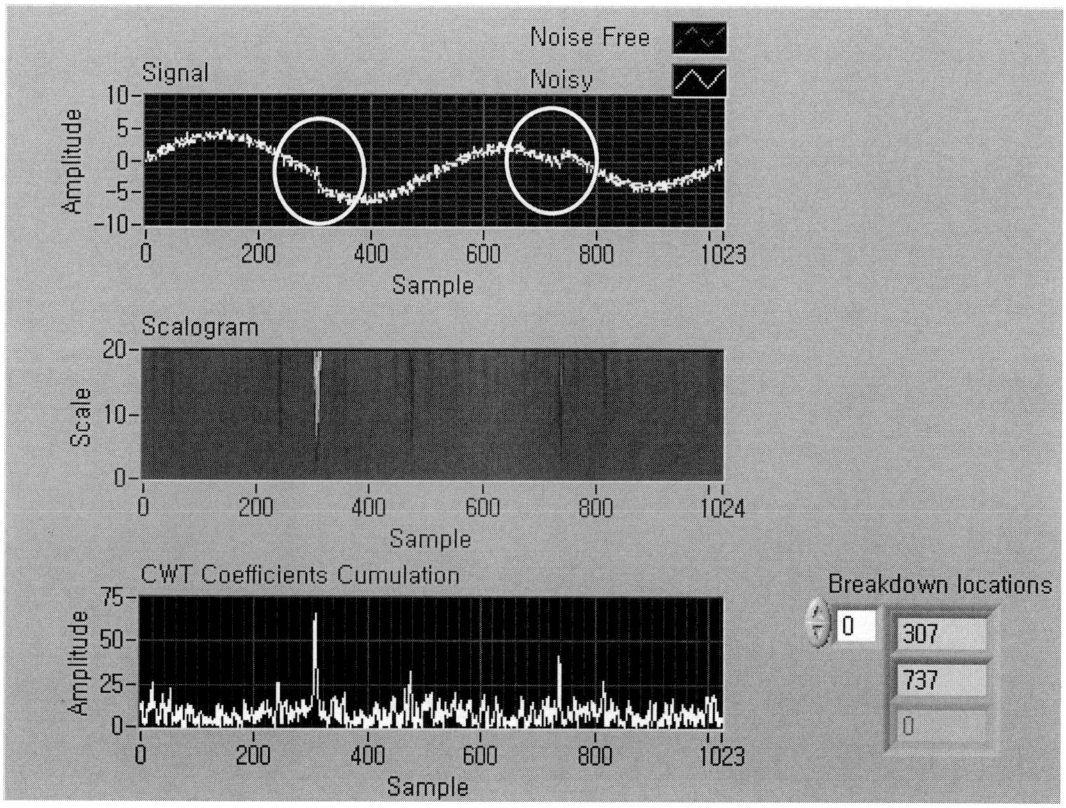

Analytic Wavelet Transform.vi는 CWT로는 알 수 없는 Phase 정보를 알 수 있고, Time-Scale 분석인 Scalogram을 구하는데 주로 사용되는 방법입니다. 특히 Scale sampling 방식으로 Even Scale과 Even Frequency를 선택할 수 있고, normalization 방식으로 Energy 균일 방식과 Amplitude 균일 방식을 선택할 수 있습니다.

even frequency (default)	0Hz부터 $\frac{f_s}{2}$까지 주파수를 균일하게 분포시키는 방식으로 계산합니다. Time-Frequency representation을 위하여 사용합니다. 반면, Scales은 Even하지 않습니다.
even scale	정수 Scales를 균일하게 분포시키는 방식으로 계산합니다. Time-Scale representation을 위하여 사용합니다.

energy (default)	다른 Scales의 Wavelet이 동일한 Energy를 가집니다.
amplitude	다른 Scales의 Wavelet이 Frequency response에서 같은 크기의 Amplitude를 가집니다.

다음은 차례로 Energy Normalization인 경우와 Amplitude Normalization인 경우를 나타냅니다.

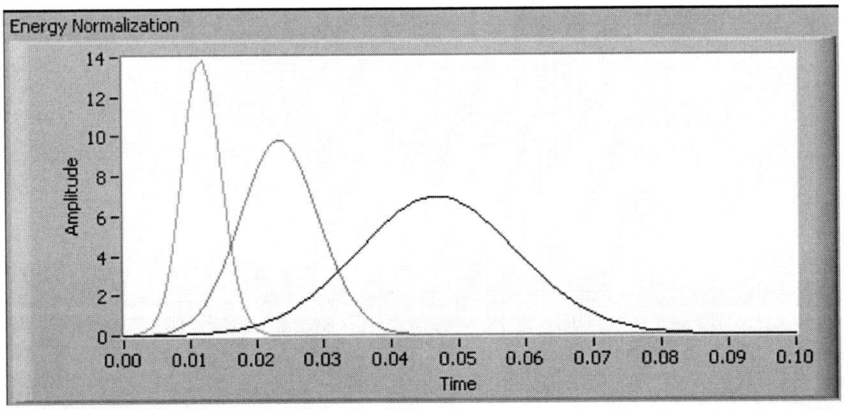

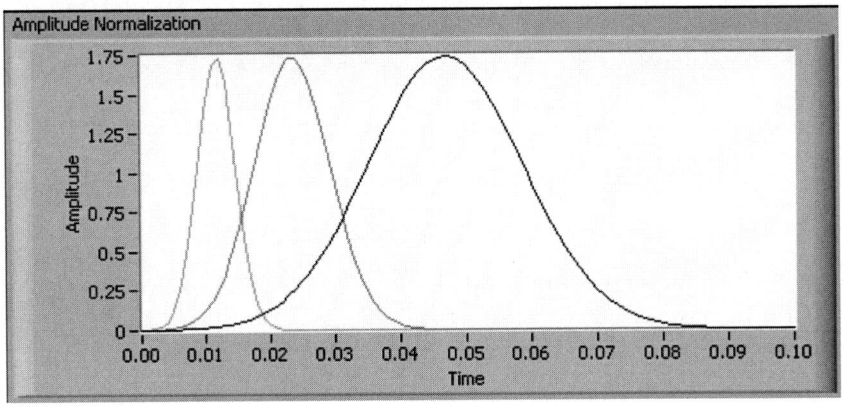

다음은 HypChirps 신호를 AWT로 분석한 Scalogram입니다. Even Frequency와 Energy Normalization으로 선택한 분석입니다. HypChirps 신호는 두 가지의 다른 주파수 성분을 가지고 있고, 처음에서 주파수 성분이 천천히 변하다가 끝에는 아주 빨리 변하는 신호이고 주로 Wavelet 분석함수의 특성을 확인하기 위하여 Test용으로 사용되는 파형입니다. Scalogram을 보면, 주파수 성분들이 시간에 따라서 어떻게 변화하는지를 시각적으로 확인할 수 있습니다. NI 예제 탐색기의 툴킷 및 모듈 〉 웨이브렛 분석 〉 시작하기 폴더에서 Scalogram with Analytic Wavelet Transform.vi를 찾을 수 있습니다.

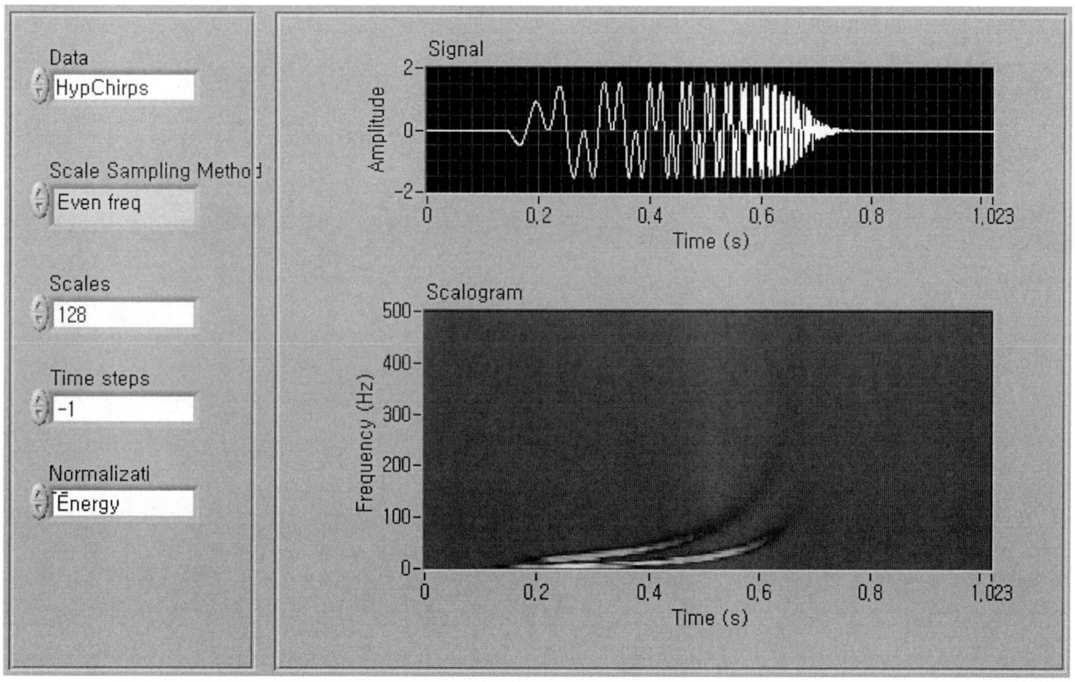

연습 4-8. Scalogram 분석

Continuous Wavelet Analysis 툴에서 제공하는 함수를 이용하여 분석하고, Scalogram을 디스플레이해봅니다. 다음을 배웁니다.

- WA Analytic Wavelet Transform VI의 사용법을 익힙니다.
- HypChirps 신호를 이용하여 Analytic Wavelet Transform를 구하고 Scalogram을 디스플레이하는 방법을 익힙니다.

⌘ 블록다이어그램

a. 새 VI를 만들고, Scalogram.vi로 저장합니다.

b. WA Data Samples.vi를 위치시키고, 다음과 같이 블록다이어그램을 구성합니다. data 입력에서 단축메뉴로 컨트롤을 생성시키고, 프런트패널에 웨이브폼 그래프를 위치시켜서 signal 출력에 연결해줍니다. 함수 〉 신호 처리 〉 Wavelet Analysis 〉 Utilities 팔레트에서 찾을 수 있습니다.

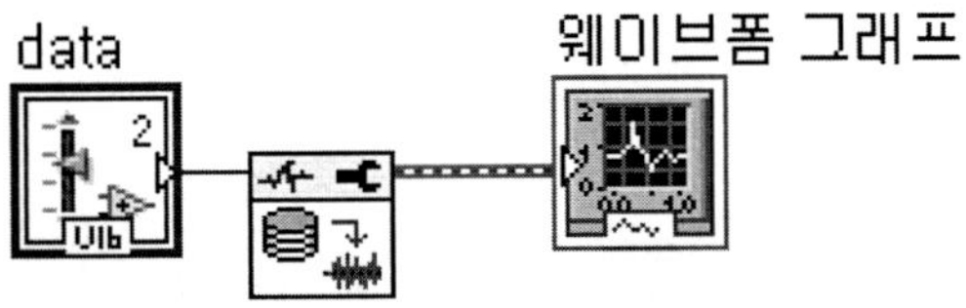

c. 프런트패널에 강도 그래프를 위치시킵니다. 컨트롤 〉 일반 〉 그래프 팔레트에서 찾을 수 있습니다.

d. WA Analytic Wavelet Transform.vi와 WA Configure Scalogram Indicator.vi를 위치시킵니다. 함수 〉 신호 처리 〉 Wavelet Analysis 〉 Continuous Wavelet 팔레트와 함수 〉 신호 처리 〉 Wavelet Analysis 〉 Utilities 팔레트에서 찾을 수 있습니다.

e. WA Analytic Wavelet Transform.vi의 scales와 scale sampling method에서 컨트롤을 생성시키고, time steps와 normalization에서 상수를 생성시킵니다.

f. 강도 그래프의 단축메뉴에서 생성 〉 참조를 선택하여 [강도 그래프 참조]

를 생성하고, WA Configure Scalogram Indicator.vi의 reference of scalogram indicator 입력에 연결해줍니다.

g. 다음과 같이 블록다이어그램을 완성합니다. AWT coef와 Scale Information, 그리고 Error를 서로 연결해줬습니다.

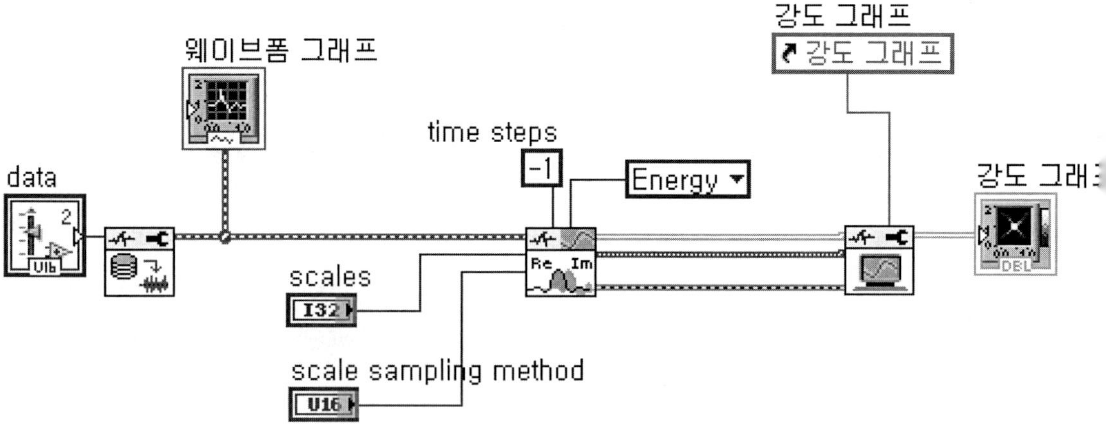

⌘ 프런트패널

h. 프런트패널을 정리하고 VI를 실행합니다.

- data = HypChirps
- scales = 128
- scale sampling method = Even Frequency

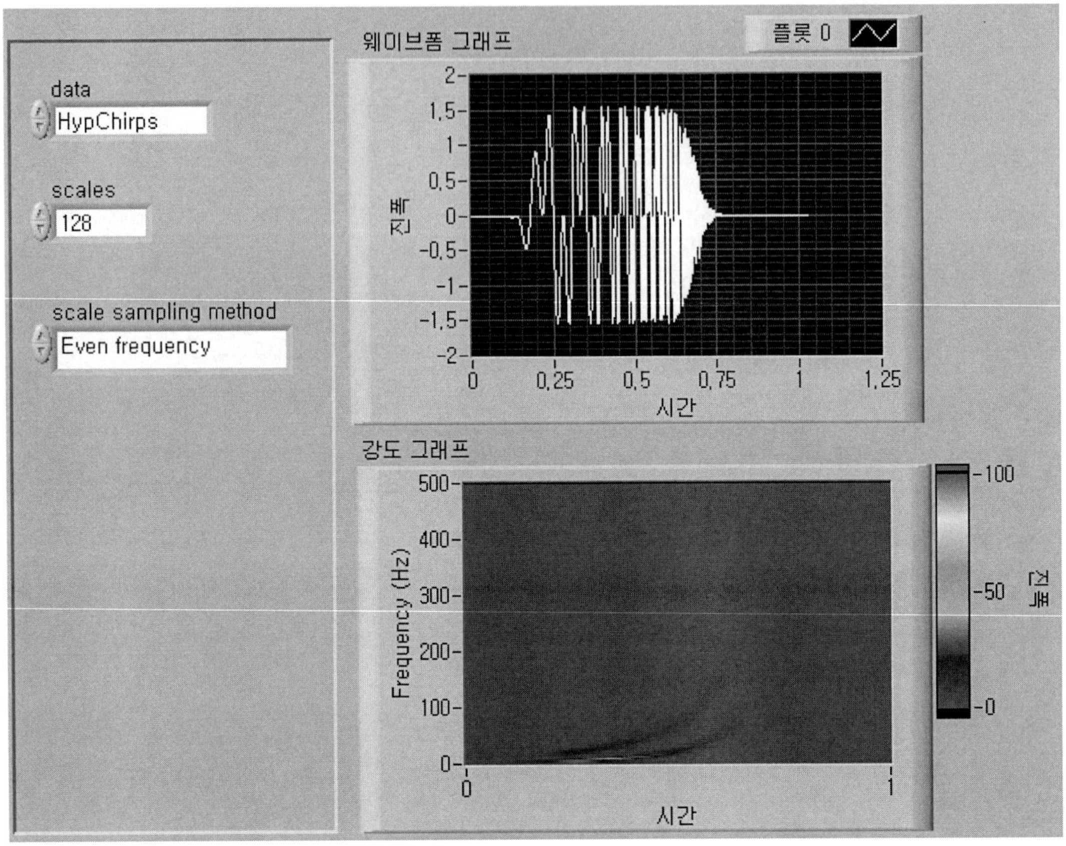

시간 - 주파수 도메인에서 신호의 주파수 강도가 어떻게 변화하는지 확인할 수 있습니다. HypChirps 신호인 경우, 0.6초에서 0.7초 사이에서 폭넓은 주파수 스펙트럼을 보이고 있음을 확인할 수 있습니다. 그러나 강도는 낮아지고 있습니다.

연습 4-8 끝

b. Discrete Wavelet 분석

신호 복원이 필요한 경우에는 Discrete Wavelet 분석을 사용해야 됩니다. 예를 들어, Multiresolution 분석, Denoise, 신호 압축(compression), Edge detection, Peak detection 등을 위하여 Discrete Wavelet 분석을 사용합니다. 거의 대부분의 Wavelet 분석이 여기에 속합니다.

Discrete Wavelet 분석은 Perfect Reconstruction 디지털 필터를 이용한 필터링 방식으로 구현됩니다. 그리고 필터링 방식에 따라 일반 Discrete Wavelet Transform (DWT)와 Undecimated Wavelet Transform (UWT)로 나눠집니다. DWT는 매 단계마다 필터링을 취하면 데이터의 개수가 1/2로 줄어드는 방식이고, UWT는 이러한 Downsampling을 하지 않고, 원래 신호의 크기를 유지하는 방식입니다.

Discrete Wavelet Transform (DWT)는 Two-Channel Perfect Reconstruction 필터를 여러 단계로 적용하여 구현합니다. Two-Channel Perfect Reconstruction 필터는 $G_0(z)$와 $G_1(z)$로 Downsampling하는 필터 쌍과 $H_0(z)$와 $H_1(z)$로 Upsampling하는 필터 쌍으로 구성됩니다. 여기에서 아래 첨자 0는 Lowpass Filter이고 1은 Highpass Filter입니다. 또는 0는 Approximation로 표기되고 1은 Detail로 표기될 수 있습니다. 일반적으로 Lowpass filter는 저주파의 Trend 신호를 남기므로 Approximation이 되는 것이고, Highpass filter는 고주파 성분을 통과시키므로 Detail이 되는 것입니다. 약자로 A와 D로 표기합니다. 그리고 Lowpass filter의 출력을 Approximation coefficients라고 부르고, Highpass filter의 출력을 Detail coefficients라고 부릅니다.
다음은 Discrete Wavelet Transform을 적용 방식을 도표화한 것입니다. L 단계의 필터 뱅크가 적용된 사례입니다. 먼저 신호가 입력되면, $G_0(z)$와 $G_1(z)$가 1차 필터를 진행합니다. 여기에서 $\downarrow 2$는 1/2로 Downsampling된다는 의미입니다. 1차 필터의 결과는 D_1과 A_1입니다. 2차 필터는 A_1에 적용됩니다. 그리고 2차 필터의 결과는 D_2과 A_2입니다. 이와 같이 Lowpass 결과에 대하여 단계적으로 분석(decompose)가 진행됩니다.

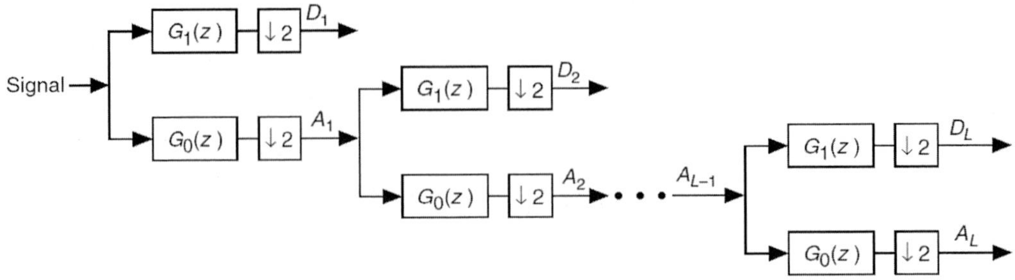

다음은 Inverse Discrete Wavelet Transform을 적용 방식을 도표화한 것입니다. L 단계의 Upsampling 필터 $H_0(z)$와 $H_1(z)$을 적용하여 D_L과 A_L에서부터 원래 신호를 복원해내는 과정입니다. 여기에서 ↑2는 2 배로 Upsampling된다는 의미입니다.

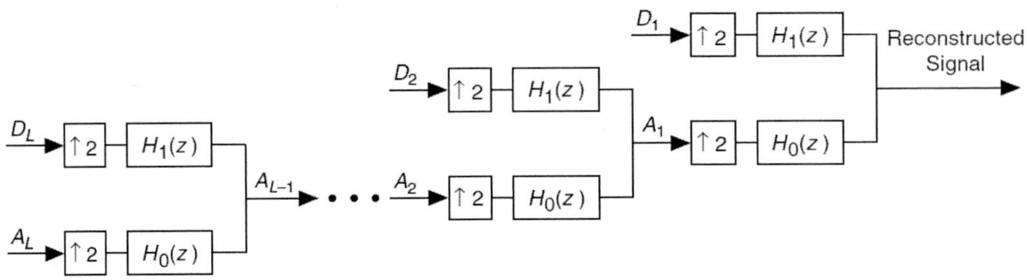

이와 같이 Discrete Wavelet Transform이나 Inverse Discrete Wavelet Transform은 여러 단계의 필터 뱅크를 적용하여 신호를 분해하거나 재구성하는 방식으로 신호를 분석합니다.

다음 예제는 Discrete Wavelet Transform 방식을 이용한 Multiresolution Analysis입니다. 함수 〉 신호 처리 〉 Wavelet Analysis 〉 Discrete Wavelet 팔레트에서 Multiresolution Analysis 익스프레스 VI를 찾을 수 있습니다.
필터 뱅크 Level 3 단계까지 적용한 것이고, 마우스로 각각 D_3과 A_3를 선택한 것입니다.

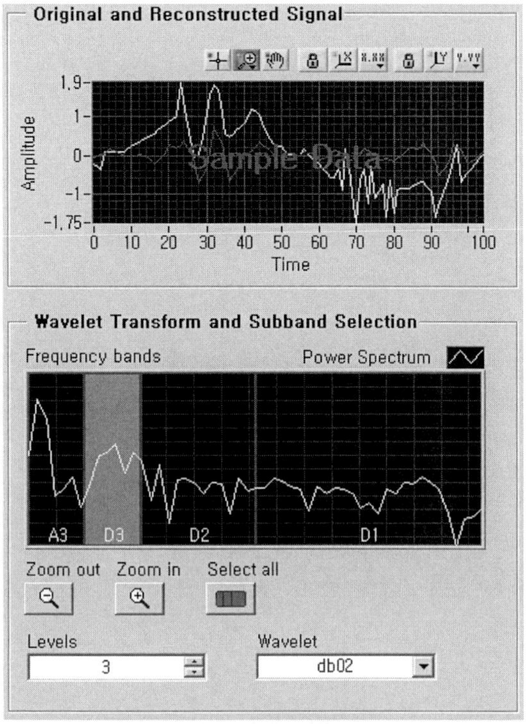
Original and Reconstructed Signal
Amplitude
1.9
1
0
-1
-1.75
0 10 20 30 40 50 60 70 80 90 100
Time
Sample Data
Wavelet Transform and Subband Selection
Frequency bands
Power Spectrum
A3
D3
D2
D1
Zoom out
Zoom in
Select all
Levels
3
Wavelet
db02

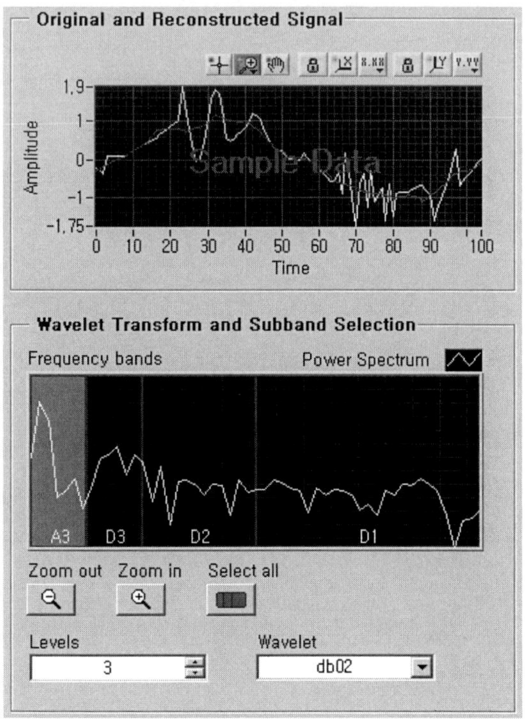
Original and Reconstructed Signal
Amplitude
1.9
1
0
-1
-1.75
0 10 20 30 40 50 60 70 80 90 100
Time
Sample Data
Wavelet Transform and Subband Selection
Frequency bands
Power Spectrum
A3
D3
D2
D1
Zoom out
Zoom in
Select all
Levels
3
Wavelet
db02

NI 예제 탐색기의 툴킷 및 모듈 〉 웨이브렛 분석 〉 시작하기 폴더에서 Multiresolution Analysis - 1D Signal.vi를 실행하면 다음과 같습니다.

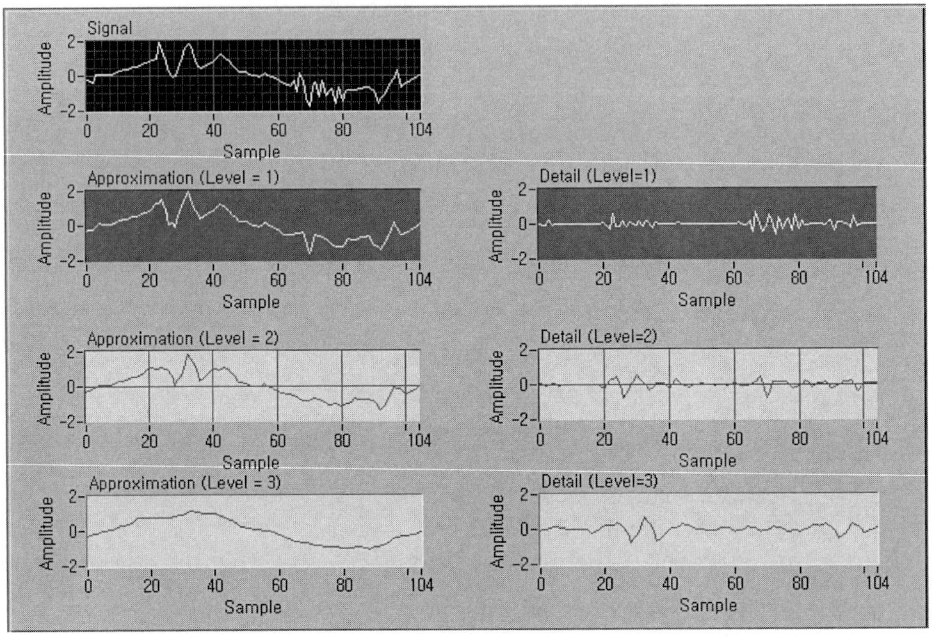

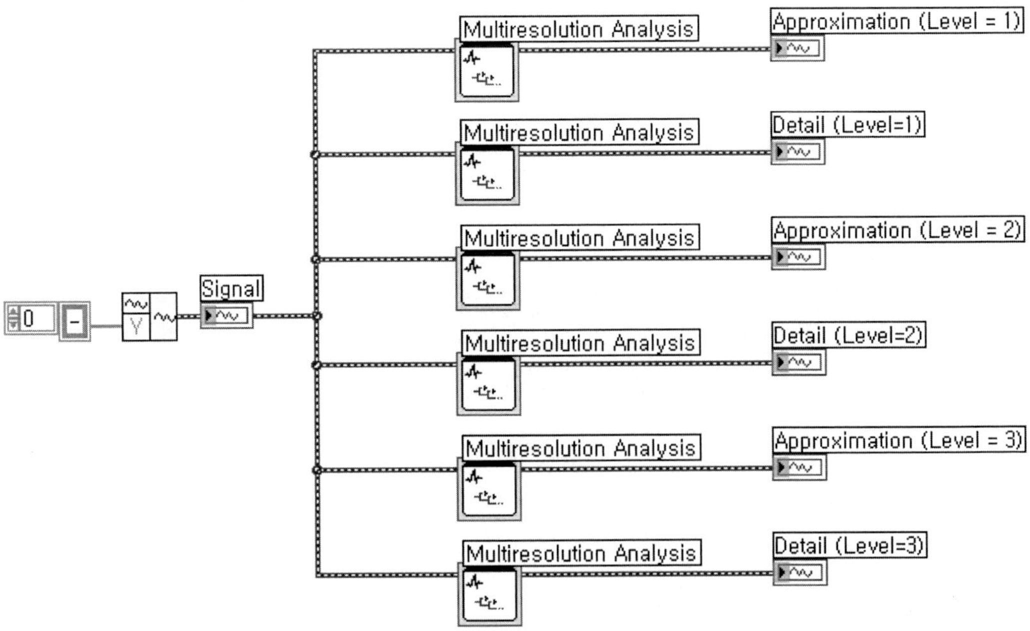

6개의 Multiresolution Analysis 익스프레스 VI를 이용하여 Approximation (Level = 1), Detail(Level = 1), Approximation(Level = 2), Detail(Level = 2), Approximation(Level = 3), Detail(Level = 3)을 구하였습니다. 사용한 Wavelet은 db02입니다. 여기에서 Approximation(Level = 3)과 Detail (Level = 3)로 Approximation (Level = 2)를 복원할 수 있습니다.

연습 4-9. Multiresolution Analysis 익스프레스 VI

대표적인 DWT 함수인 Multiresolution Analysis 익스프레스 VI를 이용하여 Multi-resolution 분석을 수행해봅니다. 다음을 배웁니다.

- Multiresolution Analysis 익스프레스 VI의 사용법을 익힙니다.
- Discrete Wavelet Analysis의 Level 1과 Level 2 분석을 수행하고 각각의 A1, D1, A2, D2를 웨이브폼 그래프에 플롯해봅니다.

⌘ 블록다이어그램

1. 새 VI를 만들고 DWT Multiresolution.vi로 저장합니다.
2. WA Data Samples.vi를 위치시키고, 다음과 같이 블록다이어그램을 구성합니다. data 입력에서 단축메뉴로 컨트롤을 생성시키고, 프런트패널에 웨이브폼 그래프를 위치시켜서 signal 출력에 연결해줍니다. 함수 〉 신호 처리 〉 Wavelet Analysis 〉 Utilities 팔레트에서 찾을 수 있습니다.

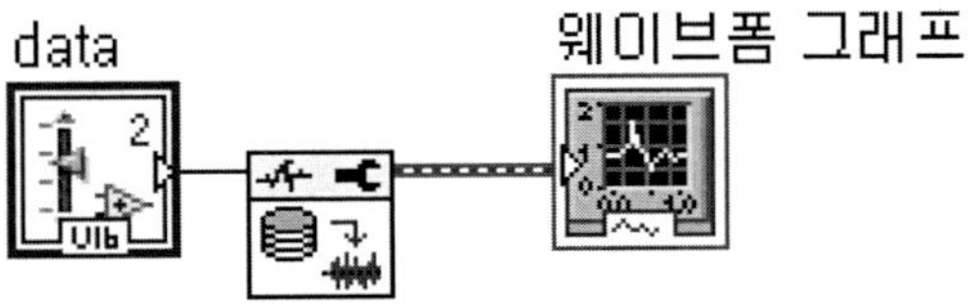

3. Multiresolution Analysis 익스프레스 VI를 위치시키고, 다음과 같이 설정합니다. 함수 〉 신호 처리 〉 Wavelet Analysis 〉 Discrete Wavelet 팔레트에서 찾을 수 있습니다.

- Levels = 1
- Wavelet = db02
- Frequency bands = A1

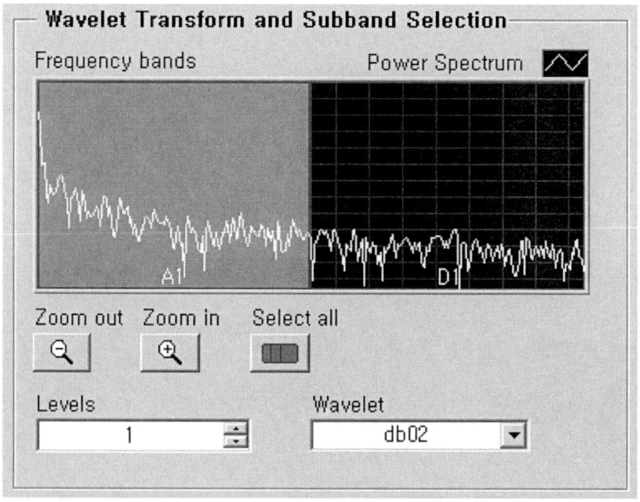

4. Multiresolution Analysis 익스프레스 VI 설정을 적용하고, 단축메뉴에서 [아이콘으로 보기]를 선택해줍니다.
5. Signal 입력에 WA Data Samples.vi의 출력을 연결하고, 웨이브폼 그래프를 복사하여 reconstruction 출력에 연결해줍니다. 복사한 웨이브폼 그래프의 라벨을 'Approximation (level=1) '으로 바꿔줍니다.

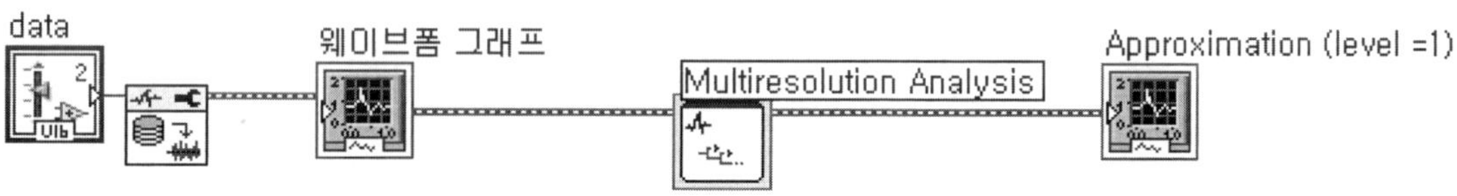

6. Multiresolution Analysis 익스프레스 VI와 웨이브폼 그래프를 복사하여 다음과 같이 연결해줍니다. 복사한 웨이브폼 그래프의 라벨을 'Detail (level=1) '으로 바꿔줍니다.

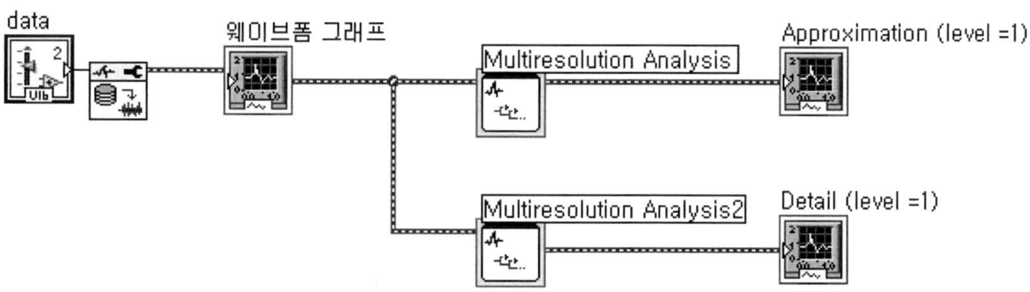

7. Multiresolution Analysis2를 더블클릭하여 설정 창을 띄우고 다음과 같이 설정을 바꿔줍니다.

- Levels = 1
- Wavelet = db02
- Frequency bands = D1

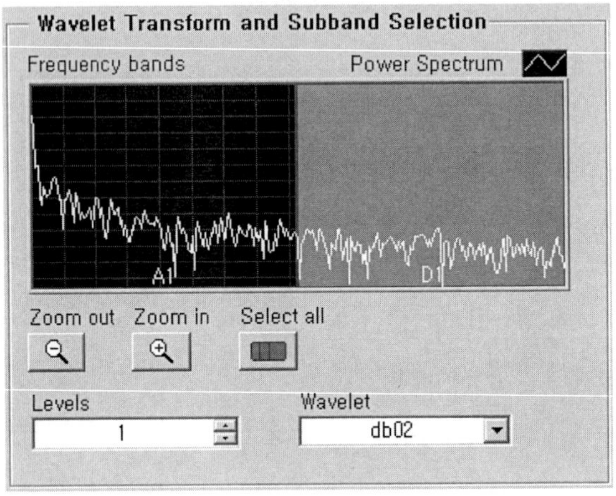

⌘ 프런트패널

8. 프런트패널을 정리하고 실행합니다. data로 [Sp500]을 선택해줬습니다.

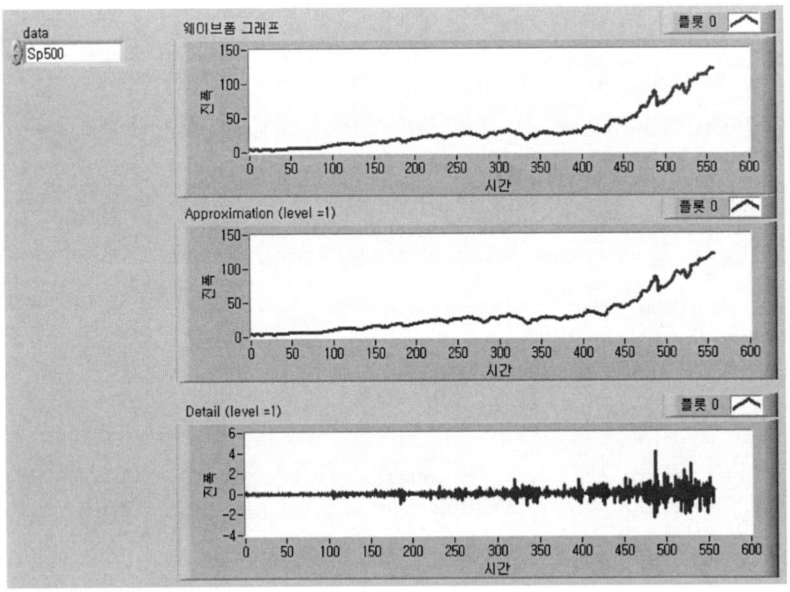

Sp500의 원래 data에서 Level 1의 DWT를 수행하고, Approximation과 Detail을 플롯한 것입니다.

⌘ 블록다이어그램

9. Multiresolution Analysis 익스프레스 VI와 웨이브폼 그래프 두 개를 복사하여 다음과 같이 연결해줍니다. 선택한 뒤에 〈Ctrl + C〉, 〈Ctrl + V〉로 복사 및 붙여넣기를 수행할 수 있습니다. 복사한 웨이브폼 그래프의 라벨을 각각 Approximation (level=2) '와 'Detail (level=2) '으로 바꿔줍니다.

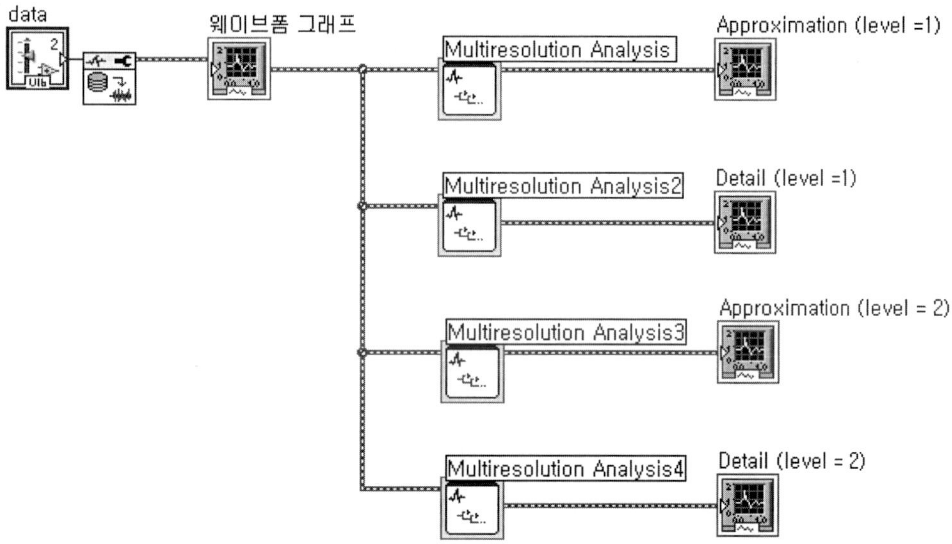

10. Multiresolution Analysis3를 더블클릭하여 설정 창을 띄우고 다음과 같이 설정을 바꿔줍니다.

- Levels = 2
- Wavelet = db02
- Frequency bands = A2

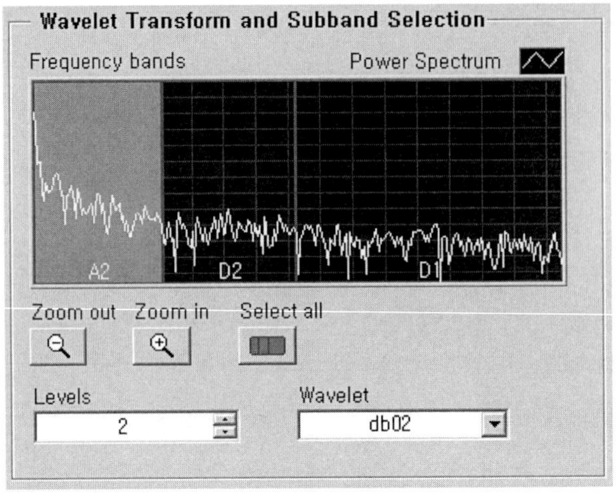

11. 같은 방법으로 Multiresolution Analysis4를 더블클릭하여 설정 창을 띄우고 다음과 같이 설정을 바꿔줍니다.

- Levels = 2
- Wavelet = db02
- Frequency bands = D2

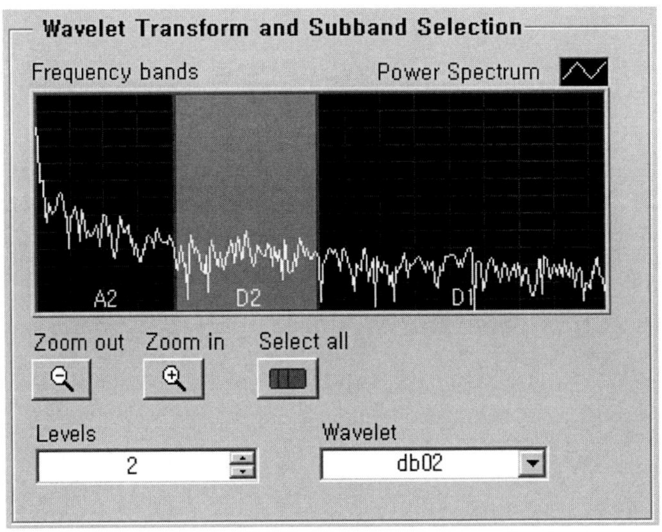

⌘ 프런트패널

12. 프런트패널을 정리하고 실행합니다.

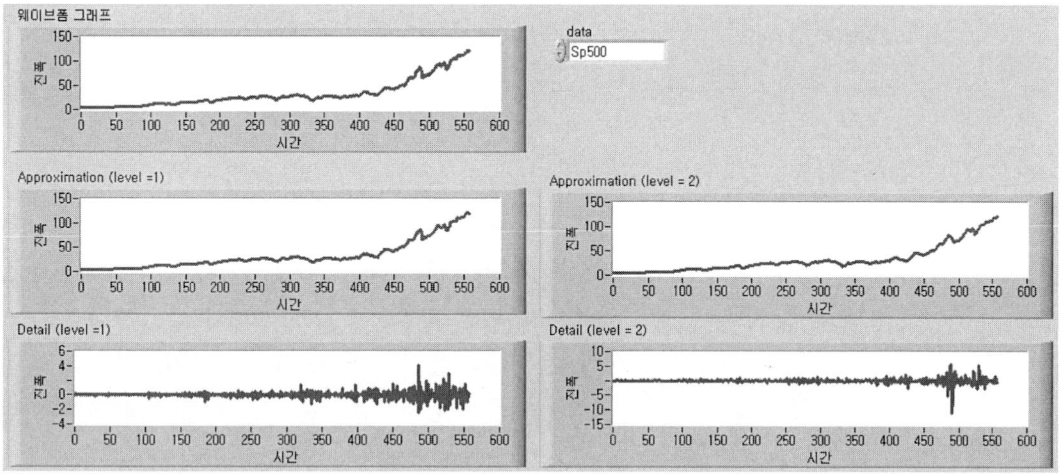

Sp500의 원래 data에서 Level 2까지 DWT를 수행하고, Approximation과 Detail을 플롯한 것입니다.

연습 4-9 끝

Discrete Wavelet Transform의 원리를 정리하면 다음과 같습니다.
아래 그림과 같이 Level-1은 주파수 도메인에서 High pass Filter와 Low pass Filter를 1차로 적용하여 결과를 각각 D1과 A1으로 도출하는 것입니다. 앞의 예제에서는 Multiresolution Analysis 익스프레스 VI가 D1과 A1을 Time 도메인에서 다시 플롯해준 것입니다.
Level-2는 A1에 High pass Filter와 Low pass Filter를 2차로 적용하여 결과를 각각 D2과 A2로 도출하는 것입니다. 주파수 도메인에서는 아래 그림과 같이 A2, D2, D1이 각자의 영역을 가지고 있습니다. 이것을 각자 Time 도메인으로 플롯하면 Multiresolution Analysis 익스프레스 VI의 출력과 동일합니다. A2, D2, D1는 Approximation(Level = 2), Detail(Level = 2), Detail(Level = 1)을 의미합니다.
Level-3에서는 같은 방식으로 A2에 High pass Filter와 Low pass Filter를 3차로 적용하여 결과를 각각 D3과 A3로 도출하는 것입니다. 주파수 도메인에서는 아래 그림과 같이 A3, D3, D2, D1이 각자의 영역을 가지고 있습니다.

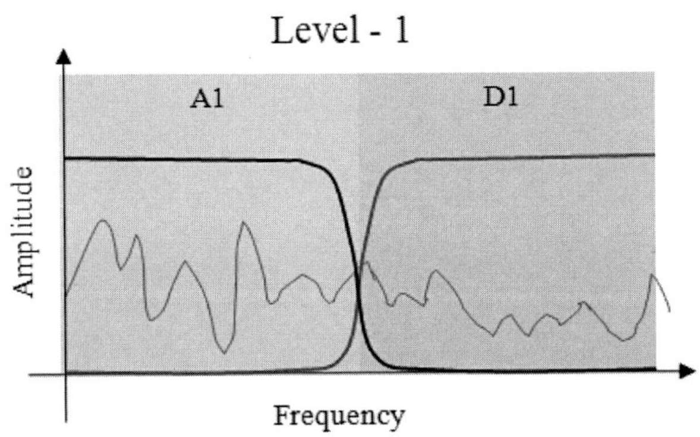

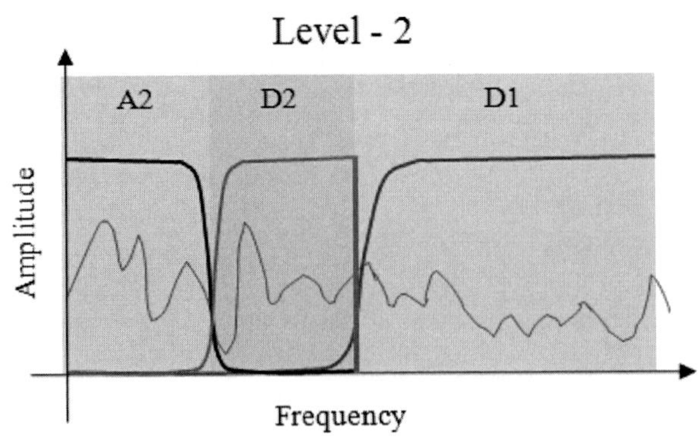

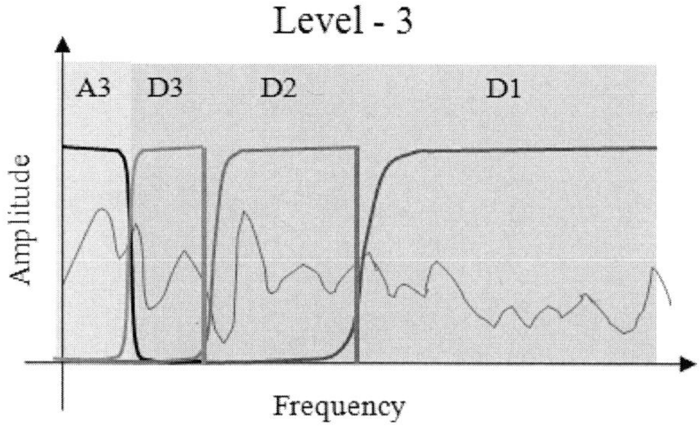

이와 같이 Discrete Wavelet Transform는 여러 단계의 Two-Channel Perfect Reconstruction 필터 뱅크를 적용하는 원리로 구현이 됩니다. 물론 각 필터는 단순한 Lowpass 필터나 Highpass 필터가 아니라 Wavelet 들의 내적(Inner Product)로 구현되는 것입니다. 만약 원하는 필터링을 구현할 수 있는 Wavelet이 없을 경우에는 Wavelet Design 익스프레스 VI를 이용하여 새로 디자인할 수 있습니다. 함수 〉 신호 처리 〉 Wavelet Analysis 〉 Discrete Wavelet 팔레트에서 Wavelet Design 익스프레스 VI를 찾을 수 있습니다.

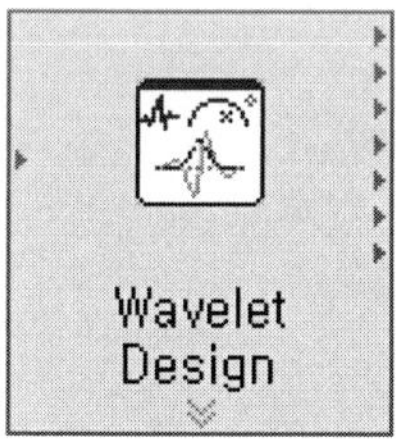

Wavelet Design 익스프레스 VI

Wavelet Design 익스프레스 VI에서 1 단계로 Wavelet Type을 선정하고, 2 단계로 Product Lowpass를 선택하고, 3 단계로 Factorization을 선택해줍니다. 마지막으로 Zeros of G0 and H0에서 마우스로 Zero의 위치를 선택 혹은 변경해줍니다.

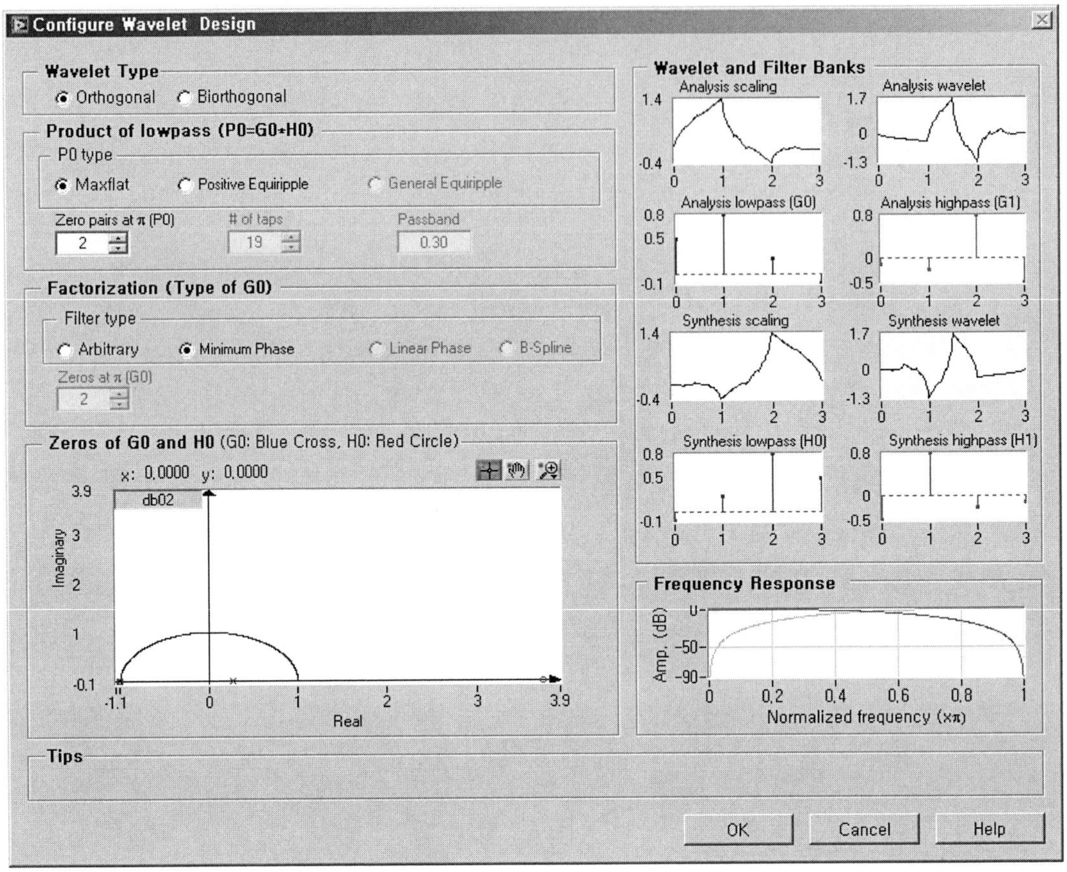
Configure Wavelet Design
Wavelet Type
Orthogonal
Biorthogonal
Product of lowpass (P0=G0*H0)
P0 type
Maxflat
Positive Equiripple
General Equiripple
Zero pairs at π (P0)
2
# of taps
19
Passband
0.30
Factorization (Type of G0)
Filter type
Arbitrary
Minimum Phase
Linear Phase
B-Spline
Zeros at π (G0)
2
Zeros of G0 and H0 (G0: Blue Cross, H0: Red Circle)
x: 0.0000 y: 0.0000
db02
Imaginary
Real
Wavelet and Filter Banks
Analysis scaling
Analysis wavelet
Analysis lowpass (G0)
Analysis highpass (G1)
Synthesis scaling
Synthesis wavelet
Synthesis lowpass (H0)
Synthesis highpass (H1)
Frequency Response
Amp. (dB)
Normalized frequency (xπ)
Tips
OK
Cancel
Help

[DWT에서 사용되는 Wavelet 종류 및 적용]

Discrete Wavelet Transform에서 일반적으로 사용되는 Wavelet은 크게 Orthogonal Wavelet과 Biorthogonal Wavelet으로 나누어집니다. Orthogonal Wavelet으로는 Haar, Daubechies (dbxx), Coiflets (coifx), 그리고 Symmlets (symx)가 있습니다. 그리고 Biorthogonal Wavelet으로는 FBI와 Biorthogonal (biorx_x)가 있습니다.

Orthogonal Wavelet을 이용한 Wavelet 변환은 Energy가 유지되는 변환이므로 Inverse wavelet 변환 시에 노이즈에 대한 영향을 받지 않습니다. 그러므로 신호 압축이나 이미지 압축, Denoise에 사용됩니다. 반면 Orthogonal Wavelet는 Linear-Phase 필터 방식이 아니므로 Feature Detection의 경우에는 사용할 수 없습니다. 그래서 Peak detection이나 Image edge detection 등과 같은 Feature Detection을 위해서는 Biorthogonal Wavelet을 사용합니다.

c. Wavelet Packet Decomposition 분석

Discrete Wavelet Transform은 Lowpass 필터인 Approximation 쪽으로만 필터 뱅크를 적용해 나가는 방식입니다. 반면 Wavelet Packet Decomposition은 Highpass 필터인 Detail 쪽으로도 동시에 필터 뱅크를 적용하여 양방향으로 모두 적용하는 방식입니다.

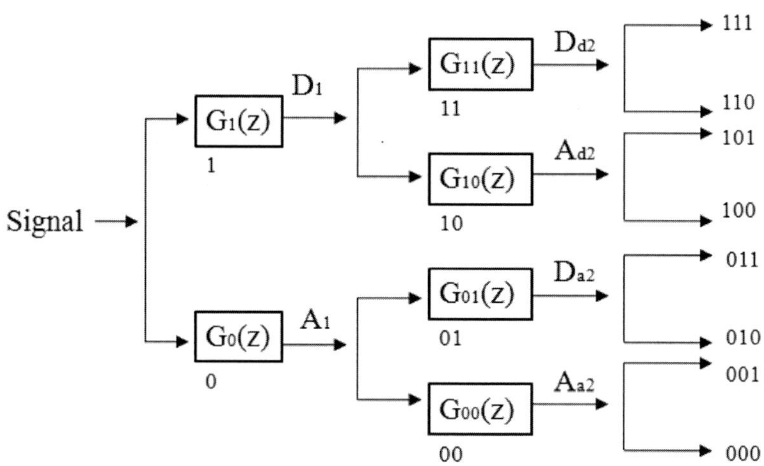

그림은 Wavelet packet decomposition tree입니다. 입력된 신호에 대하여

$G_1(z)$와 $G_0(z)$ 필터를 적용하여 D1과 A1을 출력합니다. 다음 단계에서는 D1과 A1에 대하여 각각 $G_1(z)$와 $G_0(z)$ 필터를 적용하여 Detail과 Approximation coefficient를 구합니다. 이와 같이 각 단계별로 Detail과 Approximation coefficient에 필터를 적용하고 다음 단계의 Dx와 Ax를 계산합니다.

Wavelet packet decomposition은 Discrete Wavelet Transform 보다 더 많은 계산이 필요하지만 더 Compact한 Histogram 결과를 나타냅니다. 그래서 Wavelet packet decomposition는 더 높은 비율로 신호를 압축할 수 있는 방법입니다.

다음은 Chirps 신호를 Wavelet packet decomposition을 이용하여 압축했다가 다시 복원하는 예제입니다. 이때 신호 압축 및 복원에서 발생하는 Compression Error를 구하였습니다.

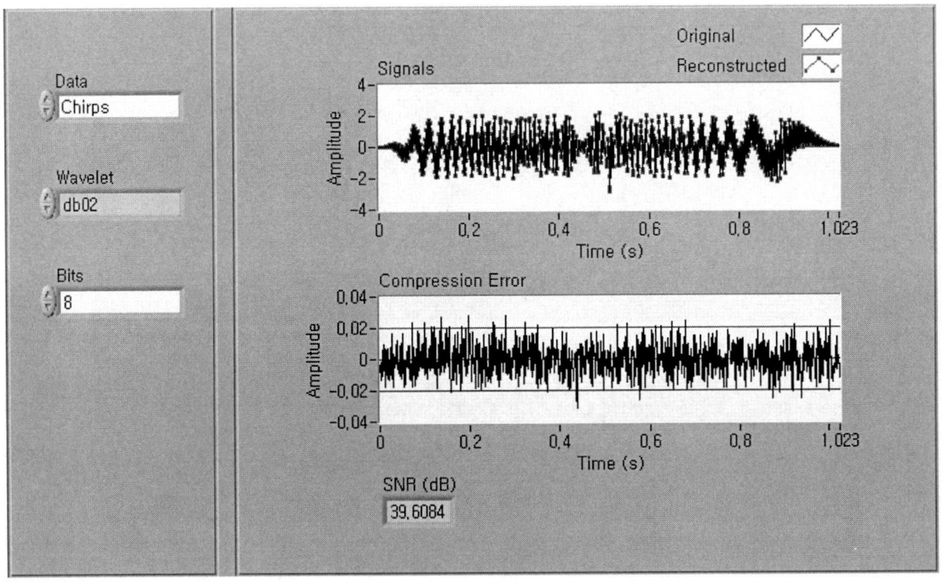

LV 예제 탐색기의 툴킷과 모듈 〉 웨이브렛 분석 〉 어플리케이션 폴더에서 Wavelet packet Signal Compression.vi를 찾을 수 있습니다. 그리고 Wavelet packet 함수들은 함수 〉 신호 처리 〉 Wavelet Analysis 〉 Wavelet Packet 팔레트에서 찾을 수 있습니다.

d. Arbitrary Path Decomposition 분석

Lowpass 필터 방향으로만 진행하는 Discrete Wavelet Transform이나 Lowpass와 Highpass 양쪽 방향으로 모두 진행하는 Wavelet packet decomposition과는 다르게 Lowpass 방향과 Highpass 방향을 임의로 선택하여 진행하는 방식을 Arbitrary Path Decomposition이라고 부릅니다. 방향을 잘 선택하면, 계산 Load를 많이 사용하지 않고 원하는 결과를 낼 수 있는 방법이 될 것입니다.

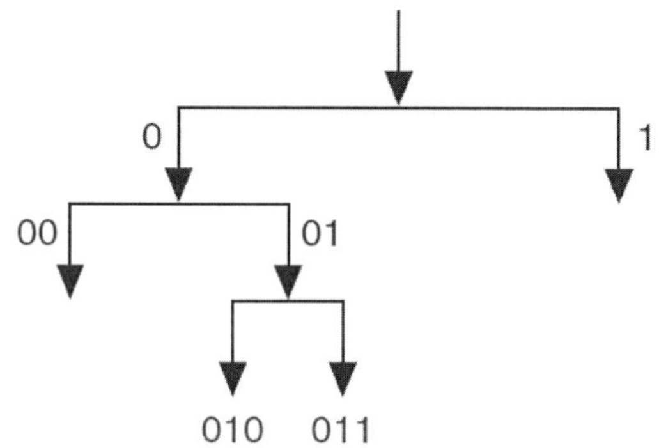

다음은 Engine Knocking 소음에서 점화 장치의 불량 유무를 찾아내는 예제입니다. LV 예제 탐색기의 툴킷과 모듈 〉 웨이브렛 분석 〉 어플리케이션 폴더에서 Engine Knocking Detection.vi를 찾을 수 있습니다. bior3_7 Wavelet을 사용하여 11 Path로 구현한 것입니다.

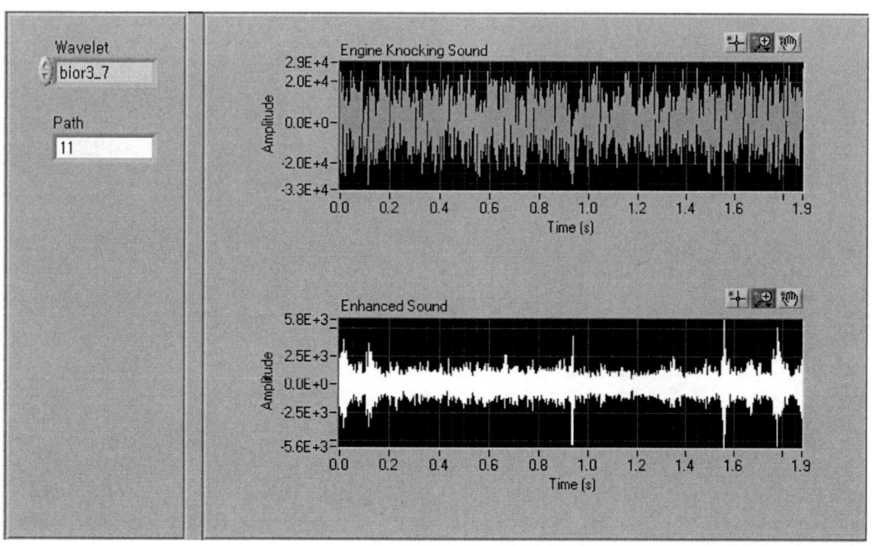

Arbitrary Path Decomposition 함수들은 함수 〉 신호 처리 〉 Wavelet Analysis 〉 Discrete Wavelet 팔레트에서 찾을 수 있습니다.

e. Undecimated Wavelet Transform 분석

Undecimated Wavelet Transform (UWT)는 Detail Coefficient나 Approximation Coefficient를 구할 때, downsampling을 하지 않고, 원래 데이터의 개수를 유지합니다. 그래서 Discrete Wavelet Transform(DWT)에서는 확인할 수 없는 여러 가지 신호의 특성을 분석할 수 있습니다.

UWT는 DWT에 비교하여 다음과 같은 장점을 가집니다.

- Translation invariant property 또는 Shift invariant property를 가집니다.
- Denoise 성능이 더 뛰어납니다.

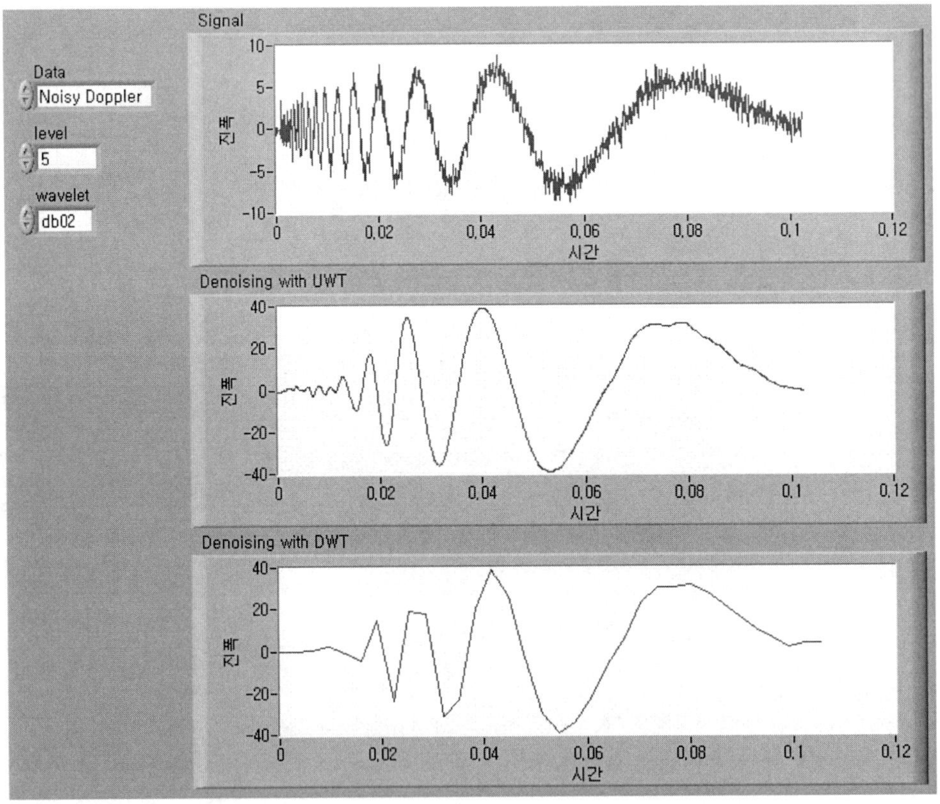

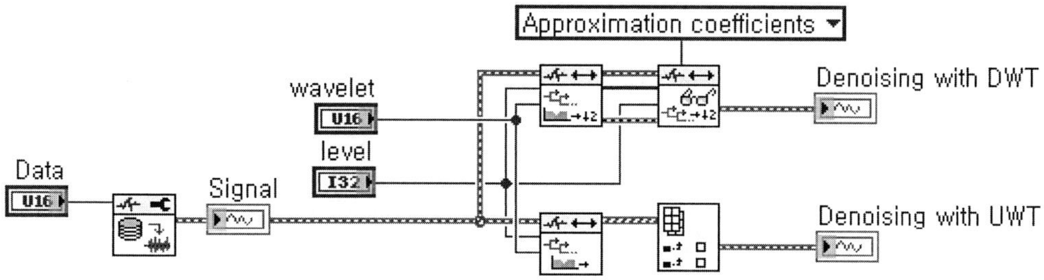

Noisy Doppler 신호를 DWT와 UWT 방식으로 각각 Denoising을 수행했을 때, UWT 방식이 더 매끄러운 결과를 도출함을 확인할 수 있습니다.

- Peak Detection 성능이 더 뛰어납니다. 그래서 함수 〉 신호 처리 〉 Wavelet Analysis 〉 Online Wavelet Analysis 팔레트의 WA Online Multiscale Peak Detection.vi는 UWT 방식으로 만들어진 것입니다.

LV 예제 탐색기의 툴킷과 모듈 〉 웨이브렛 분석 〉 어플리케이션 폴더에서 ECG Heart Rate Monitor (Online).vi나 ECG QRS Complex Detection.vi에서 관련 예제를 확인할 수 있습니다.
이 예제는 Trend를 포함한 ECG 신호에서 Peak과 Valley를 구하는 예제입니다. 즉, Peak Detection 함수는 Detrend 기능과 Peak Detection 기능을 모두 수행합니다.

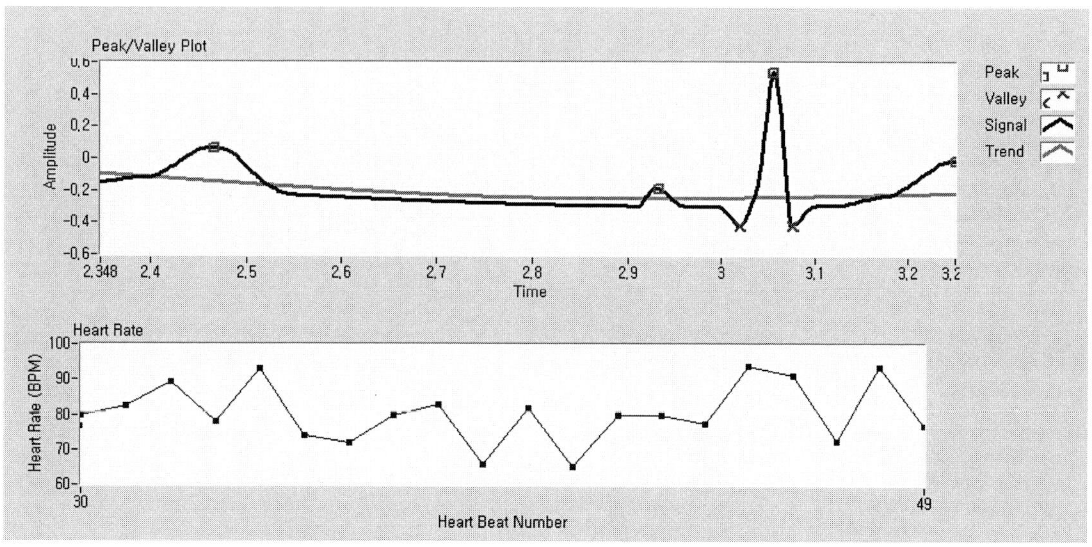

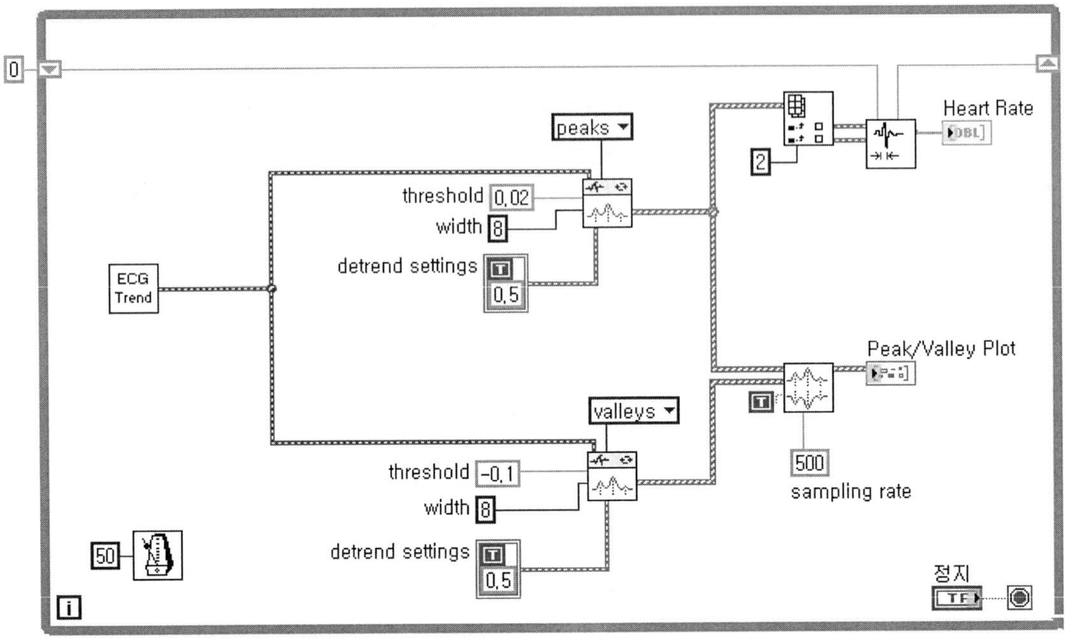
0
peaks
threshold 0,02
width 8
detrend settings
0,5
ECG Trend
2
Heart Rate
Peak/Valley Plot
valleys
threshold -0,1
width 8
detrend settings
0,5
500
sampling rate
50
정지

연습 4-10. MIT-BIH 데이터베이스에서 ECG 신호 분석

MIT-BIH 데이터베이스에서 제공하는 ECG 신호를 불러와서 WA Peak Detection 함수로 분석해봅니다. MIT-BIH database는 연구목적으로 측정된 생리학 신호를 모아서 공유하는 곳입니다. 이 데이터베이스에서 실제 환자의 ECG 신호 등을 다운받아서, 분석 프로그램 개발에 사용할 수 있습니다. 추가적인 정보는 www.ecg.mit.edu에서 찾을 수 있습니다. 이 연습에서는 NI Biomedical Workbench를 이용하여 데이터 포맷을 TDMS로 변환한 자료를 사용합니다.

⌘ 블록다이어그램

1. [측정 파일로부터 읽기] 익스프레스 VI를 이용하여 MIT-BIH Database 파일을 불러옵니다. 이 데이터는 2진수(TDMS) 파일 포맷이므로 다음과 같이 설정합니다. 함수 〉 프로그래밍 〉 파일 I/O 팔레트에서 **측정 파일로부터 읽기**를 찾을 수 있습니다.

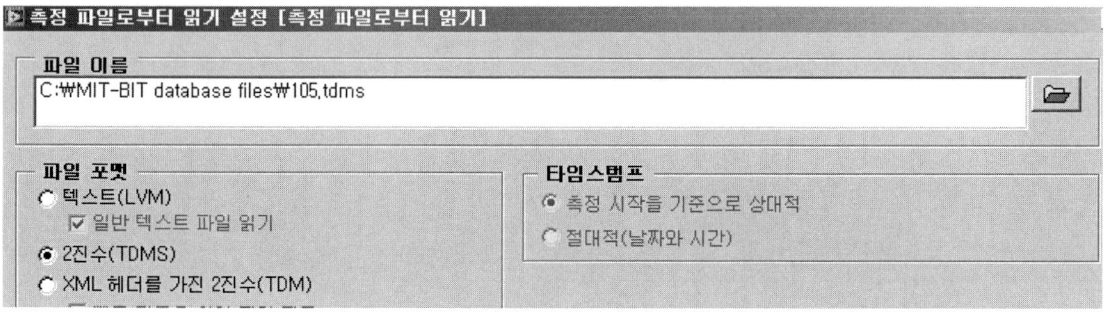

2. 측정 파일로부터 읽기의 출력을 [다이내믹 데이터로부터 변환]에 연결합니다. 다이내믹 데이터로부터 변환의 결과 데이터 타입은 [단일 웨이브폼]으로 설정합니다.
3. 다음과 같이 블록다이어그램이 구성됩니다.

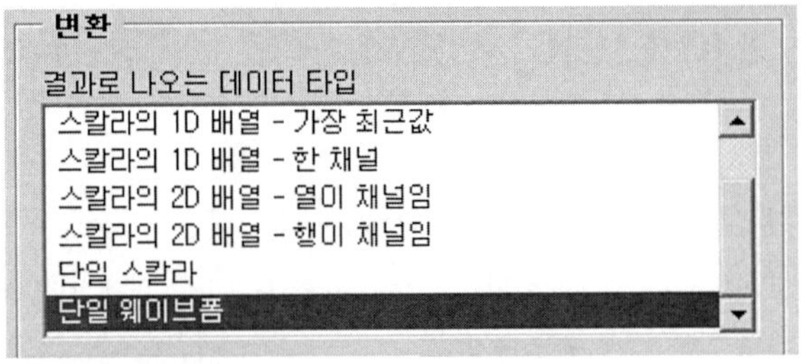

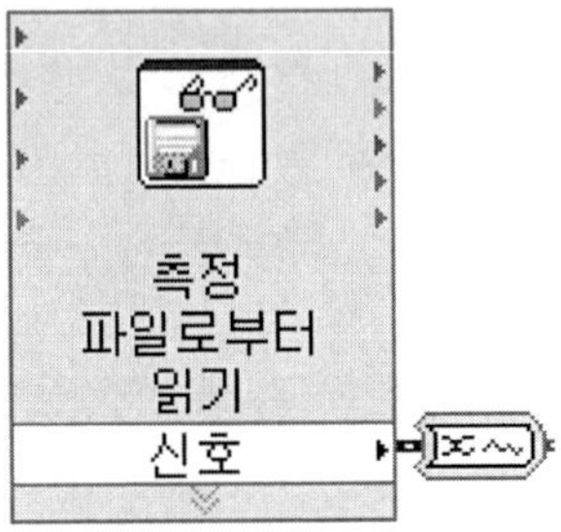

4. While 루프와 [웨이브폼 부분 얻기]를 위치시킵니다. 함수 〉 프로그래밍 〉 웨이브폼 팔레트에서 웨이브폼 부분 얻기 함수를 찾을 수 있습니다. [지속 기간]에 컨트롤을 생성해주고, [시작 샘플/시간]에서 Duration * i를 입력합니다. 그리고 [다음 ms 배수까지 기다림]을 위치시킵니다. 1000을 입력하여 1초에 한번 While 루프가 실행하도록 설정합니다.

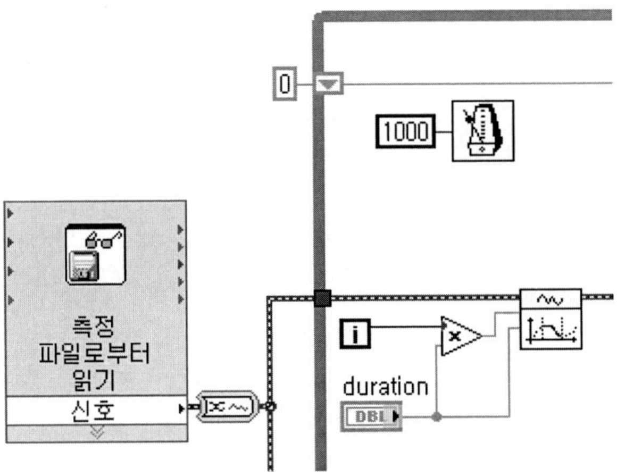

5. [WA Online Multiscale Peak Detection VI]를 두 개 위치시킵니다. 함수 〉 신호 처리 〉 Wavelet Analysis 〉 Online Wavelet Analysis 팔레트

에서 찾을 수 있습니다. 차례로 peaks와 valleys로 설정합니다. 그리고 Threshold에는 각각 0.02와 -0.1로 설정하였습니다. 또한 Detrend settings로 True와 0.5를 동일하게 입력하였습니다.

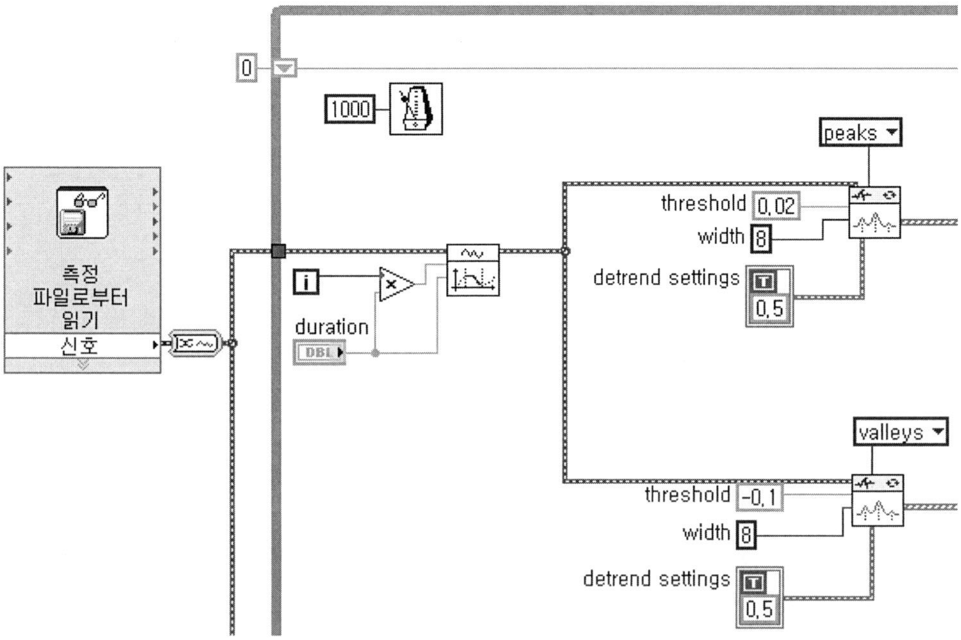

6. 다음과 같이 블록다이어그램을 완성합니다. wa online merge pv plot VI는 ECG 신호와 Trend 신호, 그리고 Peaks와 Valleys를 한 번에 플롯하는 목적으로 만들어진 SubVI입니다. C:₩Program Files₩National Instruments₩LabVIEW₩vi.lib₩addons₩Wavelet Analysis₩online wavelet analysis.llb 폴더에서 찾을 수 있습니다. 그리고 wa Extract Heart Rate VI는 Peaks에서 심박동수(heart rate)를 추출하는 SubVI입니다. C:₩Program Files₩National Instruments₩LabVIEW₩examples₩Wavelet Analysis₩WAApplications.llb 폴더에서 찾을 수 있습니다. While 루프에 시프트 레지스터를 만들고 last peak와 last peak out를 연결해줬습니다.

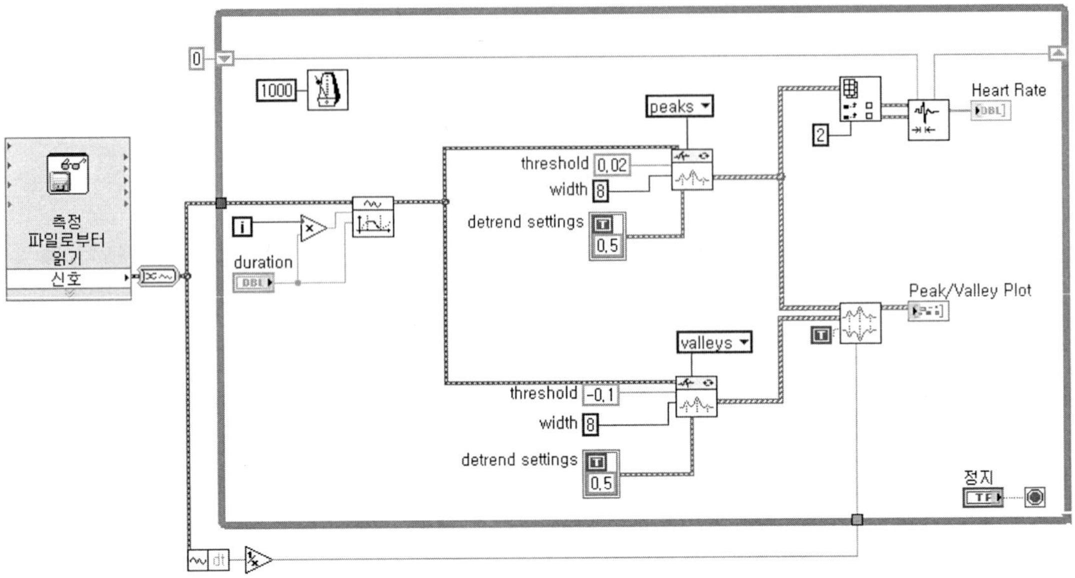

⌘ 프런트패널

7. 다음과 같이 프런트패널을 정리하고 실행합니다.

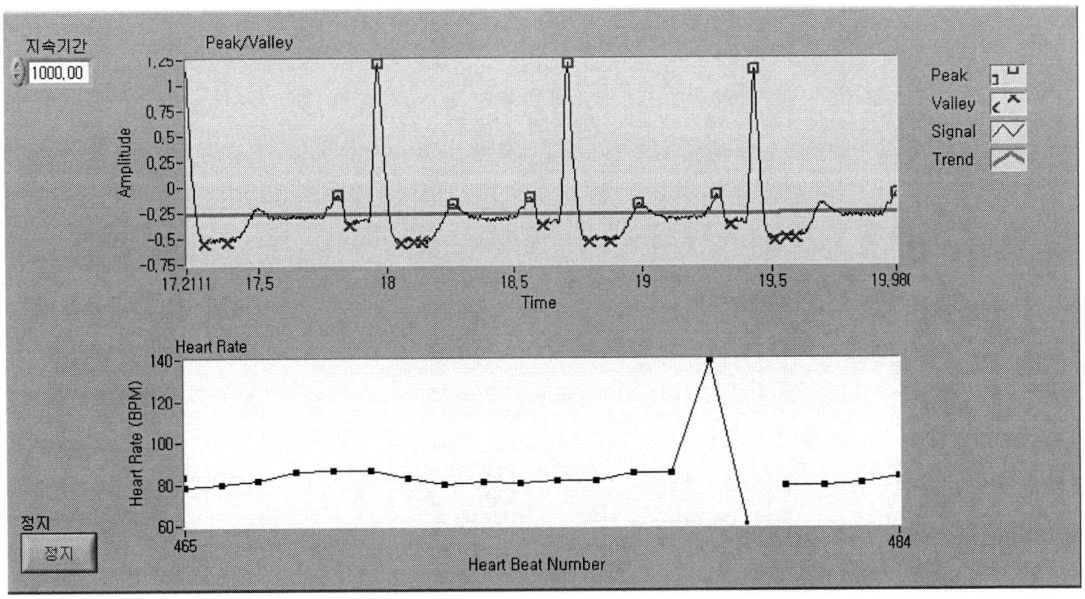

MIT-BIH 데이터베이스 파일은 실제 ECG 신호를 측정하여 연구용으로 제공

되는 파일입니다. 그래서 Trend가 존재하고, 실질적인 노이즈도 포함된 신호입니다. WA Online Multiscale Peak Detection VI 함수의 Threshold와 Detrend Setting 바꿔가면서, 최적의 분석을 수행해봅니다.

연습 4-10 끝

마. 적분과 미분 함수

수학적인 정의로써 적분이란, 파형의 아래 영역(Area under the curve)을 의미합니다. 다음은 Sinc 타입의 파형에 대한 적분 영역을 표시한 것입니다. 0과 파형을 기준으로 그 사이의 영역을 나타내며, 양의 영역과 음의 영역이 있습니다. 음의 영역은 적분에서 - 값을 가집니다.

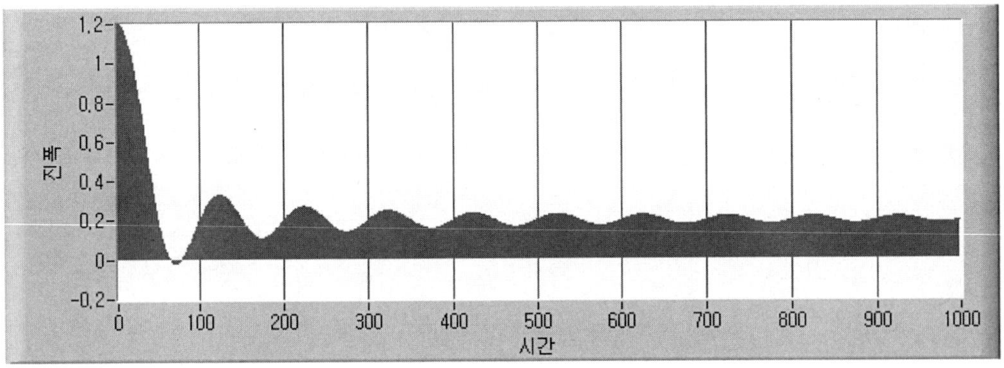

그리고 신호 분석에서 적분은 f(x) = sinc(x) + 0.2와 같은 수식을 연산하는 것이 아니라, Discrete한 데이터를 계산하는 과정입니다. 또한 적분 함수는 적분(Integral)과 수치 적분(Numeric Integration)으로 구분됩니다. 영문으로는 Integral과 Integration으로 명확히 구분되지만, 한글로는 모두 **적분**이므로 헷갈릴 수 있는 부분입니다.

적분 및 미분 함수는 함수 〉 수학 〉 적분 & 미분 팔레트에서 찾을 수 있습니다.

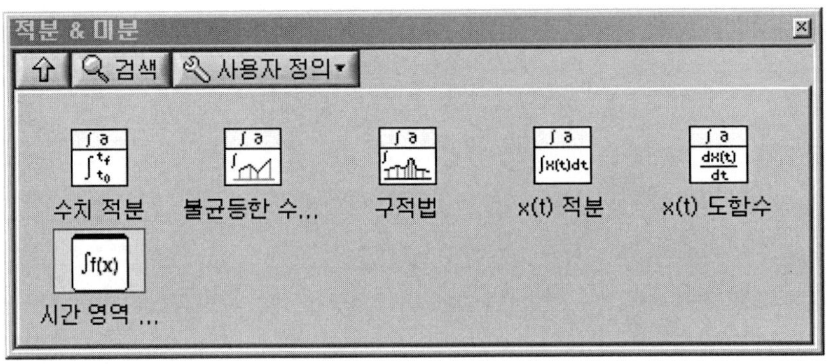

1. 수치 적분

수치 적분(Numeric Integration)은 파형의 아래 영역의 면적을 의미합니다. 1차원 DBL 배열 타입의 데이터를 입력받아서, 숫자형 단일 값을 출력합니다. 함수 〉 수학 〉 적분 & 미분 팔레트에서 찾을 수 있습니다. 입력 배열과 dt을 입력받고, 수치 적분의 결과를 출력하는 함수입니다. 이때 dt는 Sampling rate의 역수입니다.

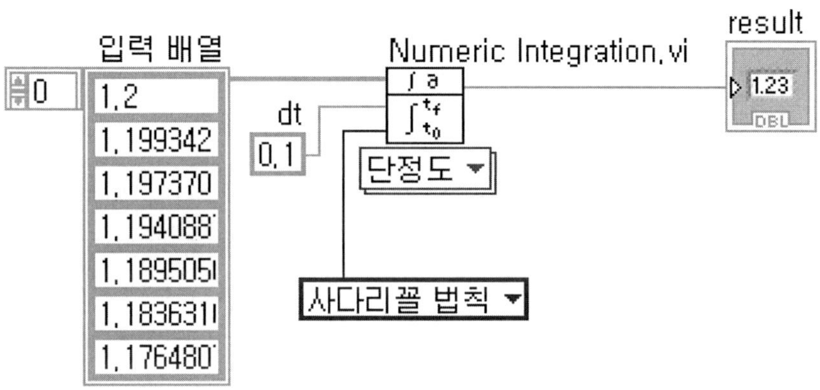

LabVIEW에서 수치 적분은 다음과 같이 네 가지 방식으로 계산됩니다. 차례로 사다리꼴(Trapezoidal), 심슨의(Simpsons'), 심슨의 3/8, 보데(Bode) 방식입니다.

$$Result(\text{사다리꼴 법칙}) = \int_{t0}^{t1} f(x)dt = \sum_{j=0}^{N-1} \frac{x[j]+x[j+1]}{2} dt$$

$$Result(\text{심슨의 법칙}) = \sum_{i=0}^{(N-1)/2} \frac{x[2i]+4x[2i+1]+x[2i+2]}{3} dt$$

$$Result(\text{심슨의 3/8법칙}) = \sum_{i=0}^{(N-1)/3} \frac{3x[3i]+9x[3i+1]+9x[3i+2]+3x[3i+3]}{8} dt$$

$$Result(\text{보데 법칙}) = \sum_{i=0}^{(N-1)/4} \frac{14x[4i]+64x[4i+1]+24x[4i+2]+64x[4i+3]+14x[4i+4]}{45} dt$$

2. X(t) 적분

X(t) 적분은 샘플링된 신호 X에 대한 Discrete Integral을 수행하는 것입니다. 함수 〉 수학 〉 적분 & 미분 팔레트에서 찾을 수 있습니다. 입력 배열과 초기 조건, 최종 조건, 그리고 dt을 입력받고, 배열을 출력하는 함수입니다. 또한 LabVIEW에서 X(t) 적분은 다음과 같이 네 가지 방식으로 계산됩니다. 차례로 사다리꼴(Trapezoidal), 심슨의(Simpsons'), 심슨의 3/8, 보데(Bode) 방식입니다.

[사다리꼴 법칙]

$y_i = \sum_{j=0}^{i} \frac{x_{j-1} + x_j}{2} dt$, 여기에서 $i = 0, 1, 2, \ldots, N-1$이고, N은 신호 X의 원소 개수입니다. 그리고 x_{-1}이 초기 조건의 첫 번째 원소입니다. 이때 초기 조건과 최종 조건은 샘플 개수가 작을 때 경계에서 정확도를 증가시킴으로써 전체 적분 결과의 에러를 최소화합니다. 사다리꼴 법칙에서는 초기 조건만 필요합니다. 그리고 초기 조건으로 한 개 원소를 가진 1D 배열을 입력해야 됩니다.

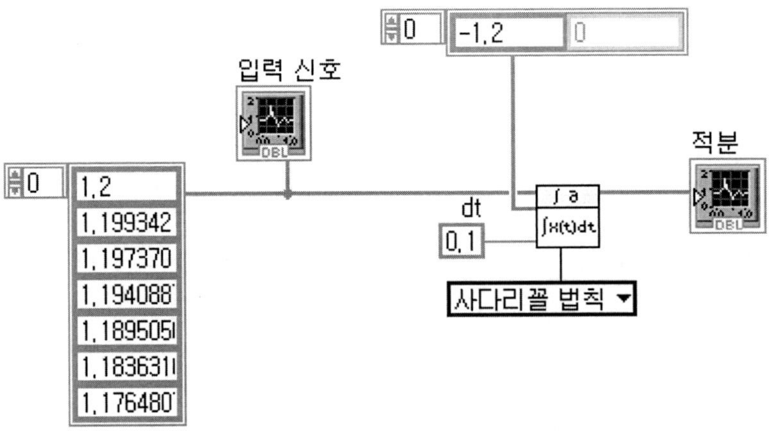

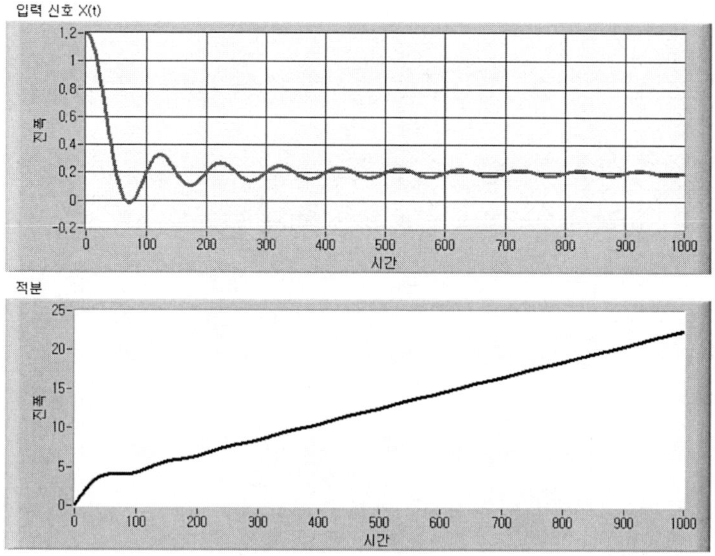

[심슨의 법칙]

$y_i = \sum_{j=0}^{i} \frac{x_{j-1} + 4x_j + x_{j+1}}{6} dt$, 여기에서 $i = 0, 1, 2, \ldots, N-1$이고, N은 신호 X의 원소 개수입니다. 그리고 x_{-1}이 초기 조건의 첫 번째 원소이며 x_N는 최종 조건의 첫 번째 원소입니다.

심슨의 법칙에서는 초기 조건과 최종 조건의 첫 번째 원소가 필요합니다. 그래서 한 개 원소의 1D 배열을 각각 입력해줍니다. 샘플의 개수가 많은 경우에는 기본 값인 0으로 입력하면 되지만, 샘플 개수가 적을 경우에는 초기 조건과 최종 조건을 조정해줘서, 적분의 정확도를 높여줍니다.

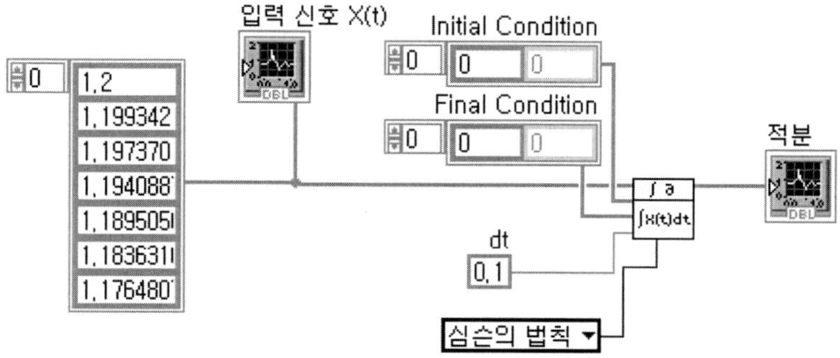

[심슨의 3/8 법칙]

$$y_i = \sum_{j=0}^{i} \frac{x_{j-2} + 3x_{j-1} + 3x_j + x_{j+1}}{8} dt,$$ 여기에서 $i = 0, 1, 2, \ldots, N-1$이고, N은 신호 X의 원소 개수입니다. 그리고 x_{-2}와 x_{-1}는 초기 조건의 첫 번째와 두 번째 원소이며 x_N는 최종 조건의 첫 번째 원소입니다. 심슨의 3/8 법칙에서는 초기 조건에는 두 개 원소의 1D 배열을 입력하고, 최종 조건에는 한 개 원소의 1D 배열을 입력합니다. 샘플의 개수가 많은 경우에는 기본 값인 0을 입력합니다.

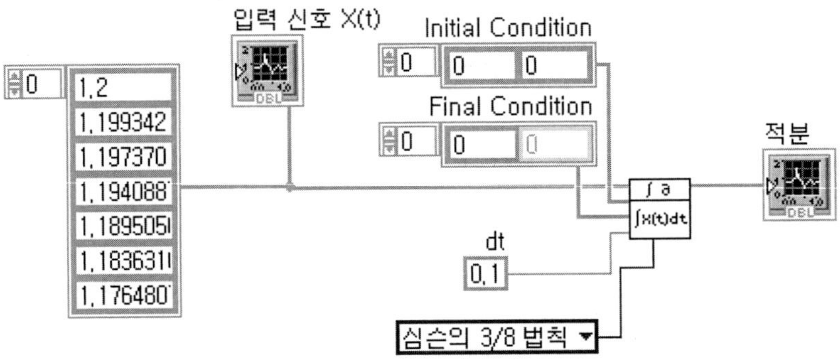

[보데의 법칙]

$$y_i = \sum_{j=0}^{i} \frac{7x_{j-2} + 32x_{j-1} + 12x_j + 32x_{j+1} + 7x_{j+2}}{90} dt,$$

여기에서 $i = 0, 1, 2, \ldots, N-1$이고, N은 신호 X의 원소 개수입니다. 그리고 x_{-2}와 x_{-1}는 초기 조건의 첫 번째와 두 번째 원소이며, x_N과 x_{N+1}는 최종 조건의 첫 번째와 두 번째 원소입니다. 보데의 법칙에서는 초기 조건과 최종 조건에 각각 두 개 원소의 1D 배열을 입력합니다. 그리고 샘플의 개수가 많은 경우에는 기본 값인 0을 입력합니다.

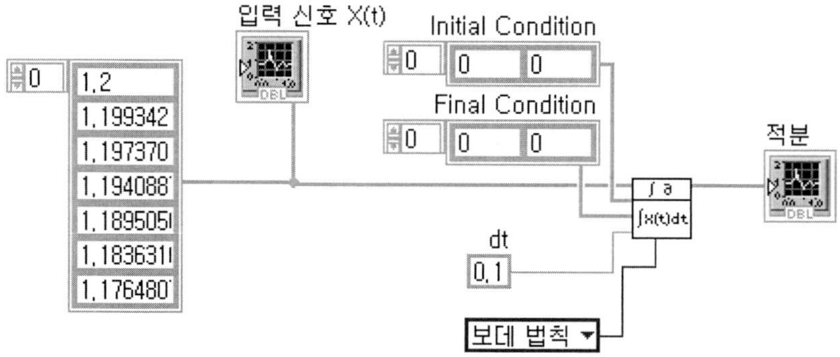

소개한 네 가지 적분 방법은 샘플 개수가 많을 경우에 거의 같은 결과를 출력합니다. 그러나 샘플의 개수가 적은 경우에는 조금씩 오차가 생길 수 있습니다. 이 오차는 초기 조건과 최종 조건으로 줄일 수 있습니다.

3. X(t) 도함수

X(t) 도함수는 샘플링된 신호 X의 Discrete 미분 $\frac{dX(t)}{dt}$를 구하는 함수입니다. 함수 〉 수학 〉 적분 & 미분 팔레트에서 찾을 수 있습니다. 입력 배열과 초기 조건, 최종 조건, 그리고 dt을 입력받고, 배열을 출력하는 함수입니다. 또한 LabVIEW에서 X(t) 도함수는 다음과 같이 네 가지 방식으로 계산됩니다. 차례로 2차 중심, 4차 중심, 전진방향, 역방향 방식입니다.

[2차 중심]

$y_i = \frac{x_{i+1} - x_{i-1}}{2dt}$, 여기에서 $i = 0, 1, 2, \ldots, N-1$이고, N은 신호 X의 원소 개수입니다. 그리고 x_{-1}는 초기 조건의 첫 번째 원소이며, x_N은 최종 조건의 첫 번째 원소입니다. 초기 조건과 최종 조건은 경계에서의 에러를 최소화시키는 역할을 합니다. 다음 예제는 앞에서 계산한 적분의 결과 값에 대한 2차 중심 도함수를 구한 것입니다.

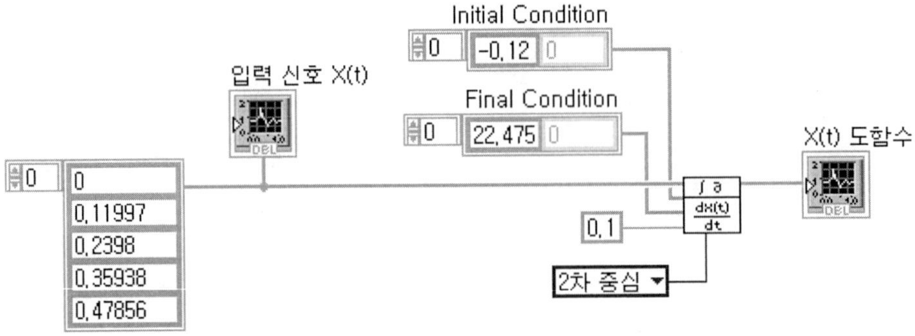

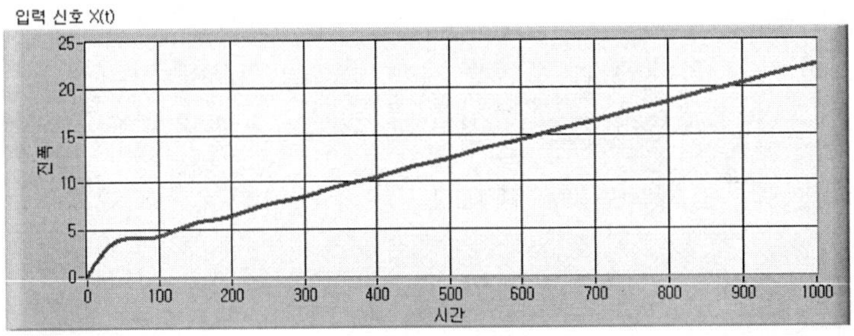

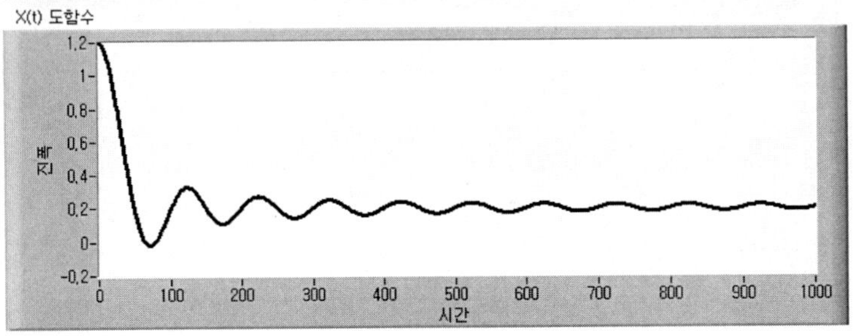

[4차 중심]

$y_i = \dfrac{-x_{i+2} + 8x_{i+1} - 8x_{i-1} + x_{i-2}}{12dt}$, 여기에서 $i = 0, 1, 2, \ldots, N-1$이고, N은 신호 X의 원소 개수입니다. 그리고 x_{-2}와 x_{-1}는 초기 조건의 첫 번째와 두 번째 원소이며, x_N과 x_{N+1}는 최종 조건의 첫 번째와 두 번째 원소입니다. 다음 예제는 앞에서 계산한 적분의 결과 값에 대한 4차 중심 도함수를 구한 것입니다.

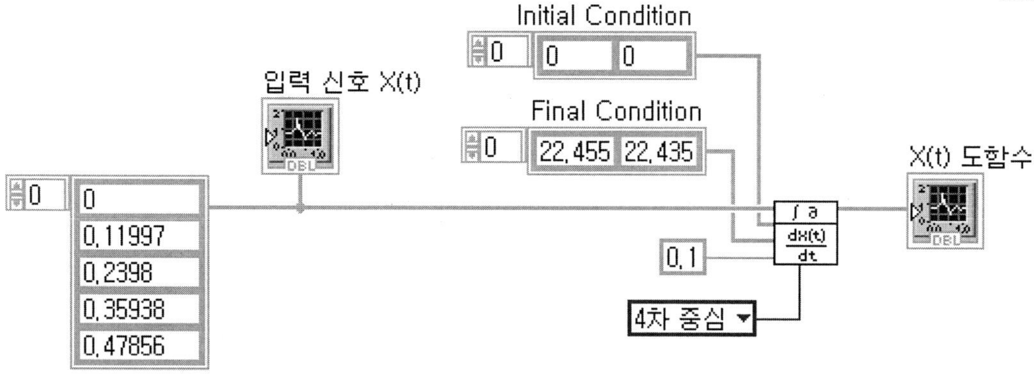

[전진 방향]

$y_i = \dfrac{x_{i+1} - x_i}{dt}$, 여기에서 $i = 0, 1, 2, \ldots, N-1$이고, N은 신호 X의 원소 개수입니다. 그리고 x_N은 최종 조건의 첫 번째 원소입니다. 다음 예제는 앞에서 계산한 적분의 결과 값에 대한 전진방향 도함수를 구한 것입니다.

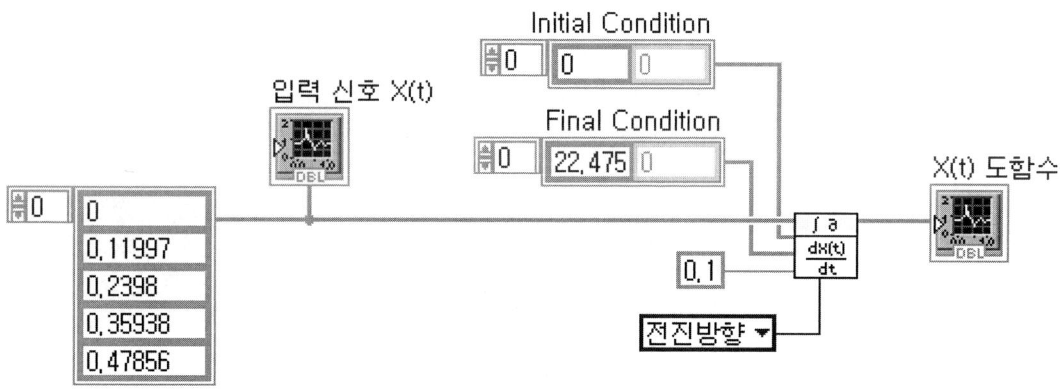

[역 방향]

$y_i = \dfrac{x_i - x_{i-1}}{dt}$, 여기에서 $i = 0, 1, 2, \ldots, N-1$이고, N은 신호 X의 원소 개수입니다. 그리고 x_{-1}은 초기 조건의 첫 번째 원소입니다. 다음 예제는 역방향 도함수를 구하는 것입니다.

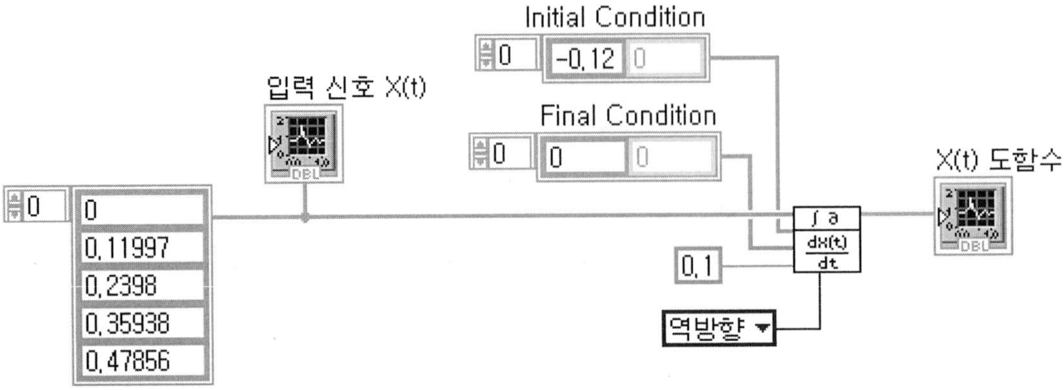

4. 시간 영역 연산

시간 영역 연산은 도함수, 차분, 적분, 시그마 등의 수학연산을 수행하는 익스프레스 VI입니다. 함수 〉 수학 〉 적분 & 미분 팔레트에서 찾을 수 있습니다. 초기조건이나 최종조건이 없이 도함수와 적분 등을 구현할 수 있는 VI이므로 경계에서의 에러를 보정할 수 없는 단점이 있습니다.

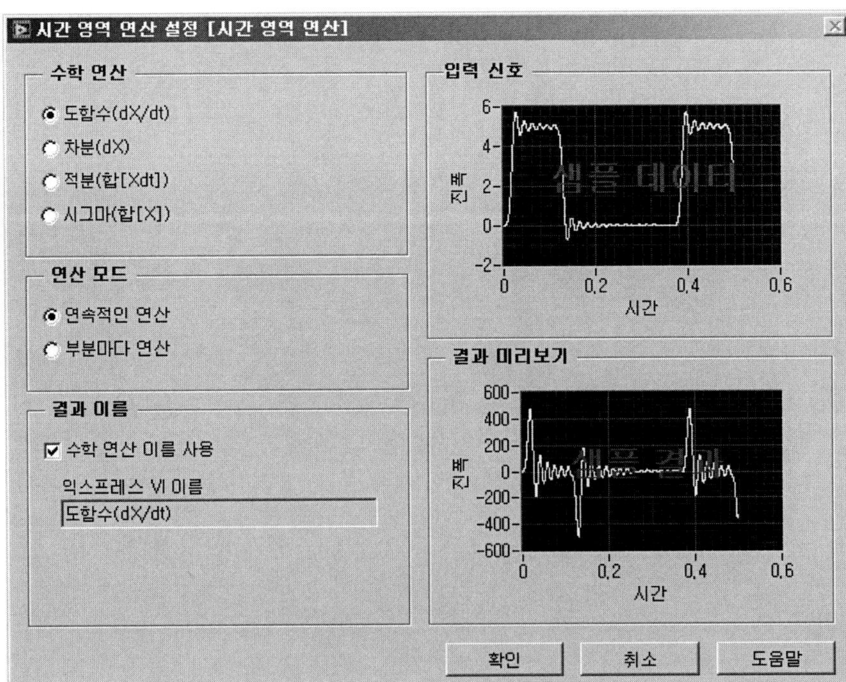

다음 예제는 시간 영역 연산 VI를 이용하여 도함수를 구한 것입니다. 역방향 도함수와 비슷한 결과를 냅니다.

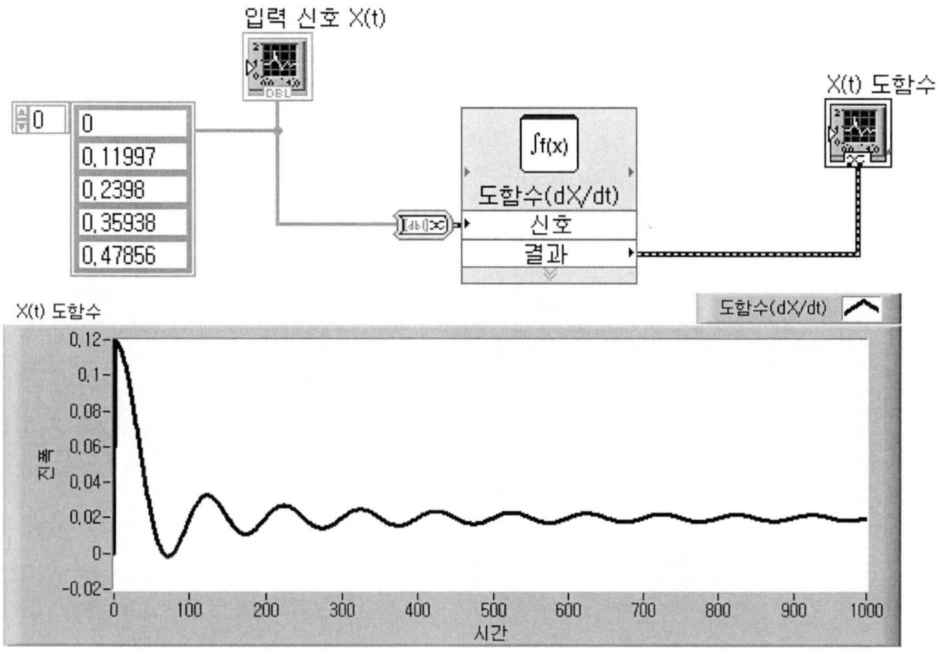

요약정리

가. 신호 처리란, 초기 데이터에서 노이즈나 Trend 성분을 제거하거나 원하는 정보를 분석해내는 작업을 의미합니다.

나. FIR 필터는 Linear Phase Shift이므로 위상 보정이 가능하고, 구현이 쉬워서 User가 다양한 Application으로 변경이 가능합니다.

다. IIR 필터는 Ideal한 필터에 가깝게 구현 가능하다는 장점을 가지고 있습니다. 그러나 Phase Shift가 Nonlinear하여 보정이 불가능하고, 구현이 어려워서 User가 필터를 변경하기가 힘들고 표준화된 필터를 사용해야 됩니다.

라. 데이터 수집 보드로 측정한 Discrete한 디지털 데이터에서 주파수 정보를 얻는 대표적인 방법은 Fourier Transform을 이용한 주파수 분석입니다.

마. 웨이블릿 분석 (Wavelet Analysis)는 전통적인 Fourier Analysis의 단점을 보완하기 위한 목적으로 만들어졌습니다.

바. Wavelet 분석에는 Continuous Wavelet과 Discrete Wavelet 분석 방법이 있습니다.

사. Wavelet Packet Decomposition은 Highpass 필터인 Detail 쪽으로도 동시에 필터 뱅크를 적용하여 양방향으로 모두 적용하는 방식입니다.

아. Lowpass 방향과 Highpass 방향을 임의로 선택하여 진행하는 방식을 Arbitrary Path Decomposition이라고 부릅니다.

자. Undecimated Wavelet Transform (UWT)는 Detail Coefficient나 Approximation Coefficient를 구할 때, downsampling을 하지 않고, 원래 데이터의 개수를 유지합니다.

차. 수치 적분(Numeric Integration)은 파형의 아래 영역의 면적을 의미합니다.

카. 사다리꼴(Trapezoidal), 심슨의(Simpsons'), 심슨의 3/8, 보데(Bode) 방

식의 적분 방법이 있습니다.

타. X(t) 적분은 샘플링된 신호 X에 대한 Discrete Integral을 수행하는 것 입니다.

파. X(t) 도함수는 샘플링된 신호 X의 Discrete 미분 $\frac{dX(t)}{dt}$를 구하는 함수 입니다.

하. 시간 영역 연산은 도함수, 차분, 적분, 시그마 등의 수학연산을 수행하는 익스프레스 VI입니다.

Note.

제 5 장

생체 신호 측정

LabVIEW와 바이오 센서를 이용하여 생체 신호를 측정하고 분석하는 방법을 배워봅니다.

가. ECG 측정
나. Blood Pressure 측정
다. Hand Dynamometer 측정
라. Heart Rate 측정
마. Spirometry 측정

가. CG 측정

ECG (Electrocardiogram)은 심장 박동에 의해서 발생하는 생체 전류를 측정하고 기록하는 기술입니다. 임상의학자는 환자의 ECG 신호를 분석하여 진단합니다. 심장은 2심방 2심실로 구성되는데, 온 몸을 순환한 피는 우심방으로 들어오고 우심실을 거쳐서 폐로 보내어 집니다. 폐에서 이산화탄소를 배출하고 산소를 얻어서 좌심방으로 들어오고 좌심실을 거쳐서 온 몸으로 나가게 됩니다. 이때 심장 박동의 신호는 심방근, 방실연결부(Atrioventricular node), 심실근 등의 순서로 발생하며 이 신호는 신체 표면에서 측정할 수 있습니다. 일반적으로 누운 상태에서 12 채널을 측정하고, 채널 수는 늘이거나 줄일 수 있습니다.

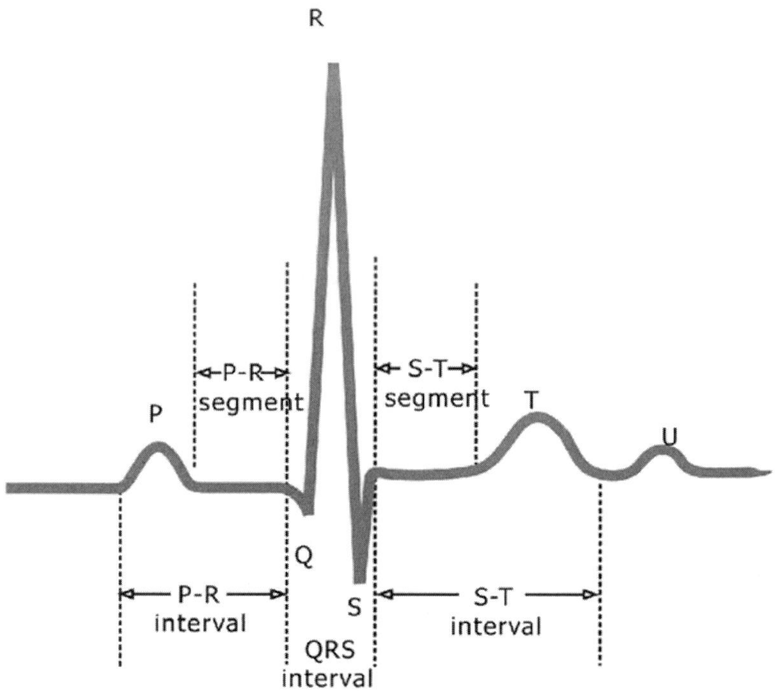

그림. ECG 신호

다음은 전형적인 ECG 신호입니다. 가장 먼저 P신호가 들어오고, 이어서, Q, R, S 신호가 들어옵니다. 다음으로 T 신호와 U 신호가 뒤따릅니다. 임상의학자들은 P-R의 간격, Q-R-S의 간격 및 크기, S-T 간격 등을 구하여 환자의 상태를 진단합니다. 또한 R 펄스의 주기를 측정하여 심박동 수를 측정할 수 있습니다.

이러한 ECG 신호는 ECG (EKG) 센서와 시그널 컨디셔닝, 그리고 DAQ 보드를 이용하여 측정할 수 있습니다. 이렇게 측정한 원시 데이터에는 다양한 노이즈 성분들이 포함되어 있으므로 신호 분석 (Signal Processing)을 통하여 깨끗한 ECG 신호를 추출해야 됩니다. 일반적으로 실시간 신호 처리가 필요한 어플리케이션이 아니므로, 측정과 신호 분석을 분리하여 프로그래밍하면 될 것입니다. 즉, 측정 및 저장하는 부분과 저장된 데이터를 불러와서 분석하는 부분으로 나눌 수 있습니다.

1단계: 측정된 신호를 데이터베이스에 저장하고 관리합니다. 예를 들어, MIT-BIH 데이터베이스 파일은 대표적인 ECG 신호 파일입니다.

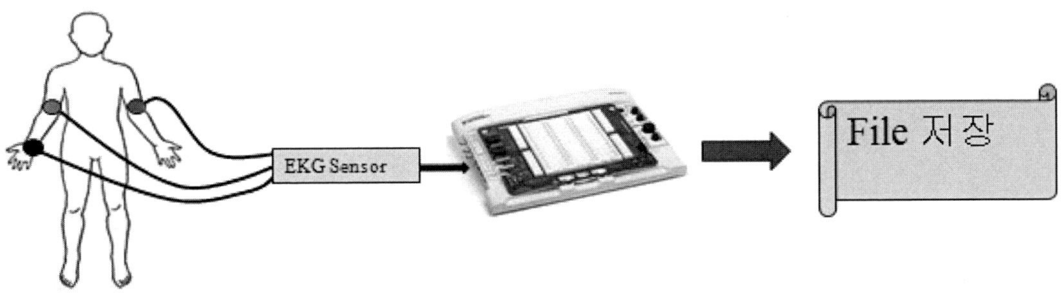

2단계: 저장된 데이터를 필요에 따라, 읽어 와서 분석하고 필요한 정보를 추출합니다.

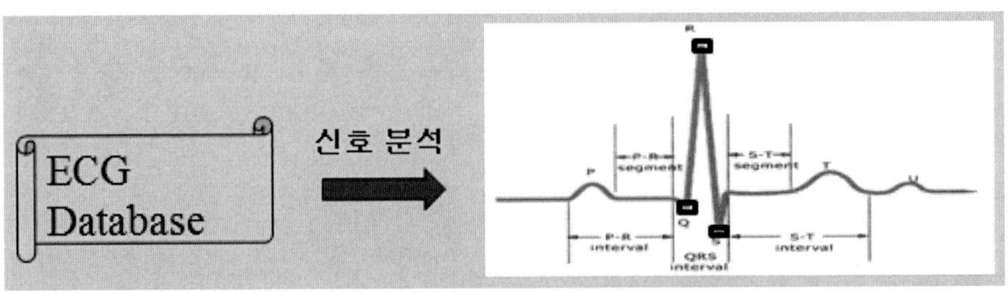

1. ECG 신호 처리

ECG 신호는 많은 노이즈를 포함하고 있으므로, 하드웨어 및 소프트웨어적인 신호 처리를 통하여 의미 있는 정보를 추출해야 됩니다. 다음과 같은 노이즈들이 있습니다.

- 60Hz 전원 노이즈
- 전극 접촉 노이즈 (electrode pop or contact noise)
- 호흡 등에 의한 움직임 노이즈
- 근육 노이즈 (electromyographic (EMG) noise)
- Baseline wandering

이들 중에서 60Hz 전원 노이즈와 Baseline Wandering이 가장 큰 영향을 미치고 좁은 주파수 Windows 안에서 발생하는 협대역 노이즈입니다.
60 Hz 전원 노이즈는 하드웨어적인 필터를 이용하여 제거할 수 있지만, Baseline Wandering은 Wavelet Analysis Detrend와 같은 디지털 신호 처리를 통하여 제거해야 됩니다. LabVIEW에서는 Advanced Signal Processing Toolkit과 Digital Filter Design Toolkit 등으로 구현이 가능합니다. 다른 노이즈들은 광대역 노이즈이고 영향이 비교적 크지 않지만 Wavelet Denoise를 이용하여 광대역 노이즈를 제거할 수 있습니다.

2. Baseline Wandering 제거

Baseline Wandering은 0.15 ~ 0.3 Hz의 신호이므로, High-pass digital Filter로 제거할 수 있습니다. LabVIEW에서는 FIR, IIR 등의 디지털 필터 함수들을 제공합니다. 그러나 디지털 필터는 Signal distortion이 생기므로, 디지털 필터보다는 Wavelet Detrend 방식이 Baseline Wandering 제거에 더 효율적입니다.
Wavelet Transform은 Discontinuity Detection, Multiscale Analysis, Detrend, Denoise 등의 Application에 사용되는 Advanced Signal Processing입니다. Wavelet은 Wave (Oscillatory) + Let (Compact)의 합성어로써 임펄스 형태의 짧은 Wave 단위를 의미합니다. 가장 잘 매칭되는 Wavelet를 찾고, 빼주고 복원하는 과정으로 신호 처리를 수행하는 방법입니다.

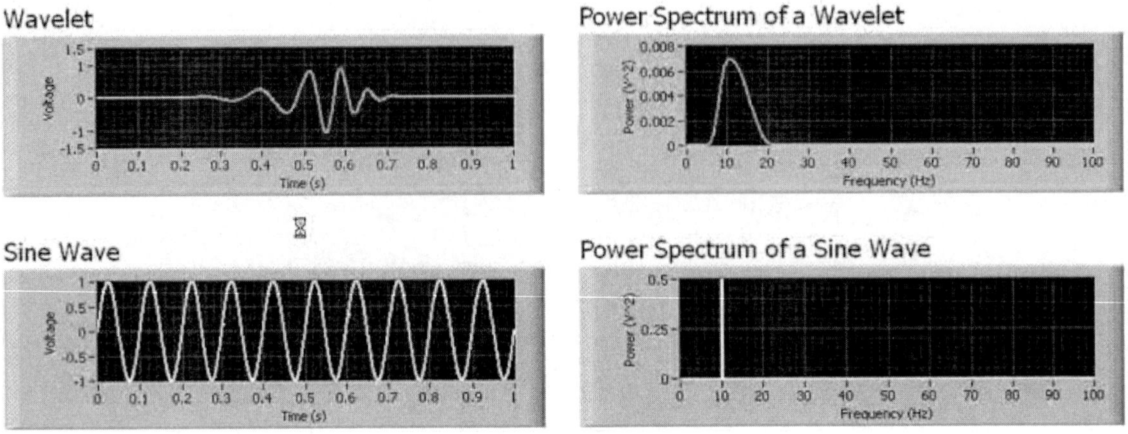

다음 연습을 통하여 디지털 필터를 이용한 Baseline Wandering 제거 방법과 Wavelet Detrend 방식을 이용한 제거 방법의 차이를 비교해봅니다.

연습 5-1. MIT-BIH 데이터베이스 ECG 신호 분석 - Detrend

TDMS 형식의 MIT-BIH 데이터베이스 ECG 파일을 불러와서, High-pass Filter를 취해준 경우와 Wavelet Detrend를 취해준 결과를 웨이브폼 그래프에 디스플레이하여 비교해봅니다. 다음을 배웁니다.

- TDMS 파일을 불러오는 방법을 익힙니다.
- Wavelet Detrend 함수를 사용하는 방법을 배웁니다.
- Kaiser 윈도우 Highpass filter의 사용 방법을 배웁니다.

⌘ 블록다이어그램

1. 다음과 같이 블록다이어그램을 작성합니다. 함수 〉 프로그래밍 〉 파일 I/O 〉 TDM 스트리밍 팔레트에서 TDMS 열기, 읽기, 닫기 함수를 찾을 수 있습니다. 이때 TDMS 읽기의 데이터 타입으로 [웨이브폼 상수]를 입력하였습니다. 함수 〉 프로그래밍 〉 웨이브폼 〉 아날로그 웨이브폼 팔레트에서 찾을 수 있습니다.

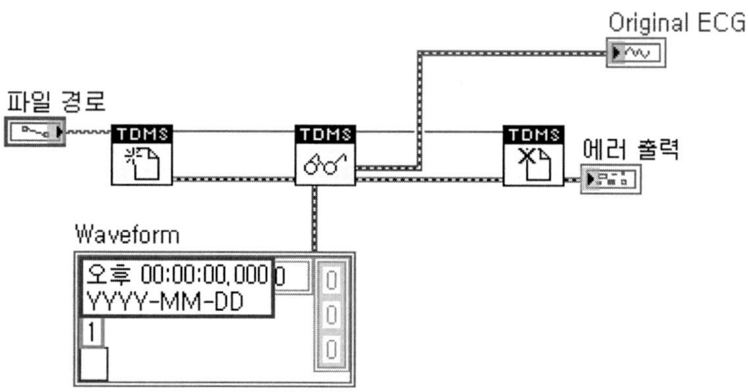

2. Wavelet Detrend VI를 이용하여 Trend 신호와 Wavelet Detrend 신호를 분리합니다. 함수 〉 신호 처리 〉 Wavelet Analysis 〉 Feature Extraction 팔레트에서 찾을 수 있습니다. ECG 신호 분석에서는 **db06** Wavelet를 주로 사용하므로, wavelet으로 db06을 선택하였습니다. 또한 Threshold Frequency로 0.5 Hz를 입력하였습니다.

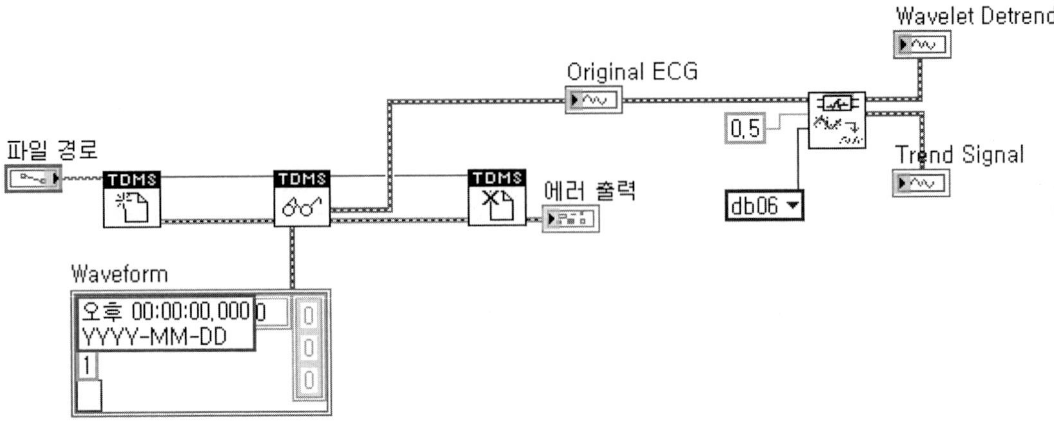

3. DFD Filtering VI를 이용하여 ECG 원본 신호에서 Trend를 제거해봅니다. 다음과 같이 DFD Filtering VI를 위치시키고, 다형성을 Single Channel 〉 Multiple Samples 〉 Waveform으로 설정해줍니다. 함수 〉 신호 처리 〉 Digital Filter Design 〉 Processing 팔레트에서 찾을 수 있습니다.

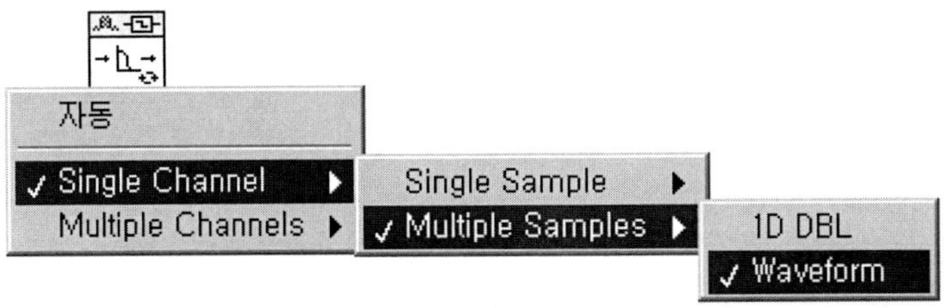

4. Classical Filter Design 익스프레스 VI를 이용하여 Kaiser Window Highpass Filter 계수를 만들고 DFD Filtering VI의 [filter] 입력에 연결합니다. 함수 〉 신호 처리 〉 Digital Filter Design 〉 Design 팔레트에서 찾을 수 있습니다.

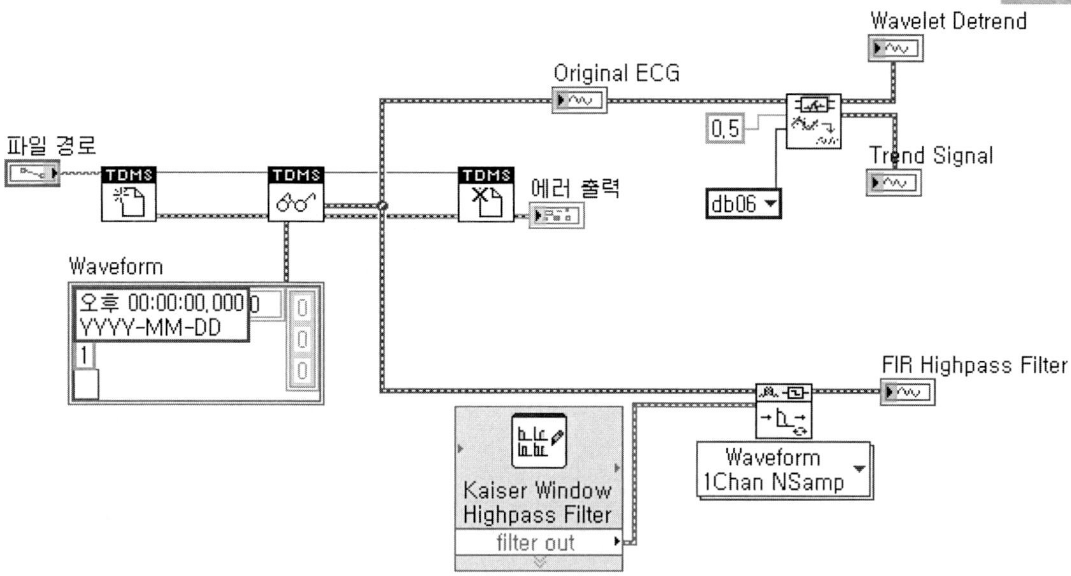

5. Classical Filter Design 익스프레스 VI는 다음과 같이 설정합니다.

- Filter Type = Highpass,
- Sampling frequency = 200 Hz,
- Passband edge frequency = 3 Hz,
- Passband ripple = 1 dB,
- Stopband edge frequency = 500 mHz,
- Stopband attenuation = 20 dB,
- Design method = Kaiser Window로 설정합니다.

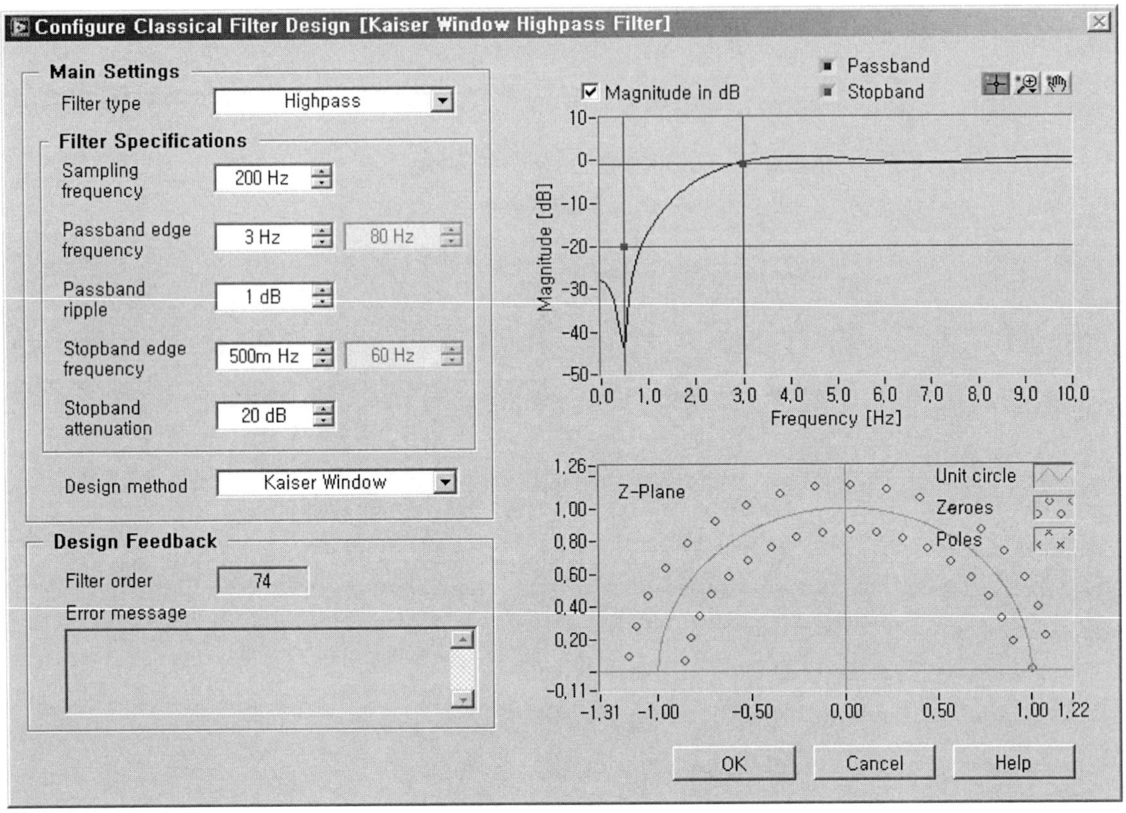

⌘ 프런트패널

6. 다음과 같이 프런트패널을 정리하고 파일 경로를 지정한 다음 실행합니다. 위에서부터 차례로 Orignal ECG 신호, FIR Highpass Filter된 신호, Wavelet Detrend된 신호, 그리고 Trend 신호입니다. FIR Highpass Filter된 신호를 자세히 들여다보면 ECG 신호의 파형이 일부 변경된 것을 확인할 수 있습니다. 그러나 Wavelet Detrend된 신호는 Trend를 제외한 ECG 신호가 그대로 유지되었습니다.

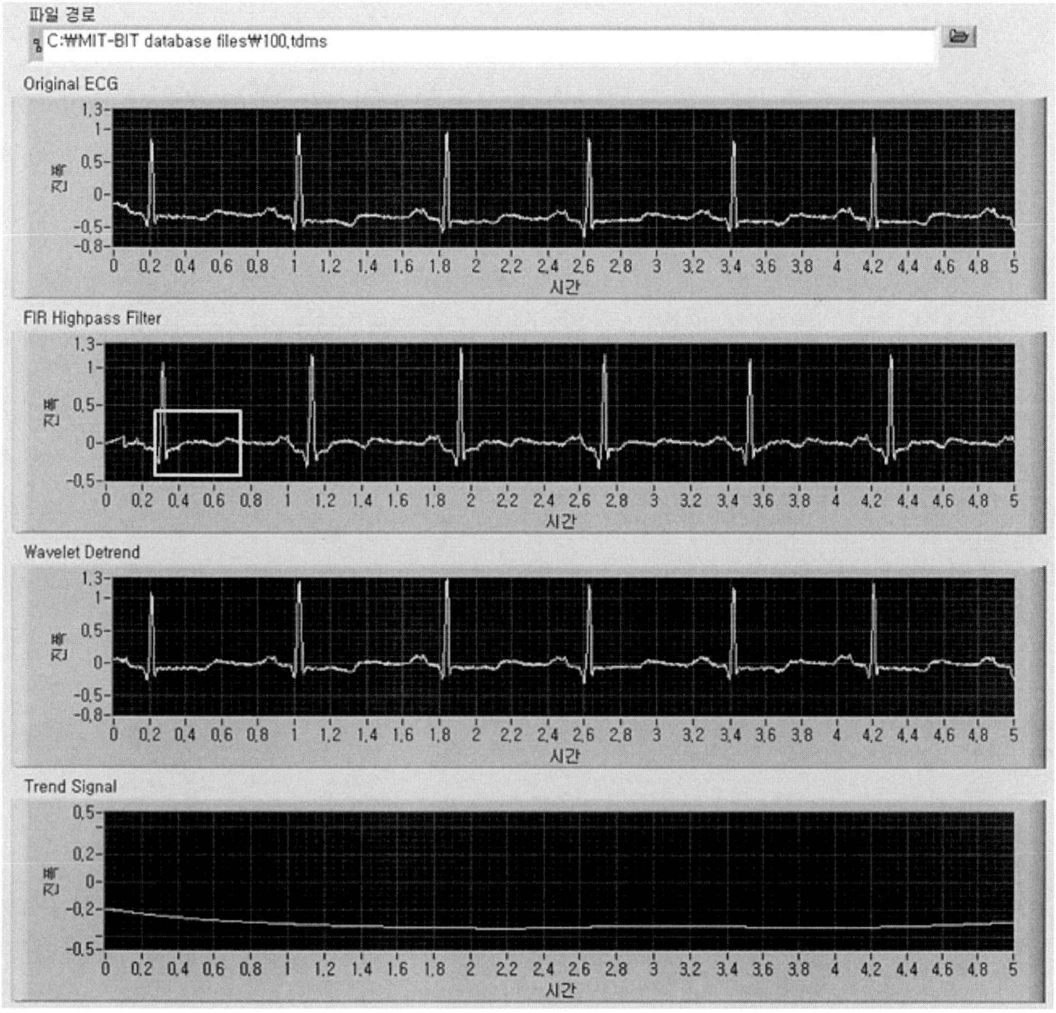
파일 경로
C:₩MIT-BIT database files₩100.tdms
Original ECG
FIR Highpass Filter
Wavelet Detrend
Trend Signal
진폭
시간

연습 5-1 끝

3. 광대역 노이즈 제거

전극 접촉 노이즈, 호흡 등에 의한 움직임 노이즈, 근육 노이즈 등의 광대역 노이즈를 제거하기 위한 신호 처리 방식으로는 Wavelet Denoise가 있습니다. Wavelet Denoise는 입력된 신호를 Multi-Resolution으로 분리한 다음, 노이즈 성분만 제거하고, 다시 재 생성시키는 방식으로 신호에서 노이즈를 제거하는 기술입니다. 함수 〉 신호 처리 〉 Wavelet Analysis 〉 Feature Extraction 팔레트에서 Wavelet Denoise 익스프레스 VI를 찾을 수 있습니다.

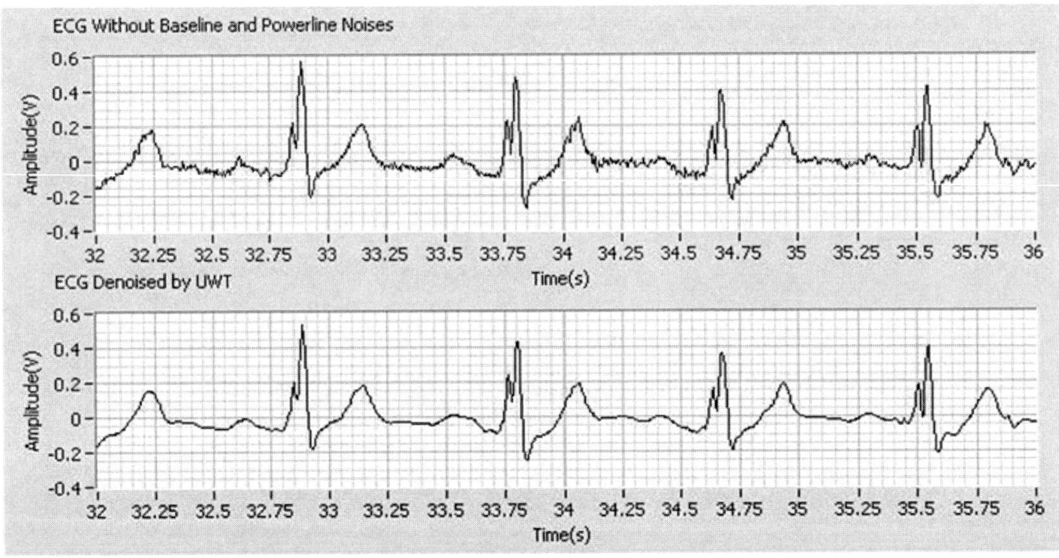

다음 연습을 통하여 Denoise를 이용한 광대역 노이즈 제거 법을 배워봅니다.

연습 5-2. ECG 신호 분석 - Denoise

TDMS 형식의 MIT-BIH 데이터베이스 ECG 파일을 불러와서 Detrend를 취하여 협대역 Trend를 제거하고, Denoise를 통하여 광대역 노이즈를 제거해 봅니다. 이 연습을 통하여 다음을 배웁니다.

- Wavelet Denoise 함수의 사용법을 익힙니다.
- Denoise를 통한 신호 처리의 결과를 보고, 어떤 효과가 있는 지를 배웁니다.

⌘ 블록다이어그램

1. 연습 5-1을 수정하여 다음과 같이 블록다이어그램을 완성합니다. 함수 〉 신호 처리 〉 Wavelet Analysis 〉 Feature Extraction 팔레트에서 Wavelet Denoise 익스프레스 VI를 찾을 수 있습니다.

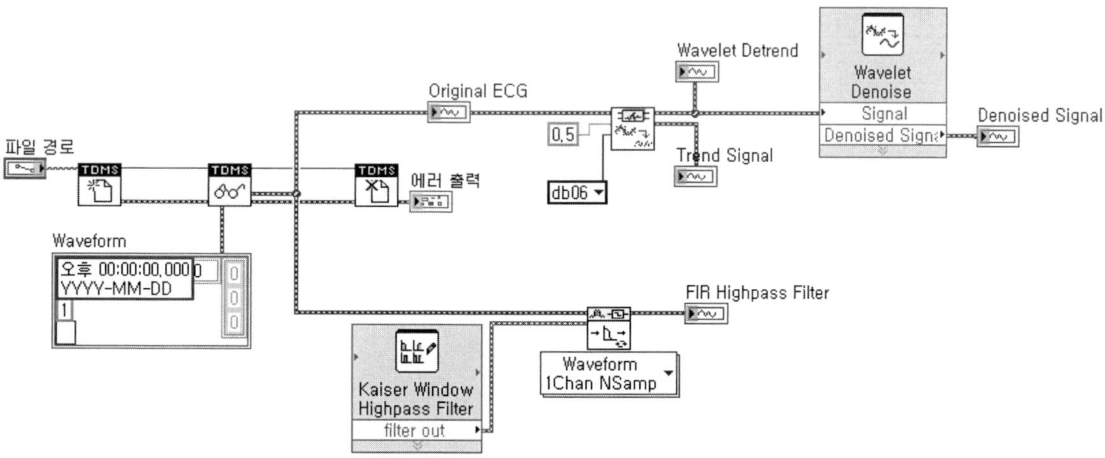

2. 이때 Wavelet Denoise 익스프레스 VI를 다음과 같이 설정합니다. UWT 타입으로 db06 Wavelet을 선택하였고, Level 8로 지정하였습니다.

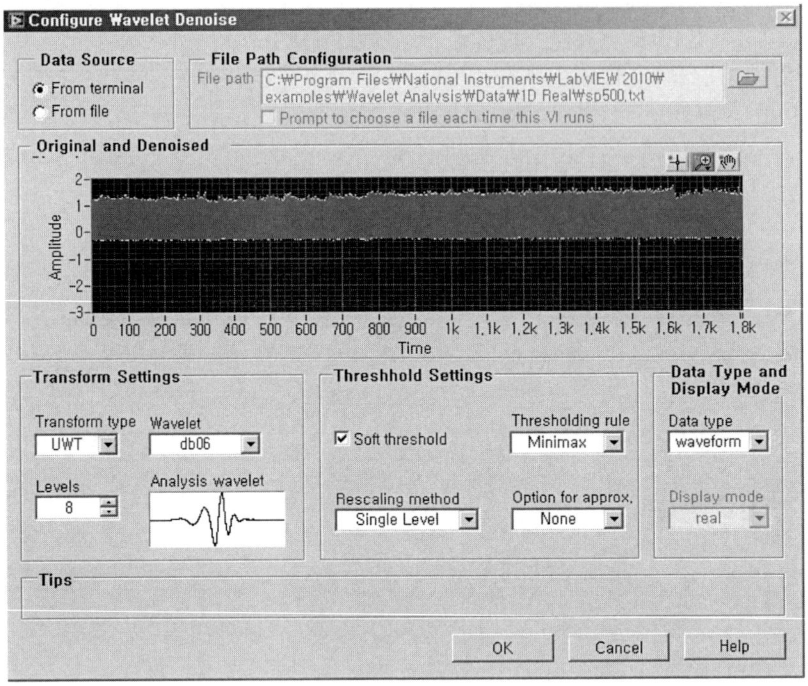

⌘ 프런트패널

3. 프런트패널을 정리하고 VI를 실행합니다. 아래와 같이 Denoised Signal을 웨이브폼 그래프에 플롯해줍니다. Detrend 신호에서 보이는 광대역 노이즈 성분이 제거되어 매끄러운 ECG 신호를 추출할 수 있음을 확인할 수 있습니다.

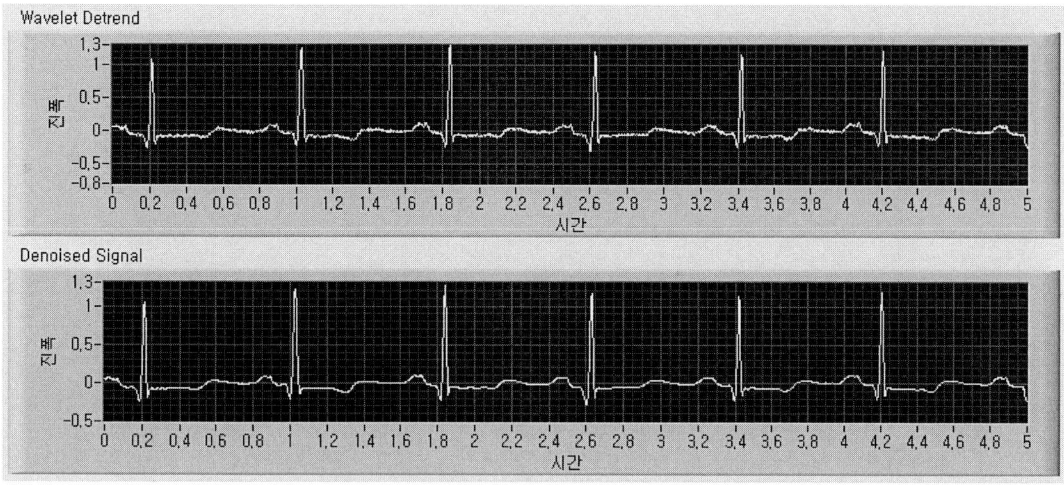
Wavelet Detrend
진폭
1.3
1
0.5
0
-0.5
-0.8
0 0.2 0.4 0.6 0.8 1 1.2 1.4 1.6 1.8 2 2.2 2.4 2.6 2.8 3 3.2 3.4 3.6 3.8 4 4.2 4.4 4.6 4.8 5
시간
Denoised Signal
진폭
1.3
1
0.5
0
-0.5
0 0.2 0.4 0.6 0.8 1 1.2 1.4 1.6 1.8 2 2.2 2.4 2.6 2.8 3 3.2 3.4 3.6 3.8 4 4.2 4.4 4.6 4.8 5
시간

연습 5-2 끝

4. ECG 신호 정보

ECG 신호에서 얻고자 하는 정보는 다음과 같습니다. QRS intervals, QRS amplitudes, PR intervals, ST intervals, Heart rate 등의 정보를 추출합니다.

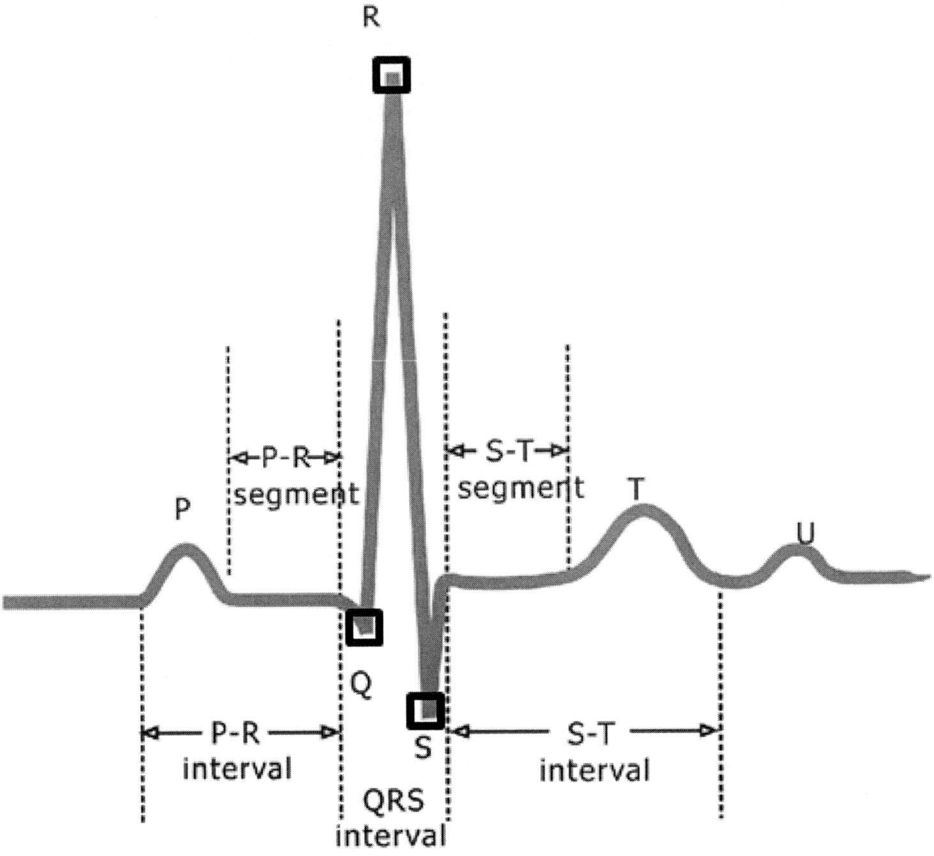

가장 먼저 P-peak를 찾고, 다음으로 QRS 정보(Q, R, S의 위치와 크기)를 검출합니다. 이를 통하여 심박동수(Heart rate), 전도 속도(Conduction velocity), 심장 조직의 상태 등을 확인할 수 있습니다. LabVIEW에서는 WA Multiscale Peak Detection VI를 이용하여 다음과 같이 지정한 Threshold에 따라서 Peak과 Valley를 구할 수 있고, 이들로부터 ECG 신호의 여러 정보를 추출할 수 있습니다. 함수 〉 신호 처리 〉 Wavelet Analysis 〉 Feature

Extraction 팔레트에서 WA Multiscale Peak Detection VI를 찾을 수 있습니다.

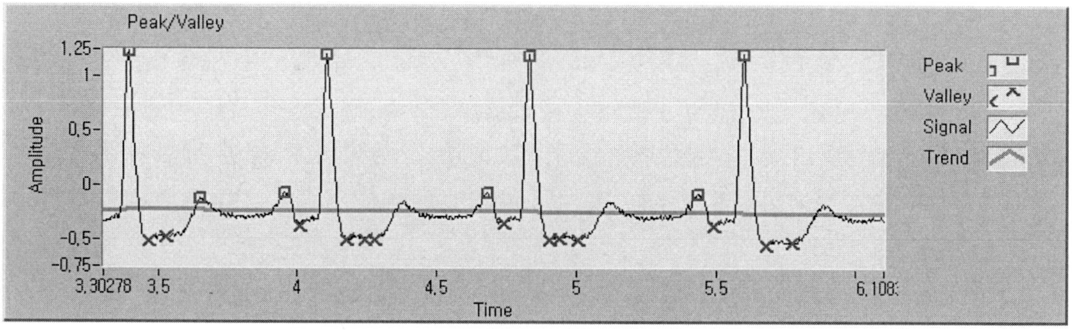

다음 연습을 통하여 WA Multiscale Peak Detection VI를 이용한 Peak과 Valley 검출 방법을 배워봅니다.

연습 5-3. ECG 신호 분석 – Peak과 Valley 검출

TDMS 형식의 MIT-BIH 데이터베이스 ECG 파일을 불러와서 Detrend와 Denoise를 이용하여 노이즈 성분을 제거한 다음, 깨끗한 ECG 신호에서 Peak과 Valley를 검출해봅니다. 이 연습을 통하여 다음을 배웁니다.

- WA Multiscale Peak Detection VI를 이용한 Peak/Valley 검출 방법을 익힙니다.
- WA Multiscale Peak Detection VI의 출력을 어떻게 플롯할 수 있는 지 배웁니다.

⌘ 블록다이어그램

1. 연습 5-2를 수정하여 다음과 같이 블록다이어그램을 완성합니다. 함수 〉 신호 처리 〉 Wavelet Analysis 〉 Feature Extraction 팔레트에서 WA Multiscale Peak Detection VI를 찾을 수 있습니다.
2. WA Multiscale Peak Detection VI를 두 개 위치시키고, 각각 valleys와 peaks로 설정합니다. Threshold 값은 원하는 정보를 얻을 수 있는 값으로 설정합니다. 여기에서는 -0.13과 0.4로 지정하였습니다.
3. WA Multiscale Peak Detection VI는 원래 신호와 함께 Peak 또는 Valley를 XY 그래프로 플롯할 수 있는 값을 출력합니다. 이 경우와 같이 두 개의 출력을 동시에 플롯하기 위해서는 먼저 [배열 인덱스]를 이용하여 Valley만 분리하고, 다시 [배열 만들기]로 Peak와 ECG 신호를 묶어준 다음, XY 그래프에 플롯해줍니다.

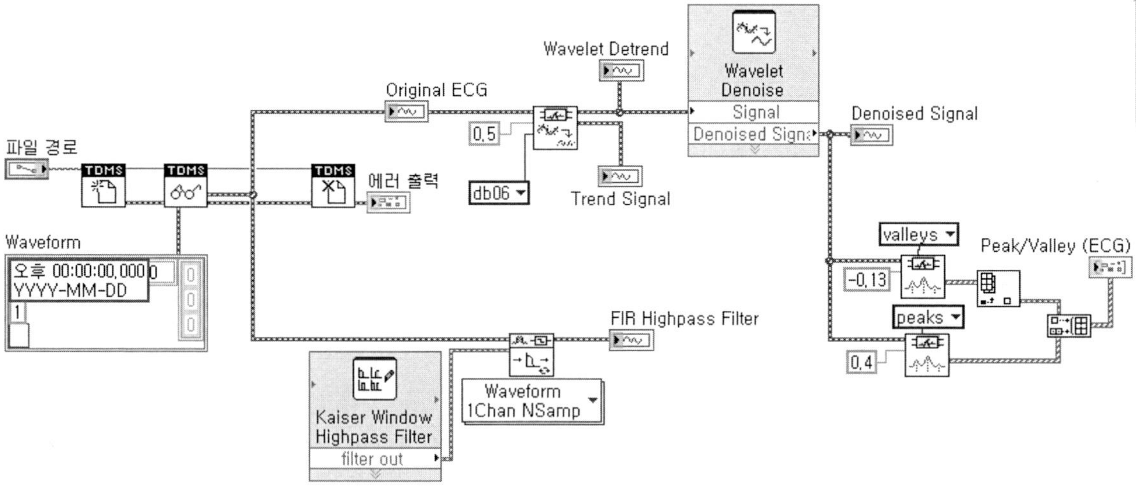

⌘ 프런트패널

4. 프런트패널을 정리하고 실행합니다. 다음은 Peak/Valley (ECG) 그래프 부분만을 나타낸 것입니다. 컴퓨터의 성능에 따라서 다르겠지만, WA Multiscale Peak Detection VI를 이용한 Peak/Valley 추출 및 플롯에 약 1분이 소요될 것입니다.

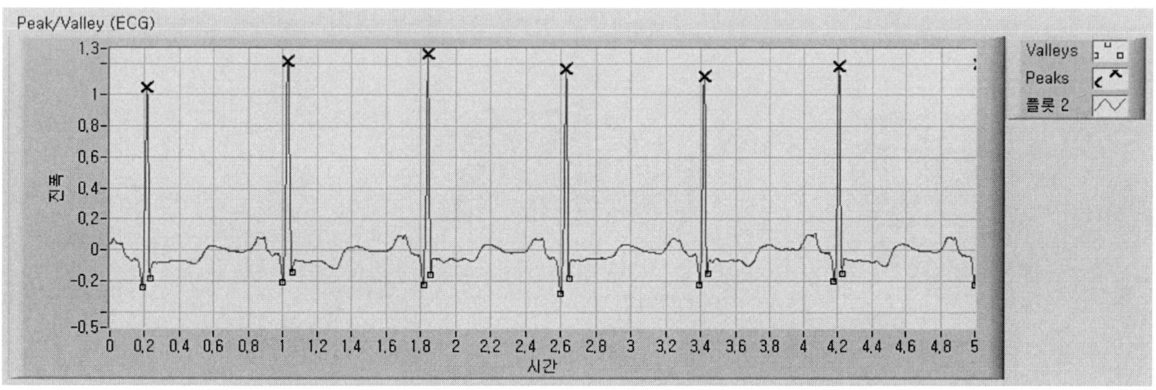

연습 5-3 끝

5. ECG 측정

ECG 측정 센서를 이용하여 사람의 ECG 신호를 측정하는 방법에 대하여 설명합니다. ECG 센서는 다양한 회사에서 공급하고 있지만, 이 책에서는 Vernier 사에서 만든 EKG Sensor를 이용합니다. Vernier EKG Sensor 킷은 자체 시그널 컨디셔닝 기능을 내장하고 있으며 (1000배 Gain), ±5V 범위의 전압을 출력해줍니다. 즉, 5V 전원을 공급하면 ±5V 범위의 아날로그 전압을 출력합니다. 그래서 일반적인 DAQ 보드로 측정이 가능합니다.

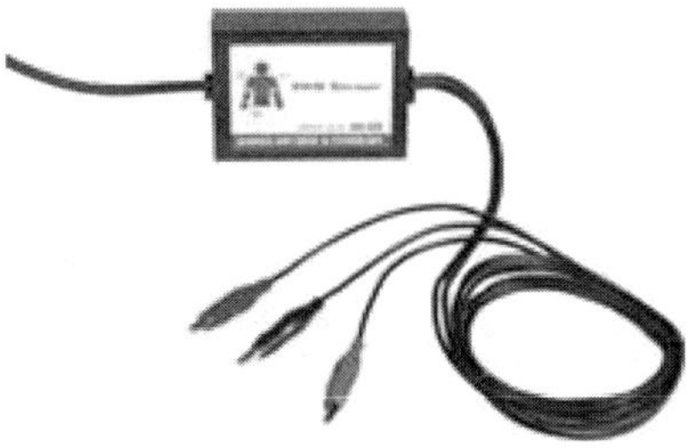

그림. Vernier EKG Sensor 킷

Vernier EKG Sensor 킷을 이용하여 ECG 신호를 측정할 수 있는 DAQ 하드웨어로는 M 시리즈 DAQ 보드, E 시리즈 DAQ 보드, X 시리즈 DAQ 보드, C 시리즈 DAQ 보드, ELVIS, myDAQ 등이 있습니다.

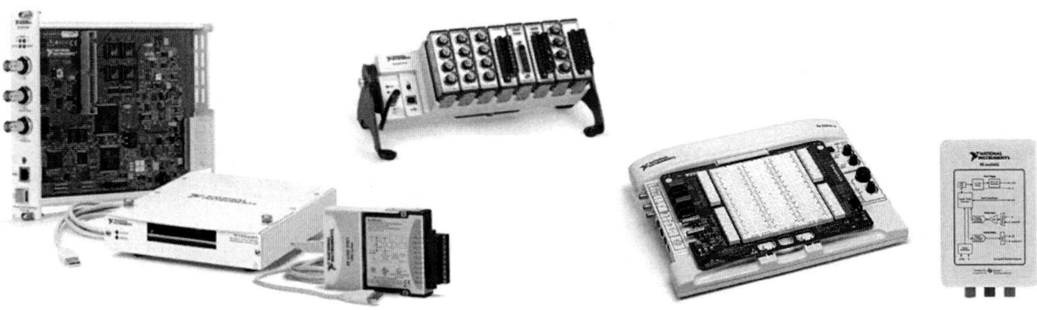

연습 5-4. ECG 신호 측정, 저장, 그리고 분석

NI ELVIS II와 Vernier EKG (ECG) Sensor를 이용하여 ECG 신호를 측정합니다. EKG (ECG) Sensor는 네 가닥의 와이어 연결이 필요합니다. 그리고 측정은 Differential Mode로 진행합니다.

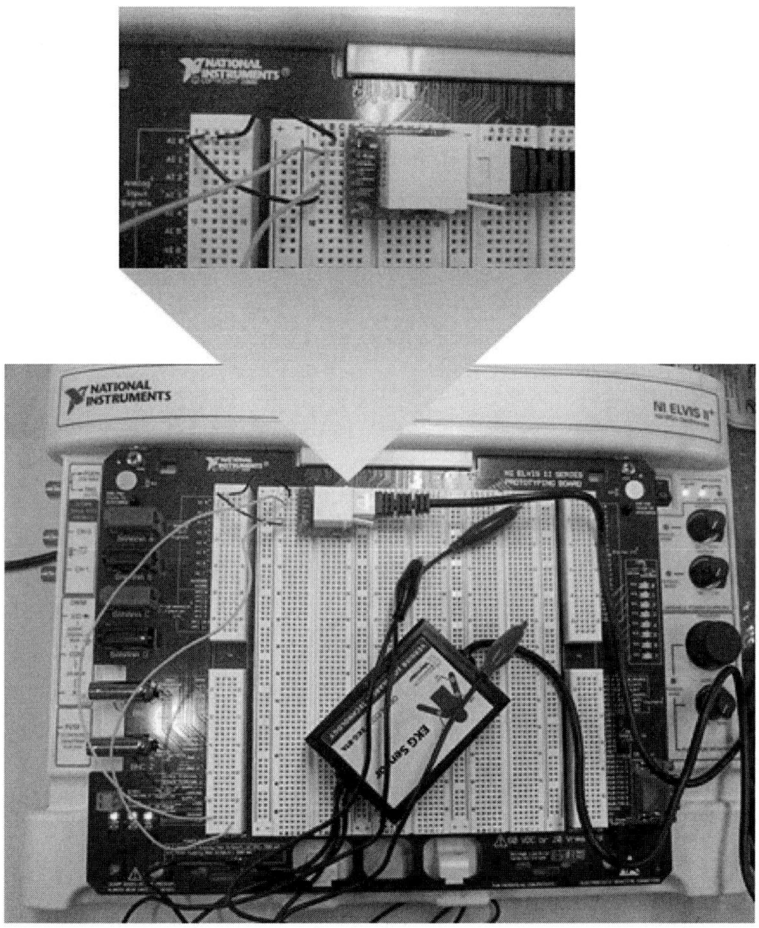

- SIG1 : Analog Input 0 +
- SIG2 : Analog Input 0 −
- Sensor 전원 공급: 5V 및 GND

센서 장착

1. Vernier EKG (ECG) Sensor Kit은 피 실험자의 몸에 부착하는 Lead와 Sensor로 구성되어 있습니다. EKG 센서는 Green와 Red, Black의 세 개의 Lead 입력을 측정합니다. 여기에서 Black은 Ground Reference입니다. 그러므로 Black은 최대한 심장에서 먼 곳에 위치한 뼈 부분에 부착합니다(발목 부위가 최적이지만, 실험의 편의를 위하여 손목 부위에 설치). 그리고 Green과 Red Lead는 양쪽 팔에 부착합니다.

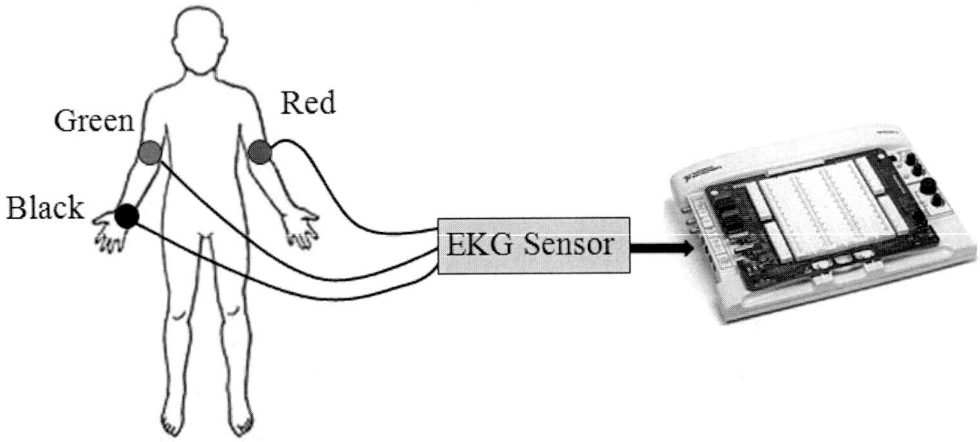

그림. ECG 신호 측정

블록다이어그램

2. 다음과 같이 블록다이어그램을 구성합니다. DAQ 어시스턴트와 측정 파일에 쓰기 익스프레스 VI를 이용하였습니다. 그리고 측정한 신호를 디스플레이하기 위하여 웨이브폼 그래프를 이용하였습니다.

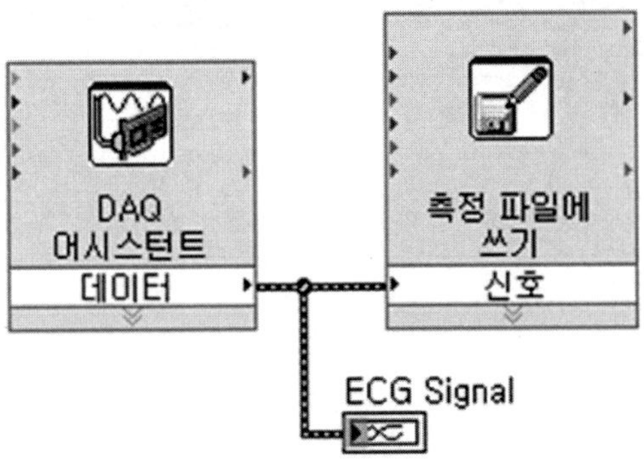

3. DAQ 어시스턴트는 함수 〉 측정 I/O 〉 DAQmx - 데이터수집 팔레트에서 찾을 수 있습니다. 다음과 같이 설정합니다.

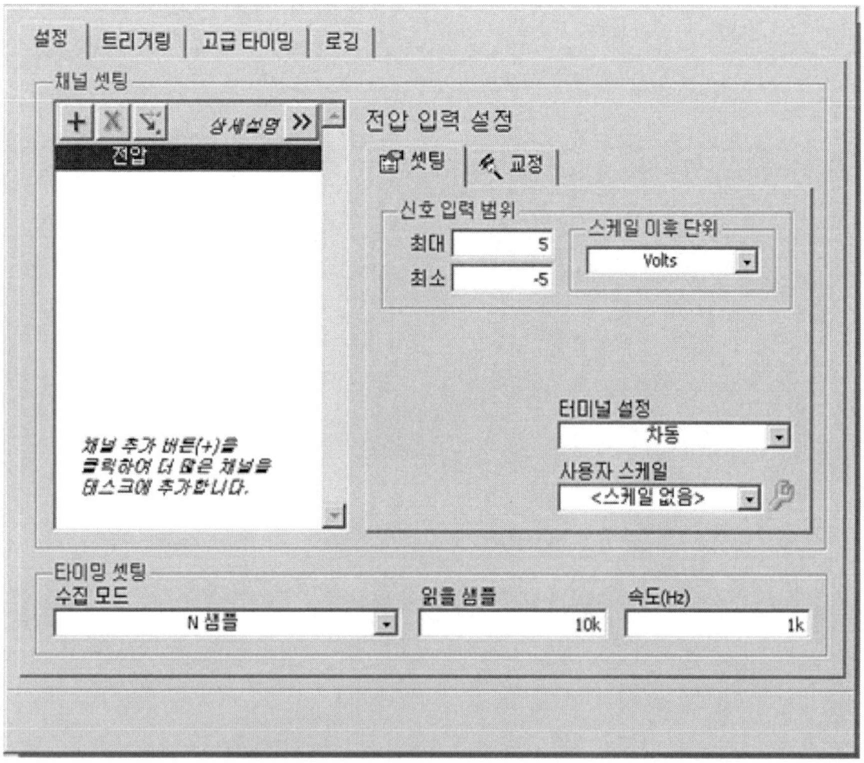

[DAQ 어시스턴트 설정]

- 신호 수집 〉 아날로그 입력 〉 전압
- 지원되는 물리적 채널 (NI ELVIS II+): ai0
- 채널 셋팅: 최대 +5 V, 최소 -5 V, 차동 모드
- N 샘플, 읽을 샘플=10k, 속도(Hz) = 1k

4. 측정 파일에 쓰기는 함수 〉 프로그래밍 〉 파일 I/O 팔레트에서 찾을 수 있습니다. 다음과 같이 설정합니다.

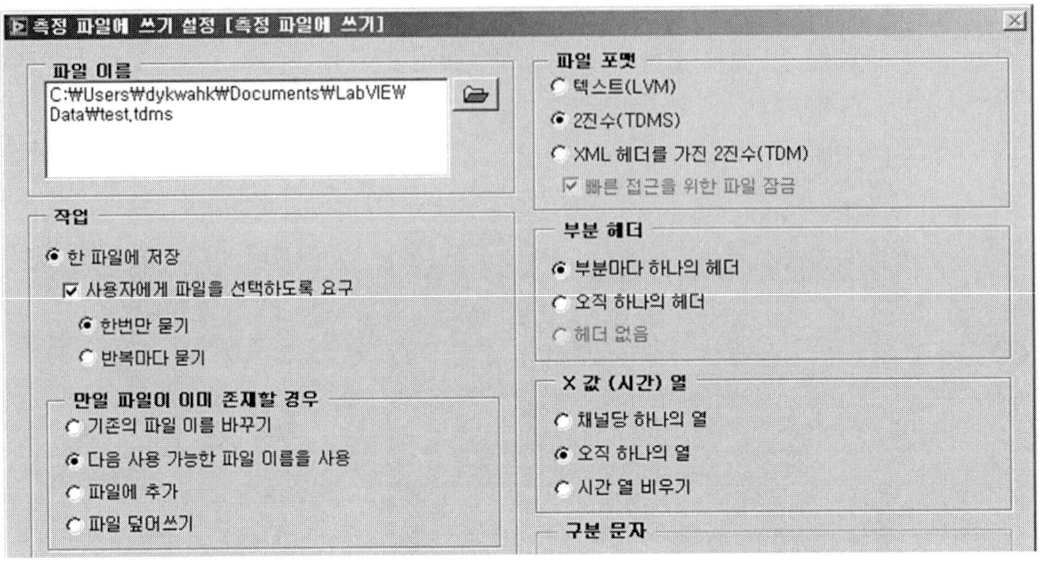

[측정 파일에 쓰기 설정]

- [파일 포맷] 2 진수 (TDMS)
- [부분 헤더] 부분마다 하나의 헤더
- [X 값 (시간) 열] 오직 하나의 열
- [작업] 사용자에게 파일을 선택하도록 요구
- [작업] 다음 사용 가능한 파일 이름을 사용

5. VI를 저장하고 실행합니다. ECG 신호를 측정하고 TDMS 파일 포맷으로 저장합니다.

⌘ 블록다이어그램 2

6. 새 VI를 만들고, 다음과 같이 블록다이어그램을 완성합니다. 앞에서 저장한 TDMS 파일을 읽어 와서 Wavelet 분석을 통한 Detrend, Denoise, Valleys/Peaks 검출을 수행하는 것입니다.

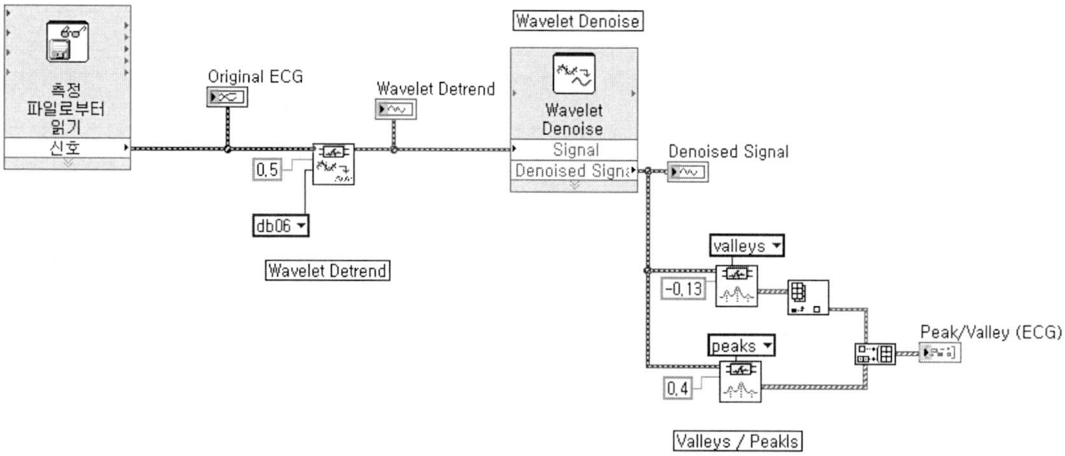

7. 측정 파일로부터 읽기는 함수 〉 프로그래밍 〉 파일 I/O 팔레트에서 찾을 수 있습니다. 다음과 같이 설정합니다.

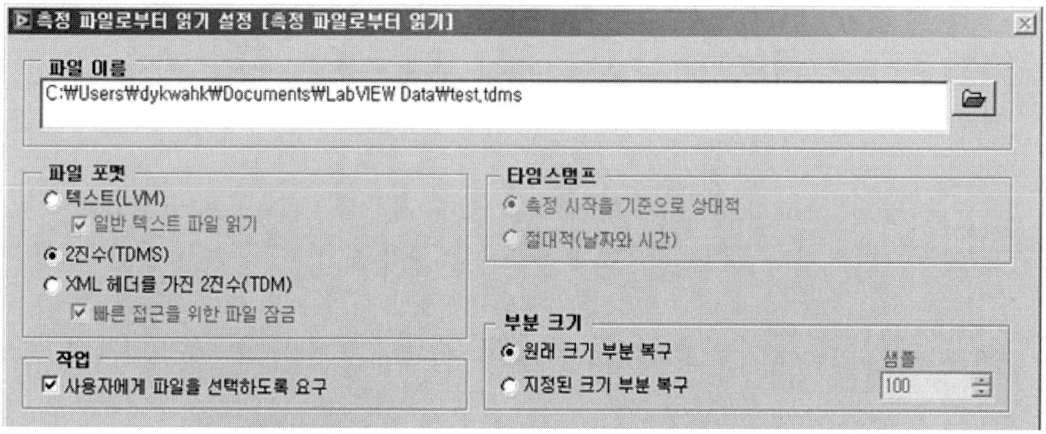

연습 5-4 끝

6. sbRIO를 이용한 ECG 기기 개발

FPGA 기반의 임베디드 솔루션으로 ECG 기기를 개발하고자 한다면, Single-board RIO를 사용할 수 있습니다. NI-sbRIO는 차동 모드로 16 채널의 아날로그 신호를 측정할 수 있고, 5V 전원을 공급할 수 있는 Reconfigurable I/O 모듈입니다. 그러므로 앞에서 배운 NI-ELVIS 대신 sbRIO를 이용하여 FPGA 임베디드 방식의 ECG 측정 및 신호 처리 기기를 제작할 수 있습니다.

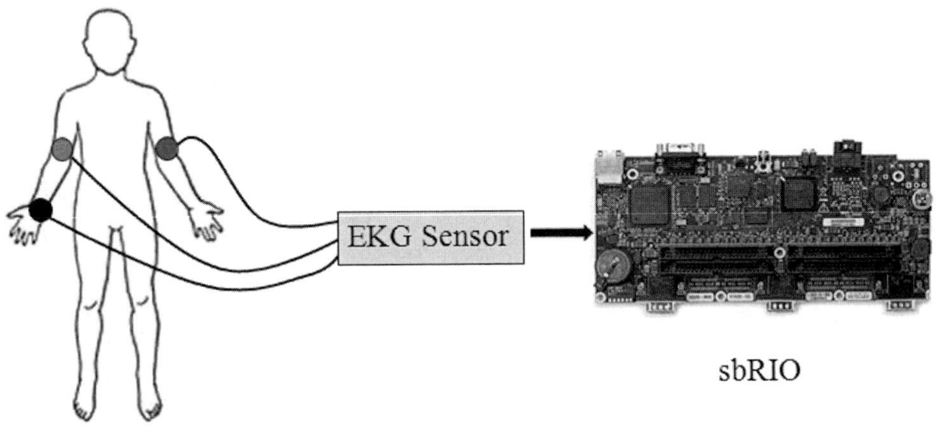

일반적으로 ECG 신호 측정과 분석을 분리하지만, Detrend와 Denoise 같은 노이즈 제거 부분은 FPGA로 임베디드 시키고, 처리된 데이터를 호스트 컴퓨터로 받아서 데이터베이스에 저장하거나 분석하는 방법이 가능할 것입니다. 다음은 sbRIO와 TI 보드를 이용한 ECG 의료 기기 개발 사례입니다.

[실험 실습]

1. 안정된 상태의 ECG 신호 측정 및 분석

안정된 상태에서 ECG 신호를 측정하여 저장합니다. 그리고 분석 함수를 이용하여 다음을 측정합니다.

Interval	Time (mSec)
P-Q	
QRS	
Q-T	

	Heart Rate (per minute)
최댓값	
최솟값	
평균	

2. 3분 운동 후 ECG 신호 측정 및 분석

ECG 전극을 몸에 부착한 체로 3분 동안 운동을 합니다. 운동 후 바로 ECG 전극에 와이어를 연결하고 측정하여 저장합니다. 그리고 분석 함수를 이용하여 다음을 측정합니다. 안정된 상태에서 측정한 결과와 비교해 봅니다.

Interval	Time (mSec)
P-Q	
QRS	
Q-T	

	Heart Rate (per minute)
최댓값	
최솟값	
평균	

3. 안정된 상태에서 앉은 상태와 누운 상태에서의 ECG 신호

안정된 상태에서 앉은 상태와 누운 상태에서의 ECG 신호를 분석 비교해 봅니다. 동일한 측정 조건을 유지한 상태에서 대상자의 측정 자세에 따른 ECG 신호 변화를 비교하는 것입니다.

Interval	Time (mSec)
P-Q	
QRS	
Q-T	

	Heart Rate (per minute)
최댓값	
최솟값	
평균	

4. 안정된 상태에서 커피나 탄산음료를 먹고 ECG 신호 측정

 안정된 상태에서 커피나 탄산음료를 먹고 ECG 신호를 측정해봅니다. 커피나 탄산음료가 ECG 신호에 어떤 영향이 있는 지 분석합니다.

Interval	Time (mSec)
P-Q	
QRS	
Q-T	

	Heart Rate (per minute)
최댓값	
최솟값	
평균	

5. ECG 전극의 위치를 바꿔 가면서 적극 위치에 따른 ECG 신호 변화 관측

 ECG 전극의 위치를 바꿔 가면서 적극 위치에 따른 ECG 신호 변화를 관측해봅니다. 특히 Green과 Red 전극이 심장을 기준으로 심장과 같은 높이에 위치한 경우와 심장보다 높거나 낮은 위치에 두는 경우를 각각 비교해봅니다. Black 전극은 Ground이므로, 손목뼈나 골반 혹은 복숭아뼈에 부착합니다. 전극들의 위치를 바꿔 가면서 R 신호의 크기가 가장 큰 위치를 찾아서 다음에 기록합니다.

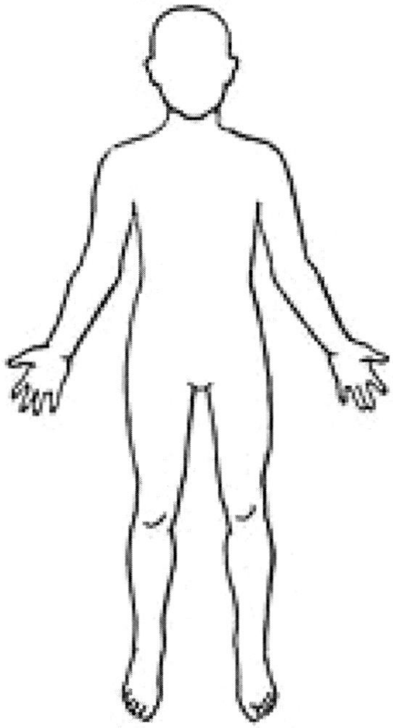

나. Blood Pressure 측정

혈압 (blood pressure) 센서는 동맥의 혈압을 외부에서 측정하는 센서입니다. 그리고 일반적으로 그림과 같이 팔뚝을 감싸는 Cuff와 압력을 인가하는 펌프, 그리고 Blood pressure sensor로 혈압 측정 시스템이 구성됩니다.

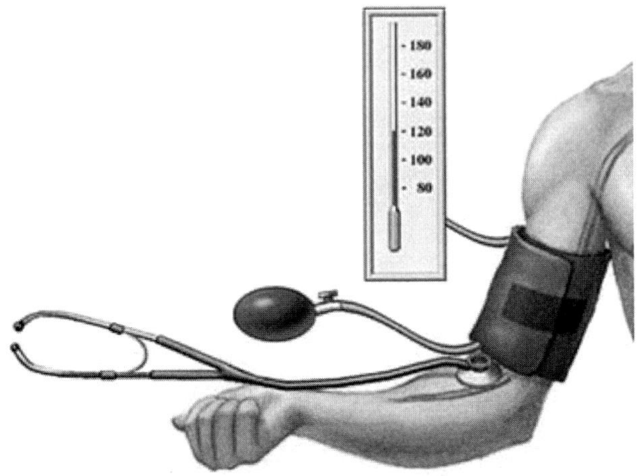

이 책에서는 Vernier 사에서 제공하는 Blood Pressure Sensor 킷과 DAQ 보드를 이용하여, LabVIEW로 혈압을 측정하고 분석하는 방법에 대하여 설명할 것입니다. Vernier Blood Pressure Sensor 킷은 5V 전원을 공급받아서 ±5 V의 전압을 출력합니다.

1. 혈압 계산법

혈관에 바늘이나 전극을 직접 삽입하는 방식이 아니라 체외에 팔뚝을 감싸는 Cuff를 이용하여 외부에서 인가한 압력의 변화에 반응하는 동맥의 반응을 측정하여 혈압을 계산하는 Oscillometric 방식을 사용합니다.

성인의 일반적인 혈압은 125 ~ 80 mmHg이므로, 먼저 Pump를 이용하여 200 mmHg 정도까지 압력을 높여줍니다. Cuff의 압력이 빠르게 상승했다가 천천히 하강하고, 이 압력을 측정합니다.

이렇게 하강하는 압력 신호에서 하강하는 Trend를 제외한 140 mmHg에서 70 mmHg 범위를 확대하여 들여다보면 아래와 같은 파형을 확인할 수 있습니다.

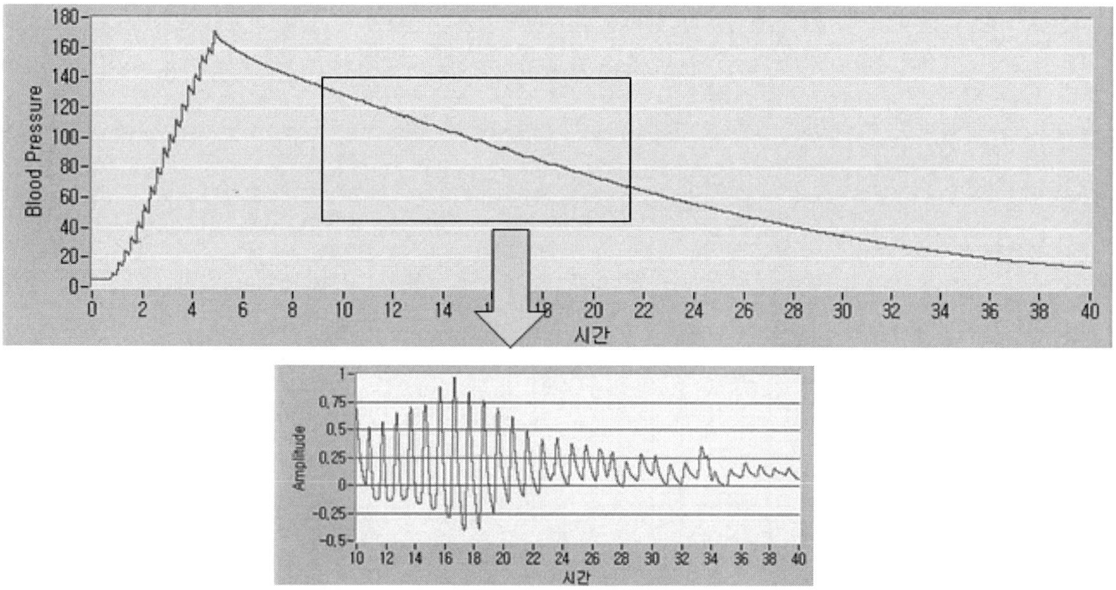

진동하는 파형에서 가장 진폭이 큰 부분에 대응하는 압력이 Mean arterial pressure (MAP)입니다. 그리고 최대 진폭에서 일정 비율에 해당하는 MAP 윗부분이 Systolic pressure(SP)이고, 최대 진폭에서 일정 비율에 해당하는 MAP 아랫부분이 Diastolic pressure(DP)입니다.

$$MAP \simeq \frac{2}{3} DP + \frac{1}{3} SP$$

Trend를 제거하기 위하여 0.01 Hz ~ 50 Hz Band-pass 필터를 이용하고, Cuff가 하강하는 140 ~ 70 mmHz 영역을 잘라내는 신호 처리를 수행합니다. 그리고 AC 신호의 Peak의 최대 진폭을 구하는 작업을 수행해야 됩니다.

이때 IIR 역 체비셰프 2차수 필터를 사용하고, 배열 최대 & 최소 함수를 사용합니다.

2. Blood Pressure 측정 및 저장

혈압을 측정하기 위하여 대상자의 팔뚝에 Cuff를 장착하고, 펌프로 200 mmHg 정도까지 압력을 높였다가 천천히 압력을 빼는 전 과정을 약 40초 동안 계측하여 저장합니다. DAQ 어시스턴트를 이용하여 측정하고, 측정 파일에 쓰기 함수를 이용하여 2진수 TDMS 파일로 저장합니다. 다음 연습을 통하여 Blood Pressure를 측정하고 저장하는 방법을 익힙니다.

연습 5-5. Blood Pressure 측정 및 저장

NI ELVIS II와 Vernier Blood Pressure Sensor 킷을 이용하여 혈압을 측정하고 저장해 봅니다. 일반 DAQ 보드로도 동일한 시스템을 구성할 수 있습니다.

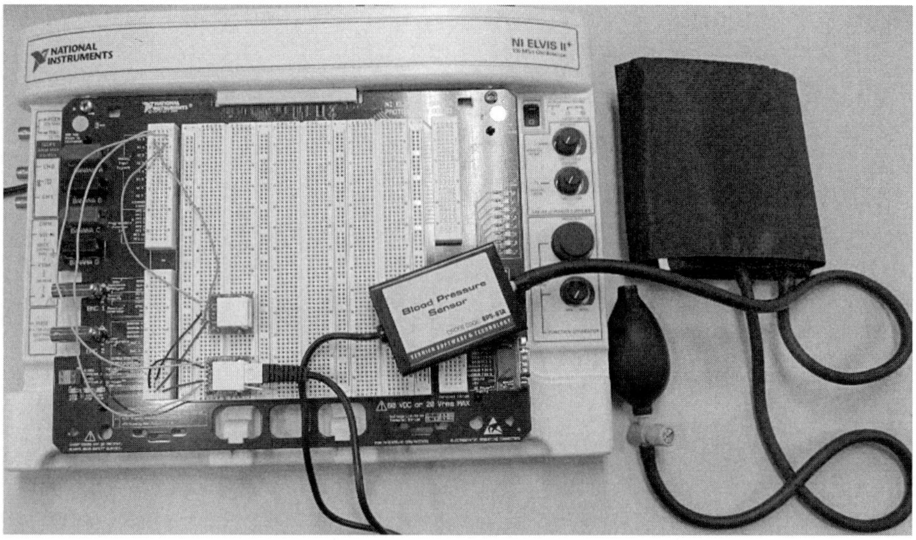

⌘ 블록다이어그램

1. 다음과 같이 블록다이어그램에 For 루프를 위치시키고, DAQ 어시스턴트와 측정 파일에 쓰기 익스프레스 함수를 위치시킵니다. 함수 〉 측정 I/O 〉 DAQmx - 데이터 수집 팔레트에서 [DAQ 어시스턴트]를 찾을 수 있습니다. 그리고 함수 〉 프로그래밍 〉 파일 I/O 팔레트에서 [측정 파일에 쓰기]를 찾을 수 있습니다.
2. DAQ 어시스턴트는 다음과 같이 설정합니다.

- 신호 수집 〉 아날로그 입력 〉 전압
- 수집 모드 〉 N 샘플
- 읽을 샘플 : 1000 samples
- 속도(Hz) : 1000 Hz

3. DAQ 어시스턴트가 실행되는데 1초가 소요되므로, For 루프의 반복 횟수

는 측정 시간 (초)에 대응될 수 있습니다. 실행 도중에 For 루프로 강제 종료할 수 있도록 단축메뉴에서 [조건 터미널]을 체크해주고, 조건 터미널에는 DAQ 어시스턴트의 Error 출력을 연결해줍니다. DAQ 어시스턴트에서 에러가 발생하면 For 루프가 종료하도록 설정한 것입니다.

4. DAQ 어시스턴트의 데이터 출력 값에 56.11을 곱해줘서 전압을 Pressure로 스케일해줍니다. 이 스케일 값은 Vernier Blood Pressure Sensor 킷의 스펙입니다.
5. 측정 파일에 쓰기는 2진수 TDMS 파일 포맷으로 설정합니다.
6. 다음과 같이 블록다이어그램을 구성합니다.

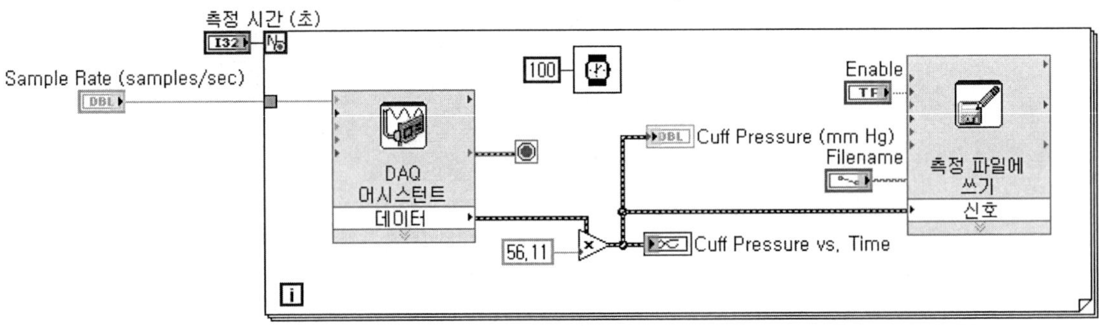

⌘ 프런트패널

7. 다음과 같이 프런트패널을 구성하고, VI를 실행하고 Blood Pressure를 측정합니다.
8. Cuff Pressure (mmHg)의 값이 200이 되면 Pumping을 멈추고, Pressure가 천천히 감소하는 것을 40초 동안 측정합니다. 이때 Sampling Rate는 1000 S/s로 입력합니다.
9. 파일 저장 (Enable) 버튼을 [활성화]로 선택하여 파일에 저장합니다.

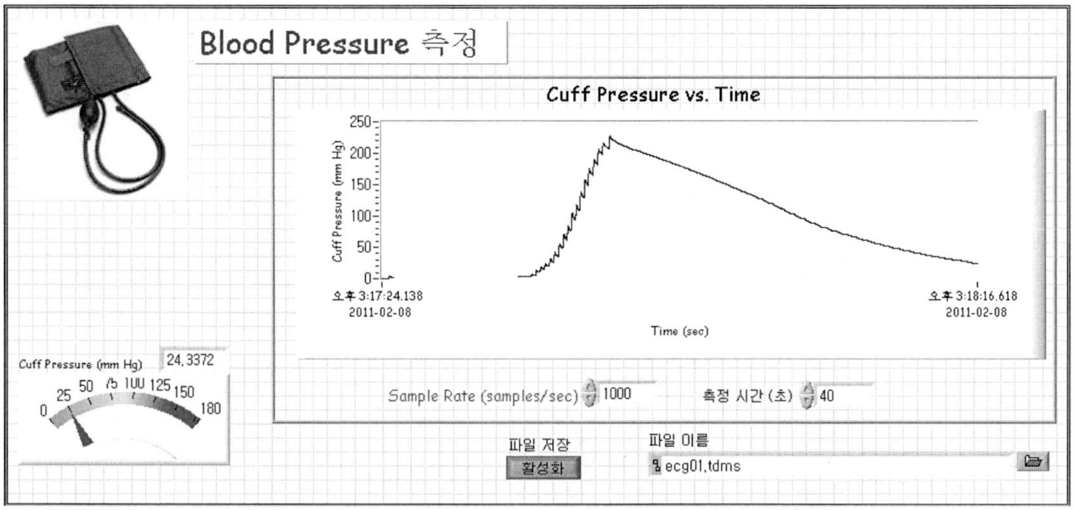
Blood Pressure 측정
Cuff Pressure vs. Time
Cuff Pressure (mm Hg)
오후 3:17:24.138
2011-02-08
오후 3:18:16.618
2011-02-08
Time (sec)
Cuff Pressure (mm Hg) 24,3372
Sample Rate (samples/sec) 1000
측정 시간 (초) 40
파일 저장
활성화
파일 이름
ecg01.tdms

연습 5-5 끝

3. Blood Pressure 분석

IIR 디지털 필터를 이용하여 측정한 Blood Pressure의 AC 성분과 DC 성분을 분리해줍니다. AC 성분은 Bandpass 필터를 이용하고, DC 성분은 Lowpass 필터를 이용합니다.

[AC 신호] 0.01 Hz 미만의 DC 성분과 50 Hz 이상의 노이즈를 제거하기 위하여, 대역 통과 (Bandpass) 필터를 이용합니다.

- 낮은 컷오프 주파수(Hz) : 0.01
- 높은 컷오프 주파수(Hz) : 50
- 무한 임펄스 응답 (IIR) 필터 : 역 체비셰프
- 차수 : 2

[DC 신호] 0.01 Hz 미만의 DC 성분을 분리하기 위하여, 저역 통과 (Lowpass) 필터를 이용합니다.

- 컷오프 주파수(Hz) : 0.01
- 무한 임펄스 응답 (IIR) 필터 : 버터워스
- 차수 : 1

또한 배열 함수를 이용하여 AC 신호에서 압력이 감소하는 부분만 분리하고, 진동하는 파형의 최댓값의 인덱스를 찾아냅니다. 그리고 이에 대응하는 Cuff Pressure가 Mean Arterial Pressure (MAP)입니다.
Systolic pressure(SP)과 Diastolic pressure(DP)는 센서 회사 및 장비 개발자의 실험 및 연구를 통하여 MAP에 대한 일정 비율로 정해지게 됩니다.

다음 연습을 통하여 AC 신호를 분리하고 Mean Arterial Pressure (MAP)를 찾아봅니다.

연습 5-6. Blood Pressure 분석

앞 연습에서 측정 및 저장한 Blood Pressure 데이터를 불러와서 분석해봅니다. 디지털 필터 함수를 이용하여 AC 신호 성분과 DC 신호 성분으로 분리해서 플롯해줍니다.

⌘ 블록다이어그램

1. 측정 파일로부터 읽기 함수를 위치시키고, 앞에서 저장한 Blood Pressure 데이터를 읽어옵니다. 읽어온 데이터는 웨이브폼 그래프에 플롯합니다. 함수 〉 프로그래밍 〉 파일 I/O 팔레트에서 [측정 파일로부터 읽기] 함수를 찾을 수 있습니다.
2. 필터 함수를 두 개 위치시키고, 각각 [대역 통과]와 [저역 통과]로 설정합니다. 함수 〉 익스프레스 〉 신호 분석 팔레트에서 필터 함수를 찾을 수 있습니다.

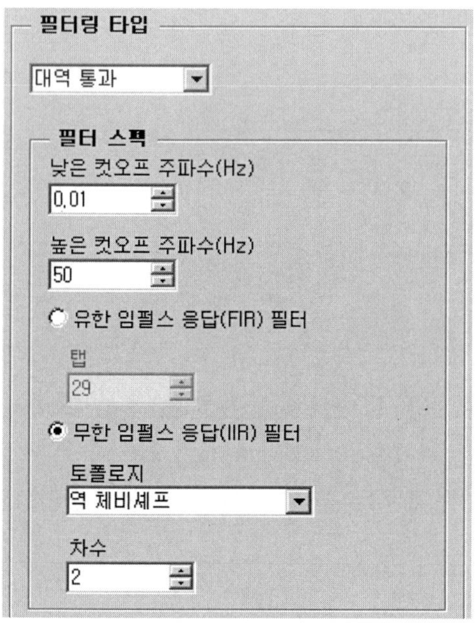

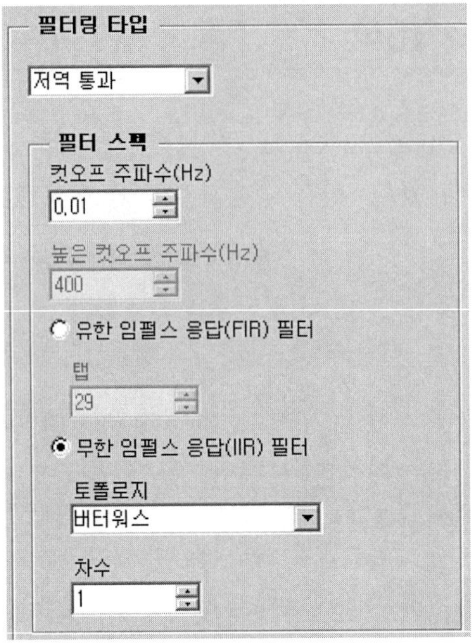

[대역 통과]

- 낮은 컷오프 주파수(Hz) : 0.01
- 높은 컷오프 주파수(Hz) : 50
- 무한 임펄스 응답 (IIR) 필터 : 역 체비셰프
- 차수 : 2

[저역 통과]

- 컷오프 주파수(Hz) : 0.01
- 무한 임펄스 응답 (IIR) 필터 : 버터워스
- 차수 : 1

3. 필터의 출력을 각각 웨이브폼 그래프에 플롯해줍니다. 그리고 신호 병합 함수를 이용하여 두 신호를 병합하여 한 개의 그래프에 플롯해줍니다. 함수 〉 익스프레스 〉 신호 조작 팔레트에서 신호 병합 함수를 찾을 수 있습니다.
4. 다음과 같이 블록다이어그램을 구성합니다.

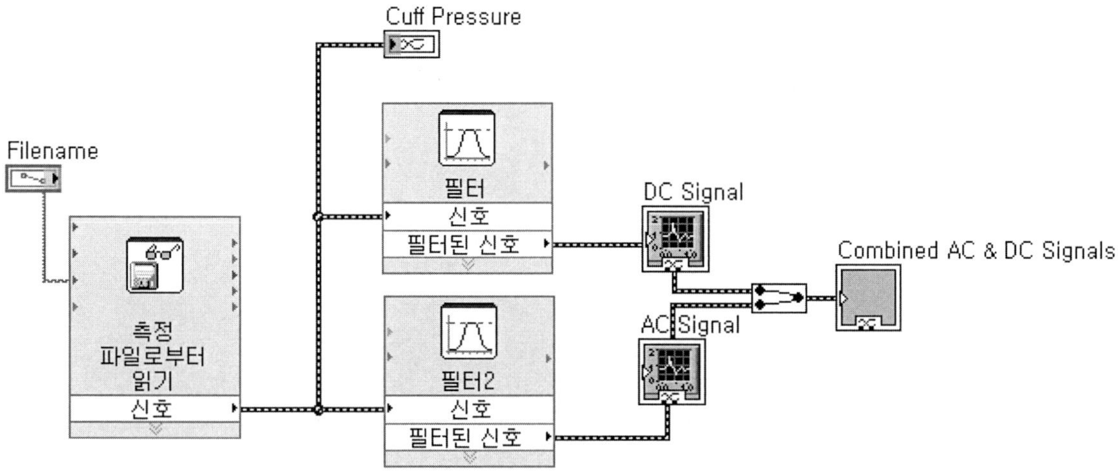

⌘ 프런트패널

5. 다음과 같이 프런트패널을 정리하고 실행합니다. Blood Pressure 데이터를 AC 성분과 DC 성분으로 구분하여 플롯합니다.

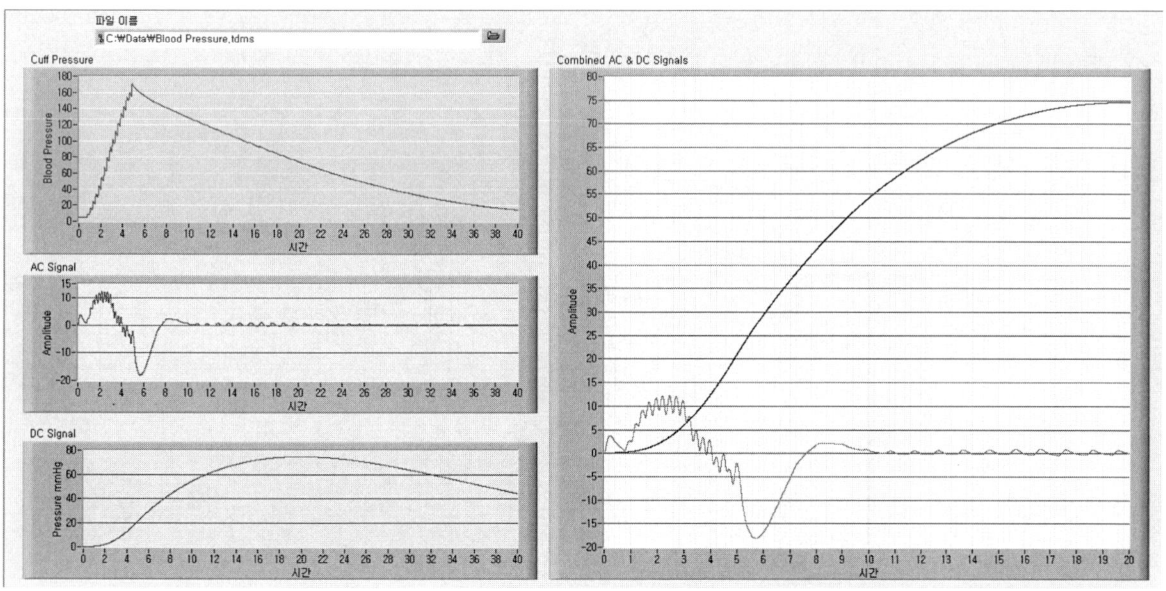

연습 5-6 끝

연습 5-7. Blood Pressure 분석 – MAP

앞 연습에 이어서, Blood Pressure에서 Mean Arterial Pressure (MAP)를 계산해봅니다. 펌프로 압력을 가했다가 멈추고 Pressure가 천천히 감소하는 부분만 분리한 뒤에 MAP를 계산해냅니다.

⌘ 블록다이어그램

1. 앞 연습의 블록다이어그램을 다음과 같이 수정합니다. AC 성분만 필요하므로, 대역 통과 필터만 남겨두었습니다.
2. [다이나믹 데이터로부터 변환] 함수를 이용하여 다이나믹 데이터를 웨이브폼 데이터로 변환해줍니다. 함수 〉 익스프레스 〉 신호 조작 팔레트에서 찾을 수 있습니다.
3. [1D 배열 분리]와 [배열 최대 & 최소] 함수를 위치시킵니다. 함수 〉 프로그래밍 〉 배열 팔레트에서 찾을 수 있습니다. 다음을 완성합니다.

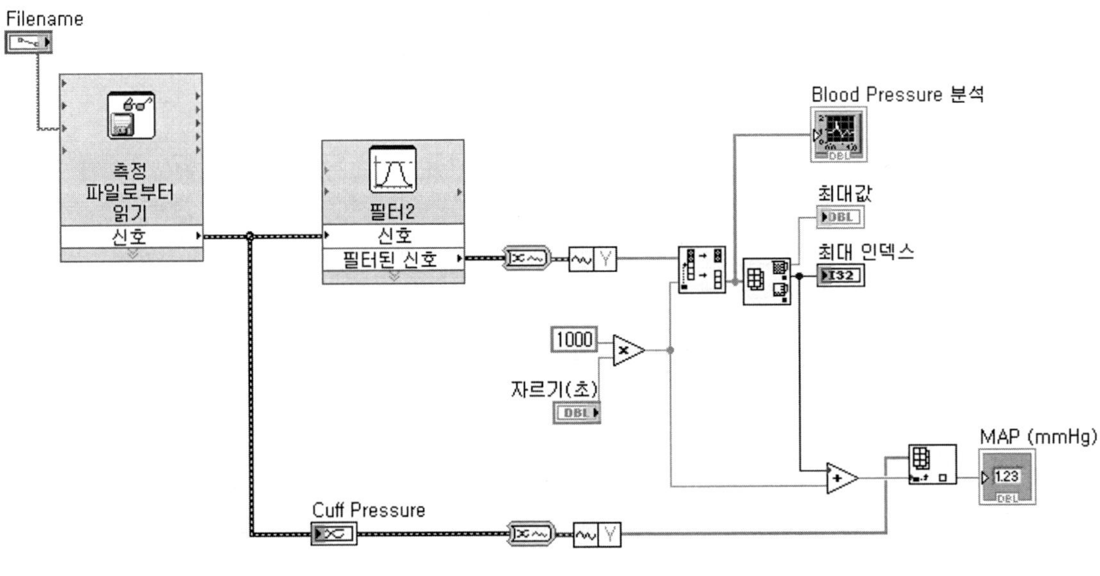

⌘ 프런트패널

4. 프런트패널을 정리하고 실행합니다.

5. 압력 감소 부분만 분리하여 [Blood Pressure 분석] 웨이브폼 그래프에 플롯하고, 최댓값과 최대 인덱스를 구하였습니다. 그리고 최댓값이 대응하는 Cuff Pressure가 MAP입니다.

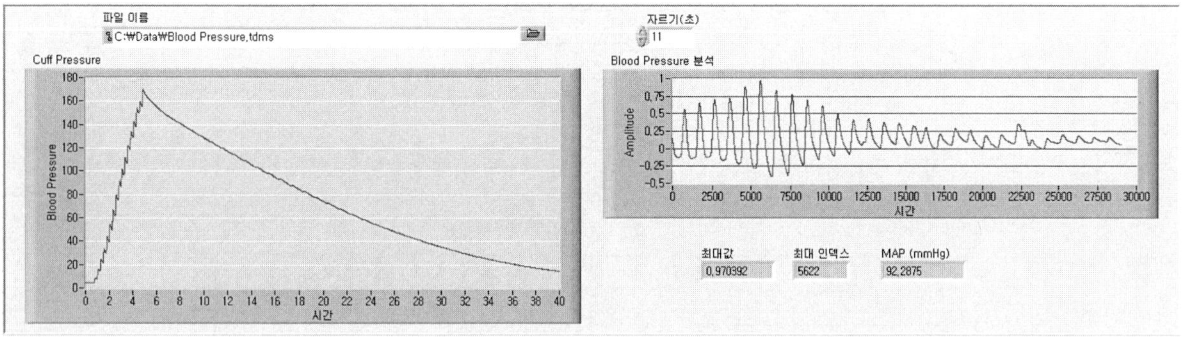

연습 5-7 끝

[실험 실습]

1. 운동 전과 운동 후의 혈압을 측정하고 비교해봅니다.

운동 전 MAP	운동 후 MAP

**MAP (Mean Arterial Pressure)

2. 앉은 자세에서 측정한 혈압과 선 자세에서 측정한 혈압을 측정하고 비교해봅니다.

앉은 자세의 MAP	선 자세의 MAP

3. 무 산소 운동인 웨이트트레이닝 이후에 측정한 혈압과 유 산소 운동인 달리기나 자전거 타기를 실시한 이후의 혈압을 각각 측정하고 비교해봅니다.

무 산소 운동의 MAP	유 산소 운동의 MAP

4. 식사 전의 혈압과 식사 후의 혈압을 측정하여 비교합니다.

식사 전의 MAP	식사 후의 MAP

5. 카페인이 혈압에 어떤 영향을 미치는지 측정해봅니다. 커피 등을 마시기 전과 마신 후를 비교합니다.

커피 마시기 전의 MAP	커피 마시기 후의 MAP

6. 흡연이 혈압에 어떤 영향을 미치는지 조사해봅니다. 흡연자와 비 흡연자의 혈압을 각각 측정하여 비교합니다.

흡연자의 MAP	비 흡연자의 MAP

다. Hand Dynamometer 근육 피로 측정

Strain Gauge 타입의 Hand Dynamometer는 손의 악력이나 손가락의 집는 힘을 측정하고 분석하여 근육의 피로를 측정하는 센서입니다. Hand Dynamometer는 단독으로 사용할 수도 있고, ECG 센서와 함께 측정하여 근육의 건강 상태와 활동 상황을 검사할 수 있습니다.

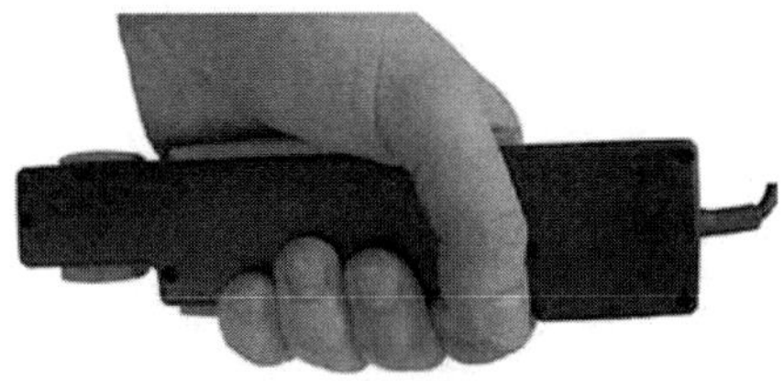

이 책에서는 Vernier 사에서 제공하는 Hand Dynamometer Sensor 킷과 DAQ 보드를 이용하여, LabVIEW로 악력을 측정하고 분석하는 방법에 대하여 설명할 것입니다. Hand Dynamometer Sensor 킷은 5V 전원을 공급받아서 ±5 V의 전압을 출력합니다.

1. Hand Dynamometer 측정

Strain Gauge 타입의 Hand Dynamometer를 이용하여 손의 악력을 측정하기 위해서는 다음과 같은 시그널 컨디셔닝이 요구됩니다.

- 브릿지 회로 구성 및 전원 공급, 영점 보정, Shunt 보정, 노이즈 필터링

여기에서 소개할 Vernier Hand Dynamometer Sensor 킷은 이러한 시그널 컨디셔닝이 모두 내장된 제품이며, 5V의 전원만 공급하면 ±5 V의 전압으로

악력을 출력해줍니다. 스케일링은 다음과 같습니다.

$$Force = Voltage \times 175.416 - 19.295$$

±5 V의 전압을 측정할 수 있는 모든 DAQ 보드를 이용할 수 있으며, 여기에서는 ELVIS II를 활용하였습니다. 이때, DC Power Supplies의 +5V와 Ground를 센서 전원으로 입력하고, 아날로그 채널을 이용하여 차동 모드로 측정합니다.

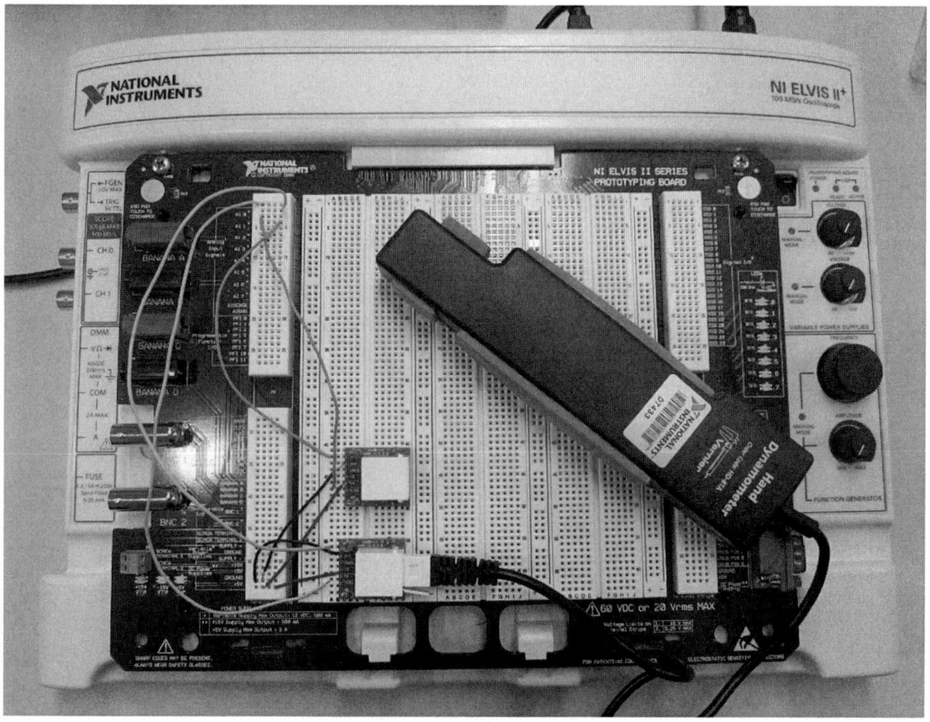

2. Hand Dynamometer 저장 및 분석

측정한 Hand Dynamometer 값을 디스플레이 해주고, 동시에 저장 및 신호 분석을 수행합니다. 이때 최댓값, 최솟값, 그리고 중앙값 등을 분석하여 근육 피로를 분석합니다. 함수 〉 익스프레스 〉 신호 분석 팔레트의 **통계** 함수를 사용합니다.

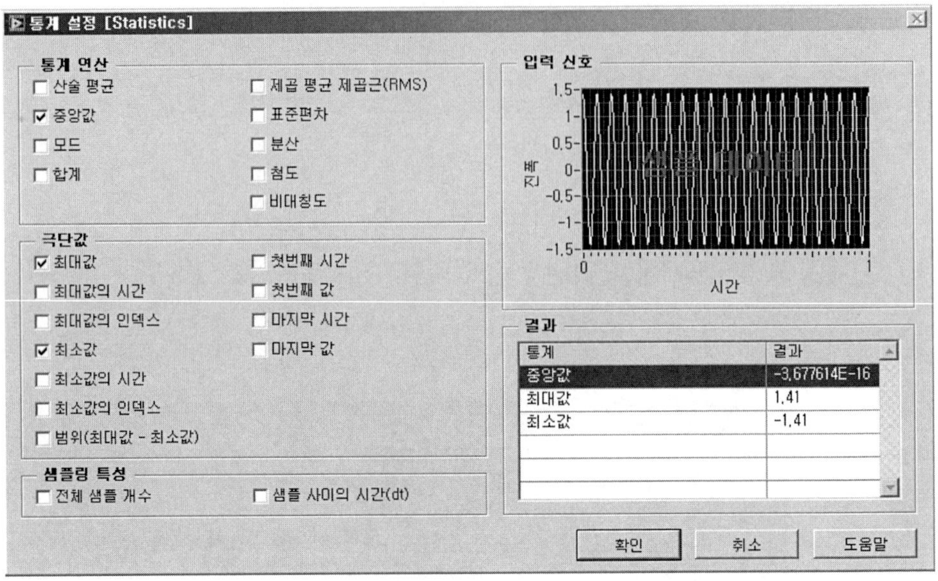
통계 설정 [Statistics]
통계 연산
산술 평균
중앙값
모드
합계
제곱 평균 제곱근(RMS)
표준편차
분산
첨도
비대칭도
극단값
최대값
최대값의 시간
최대값의 인덱스
최소값
최소값의 시간
최소값의 인덱스
범위(최대값 - 최소값)
첫번째 시간
첫번째 값
마지막 시간
마지막 값
샘플링 특성
전체 샘플 개수
샘플 사이의 시간(dt)
입력 신호
진폭
시간
결과
통계
결과
중앙값
-3.677614E-16
최대값
1.41
최소값
-1.41
확인
취소
도움말

연습 5-8. Hand Dynamometer 측정 및 분석

Vernier Hand Dynamometer Sensor 킷과 DAQ 보드를 이용하여 손의 악력을 측정하고 분석하는 VI를 작성해봅니다. 스케일링은 Force = Voltage*175.416 – 19.295입니다.

⌘ 블록다이어그램

1. 다음과 같이 블록다이어그램에 For 루프를 위치시키고, DAQ 어시스턴트와 측정 파일에 쓰기, 통계 익스프레스 함수를 위치시킵니다. 함수 〉 측정 I/O 〉 DAQmx – 데이터 수집 팔레트에서 [DAQ 어시스턴트]를 찾을 수 있습니다. 그리고 함수 〉 프로그래밍 〉 파일 I/O 팔레트에서 [측정 파일에 쓰기]를 찾을 수 있습니다. 함수 〉 익스프레스 〉 신호 분석 팔레트에서 [통계] 함수를 찾을 수 있습니다.
2. DAQ 어시스턴트는 다음과 같이 설정합니다.

- 신호 수집 〉 아날로그 입력 〉 전압
- 수집 모드 〉 N 샘플
- 읽을 샘플 : 1000 samples
- 속도(Hz) : 1000 Hz

3. DAQ 어시스턴트가 실행되는데 1초가 소요되므로, For 루프의 반복 횟수는 측정 시간 (초)에 대응될 수 있습니다. 실행 도중에 For 루프로 강제 종료할 수 있도록 단축메뉴에서 [조건 터미널]을 체크해주고, 조건 터미널에는 DAQ 어시스턴트의 Error 출력을 연결해줍니다. DAQ 어시스턴트에서 에러가 발생하면 For 루프가 종료하도록 설정한 것입니다.
4. DAQ 어시스턴트의 데이터 출력 값에 175.416을 곱해주고, 19.295를 빼줘서 전압을 Force (N)로 스케일해줍니다. 이 스케일 값은 Vernier Hand Dynamometer Sensor 킷의 스펙입니다.
5. 측정 파일에 쓰기는 2진수 TDMS 파일 포맷으로 설정합니다.
6. 통계는 중앙값, 최대값, 최소값을 선택해줍니다.
7. 다음과 같이 블록다이어그램을 구성합니다.

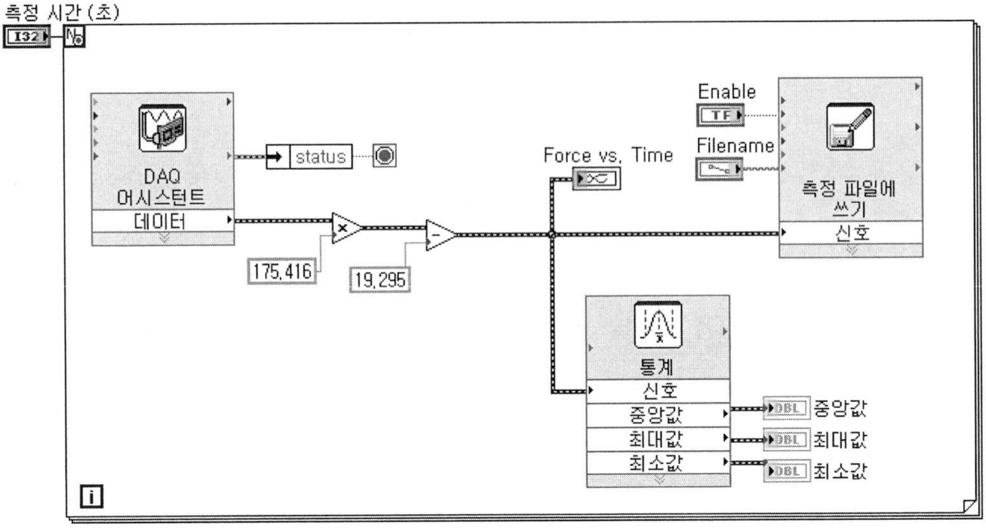

⌘ 프런트패널

8. 다음과 같이 프런트패널을 구성하고 VI를 실행합니다.
9. Hand Dynamometer를 손으로 쥐고 악력을 측정합니다.

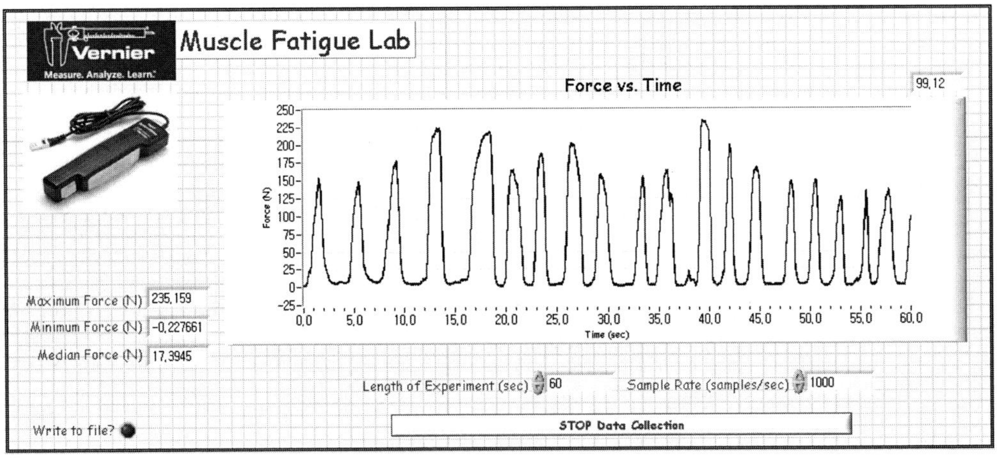

연습 5-8 끝

[실험 실습]

1. 나이와 근력의 연관성을 실험해봅니다. 피 실험자의 연령과 악력/손가락 집게 힘을 측정하여 비교해봅니다.
2. 손의 악력과 손가락의 집게 힘의 연관성을 실험해봅니다. 두 힘이 비례하는지 확인해봅니다.
3. 손, 손목, 팔뚝 등의 크기와의 근력의 연관 관계를 측정해봅니다.
4. 손의 크기와 악력 및 집게 힘을 비교합니다.

- 손목의 굵기와 악력 및 집게 힘을 비교합니다.
- 팔뚝의 굵기와 악력 및 집게 힘을 비교합니다.

연령	손 크기	손목 굵기	팔뚝 굵기	악력	집게 힘

5. 근육 피로를 측정하기 위하여 최고의 힘으로 Hand Dynamometer를 쥔 다음, 최대한 버텨봅니다. 여러 종류군의 피 실험자들에게 동일한 실험을 진행하고, 규칙성이나 연관성을 찾아봅니다.

- 나이가 다른 피 실험자들
- 남성과 여성으로 구분한 실험
- 같은 실험자가 여러 번 시도하면 더 좋은 결과가 나오는지 비교해봅니다.

실험자		연령	성별	최대 악력	지속 시간(초)
A	1차시도				
	2차시도				
	3차시도				
B	1차시도				
	2차시도				
	3차시도				
C	1차시도				
	2차시도				
	3차시도				

6. 정기적인 악력 강화 훈련으로 근력이 향상되는지 확인해봅니다. 손의 악력을 강화하는 운동기구로 한 달 정도 정기적인 운동을 실시하고, 운동 시작 전과 운동 시작 후의 결과를 측정 및 비교해봅니다.

1 개월 운동 후		연령	성별	최대 악력	지속 시간(초)
A	1차시도				
	2차시도				
	3차시도				
B	1차시도				
	2차시도				
	3차시도				
C	1차시도				
	2차시도				
	3차시도				

7. 왼손잡이인지, 오른손잡이인지 측정하여 분석해봅니다. 눈을 감고, 왼손과 오른손의 악력 및 집게 힘을 측정하여 기록하고, 비교 분석해봅니다.

실험자	왼손 악력	오른손 악력

라. Heart Rate 측정

손잡이 타입의 심박동수 측정기를 이용하여 사람의 심박동수를 측정하는 방법에 대하여 다룹니다. 심장박동 시에 발생하는 피부의 미세한 전기 신호를 측정하는 원리입니다.

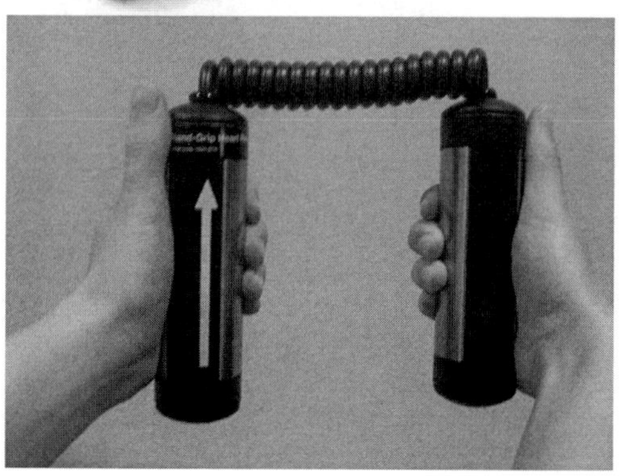

Heart Rate를 측정하기 위하여 Vernier Hand-Grip Heart Rate Monitor 센서 킷과 DAQ 보드를 이용합니다. Hand-Grip Heart Rate Monitor 센서는 5V 전원을 공급받아서, Heart Rate를 측정하고, 3V 범위의 전압 값을 출력해 주는 센서입니다. 양손으로 그림과 같이 센서를 쥐어 줍니다. 이때 흰색 화살표가 있는 것이 왼손 쪽입니다. 화살표가 밖으로 보이게 쥐어 줍니다. 센서의 측정값은 무선으로 Receiver로 전달됩니다.

측정한 신호는 그래프로 디스플레이하거나 저장하고, 피크 검출기 함수를 이용하여 피크의 Rate를 측정하여 심박동수를 측정할 수 있습니다. 피크 검출기는 함수 〉 신호 처리 〉 신호 연산 팔레트에서 찾을 수 있습니다.
다음과 같이 ELVIS II를 이용하여 심박동수를 측정하는 시스템을 구성할 수 있습니다.

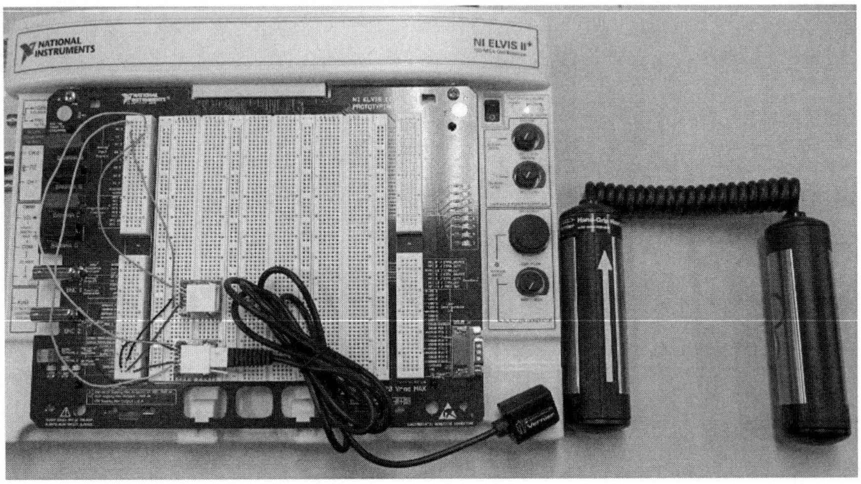

연습 5-9. Heart rate 측정 및 분석

Vernier Hand-Grip Heart Rate Monitor Sensor 킷과 DAQ 보드를 이용하여 심박동수를 측정해봅니다. 측정한 심박동 신호에서 피크만 찾아서, 분당 심박동수를 계산할 수 있습니다. Vernier 심박동 센서 킷은 초기 작동에 약간의 초기화 시간이 필요하므로, 신호가 측정되지 않더라도 약간 기다려주시기 바랍니다. 다음을 배웁니다.

- Vernier Hand-Grip Heart Rate Monitor Sensor 킷의 사용법을 익힙니다.
- 경과시간 함수의 사용법을 익힙니다.
- 피크 검출기를 이용하여 심박동 신호의 최댓값의 위치를 찾습니다.

⌘ 블록다이어그램

1. 다음과 같이 다음과 같이 블록다이어그램에 While 루프를 위치시키고, DAQ 어시스턴트와 측정 파일에 쓰기, 경과 시간 익스프레스 함수를 위치시킵니다. 함수 〉 측정 I/O 〉 DAQmx - 데이터 수집 팔레트에서 [DAQ 어시스턴트]를 찾을 수 있습니다. 함수 〉 프로그래밍 〉 파일 I/O 팔레트에서 [측정 파일에 쓰기]를 찾을 수 있습니다. 함수 〉 프로그래밍 〉 타이밍 팔레트에서 [경과 시간] 함수를 찾을 수 있습니다.
2. DAQ 어시스턴트는 다음과 같이 설정합니다.

- 신호 수집 〉 아날로그 입력 〉 전압
- 수집 모드 〉 연속 샘플
- 읽을 샘플 : 100 samples
- 속도(Hz) : 1000 Hz

3. 측정 파일에 쓰기는 2진수 TDMS 파일 포맷으로 설정합니다.

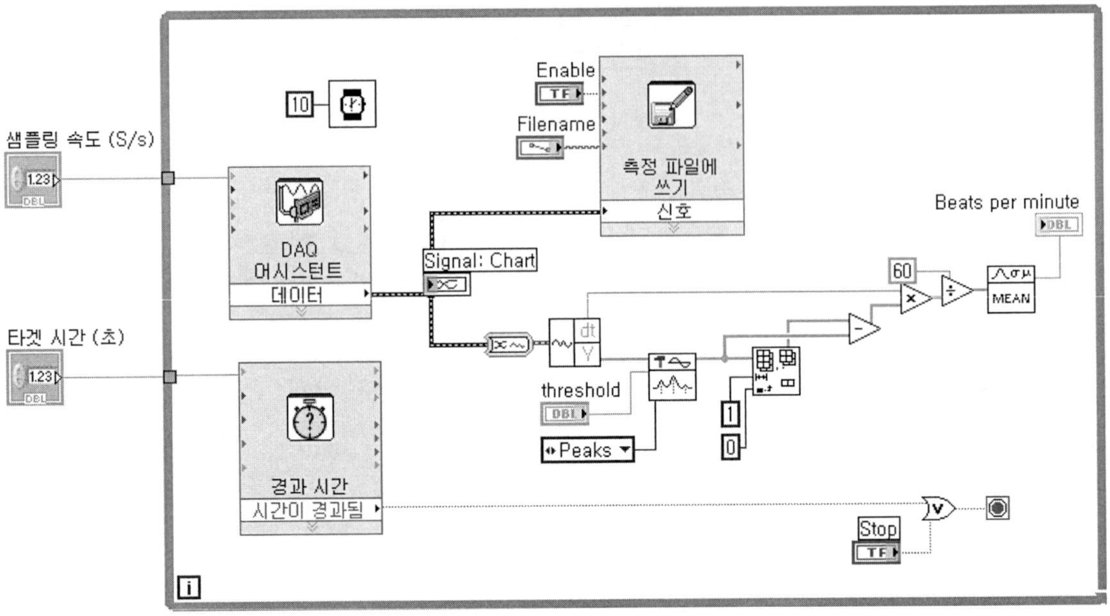

4. 경과 시간에 타겟 시간 (초) 컨트롤을 생성하고, 초 단위로 경과 시간을 지정할 수 있도록 구성합니다. 지장한 시간이 경과하면, [시간이 경과됨]에서 참이 출력되고, While 루프는 정지합니다.
5. 피크 검출기 함수를 이용하여 피크의 위치를 구합니다. 함수 〉 신호 처리 〉 신호 연산 팔레트에서 찾을 수 있습니다. X에 측정 데이터의 1D DBL 배열을 입력하고, 임계점(threshold)를 지정하여 분석합니다.

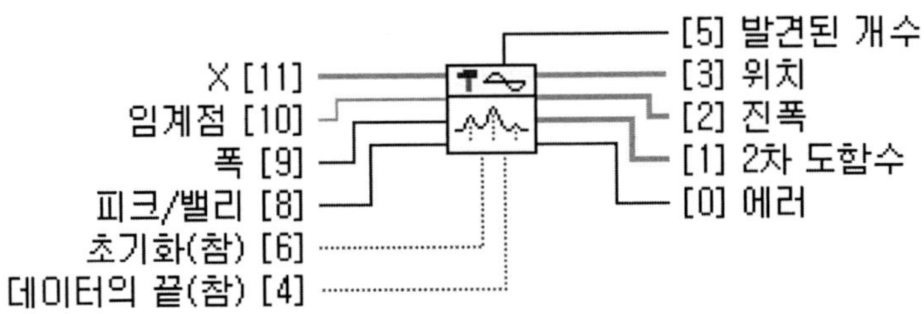

6. 피크 위치 정보는 1D 배열 값입니다. 피크의 간격을 계산하기 위하여 배열 원소를 한 개 Shift하여 빼 주었습니다. 마지막으로 dt를 곱해 줘서 심장 박동의 시간 간격을 계산하였고, 1분(60초)에 몇 번 박동하는 지를 구하였습니다. 이때 [배열로부터 삭제]를 사용하였습니다. 함수 〉 프로그래

밍 〉 배열 팔레트에서 찾을 수 있습니다.

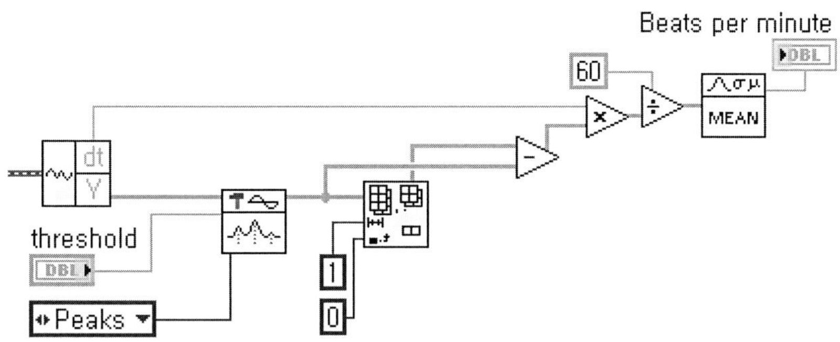

⌘ 프런트패널

7. 다음과 같이 프런트패널을 구성하고 VI를 실행합니다.

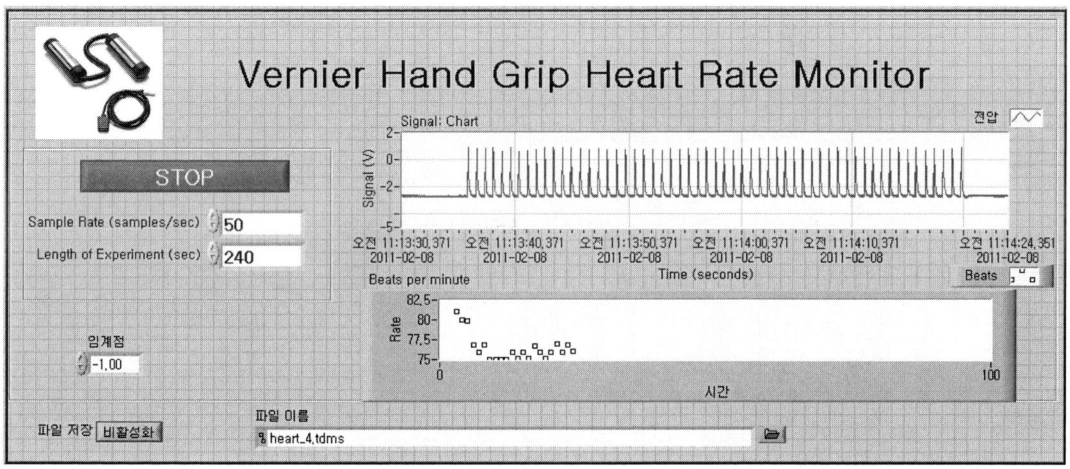

연습 5-9 끝

[실험 실습]

1. 여러 피 실험자들의 심박동수를 측정하고 비교해봅니다.

피 실험자	연령	성별	심박동수 (per minute)

2. 안정을 취한 뒤에 측정한 심박동수와 운동 후의 심박동수를 측정하고 비교해봅니다. 팔 벌려 뛰기를 하기 전, 30회 실시 후, 60회 실시 후의 심박동수를 측정하고 비교합니다.

피 실험자	팔 벌려 뛰기 전	30회 이후	60회 이후

3. 운동 후 안정을 취하면서, 심박동수가 안정되어 가는 것을 측정합니다. 운동 직후, 1분후, 2분후, ... 10분후의 심박동수를 측정합니다. 얼마나 빨리 안정되는 지를 피 실험자 사이에서 비교해봅니다.

시간	피 실험 자 A	B	C
운동 직후			
1분 후			
2분 후			
3분 후			
4분 후			
5분 후			
6분 후			
7분 후			
8분 후			
9분 후			
10분 후			

4. 자세에 따른 심박동 수를 측정 및 비교합니다. 선 자세, 앉은 자세, 편하게 기댄 자세 등에서 측정합니다.

	선 자세	앉은 자세	기댄 자세
A			
B			
C			

5. 카페인 섭취 전과 후의 심박동수를 측정하고 비교합니다.

	섭취 전	섭취 후
A		
B		
C		

6. 음식물 섭취 전과 후의 심박동수를 측정하고 비교합니다.

	섭취 전	섭취 후
A		
B		
C		

7. 하루 중의 시간대에 따라 심박동수가 바뀌는지 측정하고 비교합니다.

시간	피 실험 자 A	B	C
오전 10시			
11시			
12시			
오후 1시			
2시			
3시			
4시			
5시			
6시			

8. 숨을 참고 있는 동안의 심박동수를 측정해봅니다.

	숨을 참지 않음	숨을 참음
A		
B		
C		

마. 폐활량 측정

폐활량은 들숨이나 날숨에서 Air Flow의 량을 측정하여 폐활량을 측정하는 것입니다. 이때 사용하는 센서를 Spirometer라고 부릅니다.

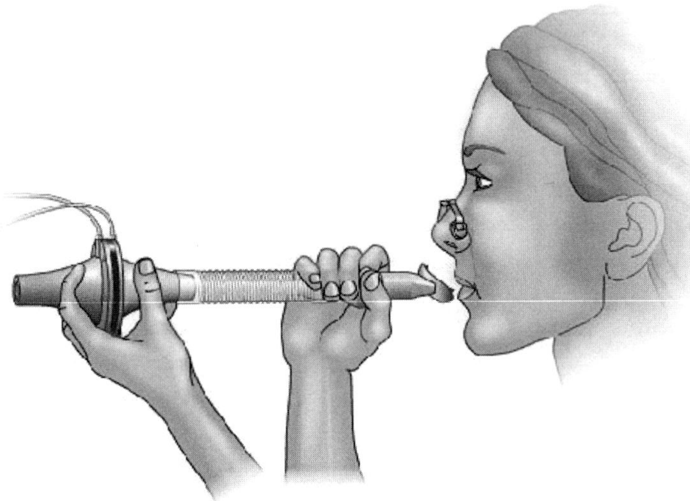

- **FEV (forced expiratory volume).** 강제호기량을 측정합니다. 강제호기량(FEV)는 최대한 공기를 들이쉰 다음 빠르게 내쉬면서 측정하는 것입니다. 이때 1초 내에 빠르게 내쉬는 강제호기량을 FEV1 (1초 강제호기량)이라고 부르고, 3초 내에 내쉬는 강제호기량을 FVE3 (3초 강제호기량)이라고 부릅니다.

- **FVC (forced vital capacity).** 폐의 최대 용량을 측정하는 것입니다. 최대한 호흡을 들이쉰 다음, 내쉬는 량을 측정하거나 반대로 최대한 내쉰 뒤에 들이쉬는 량을 측정하는 방식으로 측정할 수 있습니다. 이때 최대한 들이쉬기 위하여 Spirometer를 여러 번 힘껏 빠르게 내쉰 다음, 최대한 들이쉬면 됩니다.

- **TV (tidal volume).** TV는 휴식 상태에서 측정한 들숨과 날숨의 량입니다. 1분당 폐를 통과하는 공기의 양을 환기량이라 하고, 휴식 상태에서 인간

의 환기량은 1분당 약 6ℓ 인데, 호흡률 또는 일 호흡량(tidal volume : 매 주기 당 들이마시는 공기의 양)의 증가를 통해 증가될 수 있습니다.

폐활량을 측정하기 위하여 Vernier사의 Spirometer와 DAQ 보드를 이용합니다. Vernier Spirometer는 5V 전원을 입력받아서, ±5V의 아날로그 신호를 출력합니다. 폐활량계와 코마개, 그리고 들숨/날숨 측정 커넥터, 그리고 청결용 튜브 들로 구성되어 있습니다.

폐활량계(Spirometer) 측정 방법에는 아래와 같이 날숨(Expiratory)만 측정하는 방식과 들숨(Inspiratory)과 날숨을 모두 측정하는 방법이 있습니다.

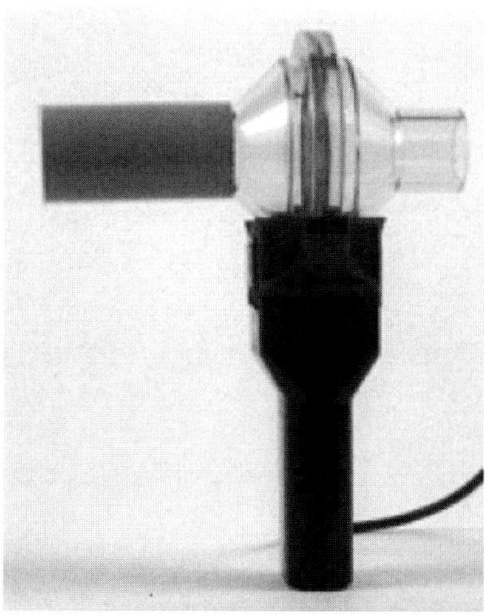

그림. Expiratory Only

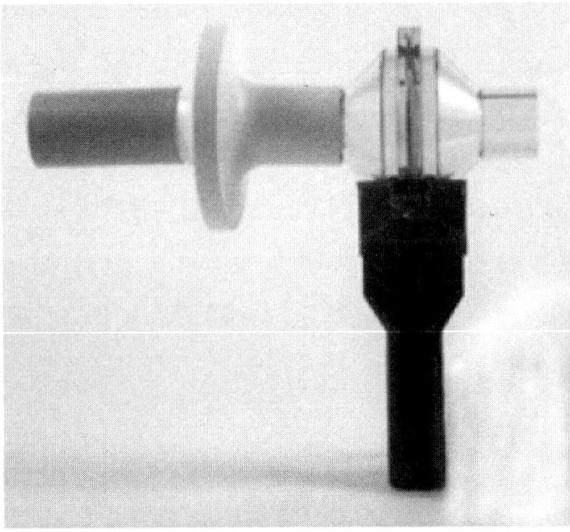

그림. Inspiratory and Expiratory

그리고 다음과 같이 ELVIS II와 Vernier Spirometer 센서 킷으로 측정 시스템을 구성할 수 있습니다.

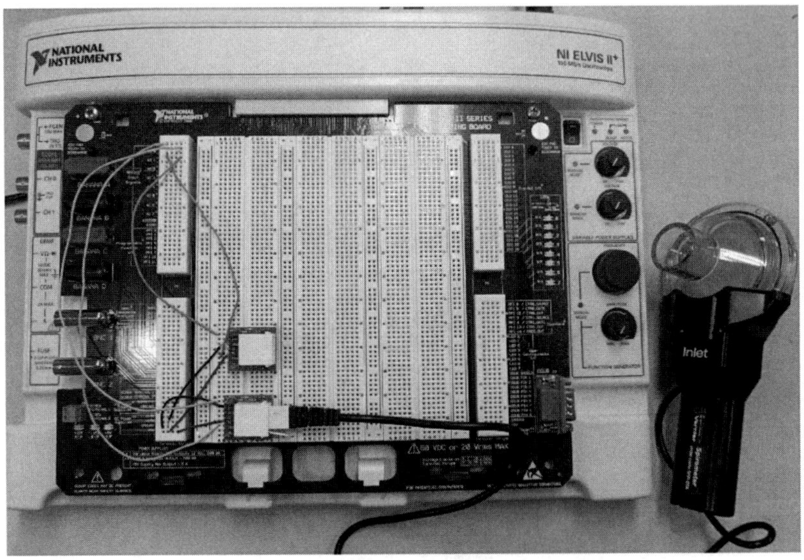

연습 5-10. Spirometer 측정 및 분석

Vernier Spirometer와 DAQ 보드를 이용하여 폐활량을 측정해봅니다. 폐활량 값들도 실시간으로 신호 처리가 필요하지는 않습니다. 그래서 이 예제에서는 For 루프를 이용한 폐활량 측정 부분과 측정 후 분석 부분으로 구성하였습니다. 다음을 배웁니다.

- Vernier Spirometer의 사용법을 익힙니다.
- 적분 함수를 이용하여 폐활량을 계산하는 방법을 익힙니다. 여기에서는 적분함수의 적용에 대해서만 소개합니다. 그리고 정확한 폐활량 값을 계산하기 위해서는 사용하는 센서에 대한 연구 및 Calibration 작업이 추가로 필요합니다.

⌘ 블록다이어그램

1. 다음과 같이 다음과 같이 블록다이어그램에 For 루프를 위치시키고, DAQ 어시스턴트와 측정 파일에 쓰기를 위치시킵니다. 함수 〉 측정 I/O 〉 DAQmx - 데이터 수집 팔레트에서 [DAQ 어시스턴트]를 찾을 수 있습니다. 함수 〉 프로그래밍 〉 파일 I/O 팔레트에서 [측정 파일에 쓰기]를 찾을 수 있습니다.
2. DAQ 어시스턴트는 다음과 같이 설정합니다.
   - 신호 수집 〉 아날로그 입력 〉 전압
   - 수집 모드 〉 N 샘플
   - 읽을 샘플 : 1000 samples
   - 속도(Hz) : 1000 Hz
3. 에러가 발생하면 For 루프를 종료하도록 For 루프의 단축메뉴에서 [조건 터미널] 선택하여 만들어주고, DAQ 어시스턴트의 에러 출력을 연결해줍니다.
4. 측정 파일에 쓰기는 2진수 TDMS 파일 포맷으로 설정합니다.

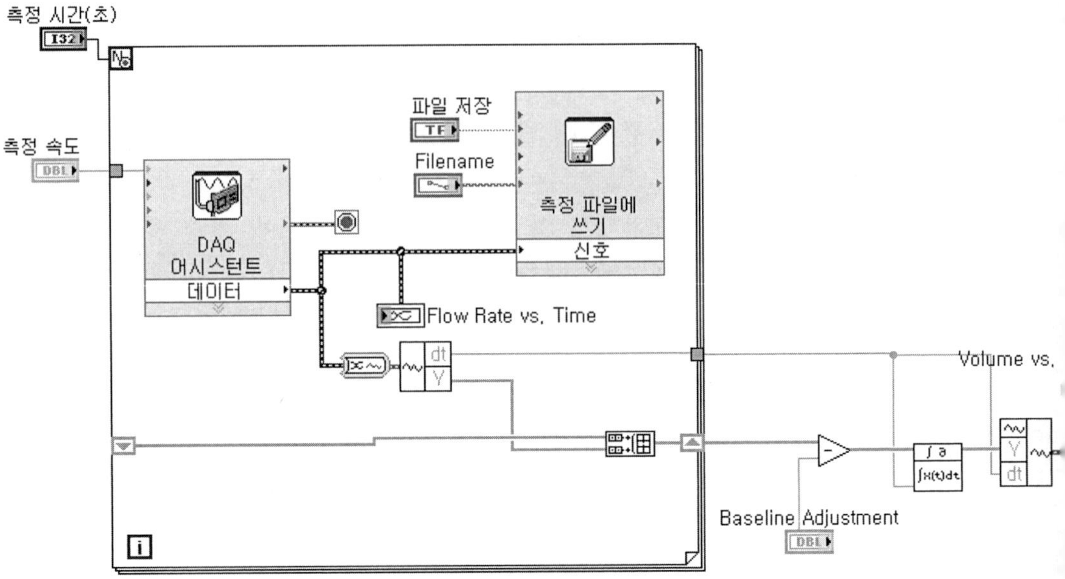

5. 시프트레지스터를 이용하여 측정값을 한 개의 배열로 만들어줍니다.
6. x(t) 적분 함수를 이용하여 적분한 값을 계산해봅니다. 함수 〉 수학 〉 적분 & 미분 팔레트에서 찾을 수 있습니다. Baseline Adjustment를 이용하여 Base 값을 빼 준 뒤에 적분을 진행합니다.

⌘ 프런트패널

7. 다음과 같이 프런트패널을 정리하고 실행합니다.

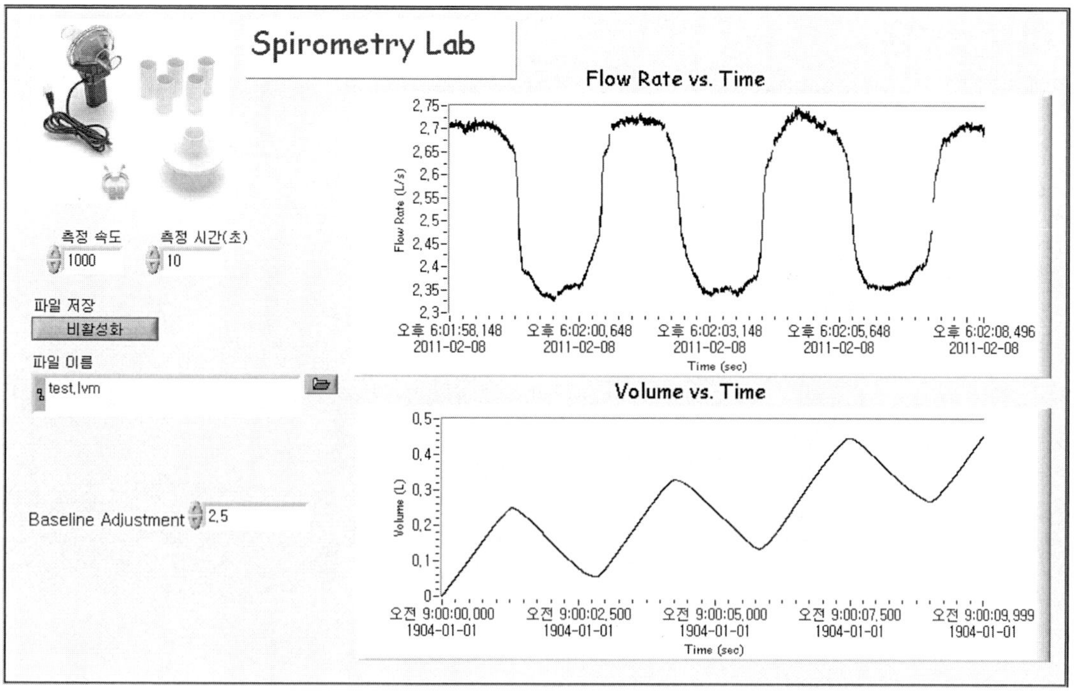

위의 경과는 날숨(Expiratory)만 측정한 것입니다. 이 경우에는 일정한 Offset이 존재하기 때문에, Baseline Adjustment를 통하여 Offset을 빼주는 작업이 필요합니다. 정확한 Baseline Adjustment를 위해서는 센서에 대한 연구 및 Calibration이 필요하겠지만, 여기에서는 임의의 값을 입력하였습니다.

연습 5-10 끝

[실험 실습]

1. 피 실험자의 호흡 상태를 측정하여 디스플레이 해봅니다. Spirometer를 Expiratory(날숨) Only 모드와 Inspiratory(들숨)/Expiratory 모드에서 각각 측정해봅니다.
   (Flow rate vs. Time 그래프)

2. Tidal volume을 측정 및 분석해봅니다.
   (Volume vs. Time 그래프)

3. FVC (forced vital capacity)를 측정해봅니다.
   (Flow Rate vs. Lung Volume 그래프)

4. 1초 강제호기량 (FEV1)을 측정해봅니다.
   3초 강제호기량 (FEV3)를 측정해봅니다.

요약정리

가. ECG는 심장 박동에 의해서 발생하는 생체 전류를 측정하는 기술입니다.
나. ECG 신호를 ECG 센서와 DAQ 보드로 측정하고 저장할 수 있습니다.
다. Wavelet Analysis를 이용하여 Baseline Wandering을 제거하고, 광대역 노이즈를 제거할 수 있습니다. Detrend와 Denoise 함수를 사용합니다.
라. WA Multscale Peak Detection VI를 이용하여 ECG 신호에서 Peak와 Valley를 구합니다.
마. Oscillometric 방식으로 혈압을 측정하고 분석합니다. 이때 디지털 Highpass 필터 함수를 사용합니다.
바. Hand Dynamometer를 이용하여 근육 피로를 측정합니다. Stain gauge의 일종입니다. 그리고 측정한 악력의 중앙값, 최대값, 최소값 등을 분석할 수 있습니다.
사. 심박동수 측정기를 이용하여 Hear Rate를 측정합니다. 이때 피크 검출기 함수를 이용하여 측정된 신호의 Peak의 위치를 분석합니다.
아. Spirometer를 이용하여 폐활량을 측정합니다. 그리고 적분 함수를 이용하여 측정신호를 분석할 수 있습니다.

Note.

부록

CLAD 견본 시험 소개

국제 공인의 Certified LabVIEW Associate Developer Examination의
견본 시험 문제를 소개하고 설명합니다.
본 자료는 ni.com 홈페이지에서 다운받을 수 있습니다.

가. 견본 시험 첫 번째

나. 견본 시험 두 번째

다. 첫 번째 견본 시험 해답

라. 두 번째 견본 시험 해답

가. 견본 시험 첫 번째

이 견본 시험은 총 40 문항으로 구성되어 있으며 해답과 해설을 다음 절에서 찾을 수 있습니다.

1. 향후에 어플리케이션을 확장할 수 있는 상태 다이어그램을 구현하기에 가장 적절한 기본 구조는 무엇입니까?

a. 시퀀스 구조
b. 케이스 구조
c. 수식 노드
d. 객체 지향 구조

2. ________ 버튼을 클릭하면 노드에서 단계별 실행 없이 블록다이어그램에서 노드를 건너뛸 수 있습니다.

a. 단계별 실행 들어가기
b. 단계별 실행 건너뛰기
c. 단계별 실행 나가기
d. 단계마다 실행

3. 다음 중 프로퍼티 노드에 대한 설명으로 맞는 것은 무엇입니까? (정답이 하나 이상일 수 있습니다.)

a. 프로그램 적으로 프런트패널 객체의 속성을 변경할 수 있음
b. 프런트패널 객체에 포함된 값을 업데이트하는데 사용할 수 있음
c. 하나의 프런트패널 객체에 대해 여러 개의 프로퍼티 노드를 사용할 수 있음
d. SubVI가 프로퍼티 노드를 포함하고 있으면, 이로 인해 SubVI의 프런트패널이 항상 메모리에 로드됨

최상위 VI에 SubVI에서 조정해야하는 프런트패널 컨트롤이 있습니다. SubVI에

반드시 전달해야 하는 것은 무엇입니까?

a. 컨트롤의 프로퍼티

b. 컨트롤의 메소드

c. 컨트롤의 참조

d. 컨트롤의 데이터 타입

5. VI가 실행된 후 **값 출력** 인디케이터에 나타나는 값은 무엇입니까?

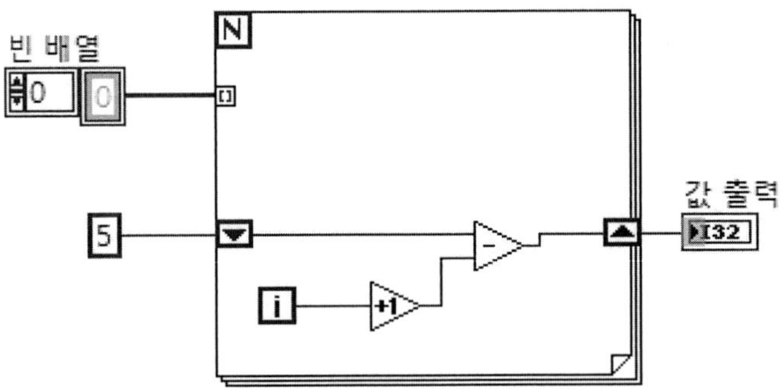

a. 0, b. 4, c. 5, d. 6

6. 케이스 구조의 거짓 케이스에 포함된 코드 안에 브레이크포인트를 설정했습니다. 케이스 구조의 참 케이스에 포함된 코드가 실행될 때, VI의 실행이 일시 정지됩니까?

a. 예

b. 아니오

7. 다음 중 SubVI의 디지털 숫자형 컨트롤의 텍스트 색 속성을 변경하는 프로퍼티 노드는 무엇입니까?

a. 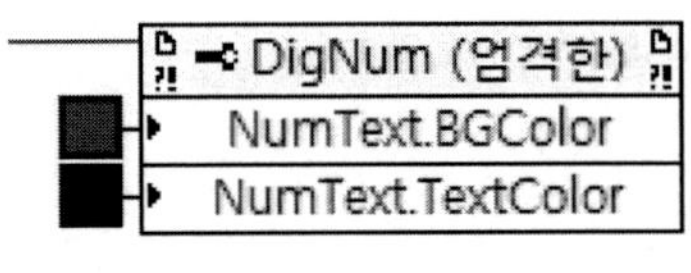

b. 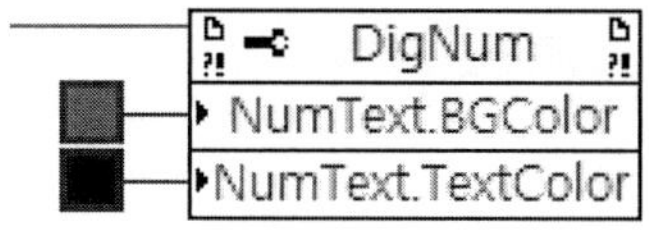

c. 

d. 

8. 실행 중인 데이터를 차트 왼쪽에서 오른쪽 방향으로 지속적으로 스크롤하며 보여주려면, 어떤 차트 업데이트 모드를 사용해야 합니까?

a. 스트립 차트
b. 스코프 차트
c. 스윕 차트
d. 스텝 차트

9. 다음 중 데이터 흐름 프로그래밍 패러다임을 따르지 않는 것은 무엇입니까?

a. 시프트 레지스터
b. 터널
c. SubVI
d. 로컬 변수

10. 가능하다면, 시퀀스 구조를 무엇으로 대체해야 합니까?

a. 이벤트 구조
b. For 루프
c. 상태 머신
d. While 루프

11. 다음 코드에 대한 설명으로 **참**인 것은 무엇입니까?

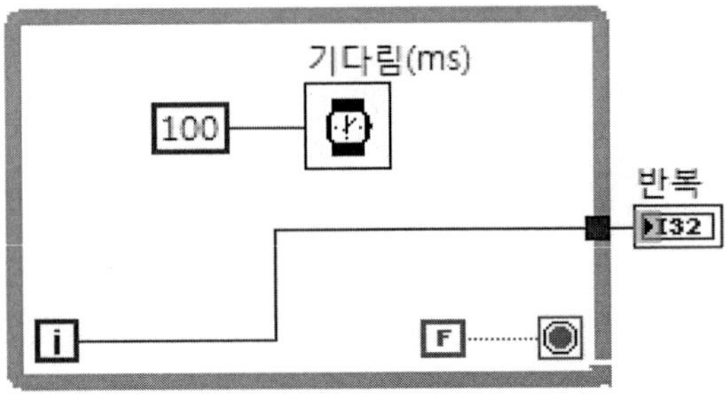

a. 루프는 한번 실행되며, 반복 인디케이터의 값은 1
b. 루프는 한번 실행되며, 반복 인디케이터의 값은 0
c. 루프는 무한히 실행되며, 프로그램을 강제 종료해야 멈출 수 있음
d. 루프는 실행되지 않으며, 반복 인디케이터의 값은 0

12. 다음 중 아래의 코드와 같은 식은 무엇입니까?

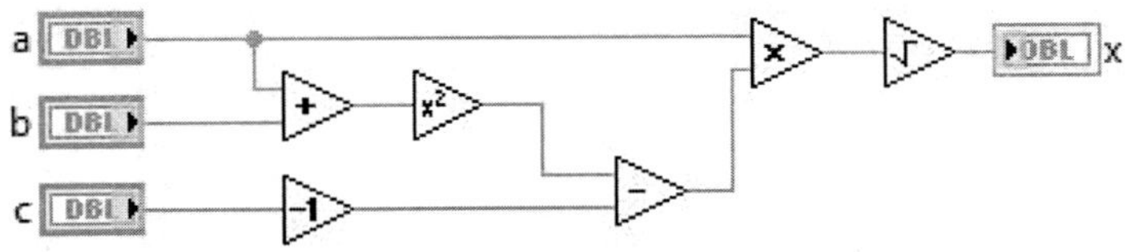

a. $x = \sqrt{a \times ((a+b)^2 - (c-1))}$

b. $x = \sqrt{a \times ((c-1) - (a+b)^2)}$

c. $x = \sqrt{a \times ((a+b^2) - (c-1))}$

d. $x = \sqrt{a^2 \times ((a+b)^2 - (c-1))}$

13. VI에 자동 에러 핸들링이 활성화되어 있습니다. 이 VI는 자동 에러 핸들링이

비활성화된 SubVI를 호출합니다. 호출 VI의 SubVI 에러 출력 터미널이 연결되어 있지 않고, SubVI는 호출 VI에 에러를 반환합니다. 자동 에러 핸들링으로 인해 에러 대화 상자가 나타나게 됩니까?

a. 아니오. SubVI의 자동 에러 핸들링이 비활성화되어 있기 때문
b. 예. SubVI의 자동 에러 핸들링이 비활성화되어 있기 때문
c. 아니오. 호출 VI에서 SubVI의 에러 출력 터미널이 연결되어 있지 않기 때문
d. 예. 호출 VI에서 SubVI의 에러 출력 터미널이 연결되어 있지 않기 때문

14. 다음 설명 중 **거짓**인 것은 무엇입니까?

a. SubVI 커넥터 팬은 입력과 출력을 연결할 위치를 정의
b. SubVI 커넥터 터미널의 색은 연결된 데이터 타입과 일치
c. SubVI를 사용하려면 아이콘 및 커넥터 팬이 필요
d. 함수 팔레트에서 SubVI 아이콘 편집 가능

15. 다음 중 데이터를 전달하는데 사용할 수 없는 것은?

a. 세마포어
b. 큐
c. 알림자
d. 로컬 변수

16. 에러 리스트는 다음 중 하나를 **제외**하고 모든 것을 열거합니다.

a. 에러가 있는 아이템
b. 에러와 경고
c. 경고에 대한 상세설명
d. 에러 코드

17. 루프 경계에서 자동 인덱싱을 사용할 때 가능해지는 작업은 무엇입니까?(정답이 하나 이상일 수 있습니다.)

a. 루프를 반복할 때마다 각 반복에 해당하는 배열의 원소를 자동으로 가져옴
b. 배열 함수가 자동으로 배열 원소를 인덱싱함
c. 배열을 사용하는 함수가 자동으로 배열을 인덱싱함
d. 루프 경계에서 배열이 자동으로 생성됨

18. 다음 코드가 실행된 후에 [배열 초기화] 함수가 출력하는 값은 무엇입니까?

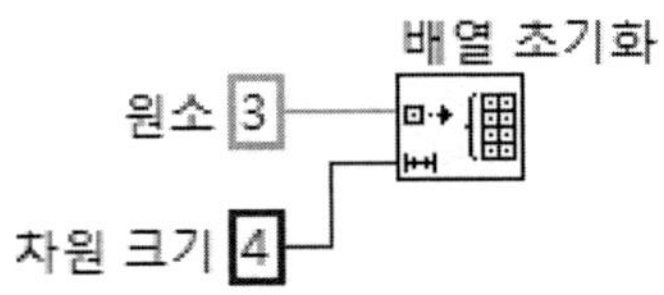

a. {3, 3, 3, 3}의 1D 배열
b. {4, 4, 4}의 1D 배열
c. {3, 4}의 1D 배열
d. {4, 3}의 1D 배열

19. 다음 중 LabVIEW 이벤트 구조에 의하여 사용할 수 있는 이벤트는 무엇입니까?

a. 컨트롤에서 마우스를 클릭하여 프런트패널 컨트롤의 값 변경하기
b. 프로퍼티 노드를 통해 프런트패널 컨트롤 값 프로퍼티 변경하기
c. 컨트롤 참조를 통해 프런트패널 컨트롤 값 변경하기
d. 로컬 변수를 통해 프런트패널 컨트롤 값 변경하기

20. 다음 중 코드 또는 데이터에 동시에 접근하는 것을 방지하여 경합 조건을 제거하는데 일반적으로 사용되는 변수는 무엇입니까?

a. 기능적인 글로벌 변수
b. 로컬 변수
c. 글로벌 변수
d. 공유 변수

21. 다음 코드의 실행이 완료된 후 **시프트 레지스터 응답**의 값은 무엇입니까?

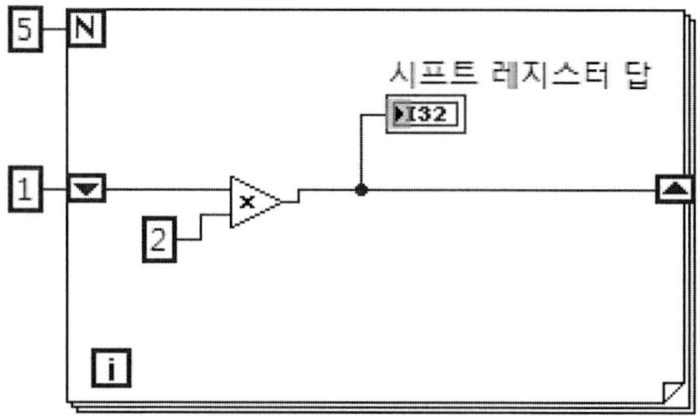

a. 16

b. 24

c. 32

d. 10

22. 다음 코드를 실행한 후, **부분배열**에 나타나는 결과값은 무엇입니까?

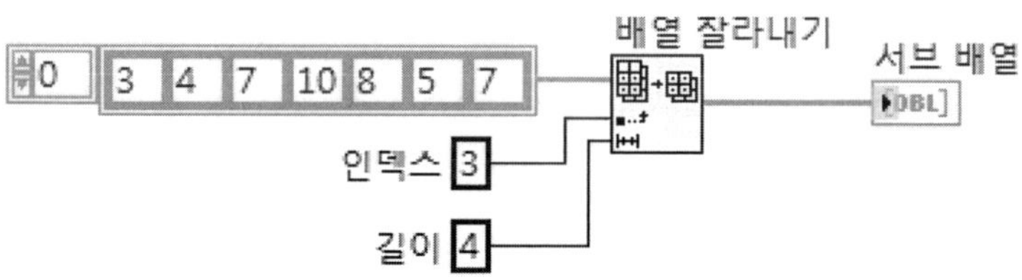

a. {8, 5, 7}의 1D 배열

b. {10, 8, 5}의 1D 배열

c. {10, 8, 5, 7}의 1D 배열

d. {7, 10, 8, 5}의 1D 배열

23. 기본 도움말 보이기 팝업 윈도우에서 VI에 대한 설명을 보이도록 하려면 어떤 방법으로 내용을 작성해야 합니까?

a. VI 프로퍼티 문서 윈도우 사용

b. 기본 도움말 보이기 윈도우 안에 입력

c. 프런트패널에 독립 라벨 생성
d. LabVIEW 도움말 파일 편집

24. For 루프가 반복 실행하는 횟수를 결정하는 터미널은 무엇입니까?

a. 

b. 

c. 

d. 

25. 다음 코드에서 프로퍼티 노드가 적절히 사용되었습니까?

a. 예. 프로퍼티 노드를 사용하여 값을 업데이트하면 터미널에 쓰는 것보다 메모리를 적게 사용함
b. 예. 프로퍼티 노드를 사용하여 값을 업데이트하면 에러를 확인할 수 있음
c. 아니오. 가능하면 데이터는 항상 인디케이터에 직접 연결해야 함
d. 아니오. 프로퍼티 노드는 보다 복잡한 데이터 타입과 함께 사용되어야 함

26. [다음 ms 배수까지 기다림] 함수에 대한 설명으로 올바른 것은 무엇입니까?

a. 프로그램이 시작할 때 타이머를 시작하고, PC 타이머의 배수에 맞춰서 타이머를 마침
b. 루프의 코드가 완료된 후에 타이머를 시작하고, 사용자가 입력한 시간의 배수가 경과할 때 타이머가 끝남
c. 루프의 코드가 완료된 후에 타이머를 시작하고, 사용자가 입력한 시간이 경과할 때 타이머가 끝남
d. 프로그램이 시작할 때 타이머를 시작하고, 루프의 코드가 완료될 때까지 기다림

27. 다음 중 어플리케이션이 일시적으로 스스로 처리할 수 있는 속도보다 더 빠른 속도로 데이터를 제공할 때, 데이터를 손실하지 않도록 하는 데이터 동기화 메커니즘은 무엇입니까?
   a. 알림자
   b. 큐
   c. 세마포어
   d. 로컬 변수

28. 다음 설명 중 유효하지 않은 것은 무엇입니까?
   a. 클러스터로 이루어진 클러스터를 만들 수 있음
   b. 배열로 이루어진 배열을 만들 수 있음
   c. 배열로 이루어진 클러스터를 만들 수 있음
   d. 클러스터로 이루어진 배열을 만들 수 있음

29. 다음 중 케이스 구조에서 케이스 선택자 터미널에 연결할 수 없는 데이터 타입은 무엇입니까?
   a. 배열
   b. 열거형 타입 값
   c. 문자열
   d. 정수

30. 다음 코드가 실행될 때 LabVIEW는 파일에 몇 바이트를 씁니까?

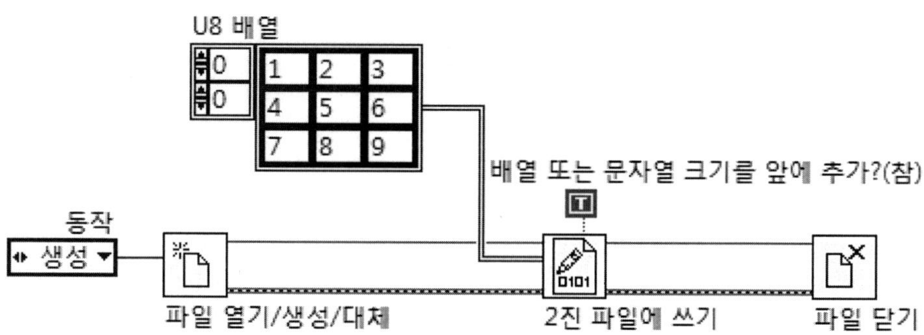

a. 9 바이트
b. 11 바이트
c. 13 바이트
d. 17 바이트

31. 다층 시퀀스 구조의 프레임 0에서 시퀀스 로컬 터미널이 할당되지 않은 것으로 나타나는 이유는 무엇입니까?

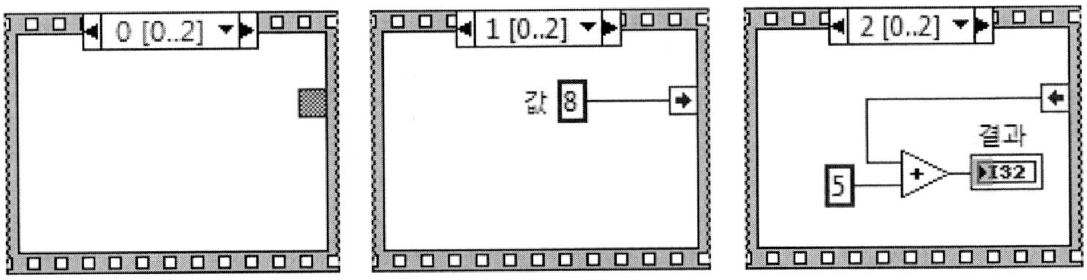

a. 개발자가 프레임의 모든 터미널에 값을 연결하지 않도록 선택했음
b. 값은 프레임 1 이후의 프레임에서만 사용 가능
c. 값의 데이터 타입이 터미널의 데이터 타입과 호환되지 않음
d. 개발자가 터미널을 비활성화했음

32. [기다림] 함수를 While 루프에 추가하는 이유는 무엇입니까?
a. 메모리를 사용 가능하도록 하기 위해
b. CPU가 사용하는 메모리를 할당하기 위해
c. 다른 태스크를 완료할 시간 여유를 주기 위해
d. 코드가 실행되는 프로세서를 예약하기 위해

33. 링은 허용되는 모든 데이터 타입을 가질 수 있지만, 열거형의 디지털 디스플레이 데이터 타입은 부호없는 데이터 타입만 가능합니다.
a. 참
b. 거짓

34. 사용자가 **버튼** 컨트롤을 클릭하면 **증가** 함수는 몇번 호출됩니까?

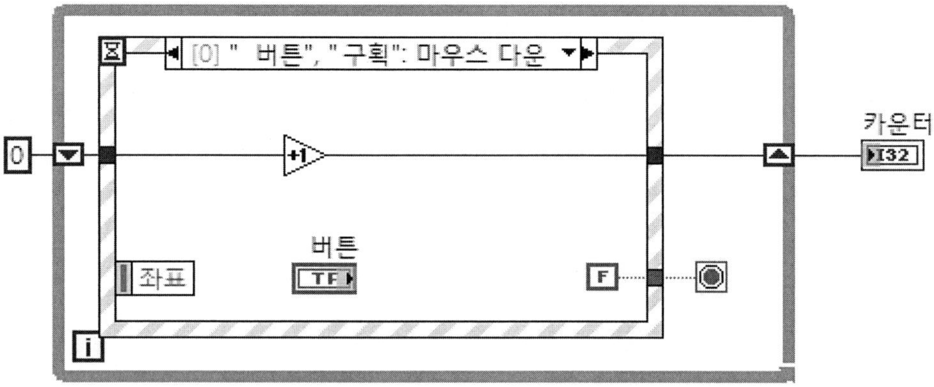

a. 0

b. 1

c. 2

d. 3

35. LabVIEW가 데이터 흐름 프로그래밍 언어인 이유는 무엇입니까?

a. 텍스트 대신 아이콘을 사용하여 어플리케이션을 생성하기 때문

b. 블록다이어그램에서 노드를 통해 흐르는 데이터가 실행을 결정하기 때문

c. 실행을 컨트롤하는 Goto 함수가 없기 때문에

d. 데이터가 저장된 메모리 위치는 매번 반복될 때마다 변경되기 때문에

36. **a**의 값이 2이고 **b**의 값이 128일 때, VI가 실행된 후 **결과** 인디케이터에 나타나는 값은 무엇입니까?

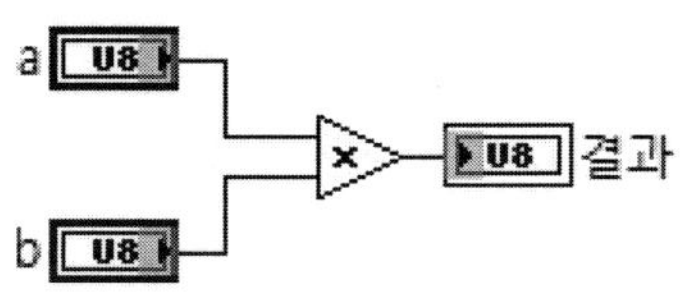

a. −128

b. 0

c. 255
d. 256

37. 에러 클러스터 연결을 종료하고 에러 메시지를 나타내는데 일반적으로 사용되는 VI는 무엇입니까?

a. 에러 병합
b. 단일 버튼 대화 상자/두 버튼 대화 상자
c. 프런트패널 작업 발생
d. 단순 에러 핸들러

38. 두 개의 플롯이 있는 XY 그래프를 생성하려면 어떻게 해야 합니까?

a. X 값의 배열 두 개, Y 값의 배열 두개로 이루어진 X,Y,X,Y 패턴의 클러스터 한 개를 생성
b. X와 Y 배열을 한 쌍씩 짝지어 두 개의 클러스터로 묶은 후 이 두 클러스터로 이루어진 배열을 생성
c. X와 Y 배열을 한 쌍씩 짝지어 두 개의 클러스터로 묶은 후 이 두 클러스터로 이루어진 클러스터를 생성
d. 각 X 배열 및 Y 배열로 이루어진 X,Y,X,Y 패턴의 배열 생성

39. VI가 실행되는 동안, 사용자가 "놓을 때까지 스위치" 기계적 동작을 사용하는 불리언 컨트롤을 누른 후 놓습니다. 불리언 컨트롤의 시작값이 거짓이라고 가정할 때, 실행 후 결과 인디케이터에 나타나는 값은 무엇입니까?

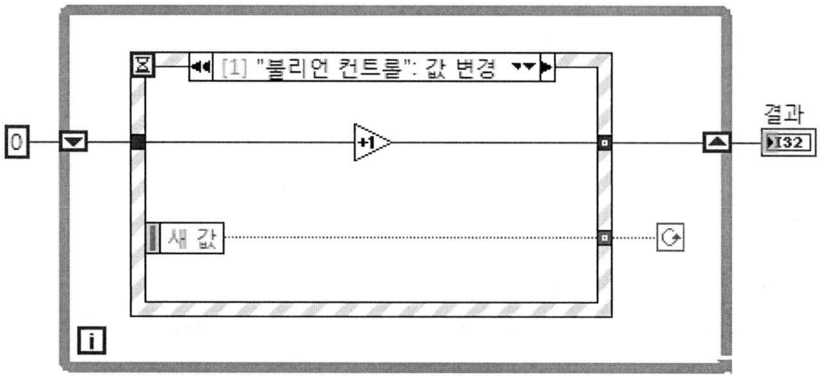

a. 0

b. 1

c. 2

d. 3

40. 프런트패널의 인디케이터를 업데이트하는 가장 좋은 방법은 무엇입니까?

a. 값 프로퍼티 노드 사용

b. 인디케이터 터미널에 직접 와이어를 연결

c. 로컬 변수 사용

d. 기능적인 글로벌 변수 사용

나. 견본 시험 두 번째

이 견본 시험은 총 40 문항으로 구성되어 있으며 해답과 해설을 다음 절에서 찾을 수 있습니다.

1. 다음 중 코드 실행에 관한 설명으로 참인 것은 무엇입니까?

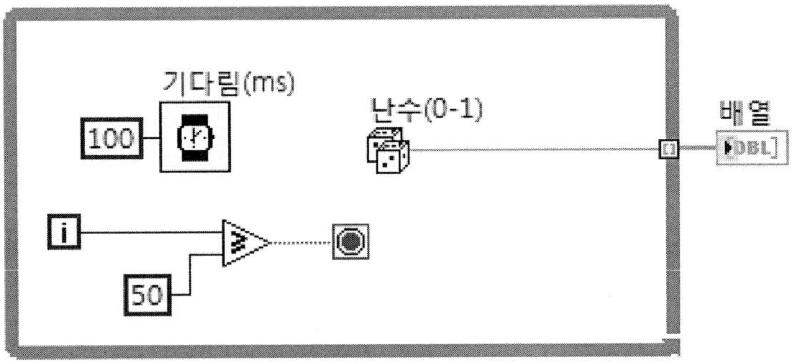

a. 루프는 51번 반복됨.
b. 루프는 50번 반복됨.
c. 루프는 49번 반복됨.
d. 카운트 터미널에 50이 연결된 For 루프는 같은 동작을 수행합니다.

2. 다음 중 LabVIEW 이벤트 구조에 의하여 사용할 수 있는 이벤트는 무엇입니까?
a. 마우스를 클릭하여 프런트패널 컨트롤의 값을 변경할 때
b. 프로퍼티 노드를 사용하여 프런트패널 컨트롤을 업데이트할 때
c. 컨트롤 참조를 통해 프런트패널 컨트롤을 프로그램적으로 업데이트할 때
d. VI 서버를 사용하여 프런트패널 컨트롤을 업데이트할 때

3. 다음 코드가 실행된 후 **결과** 인디케이터에 나타나는 값은 무엇입니까?

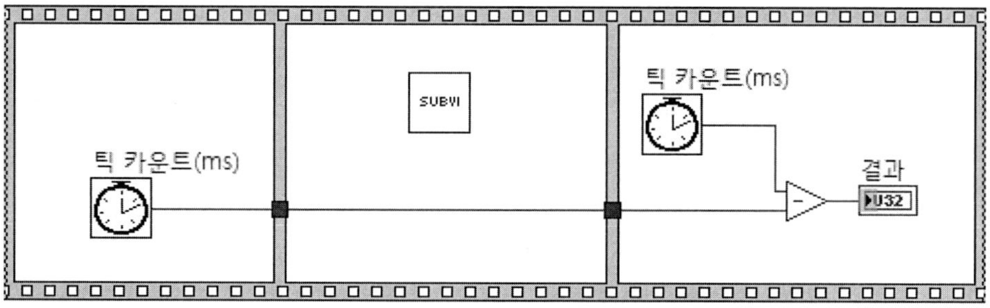

a. SubVI 실행 중 경과된 시간(밀리초 단위)

b. 0

c. 1970년 1월 1일 이후 경과된 시간(초 단위)

d. 시퀀스 구조 실행 중 경과된 시간(밀리초 단위)

4. VI 프런트패널에 컨트롤이 하나 있는데, 런타임 중에 이 컨트롤 프로퍼티 하나를 변경해야 합니다. 가장 적절한 방법은 무엇입니까?

a. 함축적인(implicit) 프로퍼티 노드를 생성하고 변경할 프로퍼티를 선택

b. 컨트롤 참조를 생성하고, 이 참조를 프로퍼티 노드에 전달한 후에 변경할 프로퍼티를 선택

c. 연결된 공유 변수를 생성하고, 변경할 프로퍼티를 선택

d. 로컬 변수를 생성하고 변경할 프로퍼티를 선택

5. 배열을 생성하는 가장 효율적인 방법은 무엇입니까?

a. While 루프 안에 [배열 만들기] 함수 추가

b. 배열을 초기화한 후 While 루프 안에서 원소 대체

c. 자동 인덱싱을 활성화한 For 루프 사용

d. 자동 인덱싱을 활성화한 While 루프 사용

6. 장시간 실행되는 어플리케이션에서 시간을 제어하는데 가장 적합한 시간 함수(VI)는 무엇입니까?

a.

기다림(ms)

b. 

날짜/시간을 초로 얻기

c. 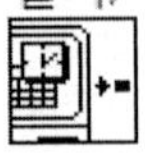

날짜/시간 문자열로 포맷

d. 

7. 다음 블록다이어그램을 가진 VI는 자동 에러 핸들링이 활성화되어 있습니다. C:₩data.txt 파일이 존재하지 않는 경우, 에러 대화 상자가 나타납니까?

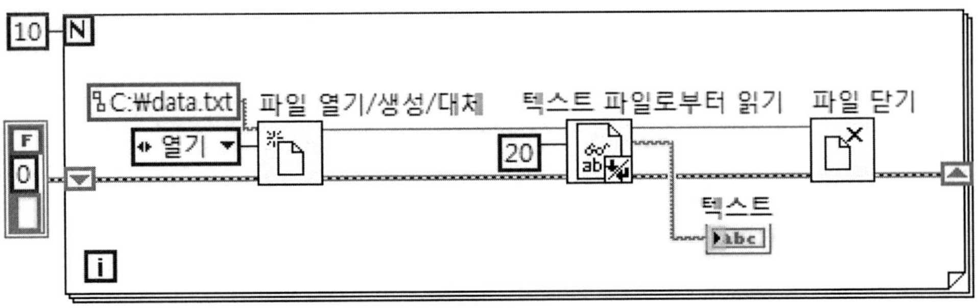

a. 예. [파일 열기/생성/대체] 함수로부터 에러가 반환될 때마다 대화 상자가 나타남
b. 예. 루프 반복이 완료될 때마다 나타남
c. 예. 그러나 루프가 반복될 때마다 나타나지 않고 한 번만 나타남
d. 아니오

8. 기본 도움말 보이기 윈도우에서 SubVI의 입력 이름이 굵은체로 표시되었습니다. 다음 중 올바른 설명은 무엇입니까?**(정답이 하나 이상일 수 있습니다.)**

a. 입력 값은 반드시 스칼라(scalar)이어야 함
b. 입력을 권장하기는 하지만, 반드시 입력해야 하는 것은 아님
c. 입력이 반드시 필요함

d. 입력에 와이어를 연결하지 않으면, 그 결과로 깨진 실행 화살표가 나타남

9. 아래 그림에서 [배열 크기] 함수의 출력은 무엇입니까?

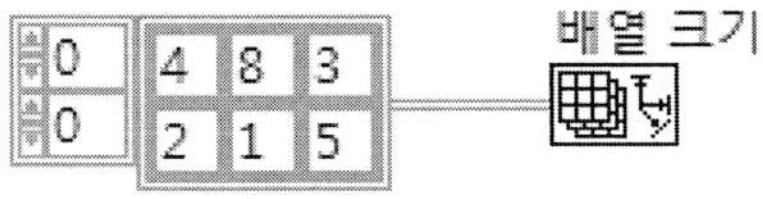

a. {2, 3}의 1D 배열

b. {3, 2}의 1D 배열

c. 2

d. 해당 사항 없음

10. 다음 중 디스크에 가장 작은 양의 데이터를 쓰는 코드는 무엇입니까?

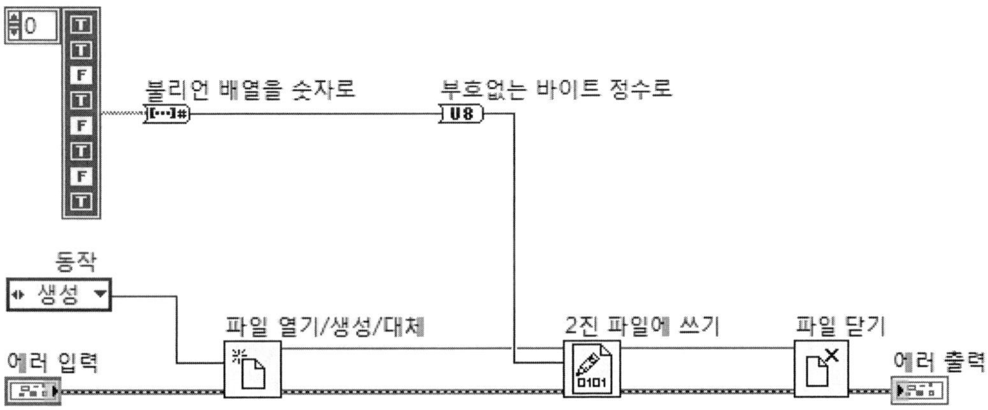

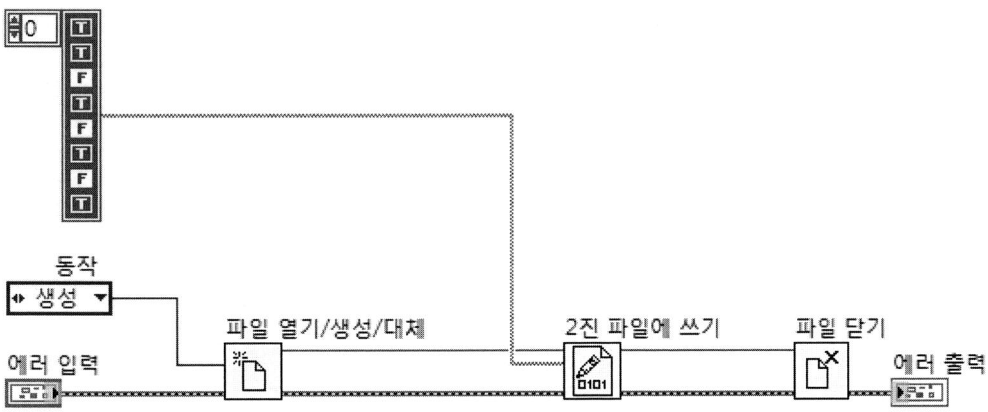

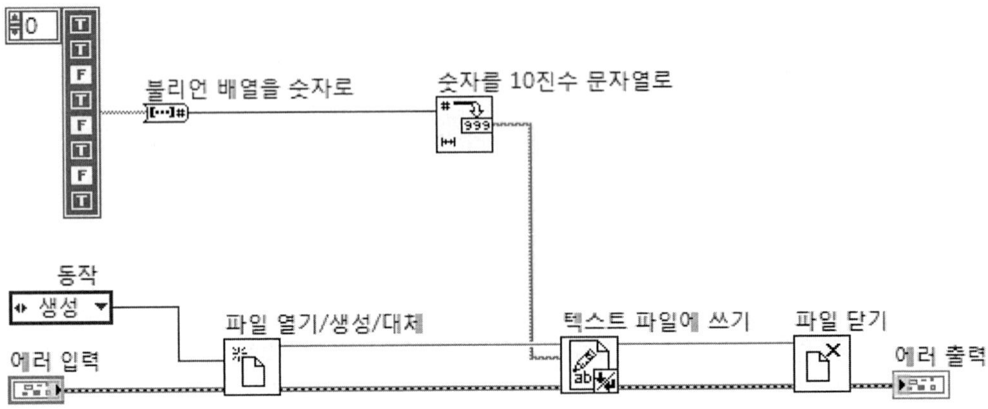

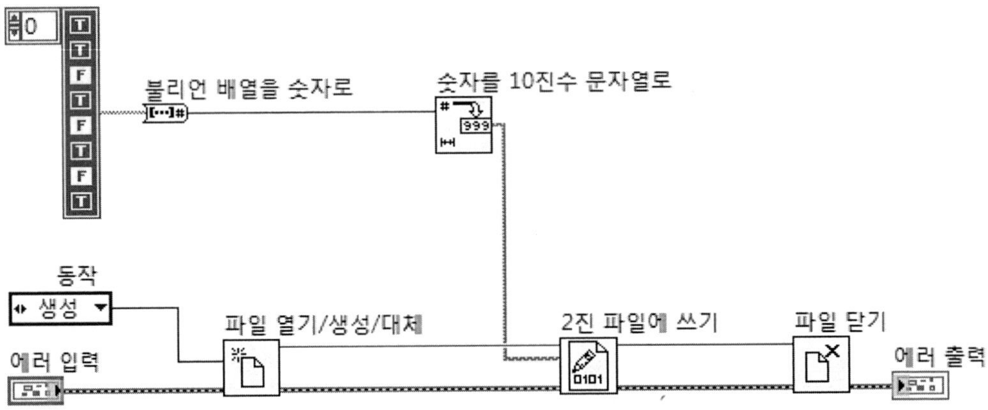

11. 프런트패널 컨트롤에 대해 특정 키 또는 키 조합을 할당하는 설정은 무엇입니까?

a. 키 포커스

b. 키 조작

c. 기수

d. 객체 간격 조절

12. 다음 코드를 실행한 후, **새 문자열**에 나타나는 결과는 무엇입니까?

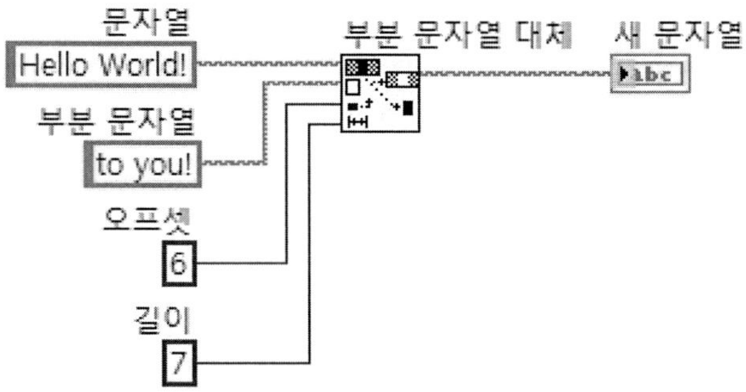

a. Hello to you!
b. Hello Wto you!
c. Hello to you!!
d. Helloto you!

13. 컨트롤 참조는 어떤 기능을 제공합니까?

a. 컨트롤과 인디케이터를 프로그램적으로 VI에 추가하는 기능
b. SubVI에서 프런트패널 객체의 프로퍼티에 접근하는 기능
c. 가명을 통해 여러 DAQ 입력을 컨트롤하는 기능
d. 컨트롤에서 함수 및 SubVI로 연결하는 기능

14. 다음 코드가 실행된 후 숫자형 인디케이터에 나타나는 값은 무엇입니까?

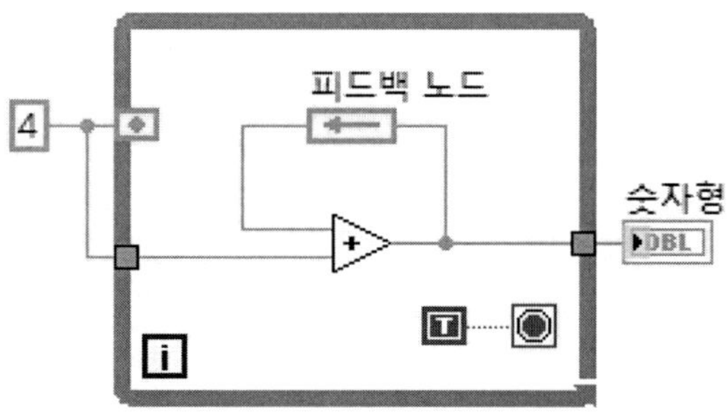

a. 0
b. 4
c. 8
d. While 루프는 무한으로 반복

15. 출력만 가진 SubVI를 개발하여, 이 SubVI를 호출 VI에서 사용해야 합니다. 데이터 흐름을 통해 SubVI의 실행을 컨트롤하는 가장 적절한 방법은 무엇입니까?

   a. 시퀀스 구조에서 SubVI 사용
   b. 호출 VI에서 사용할 수 있는 더미 입력을 포함하도록 SubVI 변경
   c. 호출 VI에서 사용할 수 있는 에러 클러스터를 포함하도록 SubVI 변경
   d. 호출하는 VI에서 사용할 수 있는 글로벌 변수를 포함하도록 SubVI 변경

16. C:₩data.txt 파일이 존재하지 않지만, VI는 에러를 리포트하지 않습니다. 다음 중 에러를 보고하고 정지하는 코드는 무엇입니까?

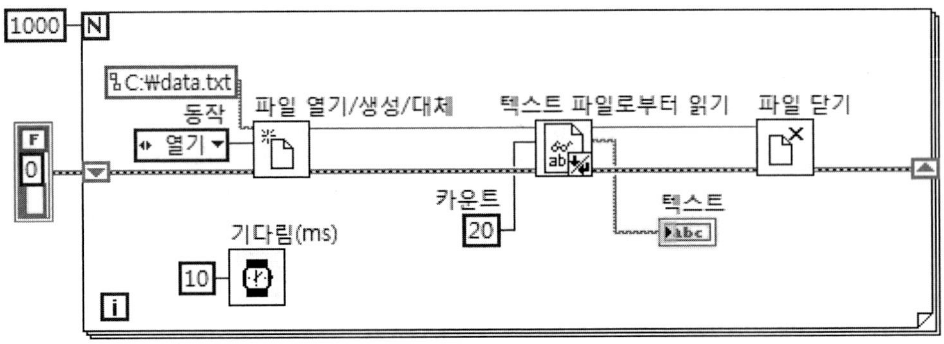

a.

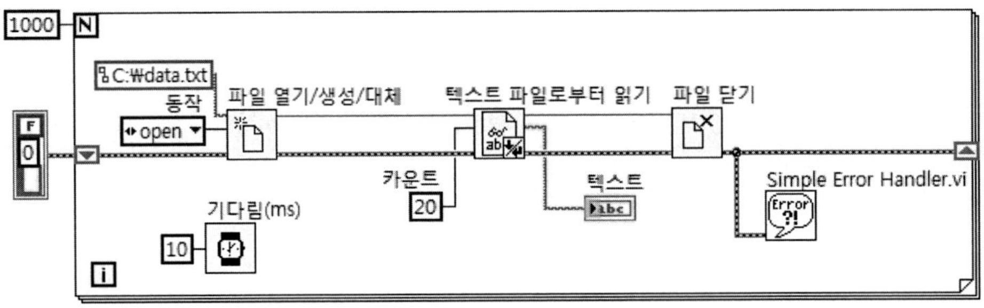

b.

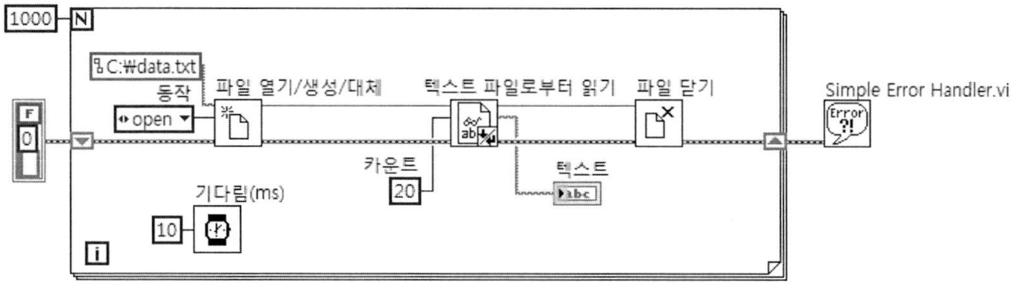

c.

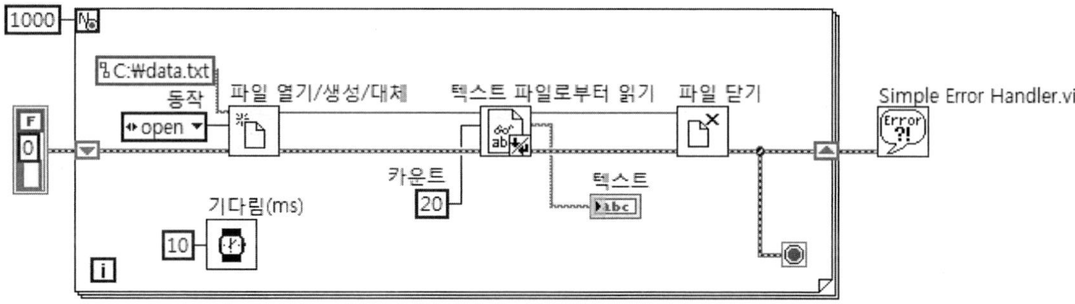

d.

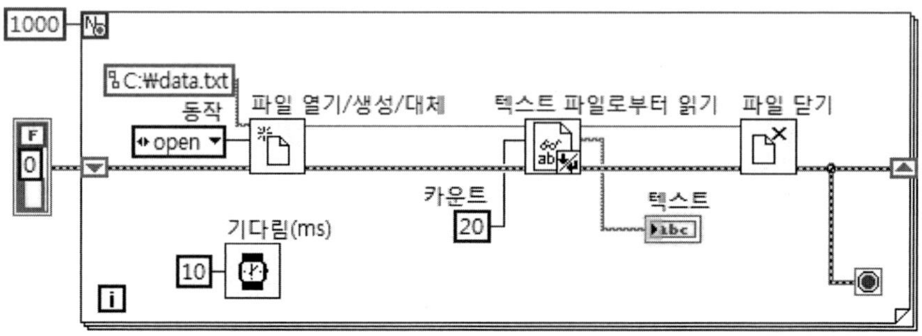

17. 병렬로 실행되는 루프 사이에서 와이어를 통해 데이터를 전달할 수 있습니까?

a. 예

b. 아니오

18. 숫자형 컨트롤의 값을 프로그램적으로 업데이트해야 합니다. 가장 적합한 방

법은 무엇입니까?

a. 기능적인 글로벌 변수 사용
b. 로컬 변수 사용
c. 원하는 값을 기본값으로 설정
d. 데이터 값 참조 사용

19. 글로벌 변수가 로컬 변수에 비해 갖는 장점에 대한 설명으로 올바른 것은 무엇입니까?

a. 글로벌 변수는 동시에 실행 중인 두 독립적인 VI 사이에 데이터를 전달할 수 있음
b. 글로벌 변수는 배열 데이터를 전달할 수 있지만, 로컬 변수는 전달할 수 없음
c. 글로벌 변수는 데이터 흐름 모델을 따르기 때문에, 경합 조건을 일으킬 수 없습니다.
d. 글로벌 변수는 고유 라벨을 필요로하지 않음

20. 가장 먼저 색상이 변하는 플롯은 무엇입니까?

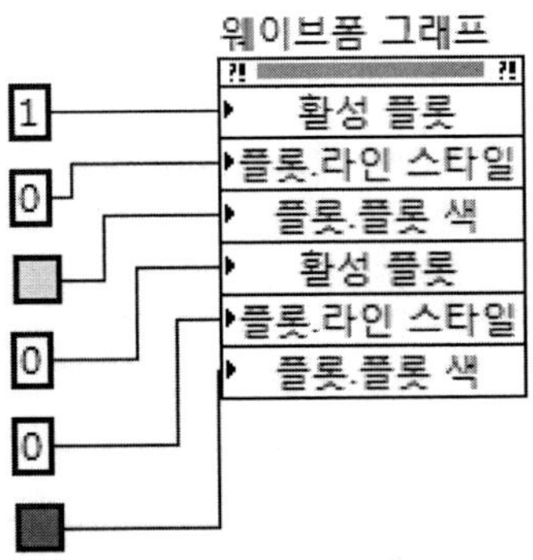

a. 플롯1, 프로퍼티는 위에서 아래로 실행되기 때문에
b. 플롯 0, 0에서부터 숫자 순으로 프로퍼티가 적용되기 때문에
c. 동시에 두 플롯이 변함, 프로퍼티의 멀티스레딩 때문에
d. 알 수 없음, LabVIEW는 데이터 흐름에 따라 동작하기 때문에

21. 다음 중 여러 플롯이 있는 웨이브폼 그래프를 만드는 방법은 무엇입니까?

a. X와 Y 데이터를 가진 1D 배열 두 개를 각 플롯으로 묶음 이러한 클러스터로 이루어진 배열을 만든 후, 이 배열을 웨이브폼 그래프 인디케이터에 연결

b. 스터로 이루어진 배열을 만든 후, 이 배열을 웨이브폼 그래프 인디케이터에 연결

c. 배열에서 각 플롯이 각각 다른 행(또는 열)에 있는 데이터의 n 차원 배열을 만든 후, 이 배열을 웨이브폼 그래프 인디케이터에 연결

d. 각 웨이브폼의 원소를 클러스터로 묶고 이러한 클러스터로 이루어진 배열을 만든 후, 이 배열을 웨이브폼 그래프 인디케이터에 연결 B와 C 모두 맞음.

22. 다음 중 불리언 컨트롤의 값 변경과 같은 알림 이벤트를 가장 잘 설명하는 것은 무엇입니까?

a. 이벤트가 발생했지만 LabVIEW가 이 이벤트를 처리하지 않았음을 나타냄

b. 이벤트가 발생했지만 사용자가 이벤트를 버렸음을 나타냄

c. 이벤트가 발생했으며 LabVIEW가 이 이벤트를 처리했음을 나타냄

d. 이벤트가 발생하지 않았지만 지정된 이벤트 타임아웃이 발생했음을 나타냄

23. 컨트롤을 사용자 정의하고, 타입 정의 상태 풀다운 메뉴에서 컨트롤을 선택한 후, 이 컨트롤을 .ctl 파일로 저장합니다. 그후 프런트패널 윈도우에서 해당 사용자 컨트롤 인스턴스를 사용합니다. .ctl 파일을 열고 컨트롤을 변경하는 경우, 프런트패널 윈도우의 컨트롤이 변경됩니까?

a. 예

b. 아니오

24. 이 [원소를 큐에서 제거] 함수가 데이터를 받을 때까지 기다리는 시간은 얼마입니까?

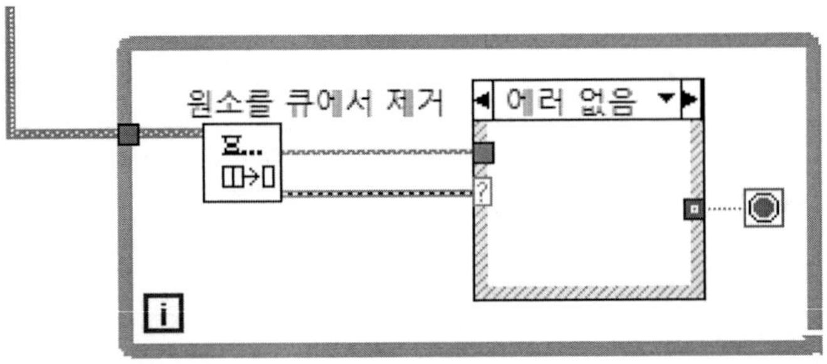

a. 1 밀리초(연결되지 않으면 기본값)

b. 1 초(연결되지 않으면 기본값)

c. 무한정 기다림

d. 기다리지 않고 바로 반환함

25. 이 다층 시퀀스 구조를 포함하는 VI가 실행된 후 **결과 F2** 인디케이터에 나타나는 값은 무엇입니까?

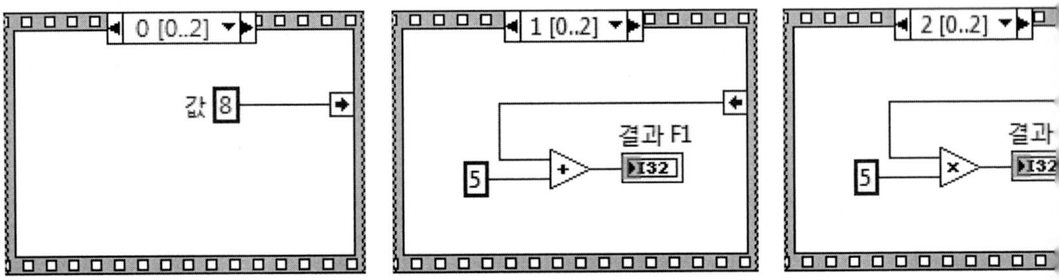

a. 0

b. 25

c. 40

d. 65

26. 다음 중, 아래 루프의 실행 결과에 대한 가장 정확한 설명은 무엇입니까?

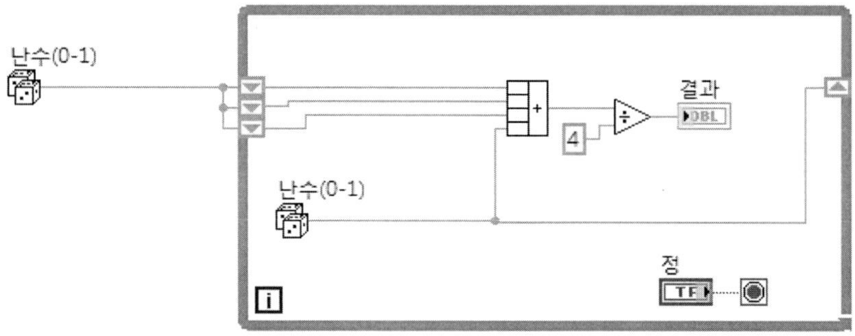

a. [난수] 함수의 마지막 값 세 개가 디스플레이됨
b. 모든 측정값의 이동 평균(running average)이 디스플레이됨
c. 마지막 측정값 4 개의 평균이 디스플레이됨
d. 해당 사항 없음

27. 다음 사례 중에서 실행 하이라이트를 사용하는 것보다 프로브 도구를 사용하는 것이 더 좋은 경우는?

a. 데이터의 흐름을 보려고 할 때
b. 실시간으로 와이어의 값을 보려고 할 때
c. 프로세스가 실행 중인 상태에서 SubVI를 자세히 살펴보려고 할 때
d. VI의 실행을 늦추고 와이어에 데이터 값을 보여주려고 할 때

28. 이 그림은 하나의 케이스 구문에 있는 모든 케이스를 디스플레이합니다. VI가 실행된 후 결과 인디케이터에 나타나는 값은 무엇입니까?

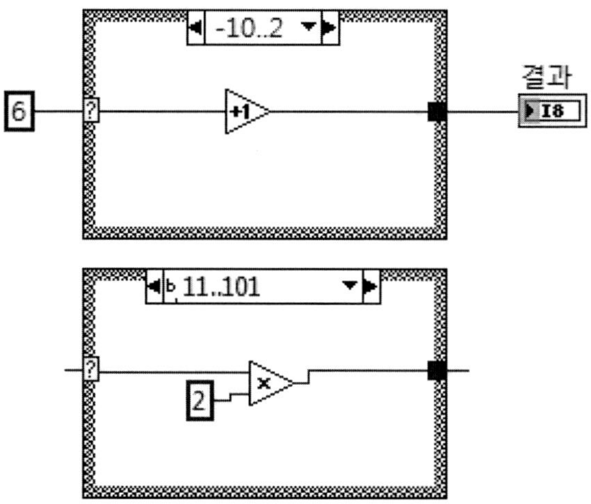

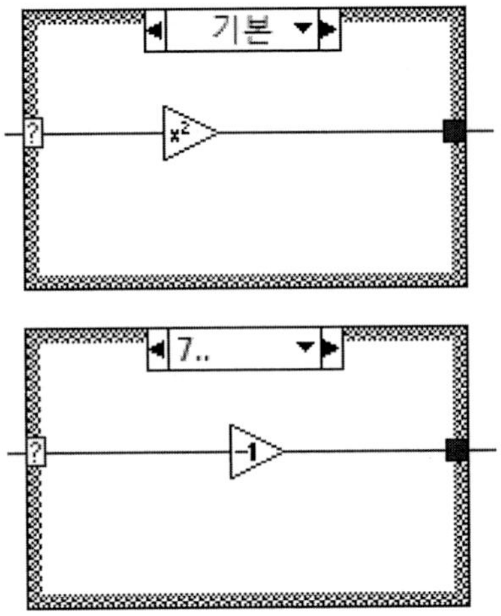

a. 5

b. 7

c. 12

d. 36

29. 다음 브레이크포인트는 어떤 동작을 합니까?

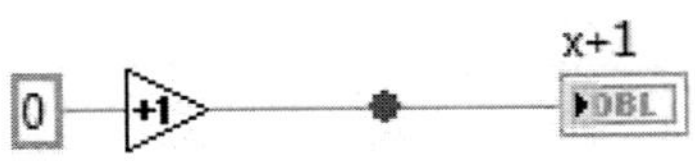

a. VI가 강제 종료되도록 함

b. VI가 일시 정지되도록 함

c. VI가 추가된 부분에서 단계별 실행을 건너뛰도록 함

d. VI가 인디케이터의 단계별 실행을 건너뛰도록 함

30. 다음 코드가 실행된 후 **결과**에 나타나는 값은 무엇입니까?

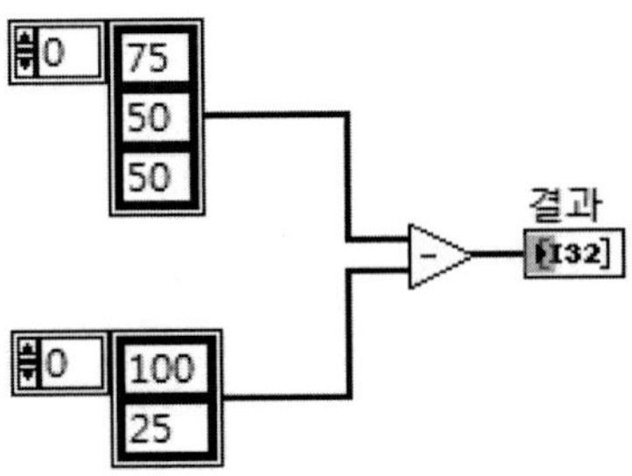

a. {-25, 25, 50}의 1D 배열
b. {-25, 25}의 1D 배열
c. {{-25, -50, -50}, {50, 25, 25}}의 2D 배열
d. {75, -50, 25}의 1D 배열

31. Windows 대화 상자의 버튼과 유사하게 불리언을 만드려면 어떤 기계적인 동작을 사용해야 합니까?

a. 놓을 때까지 스위치
b. 놓을 때 스위치
c. 놓을 때까지 래치
d. 놓을 때 래치

32. 다음 중 기능적인 글로벌 변수를 생성할 때 중요하지 않은 것은 무엇입니까?

a. 시프트 레지스터를 사용하여 정보를 저장
b. VI의 실행 셋팅을 재호출로 변경
c. VI를 호출하는 VI로 인라인하도록 설정
d. While 루프가 한번 반복된 후 정지하도록 설정

33. 다음 중 수직선으로 구분되어 있는 이전 데이터와 새 데이터를 비교할 때 사용해야하는 차트 업데이트 모드는 무엇입니까? 이 차트는 심전도(EKG:Electro-cardiogram) 차트와 유사하게 디스플레이됩니다.

a. 스트립 차트
b. 스코프 차트
c. 스윕 차트
c. 스텝 차트

34. 다음 블록다이어그램은 어떤 VI 구조를 나타내고 있습니까?

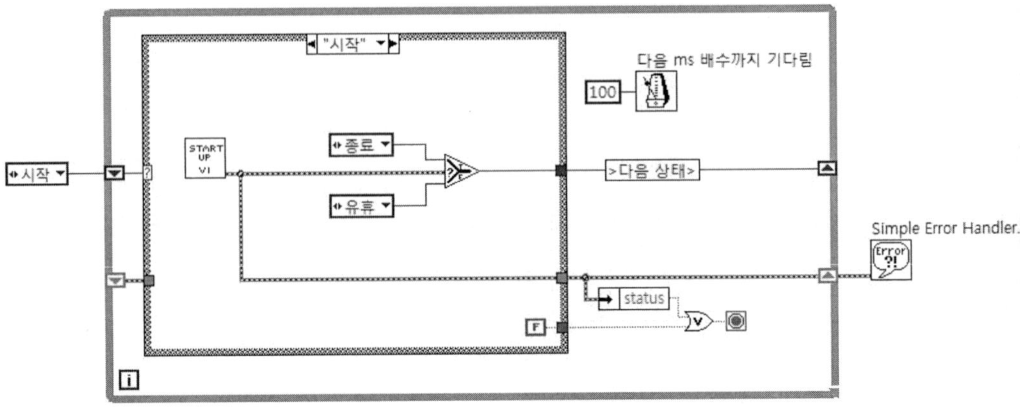

a. 여러 케이스 구조 VI
b. 일반 VI
c. 상태 머신 VI
d. 병렬 루프 VI

35. 클러스터의 기능은 무엇입니까?
a. 여러 데이터 타입을 논리적인 구조로 묶음
b. 차트 또는 그래프를 사용하여 프런트패널에 데이터를 나타냄
c. 블록다이어그램에서 여러 데이터 타입을 구분하는 방법을 제공
d. 프런트패널에서 데이터 객체를 데이터 타입별로 구별

36. 강제 변환점이 의미하는 것은 무엇입니까?
a. 데이터 타입이 일치함
b. 데이터에 다형성(polymorphic) 연산이 실행됨
c. 데이터 변환을 처리하기 위해 데이터 버퍼가 생성됨
d. 데이터가 범위를 벗어났기 때문에 데이터 값이 강제 변환됨

37. 다음 설명의 빈 칸에 들어갈 단어를 순서대로 올바르게 짝지은 것은 무엇입니까? _____ 프로퍼티 노드와는 달리, _____ 프로퍼티 노드는 올바르게 작동하려면 _____를 입력으로 필요로 합니다.

a. 명시적(Explicit), 함축적(Implicit), 데이터 값 참조
b. 함축적(Implicit), 명시적(Explicit), 데이터 값 참조
c. 명시적(Explicit), 함축적(Implicit), 컨트롤 참조
d. 함축적(Implicit), 명시적(Explicit), 컨트롤 참조

38. 상태 머신 VI 구조의 단점은 무엇입니까?

a. 상태 머신 구조는 오직 순서에 따라 여러 상태를 통과
b. 동시에 두 상태의 변경이 발생하면, 첫번째 상태 변경만 수행하고 두번째 상태 변경은 무시
c. 일반 VI 구조에서 상태 머신 구조로 변경할 때 다이어그램의 크기 확대
d. 상태 머신 구조를 사용하여 데이터를 수집하거나 DAQ 함수 사용 불가

39. 다음 설명의 빈 칸에 들어갈 단어를 순서대로 올바르게 짝지은 것은 무엇입니까? __________은 루프가 반복되는 총 횟수를 나타내며, __________은 루프가 반복된 횟수에서 1을 뺀 값을 반환합니다.

a. 카운트 터미널, N ; 조건 터미널,
b. 조건 터미널, ; 반복 터미널, i
c. 카운트 터미널 N ; 반복 터미널 i
d. 조건 터미널, ; 카운트 터미널, N

40. 다음 중 LabVIEW 프로젝트 (.lvproj) 파일에 대한 설명으로 맞는 것은 무엇입니까?

a. 어플리케이션과 관련있는 모든 파일을 포함하는 맞춤형 폴더
b. 프로그래밍 단계를 구현할 수 있는 프런트패널 및 블록다이어그램을 포함하는 파일
c. 어플리케이션의 최종 개발 단계에 주로 사용되는 코드의 컴파일된 버전
d. 어플리케이션에 대한 참조를 포함하고, 어플리케이션과 관련된 모든 파일의 구조를 조직하는 파일

다. 첫 번째 견본 시험 해답

해답과 CLAD 견본 시험에 대한 설명입니다. 모든 참조 문헌은 *LabVIEW 도움말*의 일부입니다.

1. 정답 : B

토픽: 상태머신

이유: LabVIEW에서 간단한 상태 머신은 케이스 구조를 포함하는 While 루프로 이루어져 있습니다. 케이스 구조를 사용하여 어떤 케이스가 실행될지 프로그램적으로 결정할 수 있습니다. 또한 새로운 케이스를 케이스 구조에 간단히 추가할 수 있어 확장이 가능합니다.

참조: 템플릿에서 VI 생성하기, 케이스 구조

2. 정답 : B

토픽: 디버깅

이유:

- 단계별 실행 들어가기 버튼을 클릭하면 LabVIEW는 노드 또는 SubVI를 엽니다.
- 단계별 실행 나가기 버튼을 사용하여 단계별 실행 중 SubVI를 나가 Main VI로 돌아갈 수 있습니다.
- 단계마다 실행이라는 버튼은 없습니다.
- 단계별 실행 건너뛰기 버튼은 문제에서 설명하는 기능을 제공하기 때문에 맞는 답입니다.

참조: VI의 단계별 실행

3. 정답 : A, B, C, D

토픽: 프로퍼티 노드

이유: 모든 보기는 프로퍼티 노드에 대해 올바른 설명입니다.

참조: 프로퍼티 노드

4. 정답 : C

토픽: VI 서버
이유: 호출 VI에서 SubVI로 전달할 수 있는 유일한 옵션은 컨트롤 참조입니다.
그 후 참조를 프로퍼티 노드 및 인보크 노드와 함께 사용하여 각각 프로퍼티와 메소드를 호출할 수 있습니다. 데이터 타입은 컨트롤의 프로퍼티입니다.
참조: SubVI로부터 프런트패널 객체를 프로그램적으로 컨트롤하기, VI 서버 참조

5. 정답 : C

토픽: For 루프
이유: 자동 인덱싱 터널을 사용하는 For 루프에 빈 배열이 연결되었습니다. 이 때문에 For 루프는 배열 안의 모든 원소에 대해 한 번씩 반복되며, 이 경우에는 0번 반복됩니다. 그러나 루프 실행 전에 시프트 레지스터에 값 5를 썼으며, 루프가 0번 반복되기 때문에 값 5가 출력 시프트 레지스터에 그대로 있게 됩니다.
참조: For 루프, 다음 루프 반복으로 여러 값 전달하기, 시프트 레지스터

6. 정답 : B

토픽: 디버깅
이유: 브레이크포인트를 포함하는 코드는 데이터가 브레이크포인트를 포함하는 와이어에 전달될 때까지는 정상적으로 실행됩니다. 그 후, LabVIEW는 실행을 중지합니다. 브레이크포인트가 활성화되려면, 브레이크포인트를 포함하는 코드의 부분이 호출되어야 합니다. 케이스 구조에서는 코드가 호출될 때마다 한 개의 케이스만 실행됩니다. 그러므로 이 경우, 브레이크포인트를 포함하는 케이스가 호출되지 않았기 때문에 실행이 중단되지 않았습니다.
참조: 브레이크포인트 관리하기

7. 정답 : B

토픽: VI 서버

이유: 엄격한 프로퍼티 노드는 숫자형을 정확하게 알아야 합니다. 이 문제에서는 모든 컨트롤의 텍스트 색을 변경하는 방법을 물어보고 있으므로 엄격한 프로퍼티 노드로는 충분하지 않습니다. 함축적인 프로퍼티 노드(C)는 로컬에서만 사용할 수 있습니다. 보기 D의 프로퍼티는 문제와는 전혀 관련이 없습니다. 따라서 보기 B가 정답입니다.

참조: 엄격한 타입의 컨트롤 참조 번호와 엄격하지 않은 타입의 컨트롤 참조 번호 사이에 전환하기

8\. 정답 : A

토픽: 그래프와 차트

이유: 스트립 차트는 왼쪽에서 오른쪽으로 플롯하며, 플롯하는 동안 지속적으로 스크롤합니다. 스코프 차트는 왼쪽에서 오른쪽으로 플롯하며 차트가 꽉 찰 때까지 계속 플롯합니다. 꽉 차면 차트가 지워지고 왼쪽에서부터 다시 플롯이 시작됩니다. 스윕 차트는 스코프 차트와 유사하게 작동하지만, 차트가 꽉 차면 차트를 지우지 않는 대신 왼쪽에서부터 플롯을 다시 시작하며 이전에 플롯된 데이터를 덮어씁니다. LabVIEW에는 스텝 차트는 없습니다.

참조: 그래프와 차트 사용자 정의

9\. 정답 : D

토픽: 로컬 변수

이유: 로컬 변수는 값이 아닌 참조로 통신하기 때문에 데이터 흐름 패러다임을 따르지 않습니다. 로컬 변수의 기본 전제는 와이어를 사용할 수 없는 부분에서 데이터의 전송을 가능하게 하는 것입니다. 이는 데이터 흐름 패러다임의 개념과 배치됩니다.

참조: 블록다이어그램의 데이터 흐름, 로컬 변수, 로컬과 글로벌 변수를 사용시 유의 사항

10\. 정답 : C

토픽: 디자인 패턴

이유: 상태 머신을 사용하여 시퀀스 구조와 같은 기능을 얻을 수 있습니다.

그러나 상태 머신을 사용하면 개발자가 실행 시 시퀀스를 프로그램적으로 결정할 수 있습니다. 그러므로 상태 머신은 시퀀스 구조보다 확장이 더 용이합니다.

참조: 케이스 및 시퀀스 구조

11. 정답 : C

토픽: 루프

이유: While 루프의 거짓 불리언이 참인 경우 정지로 설정된 조건 터미널에 연결되어 있습니다. 그러므로 이 While 루프를 정지시킬만한 조건이 없습니다. While 루프는 무한정 실행될 수 있기 때문에 VI는 강제 종료되어야 합니다.

참조: For 루프와 While 루프 구조, While 루프

12. 정답 : A

토픽: LabVIEW 프로그래밍 원리

이유: LabVIEW는 데이터 흐름 언어이기 때문에, 블록다이어그램에서 데이터의 흐름을 추적하여 동작이 어떤 순서대로 실행되는지 볼 수 있습니다.

참조: 블록다이어그램의 데이터 흐름

13. 정답 : D

토픽: 에러 핸들링

이유: Main VI에 자동 에러 핸들링이 활성화되어 있고 SubVI의 에러 터미널이 연결되어 있지 않으므로, LabVIEW는 대화 상자를 디스플레이하여 자동으로 에러를 핸들링합니다.

참조: 에러 핸들링하기

14. 정답 : D

토픽: LabVIEW 환경

이유: 아이콘은 함수 팔레트에서 편집할 수 없습니다. SubVI 아이콘은 VI의 오른쪽 위의 아이콘에서 마우스 오른쪽 버튼을 클릭하고 아이콘 편집을 선택

하여 편집할 수 있습니다.
참조: VI 아이콘 생성하기

15. 정답 : A

토픽: 동기화
이유: 큐, 알림자 및 로컬 변수는 모두 데이터를 전달하려는 목적으로 디자인되었습니다. 세마포어는 데이터를 전달하지 않습니다. 세마포어의 유일한 목적은 코드의 중요한 부분이 실행되는 동안 다른 특정한 부분이 실행되는 것을 방지하는 것입니다.
참조: 동기화 VI와 함수

16. 정답 : D

토픽: LabVIEW 환경
이유: 에러 코드를 찾으려면 출력 에러 클러스터 또는 에러 대화 상자를 살펴보아야 합니다.
참조: 에러 리스트 윈도우

17. 정답 : A, D

토픽: 배열과 클러스터
이유: 오토 인덱싱은 배열을 사용하는 루프를 위한 기능입니다. 배열 함수 자체에는 반복적인 오토 인덱싱 기능이 없습니다.
참조: For 루프와 While 루프 구조, 루프를 통해 배열의 원소 전달하기, 루프에서 오토 인덱싱 활성화하기

18. 정답 : A

토픽: 배열과 클러스터
이유: [배열 초기화] 함수는 차원 크기로 지정한 길이의 배열을 생성합니다. 각 원소 값은 원소 입력으로 지정됩니다. 다차원 배열을 초기화하려면, [배열 초기화] 함수를 확장하여 더 많은 차원 크기 입력을 디스플레이합니다.
참조: [배열 초기화] 함수

19. 정답 : A

토픽: 이벤트 구조

이유: 각 보기는 값 변경 이벤트를 언급하고 있습니다. 값 변경 이벤트는 프런트패널에서의 사용자 동작으로 또는 값(신호) 프로퍼티 노드를 호출하여 생성할 수 있습니다. 값 프로퍼티 노드를 호출하면 이벤트가 생성되지 않습니다.

참조: 사용 가능한 이벤트, LabVIEW에서 이벤트 사용하기

20. 정답 : A

토픽: 기능적인 글로벌 변수

이유: 기능적인 글로벌 변수 안에 중요한 데이터 또는 코드 일부를 놓을 수 있습니다. 기능적인 글로벌 변수는 재호출 VI가 아니므로 경합 조건이 발생할 가능성이 없습니다.

참조: 실행 시스템과 우선순위 사용에 대한 제안

21. 정답 : C

토픽: For 루프

이유: For 루프는 5번 실행됩니다. 이전 반복의 결과는 값 1부터 시작하여 2로 곱해집니다. 그러므로 5번 반복 후 인디케이터의 값은 1x2x2x2x2x2 (25)= 32입니다.

참조: 다음 루프 반복으로 여러 값 전달하기, 시프트 레지스터를 사용하여 반복 값 기억하기

22. 정답 : C

토픽: 배열

이유: [배열 잘라내기] 함수는 입력 배열을 받아 배열의 부분을 반환합니다. 이 때 반환되는 배열의 부분은 주어진 인덱스부터 시작하여 배열의 길이와 같은 원소의 개수까지 입니다. 여기서 인덱스 값 3은 배열의 4번째 원소, 10을 나타냅니다. 지정된 길이가 4이므로, 길이가 4인 배열은 다음과 같이 반환됩니다. {10, 8, 5, 7}

참조: [배열 잘라내기] 함수

23. 정답 : A

토픽: 문서

이유: 기본 도움말에 나타나는 VI에 대한 정보는 VI 프로퍼티의 문서 윈도우에서만 편집할 수 있습니다.

참조: VI 설명 프로퍼티, 문서 페이지(VI 프로퍼티 대화 상자)

24. 정답 : D

토픽: For 루프

이유: For 루프는 카운트 터미널의 입력을 참조하여 몇 번 반복하여 실행할지 결정합니다.

참조: For 루프

25. 정답 : C

토픽: 프로퍼티 노드

이유: 인디케이터 터미널이 다른 구조가 쓰는 데이터로부터 떨어지있지 않기 때문에, 프로퍼티 노드를 사용하는 대신 데이터를 인디케이터에 직접 연결해도 됩니다. 또한 변수 또는 프로퍼티 노드를 사용하여 값을 업데이트할 때 주의를 기울이지 않으면 경합 조건이 발생할 수 있기 때문에, 가능하면 항상 데이터를 직접 연결하는 것이 가장 좋습니다.

참조: 블록다이어그램의 데이터 흐름, 로컬과 글로벌 변수를 사용 시 유의 사항

26. 정답 : A

토픽: 타이밍

이유: [다음 ms 배수까지 기다림] 함수는 루프 반복이 종료된 후가 아니라 종료되기 전에 실행되기 때문에 보기 B와 D는 틀립니다. 보기 C는 [기다림(ms)] 함수의 기능을 설명하고 있으므로 역시 틀립니다.

참조: [다음 ms 배수까지 기다림] 함수

27. 정답 : B

토픽: 동기화

이유: 세마포어는 데이터를 전달할 수 없으므로 보기 C는 틀립니다. 알림자는 데이터를 전달하지만 한 번에 한 개의 원소만 전달할 수 있기 때문에 보기 A는 틀립니다. 데이터를 읽기 전에 프로그램이 알림자에 데이터를 두번 쓰는 경우, 데이터는 덮어 쓰이거나 손실됩니다. 로컬 변수는 데이터가 언제 업데이트되는지 알 수 있는 메커니즘이 없어서 데이터가 새로 수집된 데이터인지 아닌지 알 수 있는 방법이 없기 때문에 보기 D는 틀립니다. 큐는 여러 원소를 지원하고 FIFO 원리를 사용하여 작동하므로 데이터가 손실되거나 덮어 쓰이지 않도록 합니다.

참조: 동기화 VI와 함수

28. 정답 : B

토픽: 배열과 클러스터

이유: 기존의 배열에 차원을 추가할 수 있기 때문에 굳이 배열의 배열을 만들 필요가 없습니다.

참조: 배열 차원 변경하기

29. 정답 : A

토픽: 케이스 구조

이유: 케이스 선택자 터미널은 스칼라 값을 필요로 하기 때문에 케이스 선택자 터미널은 배열을 받지 않습니다.

참조: 케이스 구조 생성하기

30. 정답 : D

토픽: 파일 I/O

이유: LabVIEW는 배열을 헤더와 배열 데이터를 포함하는 바이트 리스트로 나타냅니다. 헤더는 각 차원에 그 차원의 길이를 지정하는 4 바이트 정수를 포함합니다. 헤더 뒤에는 실제 배열 데이터가 있습니다. 문제에서 배열은 2 차원입니다. 각 차원의 헤더에는 4바이트가 있으므로 헤더에는 총 8 바이트

가 있습니다. 배열이 8비트(1 바이트 정수)로 이루어져 있으므로, 실제 배열 데이터에는 총 9 바이트가 있습니다. 따라서 파일에는 총 17 바이트가 쓰여 집니다.
참조: 패턴화된 데이터, 2진파일 생성하기, LabVIEW가 메모리에 데이터를 저장하는 방법

31. 정답 : B

토픽: 시퀀스 구조
이유: 시퀀스 로컬은 프레임 1에 처음으로 쓰여 집니다. 그러므로 프레임 0에서는 데이터가 아직 쓰이지 않아 읽을 데이터가 없습니다.
참조: 시퀀스 로컬 터미널 추가 및 제거하기

32. 정답 : C

토픽: 타이밍
이유: [기다림(ms)] 함수는 메모리를 해제 또는 할당하지 않으며, 프로세서 코어를 지정하는데 필요한 동작을 전혀 하지 않습니다. 이 함수가 하는 동작은 VI의 실행이 짧은 시간 동안 정지되도록 하여 다른 태스크를 완료할 시간적 여유를 주는 것입니다.
참조: [기다림(ms)] 함수

33. 정답 : A

토픽: 데이터 타입
이유: 링 타입은 모든 숫자형을 사용할 수 있으나 열거형 타입은 부호 없는 정수만 사용할 수 있습니다.
참조: 링 상수, 열거형 상수

34. 정답 : C

토픽: 이벤트 구조
이유: 문제의 이벤트 구조는 다음 두 개의 이벤트를 처리합니다: 버튼 컨트롤에서 마우스 다운 이벤트, 구획 또는 프런트패널에서 마우스 다운 이벤트. 이

두 이벤트는 동시에 발생하기 때문에 이벤트 구조는 두 이벤트를 큐에 저장 한 후, 하나씩 처리합니다. 그러므로 반복은 두번 발생하며, 시프트 레지스터의 값도 두 번 증가합니다.
참조: LabVIEW에서 이벤트 사용하기, 마우스 다운 이벤트

35. 정답 : B

토픽: LabVIEW 프로그래밍 원리
이유: 함수와 VI는 모든 입력에 데이터가 연결되면 바로 실행됩니다. 그러므로 프로그램을 통해 흐르는 데이터가 실행 순서를 결정하는 것입니다.
참조: 블록다이어그램의 데이터 흐름

36. 정답 : B

토픽: 데이터 타입
이유: 문제의 정수는 부호없는 8비트 정수입니다. 8비트 정수의 범위는 0에서 255입니다. 2 곱하기 128은 256으로 부호없는 8비트 정수의 최대 범위보다 1이 큽니다. 그러므로 값은 0으로 랩됩니다.
참조: 숫자형 데이터 타입 테이블, 숫자형 변환

37. 정답 : D

토픽: 에러 핸들링
이유: [에러 병합] 함수는 대화 상자를 디스플레이하지 않습니다. [단일 버튼 대화 상자]와 [두 버튼 대화 상자]는 일반적인 목적으로 사용되며, 에러 핸들링 어플리케이션에 적용하기에는 적합하지 않습니다. 이러한 함수에는 에러 입력이 없습니다. [프런트패널 작업 발생]이라는 이름의 VI는 없습니다. [단순 에러 핸들러]는 에러 클러스터를 입력으로 받고, 에러가 발생한 경우 사용자에게 대화 상자를 보여주기 때문에 가장 적합한 선택입니다.
참조: 에러 핸들링, [단순 에러 핸들러] VI

38. 정답 : B

토픽: 그래프와 차트

이유: XY는 X 배열과 Y 배열의 두 배열로 이루어진 클러스터를 받아 단일 플롯을 생성합니다. XY 그래프는 이러한 클러스터 여러 개로 이루어진 배열을 받아 여러 플롯을 생성합니다.
참조: XY 그래프

39. 정답 : C

토픽: 불리언의 기계적 동작
이유: 기계적 동작이 놓을 때까지 스위치로 설정되어 있으므로 사용자가 클릭 후 놓으면 두 개의 이벤트가 생성됩니다. 첫 이벤트는 거짓에서 참으로 변경되며, 두번째 이벤트는 참에서 거짓으로 변경됩니다. 래치 동작은 변경된 값을 읽은 후, 두번째 이벤트를 생성하지 않고 버튼의 값을 리셋하도록 특별히 디자인되었습니다.
참조: 불리언 객체의 기계적 동작 변경하기, 값 변경 이벤트, 래치된 불리언 컨트롤을 이용한 이벤트 사용하기

40. 정답 : B

토픽: LabVIEW 프로그래밍 원리
이유: 가능하다면 항상 데이터를 인디케이터에 직접 연결하는 것이 가장 좋습니다. 이렇게 하면 데이터 흐름 패러다임의 개념을 유지하는데 도움이 됩니다.
참조: 블록다이어그램의 데이터 흐름, 로컬 변수, 로컬과 글로벌 변수를 사용시 유의 사항

라. 두 번째 견본 시험 해답

해답과 CLAD 견본 시험에 대한 설명입니다. 모든 참조 문헌은 *LabVIEW 도움말*의 일부입니다.

1. 정답 : A

토픽: 루프

이유: While 루프와 For 루프의 반복 카운트는 항상 0에서 시작합니다 반복 카운트는 첫 번째 반복에서 0을 반환하고 두 번째 반복에서 1을 반환하며, 이런 식으로 계속 진행됩니다. While 루프는 반복 터미널의 출력이 50과 같거나 클 때 정지하도록 설정되어 있으므로, 반복 터미널의 출력값이 최소 50임을 알 수 있습니다. 출력 값이 처음으로 50이 되는 것은 루프가 51번 반복된 후입니다.

참조: For 루프와 While 루프의 구조

2. 정답 : A

토픽: 이벤트 구조

이유: 각 보기는 값 변경 이벤트에 대해 설명합니다. 값 변경 이벤트는 가장 일반적으로 프런트패널에서 사용자의 동작으로 인해 발생합니다.

참조: 사용 가능한 이벤트, LabVIEW에서 이벤트 사용하기

3. 정답 : A

토픽: 타이밍

이유: [틱 카운트(ms)] 함수는 호출될 때 밀리 초 타이머의 값을 반환합니다. 이 함수를 두 번 호출하고, 호출된 값의 차이를 계산하면 호출 사이에 경과된 시간(밀리초)을 알 수 있습니다. 이 코드에서 SubVI는 [틱 카운트(ms)] 함수의 첫 번째 호출과 두 번째 호출 사이에 호출되었으므로, A가 맞는 답입니다.

참조: 케이스 및 시퀀스 구조, [틱 카운트(ms)] 함수

4. 정답 : A

토픽: VI 서버

이유: 프로퍼티 노드는 프런트패널 객체를 프로그램적으로 변경하도록 만들어졌습니다. 변수는 프런트패널 객체를 변경하지 않기 때문에 보기 B와 C는 맞지 않습니다. SubVI를 사용하지 않고 함축적인 프로퍼티 노드는 명시적인 프로퍼티 노드와는 달리 추가의 입력을 필요로 하지 않기 때문에 보기 A는 보기 B보다 적합합니다.

참조: SubVI에서 프런트패널 객체 컨트롤하기, VI 서버 참조

5. 정답 : C

토픽: 배열과 클러스터

이유: For 루프는 미리 정해진 횟수만큼 반복되기 때문에 배열을 생성하는데 있어서 While 루프보다 더 효과적입니다. 그러므로 LabVIEW는 For 루프가 실행되기 전에 배열이 사용하는 메모리를 미리 할당할 수 있습니다.

참조: For 루프, VI 메모리 사용

6. 정답 : C

토픽: 타이밍

이유: 보기 A와 B는 모두 값을 밀리 초 단위로 반환합니다. 문제에서 어플리케이션이 장시간 실행된다고 지정하였으므로, 클럭 값이 0 주위에서 랩 되는 가능성을 최소화하기 위해 큰 분해능을 가진 함수를 선택해야 합니다. 또한 보기 B는 코드에 동기화된 지연을 추가하는 작용만 합니다. 이는 장시간 실행되는 어플리케이션에 사용하기에는 충분치 않습니다. 정확한 시간이 경과했는지 알려면 현재 시간을 참조 시간과 비교해야 합니다. 그러므로 보기 C가 가장 적합한 선택입니다.

참조: [틱 카운트(ms)] 함수, 타이밍 VI와 함수

7. 정답 : D

토픽: 에러 핸들링

이유: 자동 에러 핸들링이 활성화되어 있지만, 모든 함수의 에러 클러스터가

출력에 연결되어 있습니다. 이런 경우, 에러가 발생해도 LabVIEW는 실행을 중단하거나, 사용자에게 대화 상자를 디스플레이할 수 없습니다. 함수 중 단 한 개라도 에러 클러스터가 출력에 연결되어 있지 않은 경우, LabVIEW는 대화 상자를 디스플레이하고 실행을 중단합니다.
참조: 에러 핸들링하기

8. 정답 : C, D

토픽: 문서
이유: 기본 도움말의 굵은체 부분은 필수 입력을 나타냅니다. 필수 입력의 특성 때문에 필수 입력이 연결되지 않으면 VI에는 깨진 실행 버튼이 나타납니다.
참조: 필수, 권장, 옵션 입력과 출력 설정하기

9. 정답 : A

토픽: 배열과 클러스터
이유: 다차원 배열의 경우, [배열 크기] 함수는 각 차원의 크기를 포함하는 1D 배열을 출력합니다. 배열의 순서는 항상 행이 처음이며, 열이 두 번 째입니다. 그러므로 2개의 행과 3개의 열을 가진 A가 맞는 답입니다.
참조: [배열 크기] 함수

10. 정답 : A

토픽: 파일 I/O
이유: 한 개의 불리언 값은 LabVIEW에서 메모리 1 바이트를 사용합니다. [불리언 배열을 숫자로]는 8개의 불리언 값, 8 바이트를 1개의 8비트 정수값, 1 바이트로 변환하기 때문에 A가 정답입니다. 그러므로 쓴 데이터의 총 량은 1 바이트입니다. 보기 B는 각각의 불리언 값에 대해 1 바이트를 쓰며, 보기 C와 D는 문자열을 씁니다. 문자열의 각 문자는 1 바이트를 사용하므로 보기 C와 D는 파일에 여러 바이트의 데이터를 씁니다.
참조: 패턴화된 데이터, 2진 파일 생성하기, LabVIEW가 메모리에 데이터를 저장하는 방법

11. 정답 : B

토픽: LabVIEW 환경

이유: 키 조작은 개발자가 키보드 동작을 컨트롤에 할당할 수 있도록 하는 컨트롤의 프로퍼티입니다. 키 포커스는 컨트롤이 현재 선택되었는지 아닌지 결정하는 프로퍼티입니다. 기수는 사용자가 2진수, 8진수, 10진수, 또는 16진수 중 하나를 선택하여 나타내도록 하는 정수 컨트롤의 디스플레이 구성요소입니다. 객체 간격 조절은 프런트패널을 구성하는 도구 중 하나입니다.

참조: 키 조작 페이지(프로퍼티 대화 상자)

12. 정답 : A

토픽: 데이터 타입

이유: 주어진 문자열 입력에서 [부분 문자열 대체] 함수는 원래의 문자열을 오프셋에서 지정된 위치에서부터 부분 문자열 입력에서 제공한 문자열로 대체합니다.

참조: [부분 문자열 대체] 함수

13. 정답 : B

토픽: VI 서버

이유: 컨트롤 참조를 다른 VI에 전달하여 Main VI에서 SuvVI가 객체의 프로퍼티와 메소드에 접근하도록 할 수 있습니다.

참조: SubVI에서 프런트패널 객체 컨트롤하기, VI 서버 참조

14. 정답 : C

토픽: 피드백 노드

이유: 피드백 노드의 기능은 시프트 레지스터와 비슷합니다. 이 코드에서 피드백 노드는 4의 값으로 초기화되었습니다. 피드백 노드는 한번 반복하고 값 4는 피드백 노드에 저장된 값에 추가되어 최종값은 8이 됩니다.

참조: For 루프와 While 루프 구조, 피드백 노드

15. 정답 : C

토픽: LabVIEW 프로그래밍 원리

이유: SubVI에서 에러 클러스터를 사용하면 적절하게 에러를 핸들링하기 때문에 데이터 흐름을 강화하는 가장 적합한 방법입니다.
참조: 에러 핸들링하기, 블록다이어그램의 데이터 흐름

16. 정답 : C

토픽: 에러 핸들링
이유: 보기 A와 B는 에러를 보고하지만, 정지하지는 않습니다. 보기 D는 정지하지만 에러를 보고하지는 않습니다. 보기 C가 유일한 선택입니다.
참조: 에러 핸들링하기

17. 정답 : B

토픽: LabVIEW 프로그래밍 원리
이유: For 루프는 병렬로 실행되며, 루프 사이에 데이터 의존성이 없어도 됩니다. 한 루프에서 다른 루프로 와이어가 연결되면 데이터 흐름의 규칙 때문에 루프 사이에 의존성이 생깁니다. 그러므로 루프 사이에 와이어가 연결되면 이 루프는 더 이상 병렬로 실행된다고 할 수 없습니다.
참조: For 루프와 While 루프 구조, 블록다이어그램의 데이터 흐름

18. 정답 : B

토픽: 로컬 변수
이유: 기능적인 글로벌 변수는 프런트패널 컨트롤을 조작할 수 있는 기능을 직접 가지고 있지 않기 때문에 답이 될 수 없습니다. 데이터 값 참조는 이 상황에 적용되지 않습니다. 원하는 값을 기본값으로 설정하는 것은 컨트롤을 프로그램적으로 업데이트하는 방법이 아닙니다. 보기 B가 유일한 선택입니다.
참조: 로컬 변수, 로컬과 글로벌 변수를 사용시 유의 사항

19. 정답 : A

토픽: 글로벌 변수
이유: 글로벌 변수 사용의 주요 이점은 여러 VI 사이에 데이터를 전달할 수

있다는 것입니다.
참조: 글로벌 변수, 로컬과 글로벌 변수를 사용시 유의 사항

20. 정답 : A

토픽: 프로퍼티 노드
이유: 프로퍼티 노드는 항상 위에서 아래로 실행됩니다. 플롯 1은 제일 처음 선택되고 변경되었기 때문에, 색도 가장 먼저 변경됩니다.
참조: 프로퍼티 노드

21. 정답 : D

토픽: 그래프와 차트
이유: 웨이브폼 그래프는 여러 차원의 배열 또는 웨이브폼 데이터를 포함하는 클러스터로 이루어진 1D 배열을 받습니다. 웨이브폼 그래프는 1D 배열에 끼워놓기 된 X, Y 데이터를 받지 않으므로 보기 A는 맞지 않습니다.
참조: 웨이브폼 데이터를 그래프로 나타내기, 그래프와 차트 사용자 정의

22. 정답 : C

토픽: 이벤트 구조
이유: 알림 이벤트는 LabVIEW에 이벤트가 발생했으며, 처리되었다는 사실만 전달합니다. 필터 이벤트를 사용하면 이벤트를 버릴지 프로그램적으로 결정할 수 있습니다.
참조: 알림과 필터 이벤트, LabVIEW에서 이벤트 사용하기

23. 정답 : B

토픽: LabVIEW 프로그래밍 원리
이유: .ctl 파일이 타입 정의 또는 엄격한 타입 정의가 아닌 컨트롤로 저장되었기 때문에 이 파일을 변경해도 컨트롤의 인스턴스가 업데이트되지 않습니다.
참조: 타입 정의와 엄격한 타입 정의 생성하기, 사용자 컨트롤, 인디케이터, 타입 정의 생성하기

24. 정답 : C

토픽: 동기화

이유: [원소를 큐에서 제거] 함수는 데이터가 사용 가능할 때까지 기다리도록 기본 설정되어 있습니다. 이 함수는 데이터가 사용 가능하거나 큐 참조가 삭제되는 경우 결과를 반환합니다. 이 기능은 생산자/소비자 디자인 패턴에서 매우 중요합니다.

참조: [원소를 큐에서 제거] 함수

25. 정답 : C

토픽: 시퀀스 구조

이유: 시퀀스 로컬은 다층 시퀀스 구조의 프레임 사이에 데이터를 저장합니다. 시퀀스 로컬은 프레임 0에만 쓰였습니다. 그러므로 프레임 1은 프레임 2에 아무 영향을 미치지 않습니다. 값 F2의 값은 5 x 8, 그러므로 40입니다.

참조: 케이스 및 시퀀스 구조, 시퀀스 로컬 터미널 추가 및 제거하기

26. 정답 : C

토픽: 루프

이유: 다층 시프트 레지스터는 여러 이전 루프 반복에서 쓰인 값을 기억합니다. 위의 노드는 가장 최근에 실행된 반복입니다. 코드를 살펴보면 가장 최근의 측정값 4개를 평균하여 나타내고 있다는 것을 알 수 있습니다.

참조: For 루프와 While 루프 구조, 루프 반복 사이에서 값 전달하기

27. 정답 : B

토픽: 디버깅

이유: 프로브 도구를 사용하면 실행 중 와이어의 데이터를 볼 수 있으며, 실행 속도에도 전혀 지장을 주지 않습니다. 실행 하이라이트는 실행 속도를 늦추며 데이터 흐름을 보여주고, 단계별 실행 시작하기 도구를 사용하면 SubVI를 살펴볼 수 있습니다.

참조: 프로브 도구 사용하기, 실행 하이라이트

28. 정답 : D

토픽: 케이스 구조

이유: 케이스 선택자의 입력이 다른 케이스에 맞지 않기 때문에 기본 케이스가 실행됩니다. 그러므로 답은 62, 36입니다.

참조: 케이스 및 시퀀스 구조

29. 정답: B

토픽: 디버깅

이유: 브레이크포인트를 사용하면 VI가 실행을 일시 정지하고 단계별 실행을 시작하거나 실행을 다시 시작할 때까지 기다립니다.

참조: 브레이크포인트 관리하기

30. 정답 : B

토픽: 배열과 클러스터

이유: 배열 연산을 할 때, LabVIEW는 출력이 작은 입력의 크기와 같게 되도록 합니다. 이 경우, 출력은 두 개의 원소를 가진 1D 배열입니다. 원소는 75-100과 50-25, 즉 {-25, 25}입니다.

참조: 다형성 함수, 빼기 함수, 배열과 클러스터를 이용한 데이터의 그룹화

31. 정답 : D

토픽: 불리언의 기계적 동작

이유: 대화 상자 버튼은 클릭을 처리하기 전에 사용자가 놓을 때까지 기다립니다. 사용자가 클릭 후 놓으면, 버튼은 기본 상태로 돌아갑니다. 이러한 동작은 LabVIEW에서 놓을 때 래치 기계적 동작과 비슷합니다.

참조: 불리언 객체의 기계적 동작 변경하기

32. 정답 : C

토픽: 기능적인 글로벌 변수

이유: 기능적인 글로벌 변수를 호출 VI로 인라인할 필요는 없습니다. 또한 인라인하려면 SubVI가 재호출 VI이여야 하며, 이는 기능적인 글로벌 변수에서

허용되지 않습니다.
참조: 실행 시스템과 우선순위 사용에 대한 제안

33. 정답 : C

토픽: 웨이브폼 차트

이유: 스트립 차트는 왼쪽에서 오른쪽으로 플롯하며, 플롯하는 동안 지속적으로 스크롤합니다. 스코프 차트는 왼쪽에서 오른쪽으로 플롯하며 차트가 꽉 찰 때까지 계속 플롯합니다. 꽉 차면 차트가 지워지고 왼쪽에서부터 다시 플롯이 시작됩니다. 스윕 차트는 스코프 차트와 유사하게 작동하지만, 차트가 꽉 차면 차트를 지우지 않는 대신 왼쪽에서부터 플롯을 다시 시작하며 이전에 플롯된 데이터를 덮어씁니다. LabVIEW에는 스텝 차트는 없습니다.

참조: 그래프와 차트 사용자 정의

34. 정답 : C

토픽: 디자인 패턴

이유: 상태 머신은 전달을 결정하기 위해 While 루프, 케이스 구조, 시프트 레지스터와 코드로 이루어져 있습니다.

참조: 템플릿에서 VI 생성하기, 케이스 구조

35. 정답 : A

토픽: 배열과 클러스터

이유: 클러스터를 사용하면 데이터를 구조로 묶을 수 있습니다. 이렇게하면 필요한 와이어와 터미널의 수를 최소화하여 블록다이어그램을 더 간단하게 정리할 수 있습니다. 클러스터는 여러 다른 데이터 타입을 받습니다.

참조: 배열과 클러스터를 이용한 데이터의 그룹화

36. 정답 : C

토픽: 데이터 타입

이유: 강제 변환점은 다르지만 호환 가능한 데이터 타입을 받는 터미널에 특정 데이터 타입이 연결되었음을 나타냅니다. 이런 일이 발생하면, LabVIEW

는 데이터를 두 데이터 타입 중 더 큰 타입으로 변환합니다. 이 때 변환된 데이터를 저장하기 위해 메모리 버퍼를 생성해야 합니다.
참조: 숫자형 변환, 와이어를 사용하여 블록다이어그램 객체에 연결하기

37. 정답 : D

토픽: 프로퍼티 노드
이유: 함축적인 프로퍼티 노드는 소유하는 컨트롤 또는 인디케이터에 명시적으로 연결됩니다. 참조 와이어는 필요하지 않습니다. 명시적인 프로퍼티 노드는 어떤 컨트롤을 조작할지 결정하기 위해 참조 와이어를 필요로 합니다. 데이터 값 참조는 프로퍼티 노드와 관련이 없습니다.
참조: 프로퍼티 노드, 프로퍼티와 메소드 생성하기, 프로퍼티 노드와 인보크 노드에서 컨트롤 참조 SubVI 생성하기

38. 정답 : B

토픽: 디자인 패턴
이유: 간단한 상태 머신은 이전의 상태 실행 중 사용자가 프런트패널 버튼을 클릭하는 것과 같은 상태 전이가 발생하는 경우에 대한 버퍼가 없습니다. 그러므로 여러 개의 상태 전이가 상태 머신이 이를 처리하기 전에 발생하는 경우, 가장 최근의 상태 전이 외에는 모두 손실됩니다.
참조: 동기화 VI와 함수, 템플릿에서 VI 생성하기, 케이스 구조

39. 정답 : C

토픽: 루프
이유: 카운트 터미널은 For 루프의 반복 횟수를 나타냅니다. While 루프의 조건적인 터미널은 루프의 반복 횟수를 결정할 수도 있지만, 루프가 몇번 반복될지 직접적으로 알 수 있는 방법은 없습니다. 반복 터미널은 이미 반복된 횟수에서 1을 뺀 값을 반환합니다.
참조: For 루프와 While 루프 구조

40. 정답 : D

토픽: LabVIEW 환경

이유: LabVIEW 프로젝트는 폴더와 같이 파일을 포함하지는 않으며, 일반 어플리케이션의 일부인 파일을 정리하기만 합니다.
참조: LabVIEW에서 프로젝트 관리하기

Note.

LabVIEW 도서소개

컴퓨터 기반의 제어와 계측 LabVIEW

■ 초보자도 쉽게 이해할 수 있다.

LabVIEW를 처음 접하는 경우에도 쉽게 따라서 익힐 수 있다.
LabVIEW의 구성, 사용법 그리고 실무 팁을 쉽게 설명하여
처음 시작하는 초보자도 이해하기 쉽게 구성되었다.

■ 풍부한 예제를 이용하여 설명하였다.

그래픽 기반의 프로그래밍 언어인 LabVIEW를 예제를 통하여
익힐 수 있도록 구성하였다.
예제들은 LabVIEW의 기능을 가장 효율적으로 설명하기 위하여
엄선한 것이므로 이 예제들을 사용하여 최적의 프로그램을 완성할 수 있다.

■ LabVIEW의 초급과 중급 사용자를 위한 교재이다.

초보자가 LabVIEW를 시작하여 중급 수준까지 도달할 수 있도록 구성하였다.
그리고 중급자가 LabVIEW의 기본 개념을 다시 리뷰하고 부족한 점을
보충할 수 있게 구성하였다.

■ LabVIEW 2009의 새로운 기능을 소개합니다.

■ LabVIEW 국제 자격증 시험인 CLAD와 CLD용 준비서입니다.

LabVIEW 사용자가 국제 자격증 시험인 CLAD와 CLD를 준비할 수 있도록 핵심 내용을 포함시켰습니다.

곽두영 지음

1. LabVIEW 2011 버전의 기본 사용법에 대하여 다루었습니다.

LabVIEW 2011 버전의 기본 사용법에 대하여 소개합니다.

2. 풍부한 예제를 이용하여 설명합니다.

모든 설명은 예제를 통하여 익힐 수 있도록 구성하였습니다. 기본적인 기능을 소개하는 예제에서 심도 있는 기능을 익히는 예제까지 모두 망라하고 있습니다.

3. LabVIEW 신호 처리에 대한 최초의 서적입니다.

본 책자는 신호 처리에 대한 최초의 서적입니다. 디지털 필터, Fourier 변환을 이용한 주파수 분석, Wavelet 분석, 적분과 미분 등에 대하여 설명합니다.

4. 생체 신호 계측 및 분석에 대하여 설명합니다.

의료기기 개발 및 의용 생체 공학 엔지니어를 양성하기 위한 교재로 만들어졌습니다. 관련 분야의 비전문가를 위한 입문 및 응용에 대하여 다루었으므로 초보자도 쉽게 시작할 수 있도록 구성하였습니다.

5. (부록) CLAD 견본 시험 소개

LabVIEW의 국제 공인 자격증인 Certified LabVIEW Associate Developer (CLAD) 시험의 견본 문제가 부록으로 추가되어 있습니다.

컴퓨터 기반의 제어와 계측 LabVIEW™ *Express*

곽두영 지음

■ **중급에서 고급 사용자로**

LabVIEW의 중급 사용자가 고급 수준으로 나아갈 수 있는 다음 단계를 제시하였다.

■ **풍부한 예제**

간단 명료한 예제와 연습을 통하여 각 부분의 핵심을 익힐 수 있도록 구성하였다.

■ **컴퓨터 기반의 제어와 계측**

LabVIEW는 컴퓨터 기반의 제어와 계측에 특화된 프로그래밍 언어이다.
LabVIEW는 컴퓨터를 이용하여 제어와 계측 시스템을 구성하고자 하는 사용자들에게 가장 체계적이고 효과적인 프로그래밍의 방향을 제시해 준다.

LabVIEW를 이용한 기초공학실험

이병옥,이영진,최성주 공저

■ **산업 현장의 변화에 신속하게 대응하도록 개선된 공과 대학의 실험과목을 위한 지침서**

학생들에게 빠르게 변화하는 산업 현장에서 필요한 기술을 가르쳐서 능동적으로 대처할 수 있도록 하였다.
계측에 필요한 센서의 기초지식을 습득하고 신호처리에 대한 과정을 이해할 수 있도록 하였다.

자동 계측 시스템을 구축하는데 LabVIEW를 활용하는 능력을 기르도록 하였다.

저자약력

- 1974년 경남 밀양 출생.
- 1993년 밀양고등학교 졸업.
- 1999년 연세대학교 이과대학 물리학과 졸업.
- 2001년 포항공대 물리학과 석사.
- 2001년 3월 한국내쇼날인스트루먼트 기술지원부 입사.
- 2002년 4월 LabVIEW 컴퓨터 기반의 제어와 계측 Solution - Ohm사.
- 2003년 9월 LabVIEW Express - Ohm사.
- 2003년 12월 한국내쇼날인스트루먼트 경북 담당 Field Sales Engineer
- 2004년 8월 LabVIEW 컴퓨터 기반의 제어와 계측 - Ohm사.
- 2006년 11월 LabVIEW 한글판 - Ohm사.
- 2008년 10월 LabVIEW 8.6 한글판 - Ohm사.
- 2009년 10월 LabVIEW 2009 - Ohm사.
- 2011년 3월 LabVIEW 데이터 수집 및 CompactRIO - Ohm사.
- 현재 한국내쇼날인스트루먼트 기술지원부 본부장.

컴퓨터 기반의 제어와 계측

LabVIEW 신호 처리 및 생체 신호 계측

초판발행	2011년 10월 5일
초판인쇄	2011년 10월 1일
저 자	곽 두 영 지음
발 행 인	곽 종 학
발 행 처	도서출판 **Ohm사**
주 소	140-150 서울시 용산구 갈월동 17번지. 세기B/D
전 화	02-776-4868~9
팩 스	02-779-6757
등록번호	1975년 9월 12일 제3-3호

ISBN 978-89-7101-818-6 **정가 28,000원**

LabVIEW 무료 체험방법

ni.com/trylabview 를 방문하십시오

- LabVIEW 온라인 교육 동영상
- 모든 기능을 경험할 수 있는 평가판 다운로드
- 평가판 DVD 요청

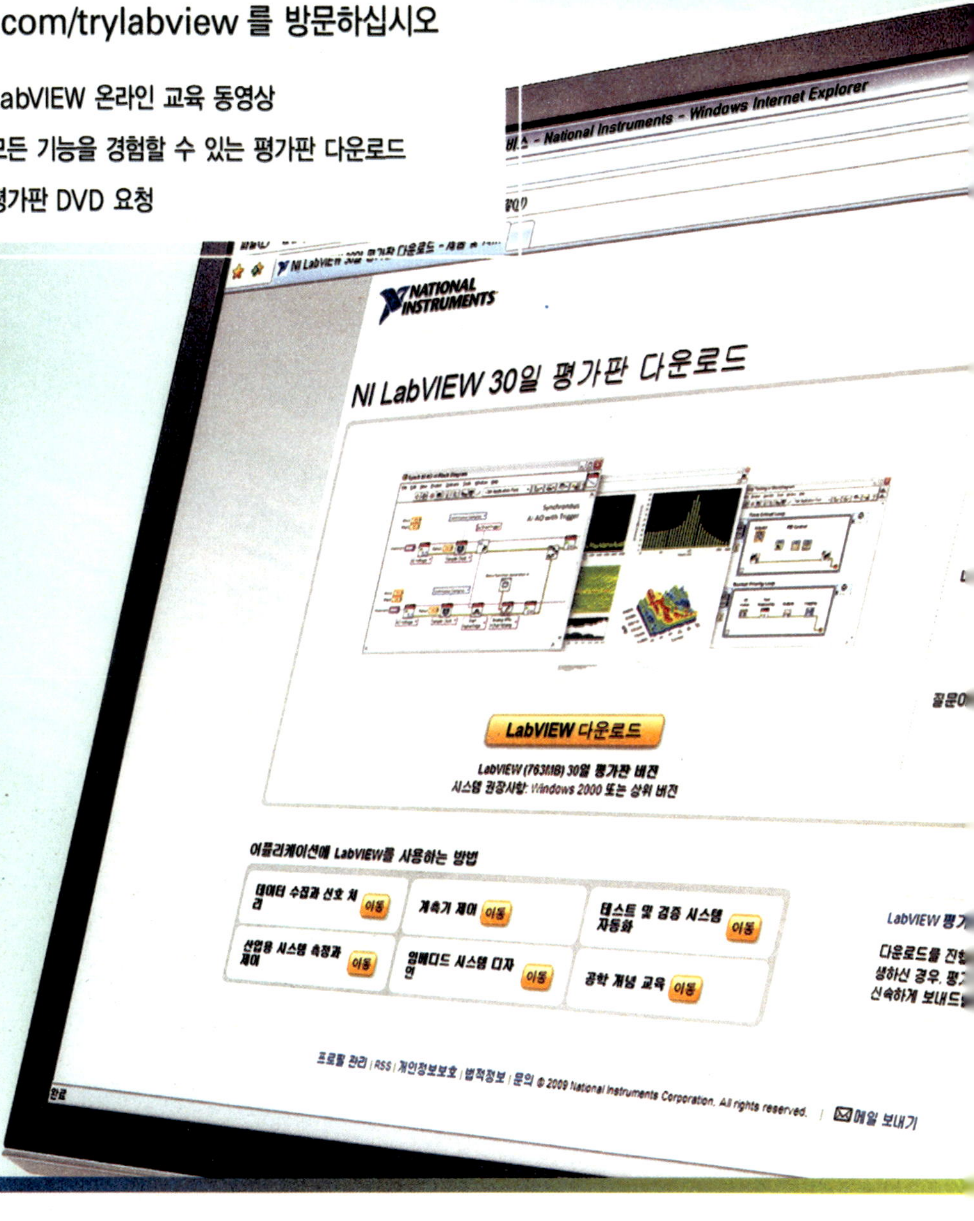